教育部职业教育与成人教育司推荐教材
五年制高等职业教育园林专业教学用书

园林绿地规划设计

Yuanlin Lüdi Guihua Sheji

（第二版）

黄东兵　主编
王素玲　石茗馨　副主编
徐巧峰　郑　淼　陈鑫娇　参编
沈守云　陈月华　主审

高等教育出版社·北京

内容提要

本书为教育部职业教育与成人教育司推荐教材，是根据《国家职业教育改革实施方案》精神，结合园林行业的新进展，吸收园林行业的新技术、新知识，在第一版的基础上修订而成的。

本书主要内容包括绪论、园林绿地布局形式与园景创作手法、园林绿地规划设计流程、园林绿地的构成要素、道路绿地设计、居住区绿地设计、单位附属绿地规划设计、屋顶花园设计和公园规划设计。本书较详细地讲解了园林绿地规划设计的基本方法和基本技能，并附有大量设计案例。本书编者均具有丰富的园林专业教学和设计实践经验。书后附学习卡资源，按照本书最后一页“郑重声明”下方的学习卡账号使用说明，登录相关网站，可获取相关的教学资源。

本书为五年制高等职业教育园林专业教学用书。适合职业院校、成人高校园林专业，以及相关的风景园林、园林规划设计、环境艺术、园林绿化等专业使用，也可作为园林企业职工的培训教材和园林从业者的参考书。

图书在版编目（CIP）数据

园林绿地规划设计 / 黄东兵主编 .-- 2 版 . -- 北京 ：高等教育出版社，2022.3

ISBN 978-7-04-057109-7

Ⅰ. ①园… Ⅱ. ①黄… Ⅲ. ①园林—绿化规划②绿化地—园林设计 Ⅳ. ①TU986

中国版本图书馆 CIP 数据核字(2021)第200086 号

策划编辑 方朋飞　　责任编辑 方朋飞　　封面设计 张 志　　版式设计 杜微言
插图绘制 于 博　　责任校对 吕红颖　　责任印制 刘思涵

出版发行 高等教育出版社
社　　址 北京市西城区德外大街4号
邮政编码 100120
印　　刷 北京汇林印务有限公司
开　　本 889mm×1194mm 1/16
印　　张 17.75
字　　数 370千字
插　　页 4
购书热线 010-58581118
咨询电话 400-810-0598
网　　址 http://www.hep.edu.cn
　　　　 http://www.hep.com.cn
网上订购 http://www.hepmall.com.cn
　　　　 http://www.hepmall.com
　　　　 http://www.hepmall.cn
版　　次 2006 年 1 月第 1 版
　　　　 2022 年 3 月第 2 版
印　　次 2022 年 3 月第 1 次印刷
定　　价 34.00元

本书如有缺页、倒页、脱页等质量问题，请到所购图书销售部门联系调换

物 料 号 57109-00

出版说明

为深入贯彻落实《国家中长期教育改革和发展规划纲要（2010—2020年）》精神，努力促进“专业与产业、职业岗位对接，专业课程内容与职业标准对接，教学过程与生产过程对接，学历证书与职业资格证书对接，职业教育与终身学习对接”的五个对接，充分发挥教材在职业教育中的基础性作用，我社对职业教育园林专业系列教材进行修订，新教材将于2012年秋季陆续出版。

第一版系列教材自2005年出版以来，较好地服务于园林职业教育，培养了大量园林行业人才，受到广大师生的欢迎。在使用过程中，他们也提出了宝贵的意见和建议。随着我国经济的高速发展，园林建设事业也得到蓬勃发展，新技术、新知识不断涌现，行业操作进一步规范化；园林职业教育也受到重视和发展，在“以服务为宗旨，以就业为导向”的办学理念指导下，新的教学理念、教学技术、教学成果不断涌现，校企结合越来越紧密。这些都为我们做好教材的修订工作奠定了基础，提供了良好的条件。

第二版系列教材包括17种园林专业核心课程教材和1种配套教学用书。分别是：《植物及生态基础》（第二版）、《园林设计基础》（第二版）（彩色）、《园林植物》（第二版）、《园林美术》（第二版）（彩色）、《园林植物栽培养护》（第二版）、《园林植物病虫害防治》（第二版）、《园林制图》（第二版）、《园林计算机制图》（第二版）、《园林测量》（第二版）、《园林绿地规划设计》（第二版）、《园林工程》（第二版）、《园林工程招投标与预决算》（第二版）、《花卉装饰技术》（第二版）（彩色）、《花卉生产技术》（第二版）、《苗木生产技术》（第二版）、《草坪建植与养护》（第二版）、《植物组织培养技术》（第二版），《园林制图习题集》（第二版）。

第二版系列教材具有如下编写特色：

1. 体现职业教育特色　新教材保持第一版教材“以体现职业教育特色为宗旨”的特点，以“夯实基础，贴近岗位”为原则，融入职业道德准则和职业规范，着重培养学生的职业能力和职业责任。基础课教材较一版教材更加注重为专业课服务。专业课程教材内容紧密结合相关岗位的国家职业资格标准要求。例如，《植物及生态基础》（第二版）加强了生态知识和植物生理知识的学习；《园林设计基础》（第二版）重在培养学生对“园林美”的欣赏及表达。

2. 实用性强，方便教学　新教材以工作过程为主线，由浅入深，强调技能操作。为帮助学生轻松掌握课程内容，多数教材在每学完一个或几个知识技能点后，设置随堂练习题，在记忆和体验的基础上巩固所学知识和技能。章后设有复习题帮助学生掌握学习重点和难点。

3. 保持教材的先进性　新教材吸收园林行业的新技术、新知识，新的教学成果，删除难度太深的、过时的、不适合教学的内容，进一步增强了教材的先进性。例如《园林植物》（第二版）增加了目前市场上新兴的畅销花卉，以及从国外引进的植物新品种，精炼第一版过于繁冗的理论内容；《园林植物病虫害防治》（第二版）增加新的防治方式、新的农药和一些新的病虫杂草种类，删去不常用的微生物农药如白僵菌，删除目前较少出现的病虫害等；《花卉生产技术》（第二版）增加新潮花卉的花期调控及无土栽培技术，花卉土壤栽培改为无土栽培，新型盆花、花坛花卉、鲜切花及水生花卉的生产等新技术。

4. 新教材的主要编者均为双师型教师　他们了解企业生产情况，了解企业对技能型人才的需求特点。他们在教学中多年使用第一版教材，积累了大量的反馈意见，从而，教材的修订工作有的放矢。新教材更好地反映了园林行业的发展水平，更加符合职业教育规律和技能型人才成长规律。

5. 形式多样，媒介立体化　新教材利用现代教育技术，配套教学光盘，及助学、助教的网络资源学习卡，提供电子教案、习题及答案、演示文稿、图片和视频等资料，方便老师教学，利于学生学习。根据内容的需要，新教材采用双色或彩色印刷，图文并茂，增加了教材的可读性。

全套教材的编写工作是在教育部职业教育与成人教育司、国家林业局人事教育司的指导下，依托林业行业教学指导委员会完成的，并得到了国家林业局职业教育研究中心、广东省林业职业技术学校、宁波城市职业技术学院、福建林业职业技术学院、江苏农林职业技术学院、苏州农业职业技术学院、南京森林警察学院、上海城市管理职业技术学院、云南林业职业技术学院、广西生态工程职业技术学院、江西环境工程职业学院、安徽林业职业技术学院、甘肃林业职业技术学院、河南科技大学林业职业学院、山西林业职业技术学院、山东潍坊职业学院、山东城市建设职业学院、天津财经大学艺术学院、天津市园林学校、天津职业大学、辽宁林业职业技术学院、黑龙江省齐齐哈尔林业学校等单位的大力支持，在此深表感谢！

此套教材适合职业院校园林专业使用，希望新教材的出版能为“十二五”期间造就园林专业一线人才做出贡献！

高等教育出版社

2012 年 5 月

第二版前言

“园林绿地规划设计”是园林专业核心课程之一，是园林专业中实用性较强、综合所学专业基础知识较多的一门课程。

本书是在2005年第一版的基础上修编的，在修编过程中延续了第一版规范、直观易懂、适用面广的特点，吸收园林行业的新技术、新知识，新的教学成果，删除难度太深的、过时的、不适合教学的内容，依据学生的知识程度，深入浅出地将工作原理作必要的交代，让学生明白“为什么”这么做，充分体现了职业教育改革精神。

本书的主要修订内容如下：

（1）重新编写章节：对于总体内容有些过时、不适合当前教学要求的“第1章 园林绿地布局形式与园景创作手法”“第2章 园林绿地规划设计流程”“第3章 园林绿地的构成要素”进行了重新编写，将当前园林绿地规划设计最时兴的“造景手法在设计实践中的运用”“园林绿地规划设计最新实用流程”“园林绿地各构成要素的设计要点”等内容有机地整合到教材当中。并根据居住区绿地的设计规范要求，在“第5章 居住区绿地设计”中新增了“5.2 居住区绿地的设计规范”一节。

（2）局部修编章节：对于总体内容仍能适应当前教学要求且在使用过程中反映良好的其他章节采取局部修编的形式，改动比较大的有：“绪论”中的“世界古典园林三大体系特点”，“第4章 道路绿地设计”中的“道路绿地设计专用术语”“道路绿带设计”“交通岛绿地设计”，“居住区中各类绿地的规划设计”中的“中心花园的规划设计”“组团绿地的规划设计”，“第6章 单位附属绿地设计”中的“中小学绿地设计”，等等。对书后彩页部分的内容进行了重新编排、标注，并更换了单位附属绿地、屋顶花园等的设计图片，增加了彩页的技术内涵及图面效果。

本书由广东生态工程职业学院（广东省林业职业技术学校）黄东兵主编（绪论、第2章、第5章、第7章），副主编为黑龙江省齐齐哈尔林业学校王素玲（第3章）、广东生态工程职业学院石茗馨（第4章、第6章）。参加编写的还有山西林业职业技术学院徐巧峰（第1章），山西林业职业技术学院郑淼（第8章），广东生态工程职业学院陈鑫娇（全书电子教案）。全书由黄东兵、石茗馨统稿。

在编本书修订过程中，我们参考了国内外有关著作、论文及园林设计作品（详见书后参考文献），在此特向这些文献的作者表示谢意。此外，本书在编写过程中，得到广东生态工程职业学院、黑龙江省齐齐哈尔林业学校、山西林业职业技术学院等单位领导的关心和支持，谨致以深深的谢意！

由于水平所限，不当之处在所难免，诚请读者不吝赐教，以便修正。

编　者

2021年2月

第一版前言

"园林绿地规划设计"系园林专业核心课程之一，是园林专业中实用性较强、综合所学专业基础知识较多的一门课程。本教材是根据已通过教育部立项审定的《五年制园林专业核心课程教学指导方案》编写的。

本书的主要特点如下：

(1) 结构体例符合园林设计、施工的岗位需求，以及方便教学的需要。例如，在章节编排顺序上，若按照国家标准《城市绿地分类标准》(CJJ/T 85—2002)，将城镇各类绿地分为五大类型，即公园绿地、生产绿地、防护绿地、附属绿地及其他绿地，但根据调研结果，高职、中职院校园林专业毕业生从事道路绿地、居住区绿地、单位附属绿地、屋顶花园和小中型公园的设计、施工工作居多。因此，本书先由浅入深地讲解了园林绿地设计的基本知识，如园林绿地布局与造景手法、园林绿地规划设计的一般程序、园林绿地组成要素，再按照由易到难的教学规律，分别讲解了道路绿地设计、居住区绿地设计、单位附属绿地设计、屋顶花园设计及公园规划设计。在结构体系、语言文字、版式设计等方面进行了求新、求实、求活的探索，力求既有利于教师教学，又有助于提高学生的阅读兴趣和能力，以便引导学生主动思考、深入理解和准确把握所学内容。

(2) 文字叙述浅显易懂。行文中尽量采用图表说明各知识点，节后有相关练习以巩固所学的重要知识；章后选用的范例多来源于实际工程或教学实践。

(3) 在知识取舍上，着重讲述了园林绿地规划设计中必须用到的或与其有关联的知识，并保持知识的系统性与完整性；在技能选择上，着重基本技能的综合训练，达到学生一毕业即能够设计小型园林绿地项目，做到"厚基础，强技能"。

(4) 适用面广。本书既适合高等职业教育园林类专业使用，也适合中等职业教育园林类专业使用。

本书由广东林业学校黄东兵任主编（绪论、第2章、第5章、第7章），宁波城市职业技术学院李耀健任副主编（第1章、第3章）。参加编写的还有广东林业学校石茗馨（第4章、第6章），山西林业职业技术学院郑淼（第8章）。全书由黄东兵、石茗馨统稿。

本书已通过教育部职业教育教材审定委员会所聘请专家的审定。主审为中南林学院沈守云教授和陈月华教授。两位专家认真审阅了本书稿，提出了不少建设性意见，在此对两位专家表示诚挚的谢意！

在编写过程中，我们参考了国内外有关著作、论文及园林设计作品（详见书后参考文献）在此特向这些文献的作者表示谢意。此外，本书在编写过程中，得到广东省林业学校、宁波城市职业技术学院、山西林业职业技术学院等单位领导的关心和支持，谨致以深深的谢意！

由于水平所限，不当之处在所难免，诚请读者不吝赐教，以便修正。

编　者

2005年7月

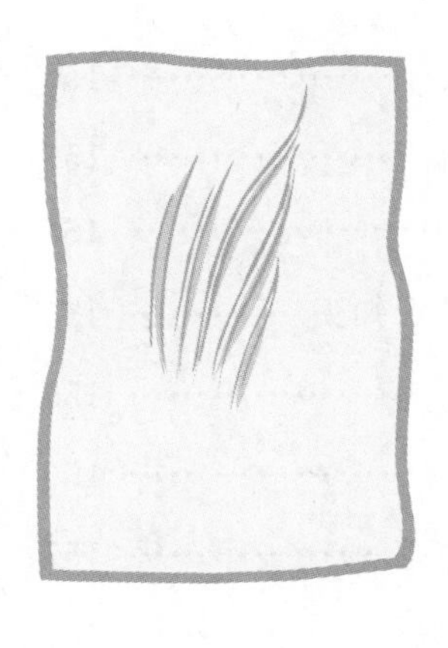

目录

绪论

本章知识点

1. 园林的概念及内涵。
2. 城镇园林绿地系统的概念、分类、特征及功能。
3. 城镇园林绿地指标。
4. 园林绿地规划设计的概念、内涵、课程内容及学习要求。

本章学习目标

1. 理解园林的概念及内涵。
2. 掌握城镇园林绿地指标的调查和计算方法。
3. 了解园林绿地规划设计在园林绿地建设中的作用。

步入21世纪，人类希冀与自然达成更高的精神默契。园林艺术凝固了人类美化自然和与自然交流的永恒体验，带着梦中的天地、理性的浪漫、内心的庭院、户外的厅堂……向我们走来。

0.1 园林泛谈

古代传说，不论是西王母的“瑶池仙境”，基督教的“伊甸园”，还是佛教的“西方极乐世界”，都是根据人间的优美自然环境加以理想化塑造而成的美好境域，它们经过口头流传到付诸文字描述，令人仰慕。人们最早在布建祭祀场所时追寻探求，继而拥有权势的人在其生活的空间中加以效仿，即使是一般的大众也在生产、生活的空间中尽其所能地利用自然因素来改善自己的现实生存环境。经过漫长的历史发展，园林从起源至今，已成为人类共享、共识、共同研究的自然科学与人文科学相结合的学科。

何谓园林，还是让我们从“园”字说起吧。

为“园”字的古写法（图 0-1、图 0-2），其中：

◯ 表示围墙、范围，引申为建筑；

表示土，引申为山石；

○ 表示井，引申为水体；

表示芽，引申为植物。

图 0-1 广东林业学校实训中心主入口花坛设计效果图

图 0-2 广东林业学校实训中心主入口花坛实景照片

由此可以将“园林”解释为：“在一定地域内运用工程技术和艺术手段，通过因地制宜地改造地形、整治水系、栽种植物、营造建筑和布置园路等方法创作而成的优美的游憩境域”。

时至今日，园林的范畴不仅包括城镇中星罗棋布的大小公园、庭院和由纵横交错的绿化网络所组成的绿色系统，而且包括对广袤大地上一切风景资源的保护、利用和游赏条件的合理安排。现代园林的使用价值不仅在于供人游赏和美化环境，而且体现如何在保持人类理想生存条件方面发挥尽可能大的作用，或者说发挥园林改善物质环境方面的效能，以有利于生态系统的良性循环。当然，在改善环境气候、卫生状况，提供优美的户外游憩场所，或作为一种审美对象，甚至成为一件艺术珍品等不同的使命方面，不同类型的园林各有其不同的建造目的。而无论何种园林绿地，在实现了其主要功能效益的同时，如何尽可能多地发挥其他方面的有益作用，也是园林设计者经常思考的问题。

世界古典园林分为东方、西亚和欧洲三大体系，具体情况见表 0-1。

表 0-1 世界古典园林三大体系特点比较

园林体系	代表国家或地区	园林特点	代表性的园林形式
东方园林	中国、日本、朝鲜、东南亚	自然式园林	中国写意山水园、日本缩景园（彩图 1）
西亚园林	叙利亚、伊朗、伊拉克	混合式园林	叙利亚大马士革的伊甸园、古巴比伦空中悬园、波斯天堂园和水法

续表

园林体系	代表国家或地区	园林特点	代表性的园林形式
欧洲园林	古希腊、古罗马、意大利、法国、英国	规则式园林	古希腊柱廊园、古罗马别墅园、意大利台地园、法国平面图案式园林、英国自然风景园

中国园林在绿地规划设计方面积累了许多成功的经验（图 0-3～图 0-10）。

图 0-3　北京颐和园

图 0-4　承德避暑山庄

图 0-5　北京天坛公园

图 0-6　苏州网师园

绿化与园林的关系：“绿化”一词源于 20 世纪 50 年代的苏联，是“城市居民区绿化”的简称，“园林”一词为中国传统用语，约 1 700 年前，西晋张翰诗中就出现了“园林”一词：“暮春和气应，白日照园林”。绿化单指植物的利用，而植物是园林的重要组成要素之一，因此绿化是园林的基础，是局部。园林是对其各组成要素的有机整合，是各个组成要素的最高级表现形式，是整体。绿化注重实现生态效益，同时也含有一定的“美化”功能；园林则更加注重触觉、视觉美化对精神的陶冶，在实现生态效益的基础上，特别强调艺术效果。因此，我们一般将普遍的植树造林称为“绿化”，将具有更高审美质量、具陶冶身心作用的风景名胜区等优美环境称为“园林”。在城市范围内，一般将郊区的荒山植树和农田林网建设称为“绿化”，将市区的绿色空间称为“园林”；在市区范围内，将普通的植物种植和美学质量一般的绿色空间建设称为“绿化”，将经过精心规划、设计和施工管理的公园、花园称为“园林”。

图 0-7　苏州拙政园

图 0-8　扬州个园

图 0-9　顺德清晖园

图 0-10　佛山梁园

园林与绿化在改善生态环境方面的作用是一致的，在审美价值和功能的多样性方面是不同的。“园林绿化”有时作为一个名词使用，即用行业中最高层次的和最基础的两个方面来描述整个行业，其意思与“园林”的内涵相同。园林包含绿化，但绿化不能代表园林。

0.2　园林绿地的功能及其定额指标

1. 园林绿地的功能　城镇园林绿地系统是由城镇中各种类型和规模的园林绿化用地组成的整体。城镇园林绿地系统规划是对各种城镇园林绿地进行定性、定位、定量的统筹安排，形成具有合理结构的绿色空间系统，以实现园林绿地所具有的生态保护、游憩休闲和社会文化等功能的活动。城镇园林绿地系统在城镇中承担着改善城镇生态环境、满足居民休闲娱乐要求，组织城镇景观、美化环境和防灾避灾等功能。

在了解了城镇园林绿地系统后，我们还应该了解一下城市绿地的概念。所谓城市绿地，是指以植被为主要存在形态，用于改善城市生态，保护环境，为居民提供游憩场地和美化城市的一种城市用地。

目前，根据我国城镇绿地系统规划及城镇园林绿化工作的需要，一般将城镇各类绿地分成五大类型：公园绿地、生产绿地、防护绿地、附属绿地和其他绿地。

（1）公园绿地　向公众开放，以旅游为主要功能，兼具生态、美化、防灾等作用的绿地。包括综合公园（全市性公园、区域性公园）、社区公园（居住区公园、小区游园）、专类公园（儿童公园、动物园、植物园、历史名园、风景名胜公园、游乐公园、其他专类公园）、带状公园、街旁绿地。

（2）生产绿地　为城市绿化提供花草、苗木、种子的苗圃、花圃、草圃等圃地。

（3）防护绿地　城市中具有卫生、隔离、安全防护功能的绿地。包括卫生隔离带、道路防护绿地、城市高压走廊绿带、防风林、城市组团隔离带等。

（4）附属绿地　城市建设用地中绿地之外各类用地中的附属绿化用地。包括居住绿地、公共设施绿地、工业绿地、仓储绿地、对外交通绿地、道路绿地、市政设施绿地、特殊绿地等。

（5）其他绿地　对城市生态环境质量、居民休闲生活、城市景观和生态多样性保护有直接影响的绿地。包括风景名胜区、水源保护区、郊野公园、森林公园、自然保护区、风景林地、城市绿化隔离带 、野生动植物园、湿地、垃圾填埋场恢复绿地等。

为做好园林绿地规划设计、科学地评定园林绿地的质量标准，有必要对园林绿地的功能有一个比较清晰的了解和认识。园林绿地的功能及效益归纳如下：

有生命的绿色植物：　　　　自然属性—生态功能—生态效益。

能满足人们的文化艺术需求：　社会属性—社会功能—社会效益。

具有经济价值：　　　　　　经济属性—经济功能—经济效益。

2. 园林绿地的定额指标　园林绿地定额指标是指城镇中，平均每个居民所占的城市园林绿地面积和城市绿地面积与城市其他用地面积的比例。园林绿地定额指标可以反映一个城市绿化数量和质量的好坏，评价一个时期的城市经济发展和城市居民生活福利保健水平的高低，也可以反映一个城市的环境质量和城市居民的游憩娱乐等生活质量，它为城市规划学科提供了可比较的数据。

（1）园林绿地总面积（单位为 hm^2）　它是指城镇各类园林绿地面积的总和。

$$\text{城镇园林绿地总面积}=\text{公园绿地面积}+\text{生产绿地面积}+\text{防护绿地面积}+\text{附属绿地面积}+\text{其他绿地面积}$$

（2）城镇人均公园绿地面积

$$\text{城镇人均公园绿地面积}=\frac{\text{城镇公园绿地总面积}}{\text{城镇非农业人口}}$$

在我国公园中，一般建筑物占地面积为全园面积的1%～7%，道路广场为3%～15%，为简化计算，可按公园总面积的100%计算绿地面积。公园内的水面，如不属于城市水系用地面积，则应作为公园用地面积。

每个游人在公园中的活动面积为60 m²，如果以1/10的城市人口到公共绿地休息计算，则全市平均每人应需公共绿地面积6 m²，即可满足全市人民游园的需要。

(3) 绿地率　绿地率是衡量城市用地构成的一项重要指标，是指城镇中各类园林绿化用地总面积占城镇总用地面积的百分比。它表示了全市绿地总面积的大小。

$$绿地率=\frac{城镇园林绿地总面积}{市区用地总面积}\times 100\%$$

研究数据表明：当绿地面积达50%以上时才有舒适的休养环境。住房和城乡建设部有关文件规定：城乡新建区绿化用地面积应不低于总用地面积的30%；旧城改建区绿化用地面积应不低于总用地面积的25%；一般城市的绿地率应考虑在40%～60%为好。

(4) 绿化覆盖率　绿化覆盖率是衡量城市绿化水平的主要指标之一，是指市区各类绿地植物的垂直投影面积占市区用地总面积的百分比。它是描述城镇下垫面状况的一项重要指标，随着时间的推移、树冠的大小而变化。

$$绿化覆盖率=\frac{城镇绿化覆盖面积}{市区用地总面积}\times 100\%$$

绿化覆盖面积包括各类绿地的实际绿化种植覆盖面积、街道绿化覆盖面积、屋顶绿化覆盖面积以及零散树木的覆盖面积，但乔木下的灌木投影面积、草坪面积不得计入在内，以免重复。

林学界认为，一个地区的植物覆盖率应在30%以上，才能起到改善气候的作用。

0.3 “园林绿地规划设计”课程简介

1. 园林绿地规划设计的含义　园林绿地是现代化城市建设的重要组成部分，也是必不可少的一项基础设施。园林绿地建设和其他建设项目一样，应当有计划、有步骤地进行。每一块绿地的建设都要根据城市或小区总体规划，做出一个比较周密完整的设计方案，它不仅应该符合总体规划所规定的功能要求，贯彻“以人为本”的基本方针，而且应该体现“美观、经济、实用”的原则。园林绿地规划设计是园林绿地建设施工的前提和指导，又是施工的依据。凡是新建和扩建的园林绿化建设项目，一定要有正规设计，没有设计不得施工。

园林绿地规划设计包含园林绿地规划和园林绿地设计两方面的含义。

(1) 园林绿地规划　“规”者，规则、规矩之意；“划”者，计划、策划之意。园林绿地规划是指综合确定、安排园林建设项目的性质、规模、发展方向、主要内容、基础设施、空间综合布局、建设分期和投资估算的活动。从宏观上讲，它包括风景名胜区规划、城市绿地系统规划和公园规划、面积较大和复杂区域的规划。按照工作阶段一般可以分为规划大纲、总体规划和详细规划。

园林绿地规划的重点为：分析建设条件，研究存在问题，确定园林主要职能和建设规模，控制开发的方式和强度，确定用地和用地之间、用地与项目之间、项目与经济的可行性之间合理的时间和空间关系。

（2）园林绿地设计　“设”者，陈设、设置之意；“计”者，计谋、策略之意。园林绿地设计是指使园林的空间造型满足游人对其功能和审美要求的相关活动。具体而言，它是对组成园林整体的山形、水系、植物、建筑、基础设施等要素进行的综合设计，而不是只针对园林组成要素进行的专项设计。

园林绿地设计包括总体设计（方案设计）和施工图设计两个阶段。方案设计指对园林整体的立意构思、风格造型和建设投资估算；施工图设计则要提供满足施工要求的设计图纸、说明书、材料标准和施工概（预）算。

（3）园林绿地规划与园林绿地设计的关系　从工作程序上看，一般是规划控制设计，设计指导施工，即总体规划、详细规划、总体设计（方案设计）、施工图设计。从工作深度上看，一般图纸的比例小于 1/500 为园林绿地规划，比例大于 1/500 为园林绿地设计。规划偏重宏观的综合部署和理性分析；设计偏重感性的艺术思维，主要通过造型来满足园林绿地的功能和审美要求。规划所涉及的空间一般比较大，时间比较长；设计所涉及的空间一般比较小，时间就是建设的当时。规划是基础，设计是表现。规划和设计在中间层次有可能产生一定的工作交叉。

园林绿地规划设计中往往会碰到许多问题，如建园的意图和特点，园址现状条件的把握，园林绿地的内容、形式和布局，山水地形的处理方法，出入口与园林铺地的设置，主要园林建筑的形式，园林植物的合理选择与配置等。此外，还要解决好近期和远期、局部和整体的关系，以及考虑造价及投资的合理应用、服务经营等有关问题。

2.“园林绿地规划设计”课程内容与培养目标　“园林绿地规划设计”这门课程是园林专业的骨干课程之一，它以植物及生态基础、园林设计基础、园林美术、园林制图、园林植物、园林测量等课程为基础，可与园林工程、园林植物栽培与养护、园林建筑等课程同步开设。

本书内容包括绪论、园林绿地布局形式与园景创作手法、园林绿地规划设计流程、园林绿地的构成要素、各类园林绿地规划设计（道路绿地、居住区绿地、单位附属绿地、屋顶花园）和公园规划。

通过学习本门课程，同学们将能够独立设计小型园林设施和主要利用植物进行环境景观设计，并能在设计中充分考虑人类活动和环境的协调关系。

3. 学习本门课程的方法 学习“园林绿地规划设计”应把握好“五要”：

（1）要总结 善于汲取古今中外园林规划设计之精华，做到“古为今用”，“洋为中用”，继承与发展相结合，提高园林设计水平。

（2）要领会 全书自始至终贯穿着一条主线，那就是园林绿地规划设计的原则、方法与要求。在整个学习过程中，我们将从不同的角度，在不同的层面上，一再看到这条主线的展示。如果能够把握住它，就意味着抓住了整个课程的关键，掌握了理解全部内容的钥匙。

（3）要注意 我们是在学习了植物及生态基础、园林设计基础、园林美术、园林制图、园林植物、园林测量等课程的基础上，并正在学习园林工程、园林植物栽培与养护等课程的同时学习这门课程的，因此有许多相关的园林知识在本书中不再重复，或者不再从头讲起。当然，本书也根据内容需要，以提示的方式强调对有关园林知识的运用，但更多的场合需要我们主动地去借鉴和运用已学知识。谁能较好地做到这一点，谁就能够提高学习效率和学习效果。

（4）要懂得 学习园林绿地构成要素和各类园林绿地的规划设计，两者并不是彼此孤立的，而是一脉相承的，它们统一于逐步建立园林规划设计思想。只有学习了园林绿地构成要素等基础知识，才能合理、有效地进行道路绿地、居住绿地、单位附属绿地、屋顶花园等各类园林绿地的规划设计。此外，在世界园林发展历程的大背景下，深切地理解中国园林发展的趋势，也是我们学习这门课程的一个重要的出发点和落脚点。

（5）要“四勤” 本课程是一门要求知识面广、实践性强的课程，在学习过程中要“脑勤、口勤、手勤、腿勤”，做到“左图右画，开卷有益；模山范水，集思广益”，勇于实践，敢于创新。同时，还要熟练掌握包括文字说明、园林绘图在内的设计语言，以便将设计构思完整、准确、美观地表达出来。值得一提的是，步入21世纪，园林规划设计工作者除了应具备扎实的手工绘画基础外，还应在园林规划设计中熟练运用计算机进行绘图，以便更精确、更有效、更真实、更规范、更全面地表达设计人员的构思。

学习了这门课程之后，相信每一位同学都能具备运用园林绿地规划设计理论解决实际问题的能力，初步理解和领会园林的深刻内涵，为今后的就业或进一步深造打下基础。

实 训

城镇园林绿地指标的计算

一、实训目的

掌握城镇园林绿地指标的计算方法。

二、实训内容

为了便于调查，建议以本校作为虚拟小城镇，进行现场勘测。

三、实训时间安排

2～4 学时（各学校根据本校学时自行安排）。

四、实训材料

卷尺、测量仪器、图纸、绘图工具等。

五、实训要求

根据现场勘测数据，计算出虚拟小城镇的园林绿地总面积、人均公共绿地面积、绿地率和绿化覆盖率等园林绿地指标。

第1章 园林绿地布局形式与园景创作手法

本章知识点

1. 园林绿地布局的基本形式及其特点。
2. 景的含义、赏景阶段、造景手法及组景序列。

本章学习目标

1. 掌握园林绿地布局的基本形式及其特点。
2. 学会赏景，掌握园林绿地的造景手法在设计实践中的运用。

艺术的门类很多，如美术、音乐、舞蹈、文学、戏剧、电影以及园林等，当园林创作升华到艺术境界时便称为园林艺术。一般的艺术门类都只为人们提供由艺术家创作而成的艺术美的审美内容，园林艺术的审美内容则既有艺术美，又有生活美和自然美（彩图3、彩图4）。园林布局就是结合自然条件对整个园林的结构和格局进行全面安排和合理布置的过程。园林艺术的基本单元是景与景点，能否设计出具有美感的园林，运用好各种园景创作手法是关键。

1.1 园林绿地的布局形式

园林布局内容包括对所用材料的选取和提炼，主景、配景的酝酿，功能景区的划分，景点和景区的分布，游览路线与风景视线的安排，以及园林表达形式的推敲等。

纵观世界三大园林体系，归纳起来其布局形式可分为自然式、规则式和混合式三种基本形式。随着社会的不断进步和发展，不断出现新的园林布局形式，自由式园林就是其中的代表。

一、 自然式园林

自然式园林又称东方式、风景式、山水式或不规则式园林。

【形式特征】　以模仿和再现自然山水景观和植物群落为主，园林要素的平面布置和立体造型均较自然和自由，不追求对称的平面布局，以体现自然写意美为宗旨。

【应用】　这种形式较适合于有山有水、地形起伏的环境。如中国古典园林、日本传统园林、英国自然风景园，在现代园林中应用广泛（图 1-1、图 1-2）。

【效果】　自然、幽雅、含蓄。

图 1-1　自然式园林——佛山市南海颐景园平面图（局部）

图 1-2　自然式园林——佛山市南海颐景园实景照片

二、　规则式园林

规则式园林又称整形式、几何式、建筑式、图案式园林。

1. 规则对称式园林

【形式特征】　以建筑和建筑所形成的空间为园林的主体，在平面规划上有明显的中轴线，并沿此轴线对称布置，以体现造型艺术美为宗旨。正如黑格尔在阐述西方古典园林中所说："最彻底地运用建筑原则于园林艺术的是法国的园林，它们照例接近高大的宫殿，树木是栽成有规律的行列，形成林荫大道，修剪得很整齐，围墙也是用修剪整齐的篱笆造成的，这样就把大自然改造成为一座露天的广厦。"

【应用】　① 用于平坦的地形和丘陵缓坡地形。如意大利台地园、17 世纪法国的平面图案式园林（图 1-3）等基本上都是以规则对称式园林为主；② 用于气氛较严肃的纪念性园林或宗教类园林中。

【效果】　庄严、雄伟、规整、大气，秩序感强。

2. 规则不对称式园林（图 1-4）

【形式特征】　全园没有很明显的对称主轴线控制，但整体构图是几何式的、规则式的，所有线条都有迹可循，空间布局较灵活多变。

【应用】　用于路旁和街头绿地的布局，如街头小游园。

【效果】 自由灵活，又充满图案美。

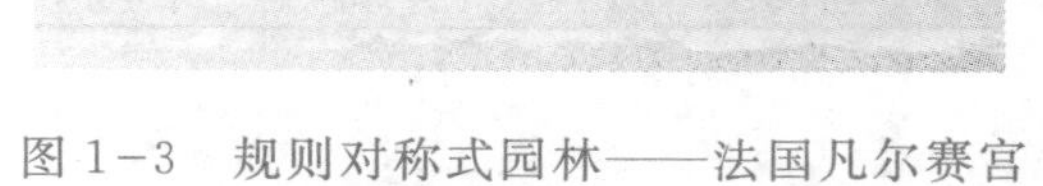

图1-3 规则对称式园林——法国凡尔赛宫

图1-4 规则不对称式园林

自然式园林与规则对称式园林的特征比较见表1-1。

表1-1 自然式园林与规则对称式园林的特征比较

项目	自然式园林	规则对称式园林
总体特征	1. 全园以模仿和再现自然山水景观和植物群落为主，园林要素的平、立面布置和造型较自然和自由； 2. 以体现自然风貌为布局宗旨	1. 全园有明显的轴线控制，各景观要素沿中轴线对称或拟对称布置； 2. 以体现造型艺术美为布局宗旨
地形	1. 地形随高就低，因地制宜，自然起伏，再现自然界的峰、峦、巅、岗、岭、峡、岬、谷、坞、坪、洞、穴等地貌景观； 2. 剖面线为自然曲线	1. 在开阔平坦地段，地形由不同高程的水平面及缓坡组成； 2. 在山地及丘陵地段，由阶梯式的平台地、倾斜平面及石级组成，并以台阶进行联系； 3. 剖面线由直线组成
水体	1. 水体轮廓自然曲折，无规律性； 2. 水岸保持自然曲线的倾斜坡度，驳岸以自然山石为主； 3. 水景类型有湖、泊、池、沼、溪、涧、潭、瀑、海、河、洲、港、湾等自然水体形式	1. 水体外形轮廓均为几何形，主要是圆形、长方形、椭圆形及其组合形式； 2. 水体驳岸多为整形驳岸和垂直驳岸，有时用雕塑和喷泉点缀； 3. 水景的类型有整形水池、整形瀑布、喷泉、壁泉及水渠、运河等

续表

项目	自然式园林	规则对称式园林
植物配置	1. 植物配置形式不成行成列栽种，以孤植、丛植、群植、密植为主，体现植物群落美； 2. 树木不进行修剪造型，以自然式生长为主，体现自然美； 3. 花卉布置以自然式的花境、花丛、花群、花台为主要形式，体现自然界的鲜花烂漫之美	1. 植物配置形式以等距离行列式、对称式布局，体现秩序美； 2. 对植物进行修剪整形，多模拟建筑形体、动物造型、绿篱、绿墙、绿门、绿柱等，体现人工美； 3. 花卉布置以花坛、花钵、花坛群为主，体现图案美
建筑	1. 全园建筑不以轴线控制，而以导游线构成的连续构图为主，但局部仍以轴线处理； 2. 单体建筑多以对称或不对称的均衡布局方式，建筑群或大规模建筑多采用不对称均衡布局； 3. 园林建筑的主要类型有亭、台、楼、阁、厅、堂、轩、馆、桥、廊、榭、舫、塔、斋、祠、殿等	1. 主体建筑群与单体建筑多采用中轴对称的均衡布局； 2. 以主要建筑群与次要建筑群形成与广场、道路相组合的主轴、副轴系统，形成控制全园的总格局
广场与园路	1. 除建筑前的广场为规则式外，园林中的空地和其他广场一般外形轮廓均为自然式； 2. 园路的走向和布置多随地形而变化。其平面曲线、竖向剖面线均为自然曲线	1. 广场多呈规则对称的几何形，主轴和副轴线上的广场形成主次分明的系统； 2. 广场与道路构成方格形式、环状放射形、中轴对称或不对称的几何布局； 3. 道路均为直线型、折线型或几何曲线型
园林小品	1. 小品形式多为假山、石品、盆景、石刻、木刻、砖雕、石雕、园灯、栏杆等； 2. 假山、置石常作为局部小园中的主景存在； 3. 雕塑的基座为自然式，雕塑位置多配置于透视线集中的焦点	1. 小品多以雕塑、瓶饰、园灯、栏杆等来装饰、点缀园景； 2. 雕塑常与喷泉、水池构成水体的主景； 3. 常采用盆树、盆花、瓶饰、雕塑等作局部小景区的主景； 4. 雕塑的基座为规则式，雕塑位置多配置于轴线的起点、终点或交点上

三、 混合式园林

混合式园林又称为折中式、交错式园林，是综合运用了轴线对称法和自然山水法的一种园林布局形式，兼具规则式和自然式的优点，以体现折中融和美为布局宗旨。

1. 同一绿地中的混合布置

【形式特征】 将自然式园林和规则式园林的特点用于同一园林绿地中，交错布置。

【应用】 较多运用于大中型园林布局中，如规则式大路与自然式小径搭配，绿地外围树木采用行植、列植等规则式种植与其内部植物采用丛植、散植、群植等自然式栽植的搭配；主体建筑采用规则式布置，小建筑和单体建筑采用自然式布置，主要园路采用规则式布置，园林小路采用自然式布置等。

【效果】 自由，各取所长，相互映衬。

2. 不同景区不同形式的混合式布局

【形式特征】 将园林分为若干个景区，一部分区域采用规则式，一部分区域采用自然式，是一种广义的混合式园林。

【应用】 因地制宜，在原地形平坦处按总体规划需要安排规则式的布局；而在原地形条件较复杂，如有起伏不平的丘陵、山谷、洼地等，安排成自然式布局。应用中注意不同区域之间的过渡与联系要自然，使整个环境融为一体，避免突然变化。如可通过设置过渡空间或某些园林要素、园林景点的呼应关系来产生过渡与联系。

【效果】 不同区域中明显地体现出自然式和规则式的特点，使整个园林呈现混合式（图1－5）。

四、 自由式园林

自由式园林又称为抽象式、意象式或现代园景式园林，它是融传统意象与现代园景于一体的新型园林布局形式，以体现自由意象美为布局宗旨。

【形式特征】 采用动态均衡的构图方式，将园景的美学特点和自然景观加以高度概括，通过对景观形象的提炼、变形、集中，以直观优美的图案造型表达寓意丰富的思想内涵，既引人联想，又赏心悦目（图 1－6、彩图 5）。

【应用】 多用于现代园林绿地。以广阔、壮丽、大方的现代园林景观，大色块对比的图案景观等，创造适合静赏、动观和俯瞰的景观，用全新的富于视觉冲击力的景观形象产生优美的园林意境。

【效果】 线条比自然式园林更流畅而有规律，比规则式园林更活泼而有变化。形象生动、亲切而有气韵，具有强烈的时代气息和景观特质。

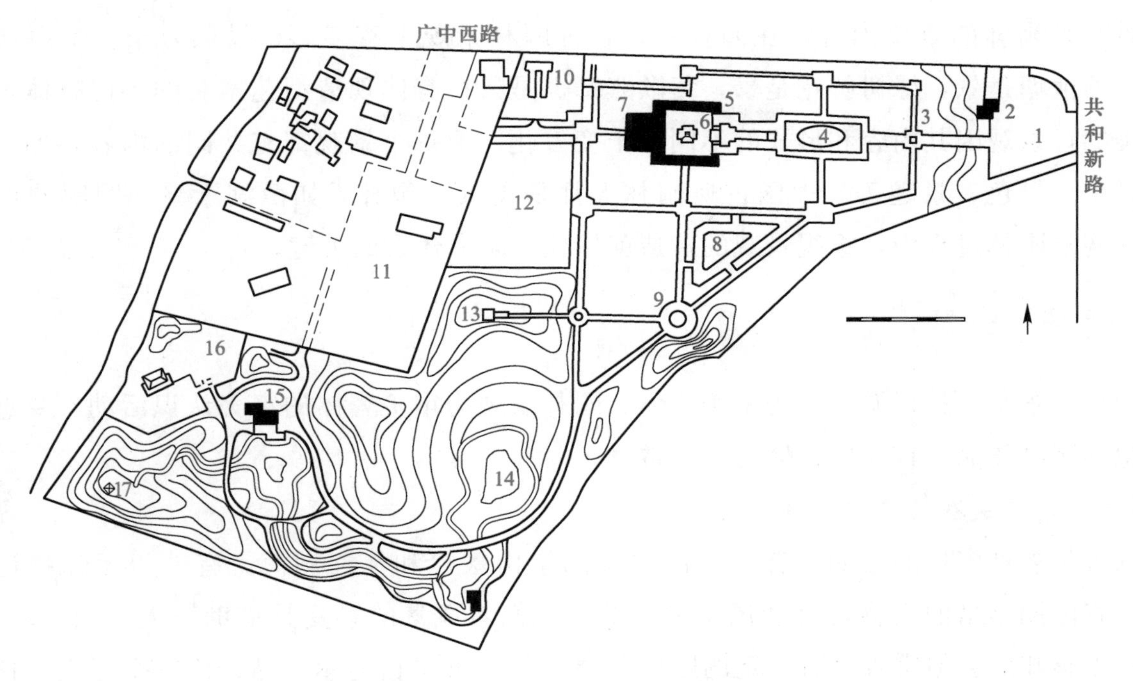

图 1-5　混合式园林——上海市广中公园总体规划平面示意图

1—公园入口广场；2—售票、值班；3—入口西洋名雕；4—沉床园；5—廊柱花架；6—喷泉；7—荟萃展厅；8—纹样花坛；9—花钟；10—花圃；11—公园管理处；12—儿童乐园；13—格兰亭；14—水池；15—茶室；16—和风庭；17—清趣亭

园林的形式多样，内容丰富，我们在进行园林规划布局时要注意三点：① 根据园林的性质、功能和主题来选择合适的园林表达形式；② 根据园林所在地的地方文化传统和民族意识形态的不同来选择适合当地人民审美情趣的园林形式；③ 根据园林基址的地形地貌特征和周围环境条件来选择合适的园林形式，与周围环境协调统一。

图 1-6　自由式园林——太原市滨河公园

1.2　园景创作手法

一、 景与园林景观

所谓“景”就是一个具有独立欣赏内容的形象或空间单元，是从景观的含义简化而来的。

园林景观是指在园林绿地中，自然的或经人为创造加工的，能引起人的审美感受的、可供欣赏的景观形象和空间游憩环境。

景观是园林的重要内容，在园林中，各种园林景观丰富多彩、景象万千。崇山峻岭是景，湖泊池塘是景，绿树鲜花是景，莺歌燕舞也是景；有体现造型艺术美的，也有体现意境联想美的，景观因其内容和形式的不同而千变万化。但每个景观都有共同的内容，那就是都包含景象、景色、景趣等。中国古典园林大都是集景式园林，如西湖十景、圆明园四十景等。在构筑园林过程中，重视景观的营造就抓住了园林建设的关键。

二、 赏景

园林赏景是一种以游赏者为审美主体、园林景观为审美客体的审美认识活动，要想设计出理想的园林作品，首先应该懂得如何赏景。

（一）赏景层次与赏景感受

景观是多种多样的，如：有显示山水美的崇山峻岭和江河湖海，有一望无际的辽阔草原，还有内涵丰富的文物古迹和风土人情等。人们对风景的感受是借助于人的眼、耳、鼻、舌、身去感知的。但赏景是有一定的顺序和层次的，可概括为感、品、悟三个层次，这是一个由被动到主动、从实境至虚境的审美过程。

1. 感与直观感受 园林欣赏首先通过游赏者五官中的视觉、听觉、嗅觉、味觉、触觉等对园林景观及空间进行直接的感知，从而直观地感受其色彩、形状、线条、气味、质感等特征，是审美主体（游赏者）对园林中真实存在的景观的整体直观的感性体会。如植物鲜艳的色彩和优美的姿态，太湖石玲珑的造型及坚硬的质感、桂花园的芬芳馥郁、天然水的甘甜如饴……在这一阶段，园景的形式和特性起着决定性的作用，向审美主体直观呈现各种不同内容和形式的美。这一阶段的层次是用身体去感知，是一种景物呈现式的被动感知，是一般游赏者所能达到的，称为赏景初级阶段。

2. 品与联想感受 “品”则是游赏者根据自己的生活体验、文化涵养、思想情感等，由园林景观的姿、色、味、质等，引发联想或想象，从而领略园林景观的优美意境的过程，它是一种积极、主动的审美活动。

园林之美，固然来自于景物千姿百态的形状和五彩缤纷的色彩等外部特征美，更是来自于景观所表现出来的那种或气势雄浑或曲折幽深的园林意境之美。这是由于景观所具有的本质特征能引起游赏者的联想而获得美的感受。如松树因其四季常绿、郁郁葱葱、主干挺拔、扎根深岩且不畏风吹雨打的自然特性，使人联想到伟岸、坚定、不畏强暴的人格，成为坚强不屈、万古长青的英雄气概的象征；竹因其中空有节而喻节高气雅；兰因暗香幽送，而喻居静而芳、高雅不俗等，都是人类清雅、高尚品格的象征。园林中的一山一水、一草一木都是富含象征性意义的景观形象，会引人联想。园林赏景达到“品”的阶段，对一般游赏者来说也就基本完成了，但还不是园林赏景的最高境界。

3. 悟与人生感受 如果说园林赏景中的“感”是感知、“品”是联想，那么，园林赏景中的“悟”，则是理解、思索和感悟，是游赏者在园林游赏的感知、品味、体验的基础上所进行的哲学思考，从而获得园林意义的深层次的理解和把握。如杜甫由登泰山时的风景游览体验，感悟到登泰山而小天下的哲理，发出“会当凌绝顶，一览众山小”的感慨；范仲淹能从在岳阳楼上看到的“衔远山，吞长江，浩浩荡荡，横无际涯”的豪迈景观中，感悟到“先天下之忧而忧，后天下之乐而乐”的崇高人生哲理。

中国园林就是这样小中见大，把外界大自然的景色引到游赏者面前，使人们从小空间进到大空间，突破有限，通向无限，从而对整个人生、历史、宇宙产生一种富有哲理性的感受和领悟，引导游赏者达到园林艺术所追求的最高境界。

（二）赏景方式与赏景效果

景的观赏有静态观赏与动态观赏之分，不同的游览方式可产生不同的观赏效果。

1. 静态观赏　静态观赏是指游人的视点与景物的相对位置不发生改变的观赏方式。静态观赏看到的是一幅幅静态的风景画，称为静态风景。所以园林布局时艺术设置静态景观的观景点是十分重要的工作。

2. 动态观赏　动态观赏是指游人在游览过程中，其视点与景物的相对位置不断发生变化的欣赏方式，所欣赏到的景物是一组连续的空间序列景观。在动态游览过程中，采用不同的观赏方式，获得的观景效果不同。步行游览能看清楚动态序列景观的具体内容，骑车游览仅看到动画式景观画面，乘坐火车、汽车游览，速度快，直线运行，欣赏到的是连续性的轮廓景观，可感受景观的节奏感，坐缆车、索道从空中观赏，可鸟瞰到园林的整体景观。

事实上，任何园林的观赏，都是静态观赏和动态观赏的结合，常是静中有动，动中有静。一般人对景物的观赏顺序是先近后远，先群体后个体，先整体后细部，先特殊后普通，先动景后静景。因此，园林景点、景区规划布局时应动静结合，提供不同的游览方式，让游人领略完整的园林艺术形象和艺术境界。

（三）赏景视距与赏景效果

1. 赏景点　人们赏景，无论动观还是静赏，总要有个立足点，游人所在位置（即游人的眼睛所在的位置）称为赏景点或视点。

2. 赏景视距　赏景视距就是赏景点与景物之间的距离。赏景视距适当与否直接影响赏景艺术效果，这与人的视觉规律是直接相关的（表 1-2）。

表 1-2　赏景视距与赏景效果

赏景视距	赏景效果
30～50 m	可看清景物细部特征
250～270 m	可识别景物的类别
500 m 之内	能辨认单体景观和建筑的轮廓

续表

赏景视距	赏景效果
500～1 300 m	可辨认建筑群的轮廓
1300～2 000 m	约略辨识建筑群的外形

3. 合适视距 合适视距是指游人在不需要转动头部（一般在垂直视角为 26°～30°，水平视角为 45°的范围内）就能欣赏到想看到的景物的赏景视距。

据统计，一般大型物像的合适视距约为景观高度的 3.5 倍；小型物像的合适视距约为景观高度的 3 倍。

苏联建筑设计师梅尔切斯以在广场上设置雕塑为例，就不同垂直视角下的赏景效果，提出不同视距观赏雕塑的效果（图 1-7，表 1-3）。

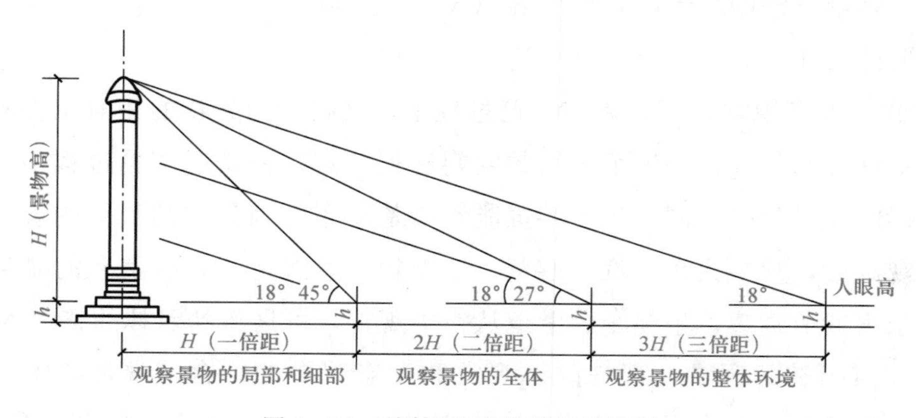

图 1-7 不同视距观赏雕塑的效果

表 1-3 视角、视距与赏景效果

视距/景物高	视 角	空间状态	赏景效果
1∶1	45°	完全封闭状态	观赏者可清楚地看到雕塑的细部
2∶1	27°	半封闭状态	观赏者可看到雕塑作品的整体形象
3∶1	18°	开敞状态	观赏者可看到雕塑及其周围景物的完整画面

（四）视点高度与赏景效果

根据游人观赏景物时视点高度与景物之间的相对位置不同，可将园林欣赏方式分为平视观赏、仰视观赏和俯视观赏。游人观赏景物由于视点高度的不同所获得的观赏效果也不同（表 1-4）。

表 1-4 视点高度与赏景效果

视点高度	观赏方式	特　　征	赏景效果
高视点	俯视观赏	视点高度远远高于景物高度	居高临下，景色全收，可获得高瞻远瞩、神清气爽的视觉感受
低视点	仰视观赏	视点高度远远低于景物高度	获得高大、伟岸的园景效果，产生崇敬、险峻的视觉感受
平视点	平视观赏	观赏点与景物之间的高差不大	一望无际，产生平静、舒适、辽阔、开朗的视觉感受

实际游览过程中，平视、俯视、仰视的观赏方式，不能截然分开，观赏点的位置可高可低，可进可退；游人可登山、登塔、登楼俯瞰，亦可乘船、濒水、涉溪而仰视；或境处于开朗空间，或境处于聚敛空间；或宏观全景，或细察精微。

三、 造景

园林造景就是在特定园林环境中综合运用多种艺术手法，合理组织各种园林素材，人为创造出具有艺术审美价值的景观形象和空间境域的活动。造景是构筑园林的主要内容。其艺术手法主要有：突出主景法、景深层次法、障隔分景法、借景与添景法、夹景与对景法、框景与漏景法、点景与题景法等。

1. 突出主景法　正如自然界中植物的干与枝、动物的躯干与四肢呈现出明显的主从结构一样，园林景观也有主景与配景之分。在确定园林主题的前提下，造景时首先要考虑主要的艺术形象的营造。

主景是指在园林空间中起控制作用的景观，是整个园林绿地艺术构图的核心和重点，它能够表达园林的性质或主题，是全园视线的焦点，具有强烈的艺术感染力。主景包含两方面的内涵，一是指整个园林中的主景，二是园林中由于被园林要素分割而成的局部空间的主景。配景在园林中对主景起衬托作用，通过对比烘托和类比烘托使主景更加突出。突出主景的手法一般有：

（1）主景升高法　通过加大主景高程，将主景置于较高的地形上，取得简洁明朗的蓝天远山的背景，鲜明地突出主体的造型、轮廓，有鹤立鸡群的艺术感染力，这种方法就是主景升高法（图 1-8）。主景升高，相对地使视点降低，看主景要仰视，一般可取得高大、雄伟的视觉效果。

（2）轴线或风景视线的焦点布景法　就是在园林布局中，常常将主景布置在主轴线的端部，或几条轴线的交点上或视线集中的地方，使主景在园林中更为醒目（图 1-9）。

（3）动势向心法　一般在四周环抱的园林空间中，如水面、广场、庭院等，周围的景观往往具有动势集中朝向于某个视线焦点的趋势，此时宜将主景布置在这个焦点上，就会取得百鸟朝凤或群星拱月般的艺术效果（图 1-10）。这种把主景置于周围景观的动势集中部位的方法就是动势向心法。

（4）空间构图重心法　就是将景观布置于园林空间构图的重心处，以吸引游人视线的造景方法（图 1-11）。在规则式园林中主景常居于几何构图中心，而在自然式园林中，主景常位于自然重心上（即视觉重心或视觉焦点处）。

图 1-8　主景升高法——太原市玉门河公园

图 1-9　轴线法——山西晋祠宾馆

图 1-10　动势向心法——北京颐和园昆明湖边铜牛遥望主景佛香阁

2. 景深层次法　没有层次就没有景深，一般园林景观层次可分为近景（前景）、中景、远景（背景）三大层次。前景对整个景观画面起装饰作用，中景一般是主景所在区域，背景则对主景起衬托作用。合理地安排前景、中景与背景，可以加深景观的画面层次感，使景观空间更加深远、丰富、饱满（图 1-12）。

图 1-11　空间构图重心法——太原市珠林园

图 1-12　景深层次——上海复旦大学

3. 障隔分景法　分景就是将园林划分成若干空间，使园景达到“园中有园、景中有景”的境界。分景可使景色丰富、含蓄，空间多变。根据功能作用与艺术效果的不同，具体又可分为障景与隔景两种。

（1）障景　在视线方向布置景观，或植物或假山置石（图 1-13），将园内风景阻隔，所营造出的欲露先藏、欲扬先抑的艺术效果。常用于园林的入口处或景亭前。

（2）隔景　就是运用园林要素构筑景观，将园中的景观或景区分隔开来的一种造景手法（图 1-14）。园林中常常用景墙、绿篱、廊道等来分隔园林景观或区域，使景致丰富、深远，增添构图变化。分隔的作用是营造“含”和“藏”的境界，所谓景愈藏则意境愈大。隔景将园林绿地隔成若干空间，能产生园中有园、池中有池、岛中有岛和大景之中蕴含小景的境界，从而扩展意境。

图 1-13　障景——太原市玉门河公园

图 1-14　隔景——利用景石、植物来分隔

4. 借景与添景法

（1）借景　就是在园林中视线所及的范围内，有选择地将本空间以外的景色，组织到园中来的造景方法。借景可使风景画面的构图生动，能够突破园界，扩大园林空间，增添变幻，丰富园林景色。《园冶》一书中说：“园林巧于因借，精在体宜。借者，园虽别内外，得

景则无拘远近，晴峦耸秀，绀宇凌空，极目所至，俗则屏之，嘉则收之，……斯所谓巧而得体者也”。

借景在园林造景中十分重要。依环境、状况之不同，可采用不同的借景方法。可借远处的景物（远借），如拙政园远借北寺塔（图 1-15）；可近借本园附近的景物（邻借），如拙政园中部邻借西部“宜两亭”（图 1-16）；可向上借山峰、高塔或气象景观（仰借），如悬空之虹霓，天光与云影，黄莺、飞鸽、白鹭等，也可向下借地面景物（俯借），如在杭州的葛岭，可俯赏西湖全景。故山地造园，俯借风景最为方便，无异于空中鸟瞰大地，山川形胜，历历在目。还可因时而借、因地而借，四时佳景，均可入园。如朝花夕日、风霜雨雪、日月星辰、春燕秋雁、钟音泉声、鸟语蝉鸣、寺殿庙宇、楼阁亭台、松涛飞瀑……

图 1-15 借景——拙政园远借北寺塔

图 1-16 借景——拙政园中部邻借西部“宜两亭”

（2）添景 与借景不同，添景是为使某处园景完美，在其景物疏朗、层次不足之处，增设一些景色，以丰富园景的层次的造景方法。一般多用建筑小品、景石、雕塑（图 1-17）、造型优美的树木等充当添景。

5. 夹景与对景法

（1）夹景 是利用树丛（图 1-18）、岩石或建筑，遮蔽两侧，形成夹峙的直线透视空间，

图 1-17 添景——山西晋祠宾馆用雕塑充当添景

图 1-18 夹景——利用两旁的植物形成夹景

营造出幽静、深邃的造景方法，常用于道路两旁。这种方法有强制引导游人视线的作用。

（2）对景　对景多用于园林局部空间的焦点部位。多在入口对面、甬道端头、广场焦点、道路转折点、湖池对面、草坪一隅等地设置一组相对应的景物，一则丰富空间景观，二则引人入胜。一般多用雕塑、山石、水景、花坛（台）等景物作为对景（图 1－19、图 1－20）。

图 1－19　道路对景——西安大唐芙蓉园

图 1－20　对景成趣——西安大唐芙蓉园

6. 框景与漏景法

（1）框景　是在造景过程中通过人为地设置框架而取景的方法。如通过园林的门框、廊柱、窗框、树丛、花架等的空缺之处，观看前方的景物，所看到的景观，即为框景（图 1－21）。这种方法可将人的视线集中引导于框架中间的画面景观上，从而增加景物的艺术感染力。例如李渔的“尺幅窗”，通过窗框，在室内欣赏室外的风景，宛如一幅嵌于镜框中的图画，诗情画意，美妙绝伦，极富艺术效果。

（2）漏景　是通过景物的漏透空间或间隙，将园中其他景观渗透过来，从而营造出一种若隐若现的朦胧景观。如通过沿有漏窗（图 1－22）的长廊和沿有花格窗的围墙观景时，廊、墙之外的景色，时断时续，时隐时现，别有一番情趣。

图 1－21　框景——利用门洞形成框景

图 1－22　漏景——利用漏窗形成漏景

框景与漏景，相似而不相同。框景是通过框架取景，得到的景观画面清明爽朗；漏景是通过漏窗或空隙渗透而得景，景观扑朔迷离。

7. 点景与题景法

（1）点景　是点明景物主题的造景方法，在风景园林空间布局中，主景定位后，可通过在风景视线焦点处或景区转折点上设置山石、植物、建筑（图 1−23）和雕塑等景观，打破空间的单调感，增加园林意趣，起到点题的作用。这些景观被称为点景。

（2）题景　就是给景观题名或对景观咏赞而形成的景观。园林造景时根据某个园林空间的性质、用途，主题，结合空间环境的景象和历史，进行高度概括，做出形象化、诗意浓、意境深的园林题名和咏赞，如匾额、对联、石碑、石刻等，这种造景方法称为题景（图 1−24）。好的园林题景不但丰富了景的欣赏内容，增加了园林的诗情画意，点出了园景的主题，给人以艺术联想，而且有宣传、装饰和导游的作用。

图 1−23　点景——用建筑点景，使景物有焦点和凝聚中心

图 1−24　题景——用文学、书法、石刻等手段来题景

四、组景

1. 景点与景区　凡有风景的观赏价值的区域称为景点，它是园林绿地构成的基本单元。一般园林绿地均是由若干个景点组成一个景区，再由若干个景区组成整个园林绿地，即“园中有园，景中有景”。

组景的基本方法是规划景区结构的分级概念，使各景点、景区在功能上有明确分工，构图各有特色，空间分隔多变而不失整体。

2. 园林空间的展示序列

（1）一般序列　园林绿地的景点、景区，在展现风景的过程中，通常也可分为起景、高潮、结景三段式处理，或高潮和结景合为一体的二段式处理。

二段式：序景—起景—发展—转折—高潮（结景）—尾景。

三段式：序景—起景—发展—转折—高潮—转折—收缩—结景—尾景。

二段式如一般烈士陵园从入口到纪念碑的程序，苏军反法西斯纪念碑就是从母亲雕像开始，经过碑林甬道、旗门的过渡转折，最后到达苏军战士雕塑的高潮而结束；三段式如北京颐和园从东宫门进入，以仁寿殿为起景，穿过牡丹台转入昆明湖边豁然开朗，再向北转西，通过长廊的过渡到达排云殿，再拾级而上直到佛香阁、智慧海，到达主景高潮。然后向后山转移再游后湖、谐趣园等园中园，最后到东宫门结束。除此外还可自知春亭，南过十七孔桥到南湖岛，再乘船北上到石舫码头，上岸再游主景区。无论怎么走，均是一组多层次的动态展示序列。

（2）循环序列　为了适应现代生活节奏的需要，多数综合性园林或风景区采用了多入口、循环道路系统、多景区划分（也分主次景区）、分散式游览线路的布局手法，以容纳成千上万游人的活动需求。因此，现代综合性园林或风景区系采用主景区领衔，次景区辅佐的多条展示序列。各序列环状沟通，以各自入口为起景，以主景区主景物为构图中心，以综合循环游憩景观为主线，以方便游人、满足园林功能需求为主要目的来组织空间序列，这已成为现代综合性园林的特点。

（3）专类序列　以专类活动内容为主的专类园林有着它们各自的特点。如植物园多以植物演化系统组织园景序列，从低等植物到高等植物，从裸子植物到被子植物，从单子叶植物到双子叶植物，或按植物分类系统等。还有不少植物园因地制宜地创造自然生态群落景观，从而形成其特色。又如动物园一般从低等动物、鱼类、两栖类、爬行类到鸟类，食草、食肉及哺乳动物，国内外珍奇动物乃至灵长类高级动物等，形成完整的系统，这些都为空间展示提出了规定性序列要求，故称其为专类序列。

3. 组景中的“实线” 与“虚线”

（1）“实线”——导游路线　导游路线顾名思义，是引导游人游览观赏的路线，与交通路线不完全相同，要同时解决交通、组织风景视线以及造景问题。导游路线的布置也不是简单地将各景点、景区联系在一起，而是要有整体系统的结构和艺术程序，正如一篇文章、一场戏、一个乐曲一样，也有序幕、转折、高潮、尾声的处理。

（2）“虚线”——赏景视线　由于园林中空间变化很大，因此，在考虑“实线”之余，还必须仔细考虑空间构图中的“虚线”——赏景视线。赏景视线可以随导游路线而步移景异，也可以完全离开导游路线而纵横上下四处观赏，但都必须经过匠心独运的精心设计，使园林景观发挥最大限度的感染力。

风景视线的布置原则，主要在“隐、显”二字上下工夫。一般是小园宜隐，大园宜显；小景宜隐，大景宜显。在实际工作中，往往隐显并用。

实训

典型园林绿地综合分析

一、实训目的

了解园林绿地布局形式与园景创作手法。

二、实训内容

选择本地具有代表性的园林进行综合分析。主要内容：园林艺术构图特点，园林布局的基本形式，园景创作手法。

三、实训时间安排

2学时，各学校根据本校具体情况自行安排。

第2章 园林绿地规划设计流程

本章知识点

1. 园林绿地规划设计前期工作的主要内容。
2. 初步方案设计及评审的主要内容。
3. 扩初设计及评审的主要内容。
4. 施工图设计及施工配合的主要内容。

本章学习目标

熟悉园林绿地规划设计的全过程，掌握园林绿地规划设计的流程。

园林绿地规划设计是指建造一块园林绿地之前，设计者根据建设计划及当地的具体情况，把对这块园林绿地的规划设计，通过各种图纸及简要说明把它表达出来，使大家知道这块园林绿地上将要建设的植物、园路、小品、建筑、水体等是什么样的，施工人员根据这些图纸和说明，可以依样把这块园林绿地建造出来。这样的一系列规划设计工作的进行过程，我们称为园林绿地规划设计流程。

园林绿地规划设计流程随着园林绿地类型的不同而繁简不一。园林绿地规划设计的工作范围可包括庭院、宅院、小游园、花园、公园，以及城市街区、机关、厂矿、校园、医院、宾馆饭店等。园林绿地规划设计首先要考虑该绿地的功能，以符合使用者的期望与要求；然后要充分了解该地区特性，选择适当的环境，做出恰当的规划。

2.1 园林绿地规划设计的全过程

一、 前期工作

主要内容：接受设计任务，基地实地踏勘，有关资料的收集等。

作为一个园林绿地建设项目的业主（俗称“甲方”），往往会邀请一家或几家设计单位进行该项目的方案设计。

作为设计方（俗称“乙方”）在与业主初步接触时，要了解整个项目的概况，包括建设规模、投资规模、可持续发展等方面，特别要了解业主对这个项目的总体框架方向的定位和基本实施内容。总体框架方向确定了这个项目是一个什么性质的绿地，基本实施内容确定了绿地的服务对象。这两点把握住了，规划总原则就可以正确制定了。

图 2-1　广东林业学校校前区绿地设计招标——现场踏勘

另外，业主会选派熟悉基地情况的人员，陪同设计方至基地现场踏勘（图 2-1），收集规划设计前必须掌握的原始资料。

这些资料包括：

（1）所处地区的气候条件　气温、光照、季风风向、水文、地质土壤（酸碱性、地下水位）。

（2）周围环境　主要道路，车流人流方向。

（3）基地内环境　湖泊、河流、水渠分布状况，各处地形标高、走向等。

设计方结合业主提供的基地现状图（又称“红线图”），对基地进行总体了解，对较大的影响因素做到心中有数，今后做总体构思时，可针对不利因素加以克服和避让，充分合理地利用有利因素。此外，还要在总体和一些特殊的地块内进行摄影，将实地情况带回去，以便加深对基地的感性认识。

二、　初步方案设计

主要内容：初步的总体构思及修改，方案的第二次修改，文本的制作包装，业主的信息反馈等。

1. 初步的总体构思及修改　基地现场收集资料后，就必须立即进行整理、归纳，以防遗忘那些较细小的却有较大影响因素的环节。

在着手进行总体规划构思之前，必须认真阅读业主提供的“设计任务书”或“设计招标书”，充分了解业主对建设项目的各方面要求，包括总体定位性质、内容、投资规模、技术经济相符控制及设计周期等。在这里，要特别重视对设计任务书的阅读和理解，多看几遍，充分理解，“吃透”设计任务书最基本的“精髓”。

在进行总体规划构思时，要将业主提出的项目总体定位作一个构想，并与抽象的文化内涵及深层的警世寓意相结合，同时必须考虑将设计任务书中的规划内容融合到有形的规划构图中去（图 2-2）。

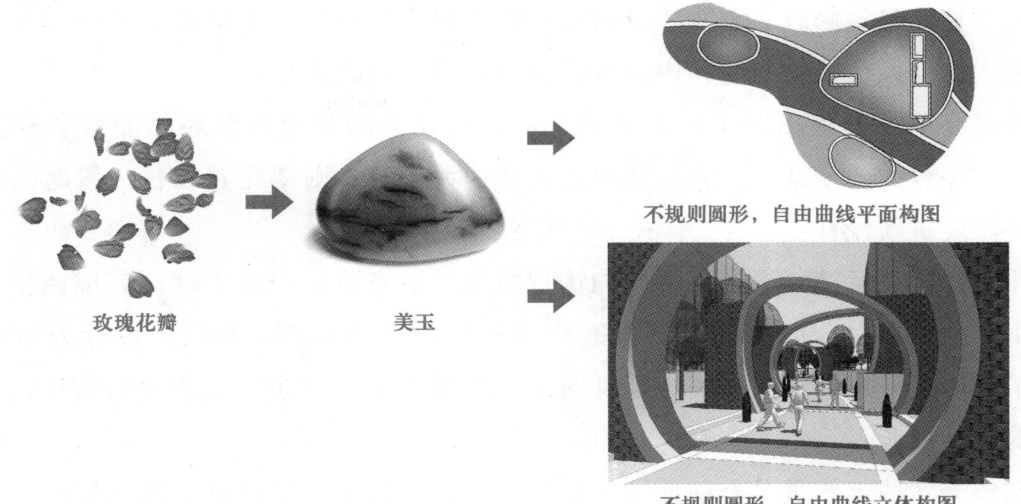

图 2-2　总体规划构思——设计元素演绎

构思草图只是一个初步的规划轮廓，接下去要结合收集到的原始资料对草图进行补充、修改，逐步明确总图中的入口、广场、道路、湖面、绿地、建筑小品、管理用房等各元素的具体位置。经过这次修改，会使整个规划在功能上趋于合理，在构图形式上符合园林景观设计的基本原则：美观、舒适（视觉上）。

2. 方案的第二次修改　经过了初次修改后的规划草图还不是一个完全成熟的方案。设计人员此时应该虚心好学、集思广益，多渠道、多层次、多次地听取各方面的建议。不但要向老设计师们请教方案的修改意见，而且还要虚心向中青年设计师们讨教，多汲取别人设计的长处，并与之交流、沟通，更能提高整个方案的新意与活力。

由于大多数规划方案，甲方在时间要求上往往比较紧迫，因此设计人员特别要注意两个问题：

（1）切忌只顾进度　一味求快，最后易导致设计内容简单枯燥、无新意，甚至完全搬抄其他方案，图面质量粗糙，不符合设计任务书要求。

（2）切忌过多地更改设计方案构思　花过多时间、精力去追求图面的精美包装，而忽视对规划方案本身质量的重视。这里所说的方案质量是指：规划原则是否正确，立意是否具有新意，构图是否合理、简洁、美观，是否具可操作性等。

3. 文本的制作包装　整个方案定下来后，图文的包装必不可少。现在，它正越来越受到业主与设计单位的重视。将规划方案的说明、投资框（估）算、水电设计的一些主要节点，汇编成文字部分；将规划平面图、功能分区图、绿化种植图、小品设计图、全景透视图、局部景点透视图，汇编成图纸部分。文字部分与图纸部分的结合，就形成一套完整的规划方案文本。

4. 业主的信息反馈　业主拿到方案文本后，一般会在较短时间内给予答复。答复中会提出一些调整意见，包括修改、添删项目内容，投资规模的增减，用地范围的变动等。针对这些反馈信息，设计人员要在短时间内对方案进行调整、修改和补充。

现在各设计单位电脑出图率已相当普及，因此局部的平面调整还是能较顺利按时完成的。而对于一些较大的变动，或者总体规划方向的大调整，则要花费较长一段时间进行方案调整，甚至需要重新设计。

对于业主的信息反馈，设计人员如能认真听取反馈意见，积极主动地完成调整方案，则会赢得业主的信赖，对今后的设计工作能产生积极的推动作用；相反，设计人员如马马虎虎、敷衍了事，或拖拖拉拉，不按规定日期提交调整方案，则会失去业主的信任，甚至失去这个项目的设计任务。

一般调整方案的工作量没有前面的工作量大，大致需要一张调整后的规划总图和一些必要的方案调整说明、框（估）算调整说明等，但它的作用却很重要，以后的方案评审会，以及施工图设计等，都是以调整方案为基础进行的。

三、 方案评审

园林绿地建设项目的业主为了评估方案设计的优劣，选出最佳设计方案，会在适当时间组织召开方案评审会。出席会议的人员，除有关部门组织的专家评审组外，还有建设方领导，市、区有关部门的领导，以及项目设计负责人和主要设计人员。

作为设计方，项目负责人要结合项目的总体设计情况，在给定的时间内，全方位汇报项目概况、总体设计定位、设计原则、设计内容、技术经济指标、总投资估算等。在方案评审会上，宜先将设计指导思想和设计原则阐述清楚，然后再介绍设计布局和内容。设计内容的介绍，必须紧密结合先前阐述的设计原则，将设计指导思想及原则作为设计布局和内容的理论基础，而后者又是前者的具象化体现。两者应相辅相成，缺一不可，切不可造成设计原则和设计内容南辕北辙。此外，汇报人必须清楚，自己心里了解的项目情况，专家们不一定都了解，因而，在某些环节上，要尽量介绍得透彻一点、直观化一点，并且一定要具有针对性。

方案评审会结束后几天，设计方会收到打印成文的专家组评审意见。设计负责人必须认真阅读，对每条意见，都应该有一个明确答复，对于特别有意义的专家意见，要积极听取，立即落实到方案修改稿中。

四、 扩初设计

设计者结合专家组方案评审意见，进行深入一步的扩大初步设计（简称“扩初设计”）。

在扩初文本中，应该有更详细、更深入的总体规划平面图，总体竖向设计平面图，总体绿化设计平面图，建筑小品的平、立、剖面图（标注主要尺寸）。在地形特别复杂的地段，应该绘制详细的剖面图。在剖面图中，必须标明几个主要空间地面的标高（路面标高、地坪标高、室内地坪标高）、湖面标高（水面标高、池底标高）。

在扩初文本中，还应该有详细的水、电气设计说明，如有较大用电、用水设施，要绘制给排水、电气设计平面图。

五、 扩初设计评审

在扩初设计评审会上，专家们的意见不会像方案评审会那样分散，而是比较集中，也更有针对性。设计负责人的发言要言简意赅，对症下药。根据方案评审会上专家们的意见，要介绍扩初文本中修改过的内容和措施。未能修改的意见，要充分说明理由，争取得到专家评委们的理解。

在方案评审会和扩初评审会上，设计方应尽可能运用多媒体电脑技术进行讲解，这样，能使整个方案的规划理念和精细的局部设计效果完美结合，使设计方案更具有形象性和表现力。

一般情况下，经过方案评审会和扩初评审会后，总体规划平面图和具体设计内容都能顺利通过评审，这就为施工图设计打下了良好的基础。总的来说，扩初设计越详细，施工图设计越省力。

六、 施工图设计

1. 基地的再次踏勘 基地的再次踏勘，至少有 3 点与前期基地踏勘不同：

（1）参加人员范围的扩大 前一次是设计项目负责人和主要设计人，这一次必须增加建筑、结构、水、电等各专业的设计人员。

（2）踏勘深度的不同 前一次是粗勘，这一次是精勘。

（3）掌握最新、变化了的基地情况 前一次与这一次踏勘相隔较长一段时间，现场情况会有变化，必须找出对今后设计影响较大的变化因素加以研究，然后调整随后进行的施工图设计。

2. 施工图的设计 现在，很多大工程的施工周期都相当紧促，往往最后竣工期先确定，然后从后向前倒排施工进度。这就要求我们设计人员打破常规的出图程序，实行“先要先出图”的出图方式。一般来讲，在大型园林景观绿地的施工图设计中，施工方急需的图纸是：

（1）总平面放样定位图（俗称方格网图）。

（2）竖向设计图（俗称土方地形图）。

（3）一些主要的大剖面图。

（4）土方平衡表（包含总进、出土方量）。

（5）水的总体上水、下水、管网布置图，主要材料表。

（6）电的总平面布置图、系统图等。

同时，这些较早完成的图纸要做到两个结合：一是各专业图纸之间要相互一致，二是每一种专业图纸与今后陆续完成的图纸之间，要有准确的衔接和连续关系。每一专业又有各自的特点，在这里不赘述。

完成急需的图纸后，紧接着就要进行单体建筑小品的设计，这其中包括建筑、结构、水、电各专业施工图设计。

3. 施工图预算编制 严格来讲，施工图预算编制并不算是设计步骤之一，但它与工程项目本身有着千丝万缕的联系，因而有必要简述一下。

施工图预算是以扩初设计中的概算为基础的。该预算涵盖了施工图中所有设计项目的工程费用，其中包括：土方地形工程总造价，建筑小品工程总造价，道路、广场工程总造价，绿化工程总造价，水、电安装工程总造价等。

七、 施工配合

1. 施工图的交底 业主拿到施工设计图纸后，会联系监理方、施工方对施工图进行看图和读图。看图属于总体上的把握，读图属于具体设计节点、详图的理解。

之后，由业主牵头，组织设计方、监理方、施工方进行施工图设计交底会。在交底会上，业主、监理、施工各方看图后提出所发现的问题，各专业设计人员进行答疑。一般情况下，业主方的问题多涉及总体上的协调、衔接；监理方、施工方的问题常提及设计节点、大样的具体实施。各方侧重点不同。由于业主、监理、施工方有备而来，并且有些问题是施工中关键节点。因而设计方在交底会前要充分准备，会上要尽量结合设计图纸当场答复，现场不能回答的，回去考虑后尽快做出答复。

2. 设计师的施工配合 设计师的施工配合工作往往被人们忽略。其实，这一环节对设计师、对工程项目是相当重要的。

设计方在以下情况应派设计师赴发包人所在地进行施工配合：

（1）协助发包人挑选或审查适合执行本工程的承建商。在招标进行期间，提供有需要的设计意向、施工图则和规范说明。

（2）视察苗圃，监管承建商预备种植物料。配合发包人前往工地现场监督，查核本工程建造文件上所示的物料，并直接监督种植树木的种类及种植土堆填工程。

（3）协助发包人检查承建商的施工进度，并就发包人付款情况提出建议。

（4）配合发包人提供工地督导，以确保工程按图纸施工，包括种植初期的保养视察与最后的工程验收。

（5）协助发包人解决由一些意外因素引起的硬景和软景的技术性问题。

（6）工程施工最后阶段，协助发包人完成工程遗漏清单，此清单上的内容需要在工程整体完成后和发包人最终检查验收前进行修正。

（7）参加工程竣工验收。

（8）除派设计师到现场进行技术指导外，设计方随时应发包人的要求，以电子邮件或传真的方式就发包人提出的问题进行解答。

2.2 园林绿地规划设计流程范例

在园林绿地规划设计的社会生产实践活动中，各设计单位往往会根据市场规律制订出切合自身实际的一套园林绿地规划设计流程，下面以某著名园林设计公司的园林绿地规划设计流程加以说明。

一、 量身定做

准确把握每位业主的品位、要求，每个项目的个性需求是首要工作。设计者要详细了解业主对项目的定位、想法，分析绿地的功能、风格、周边环境、造价等设计要素，着手为业主定制一个有个性的设计方案。具体内容包括：对总体规划作出分析和意见，提出总体景观设计风格及主题概念；概念设计的总平面图及设计说明；景观主题意向参考图片及透视草图。

如在广东中山君怡花园一期园林设计中，设计单位根据现场情况（图 2-3），并结合业主提供的建设规划总图（图 2-4），提出了“蔚蓝沁岸”“花团锦簇”的设计构思，得到了业主的认同。

售楼部

主入口

商业街

商业街与一期交界处

一期工程施工现场1

一期工程施工现场2

图 2-3　广东中山君怡花园现场

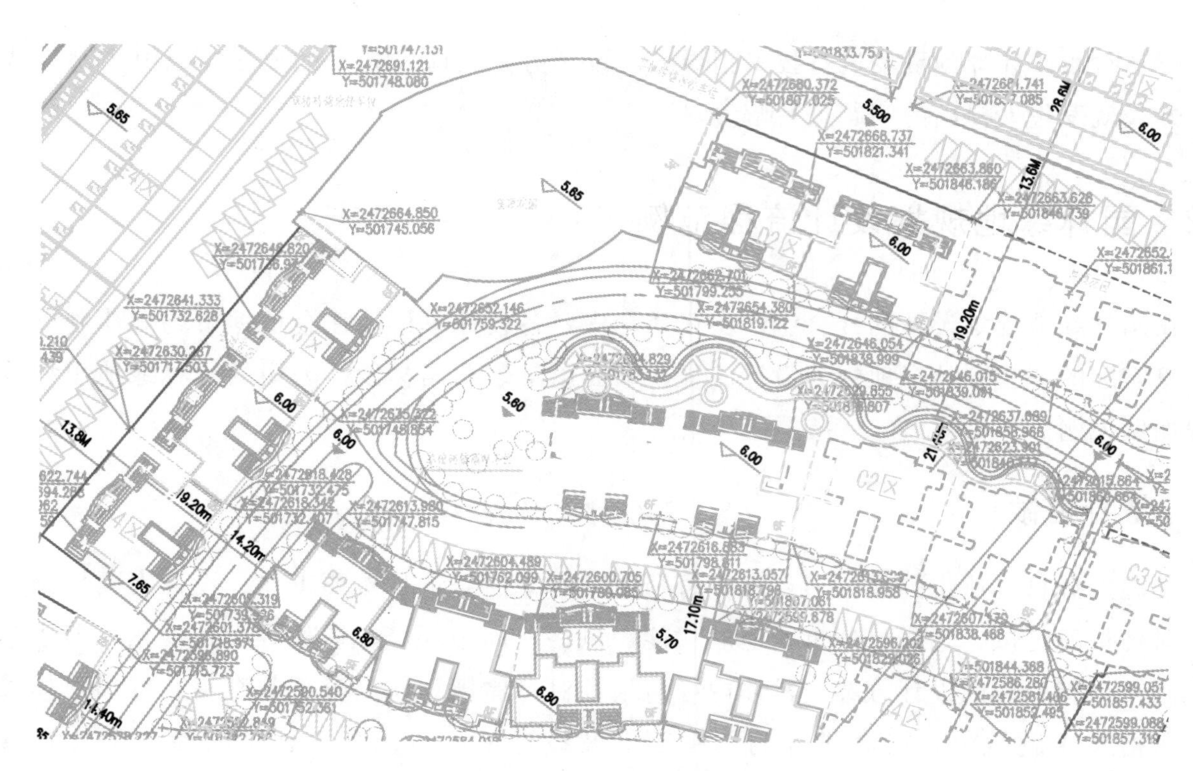

图 2-4　广东中山君怡花园一期建筑规划平面图（局部，单位：m）

二、 方案阶段

在这个环节，设计师将会把设计意念展现出来，提供给业主下列资料：彩色景观方案设计总平面图及景观方案设计说明；景观结构及功能分析图；竖向设计图；道路系统及交通分析图；重点景观和典型节点放大设计，包括平、立、剖面图；景观设计效果透视图；有关物料、植栽、景观小品、灯具等的意向参考图，材料实物样板等（图 2-5～图 2-9）。

图 2-5　方案阶段（工作场景）

图 2-6　广东中山君怡花园一期园林设计方案鸟瞰图（局部）

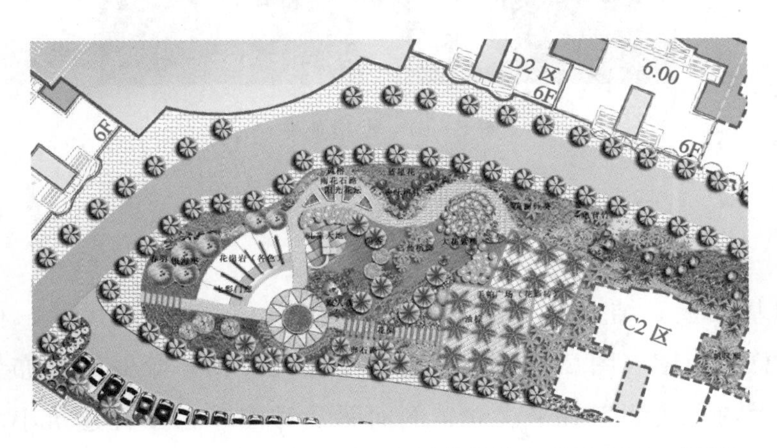

图 2-7　广东中山君怡花园一期园林设计方案平面图（局部）

图 2-8　广东中山君怡花园一期园林设计方案景点表现图

图 2-9　广东中山君怡花园一期园林设计方案植物概念图

三、 汇报业主

由设计师向业主阐述方案的设计理念、平面功能布局及风格特点，共同探讨方案的取舍和发展方向，从而为下一步的工作定下调子（图 2-10）。

图 2-10　汇报业主

四、 深化调整

在初步方案的基础上，结合业主的意见加以调整，初步确定尺寸、材料，并向业主提供：深化调整方案总平面图（图 2-11）；景观总平面尺寸图；景观平面布置索引图；竖向设计图；局部平面放大图，典型景观平、立、剖面图及详图；各园林建筑小品的设计形式交底（入口广场、喷泉、水景、假山、亭廊、树池等）（图 2-12）；植物配置图，苗木表；水景设计图；铺装设计图，工程量清单；区域彩色铺装图（表达清楚铺装材料、波打线、路缘石等）；小区交通导示系统设计图；户外灯具布置图，特色灯具详图；灌溉系统布置图；各种

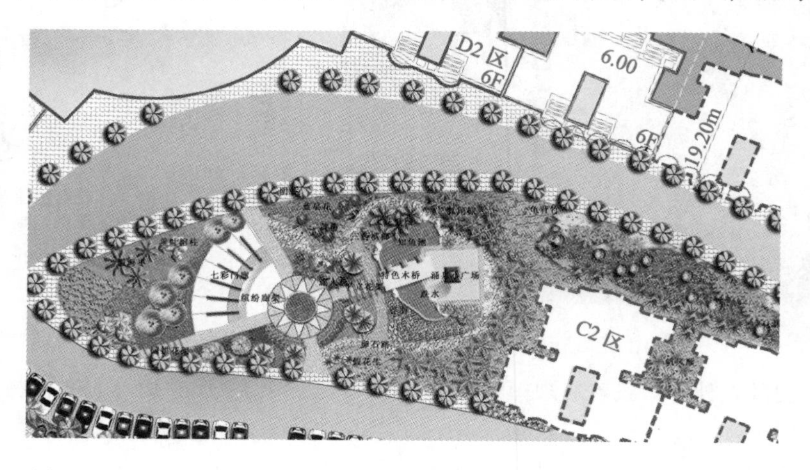

图 2-11　广东中山君怡花园一期园林设计深化调整方案（局部）

户外家具、成品型号选择图；物料表；彩色样板图册等。

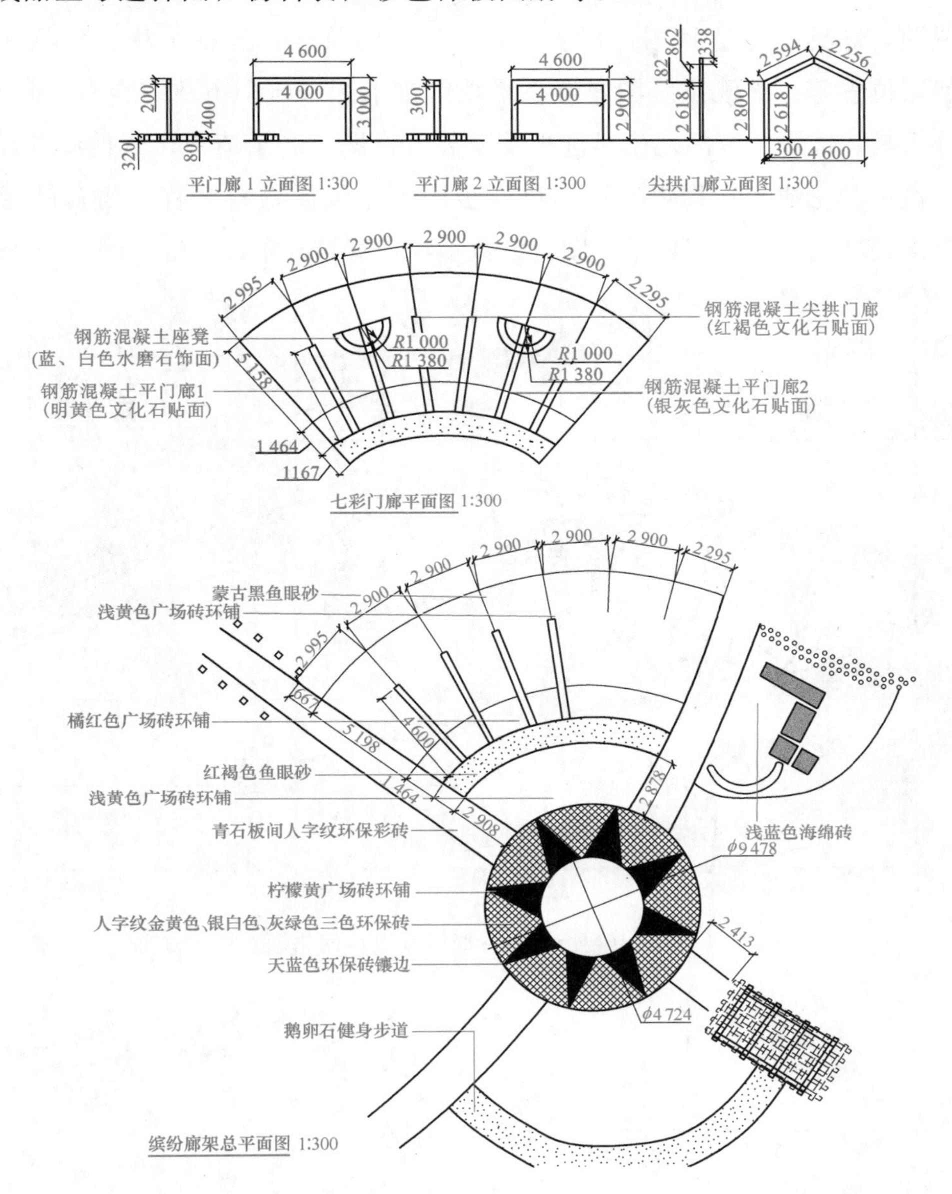

图 2-12　广东中山君怡花园一期主要园林建筑小品设计形式交底（单位：mm）

如在广东中山君怡花园一期园林设计中，设计单位根据业主的意见丰富了水景景观，由单一的溪流改为溪流、瀑布、跌水和鱼池相结合，与设计主题更加吻合。

五、 施工图则

设计将全面展开，设计人员以良好的专业素质，全面细致地将设计意图表达出来，务求能达到最佳效果，让业主满意。设计方向业主提供：园景总平面布置及定位网格图；景观平面分区索引图；竖向设计图；园建小品施工大样图；水景设计平、立、剖面图及详图；铺装设计详图，工程量清单；植物种植施工图，苗木表（注明胸径、冠幅、高度、土球直径、种植密度）及种植施工说明与要求（土壤、肥料等）；乔、灌、草地被综合图；交通导示设计详图；灯具布置图，灯具型号选择图，特色灯具详图；灯具表，包括名称、彩色图片、技术参数、数量、使用位置等；灌溉系统图布置；景观给排水图（与小市政综合）；强弱电系统布置图；各种户外家具、饰物、成品之型号选择及安装大样图，名录清单；其他细部设计详图，如台阶、坡道、栏杆、花池等；物料表：彩色样板图册，包括物料名称，物料的彩色图片、规格、颜色、表面处理工艺、使用位置、图号、数量等；背景音乐设计等（图 2-13～图 2-16）。

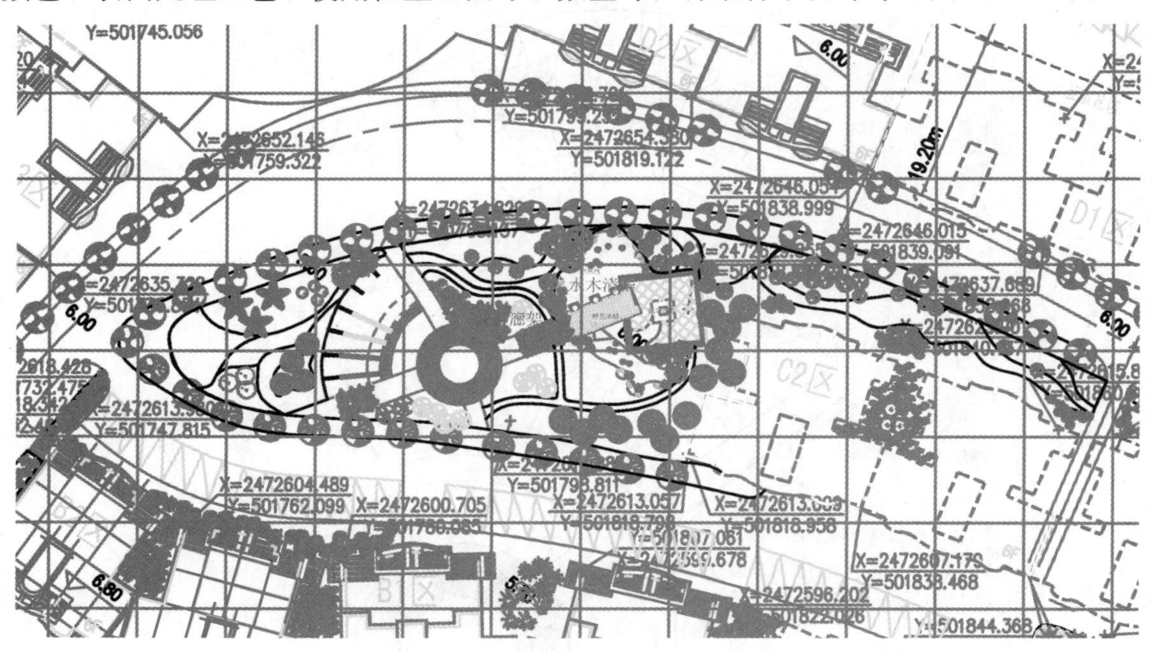

图 2-13　广东中山君怡花园一期园景定位网格示意图（局部）

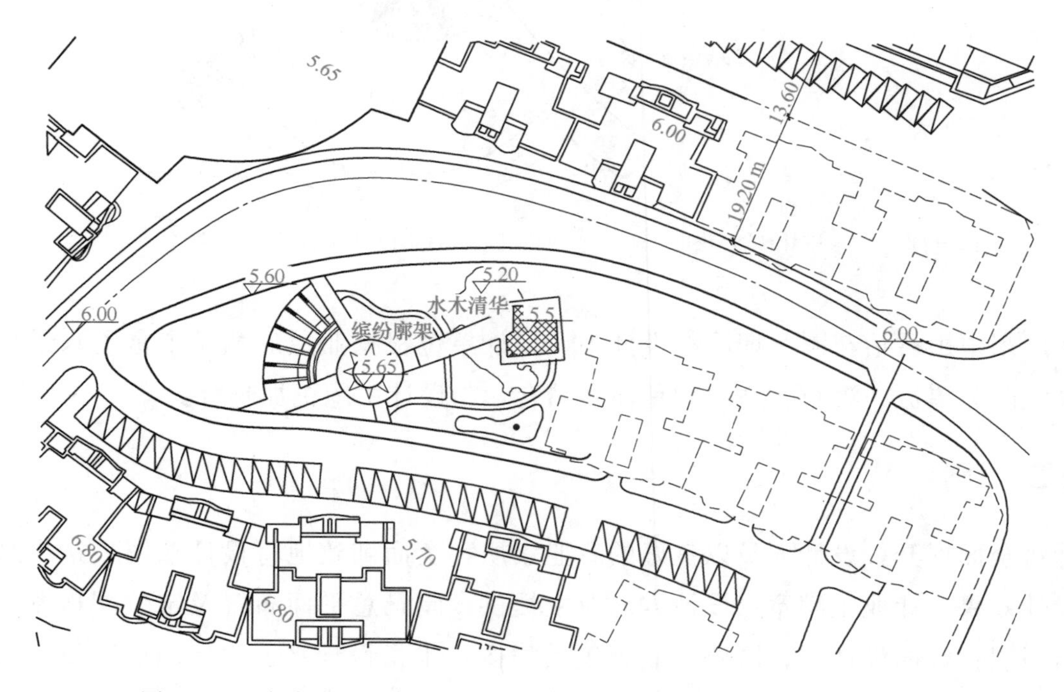

图 2-14　广东中山君怡花园一期园景竖向设计图（局部，单位：m）

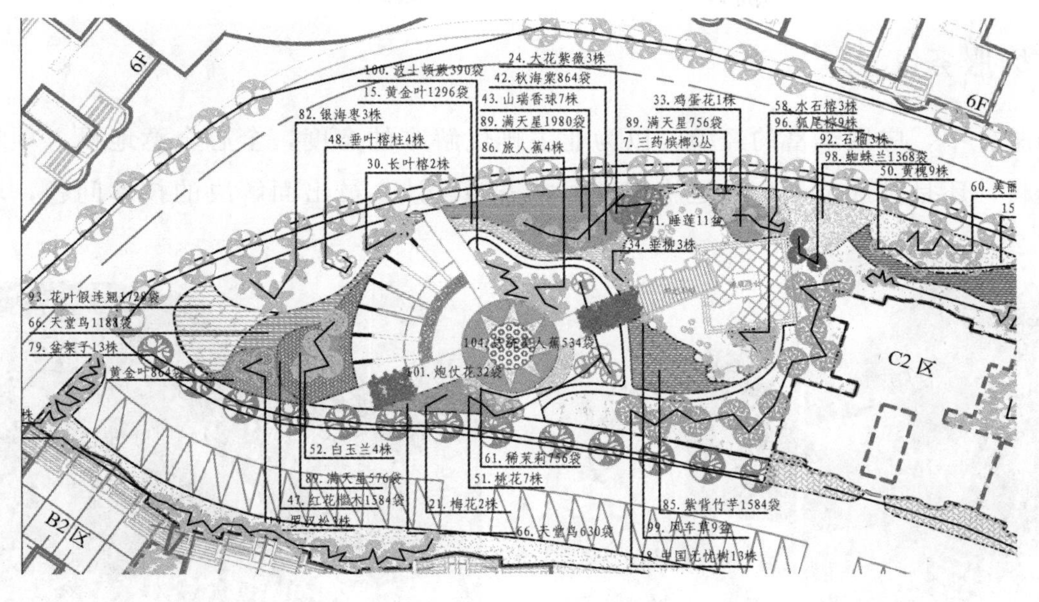

图 2-15　广东中山君怡花园一期植物种植施工图（局部）

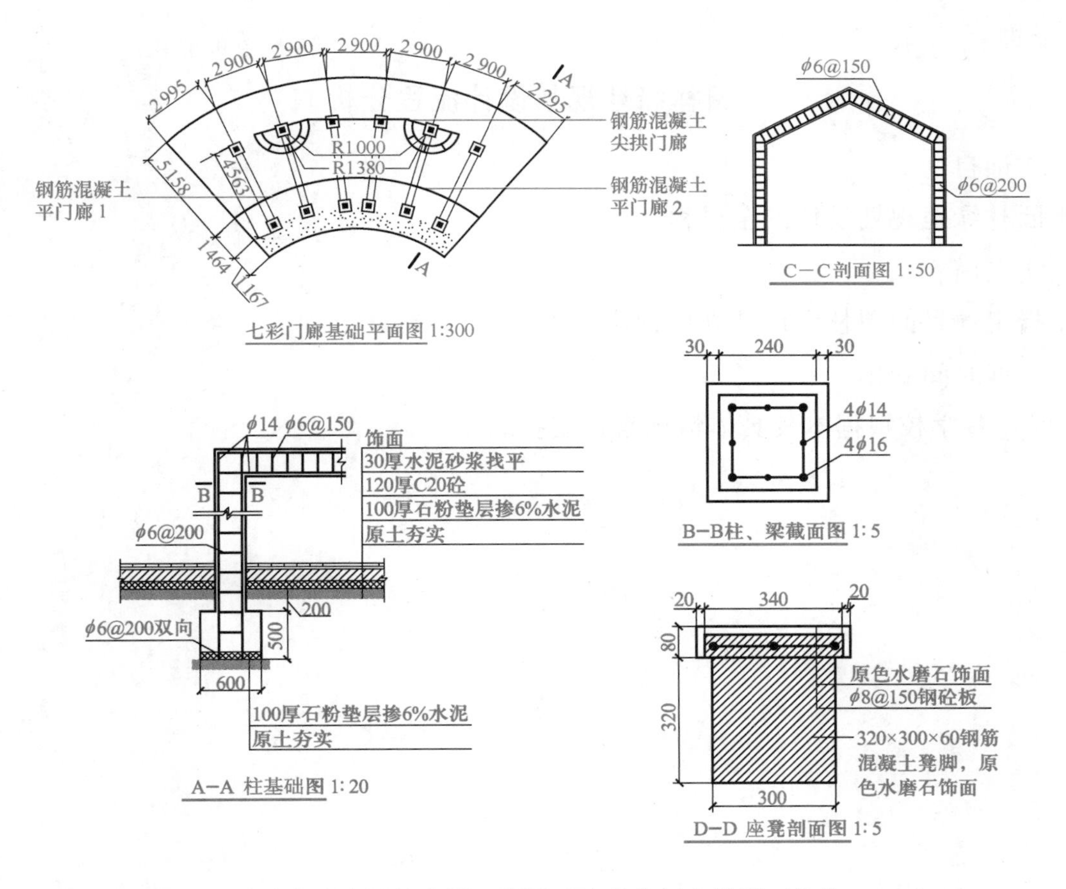

图 2-16　广东中山君怡花园一期园建小品施工大样图（单位：mm）

六、 现场服务

现场服务中，应用丰富的经验，以为业主排忧解难的态度，全心全意地投入项目。不论是看板选料，还是挑选苗木，凡是施工过程中需要设计人员出面解决的技术问题，均应全力以赴（图 2-17）。

图 2-17　现场服务

实　训

园林绿地规划设计流程分析

一、实训目的

熟悉园林绿地规划设计的全过程。

二、实训内容

编制指定项目的园林绿地规划设计流程。

三、实训时间安排

2 学时，各学校根据本校具体情况自行安排。

第3章 园林绿地的构成要素

本章知识点

1. 园林地形的设计原则及设计。
2. 出入口及园林（硬质）铺装场地的设计。
3. 园林建筑与小品的类型及设计。
4. 园林植物配植设计。

本章学习目标

1. 了解园林地形、出入口及园林（硬质）铺装场地、园林建筑与小品、园林植物配植的基本知识。
2. 掌握园林绿地各构成要素的设计要点；初步了解园林绿地的整体设计和局部设计方法。

各类园林绿地都是设计者在一定的自然景观、人文景观基础上，利用园林地形、铺装场地、园林建筑与小品以及园林植物等要素，科学而艺术地组合而成的一个综合艺术品，正确地了解各个园林绿地构成要素的作用、特点和设计要领，可以使我们设计的园林绿地符合自然规律、艺术原理及工程技术要求，能更加充分地发挥园林绿地的功能作用。

园林景观和园林整体功能的实现是各要素综合作用的结果，绝不应当孤立地考虑某一种要素。为便于说明清楚，我们对园林各构成要素的设计分述如下。

3.1 园林地形

地形就是地表的外貌，是园林绿地设计中最基本的要素。就地球范围而言，地形包括：高原、盆地、平原、丘陵、山地、河流和湖泊等，这些地表类型一般称为“大地形”。“大地形”一般不是设计者能改变的对象。从园林范围来讲，地形包括平地、土丘、丘陵、台地、斜坡、溪涧和水池等“小地形”。起伏最小的称“微地形”，它包括沙丘上的微弱起伏或波纹，甚至道路上石块的不同质地变化。

一、园林地形设计的一般原则

1. 因地制宜 园林地形是园林的骨架，因地制宜地利用原有地形是园林地形设计的重要原则。因地制宜，就是就低挖池，就高堆山，以利用为主，改造为辅，结合造景及使用功能进行适当改造，减少土方工程量，降低工程造价。即所谓“高方欲就高台，低凹可开池沼”，“自成天然之趣，不烦人事之工”。

2. 合理处理园林绿地内地形与周围环境的关系 无论是坡地还是河网地、平地，园林绿地内外地形有整体的连续性，并不是孤立存在的。在设计时要注意与周围环境的协调关系。周围环境封闭，整体空间小，地形起伏不宜过大。周围环境规则严整，地形以平坦为主。

3. 满足园林的功能要求 园林地形设计，还应满足各种使用功能的要求。在园林绿地中，开展的活动内容很多，不同的活动，对地形有不同的要求。如游人集中的地方和体育活动场所，要求地形平坦；划船游泳，需要有河流湖泊；登高眺望，需要有高地山冈；文娱活动需要许多室内活动场地；安静休息和游览赏景则要求有山林溪流等。

4. 满足园林景观要求 在地形设计时，要考虑利用地形组织空间，创造不同的立面景观效果。坡地可将园林空间划分为大小不等的开阔或封闭的各种空间类型，使景观的立面轮廓线富于变化。同时要注意使地形符合自然规律，达到预计的艺术效果。山坡角度在自然安息角以内，坡度最好南缓北陡，东缓西陡或西缓东陡，山水之间是相依相抱、水随山转的自然依存关系。总之，要使山水诸景达到“虽由人做，宛自天开”的艺术效果。

5. 符合自然规律和园林工程技术的要求 地形设计在满足使用和景观需要的同时，应符合自然规律，即遵循自然山水形成和分布规律，合乎自然山水稳定协调状态；应符合稳定合理的工程技术要求，排水系统良好，保证地形设计的效果持久不变，符合设计意图，并有安全性。如山高与坡度的关系、各类园林广场的排水坡度、水岸坡度的合理稳定性等问题，都需严格按要求设计，以免发生如陆地内涝、水面泛溢或枯竭、岸坡崩坍等工程事故。

6. 满足植物种植的要求 为使园林植物种类具多样性，从而达到景观多样性，应注意创造出丰富的园林地形，形成不同的小环境，从而为不同生态习性的园林植物提供生长的环境。对长有古树名木的位置，应保持它们原有的地形标高，以免树木遭到破坏。地面标高过低或土质不良的地方均不利于园林植物的生长。

7. 土方要尽量平衡 设计的地形最好使土方就地平衡，根据需要和可能，全面分析，多做方案，进行比较，使土方工程量达到最小限度，节省人力，缩短运距，降低造价。

二、 园林地形的设计

(一) 园林陆地

园林陆地的类型可分为平地、坡地、山地三类。

1. 平地 平地就是指坡度比较平缓的地面。为了有利于排水，平地一般也要保持0.3%～7%的坡度，建筑用地基础部分除外。按公园设计规范要求，一般地表排水的最小坡度，铺装场地0.3%、草地1%、运动草地和栽植地表0.5%；排水的最适坡度，草地1.5%～10%、运动草地1%、栽植地表3%～5%。为了防止水土冲刷，并利于排水，应避免同一坡度的坡面延续过长，而要有一定起伏。

平地在视觉上较为空旷、开阔，没有任何屏障，景观具有强烈的视觉连续性，与水平造型相互协调，使其很自然地同外部环境相吻合，与垂直造型形成鲜明的对比，使景物更加突出，如天安门广场的人民英雄纪念碑。但平地不能形成私密的空间，私密空间的建立需借助其他要素，如植物、建筑等（图3-1）。它可作为集散广场、交通广场、草地和建筑等方面的用地，便于开展各种集体性的文体活动，容纳游人较多，利于人流集散，供游人游览和休息，形成开朗的园林景观。

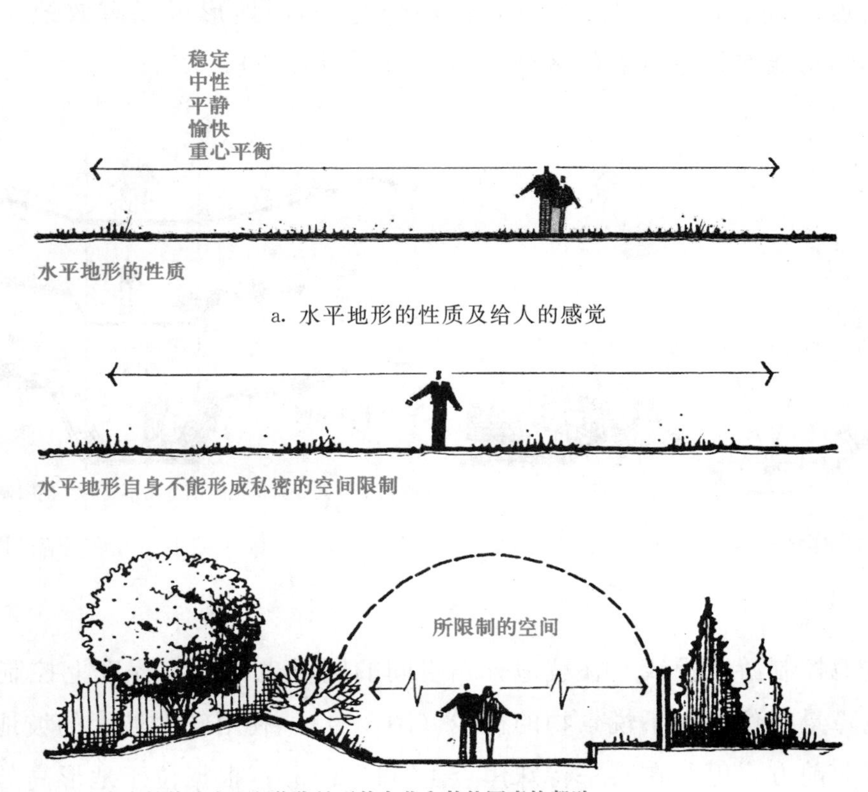

a. 水平地形的性质及给人的感觉

b. 水平地形自身不能形成私密、封闭的空间限制，必须依靠变化的地形或植物与建筑等构成空间限制

图3-1 平地

园林中平地按地面的材料可分为如下几种：

（1）土地面　可用作文体活动的场所，如林中空地。在城市绿地中应力求减少裸露的土地面，尽量做到“黄土不露天”。

（2）沙石地面　包括天然的岩石、卵石或沙砾，可视情况用作活动场地和风景游憩地。

（3）铺装地面　道路和广场作为交通集散、休息观赏和文体活动的场地，可以铺装成规则的或不规则的形式。

（4）绿化种植地面　种植花草树木等，形成不同的园林用途和园林景观。

2. 坡地　坡地是倾斜的地面。根据地面的倾斜角度不同可分为缓坡（坡度在8%～10%）、中坡（10%～20%）、陡坡（坡度在20%～40%）。坡地一般用作种植观赏，提供界面、视线和视点，塑造多级平台，围合空间等。在园林绿地中，坡地常见的表现形式有土丘、丘陵、山峦以及小山峰。坡地在景观中可作为焦点物或具有支配地位的要素，还赋有一定的感情色彩，如上山可以使游人产生对某物或某人更强的尊崇感。

园林中常见坡地利用方式有如下几方面：

（1）利用坡地组织和分隔空间，创造富于变化的空间景观　倾斜的地面和较高点占据了垂直面的一部分，能够限制和封闭空间，形成障景、框景、夹景等景观效果，还能影响一个空间的气氛，斜坡越陡越高，户外空间感就越强烈。利用地形可以有效地、自然地划分空间，使之形成不同功能或景色特点的区域（图3-2，图3-3）。

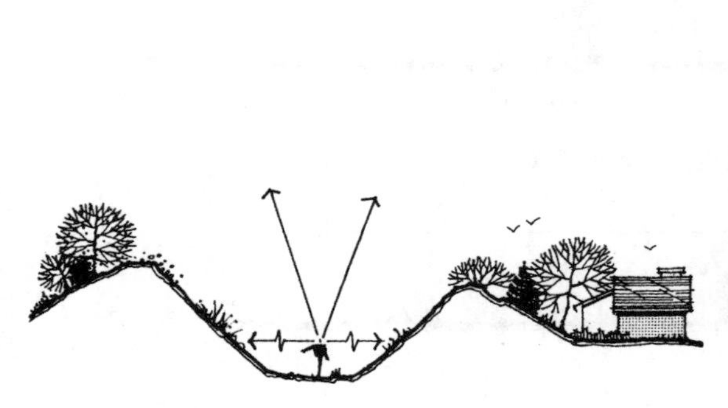

图3-2　凹地形能形成封闭和私密的空间

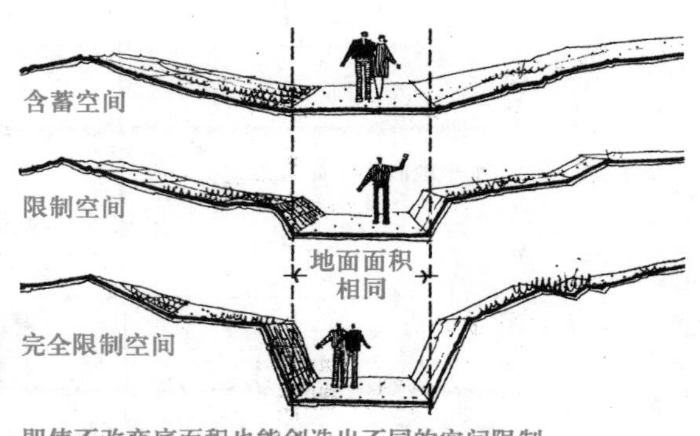

图3-3　利用坡地组织和分隔园林空间

（2）利用坡地控制游览视线　在坡地分隔空间的同时也在一定程度上控制了游览者的视线，如利用坡地障景挡住通向不悦景物的视线（图3-4），利用较大坡度的坡地构成夹景，将游览者的视线引向前方，停留在某一特殊焦点上（图3-5）；根据位于地形高处的特殊目标或景物也容易被突出和“强调”的特性，利用倾斜的坡面展示观赏因素，如主题图案，花带等，以获得较佳的视角（图3-6），利用地形控制视线和造就空间（图3-7），利用地形起伏

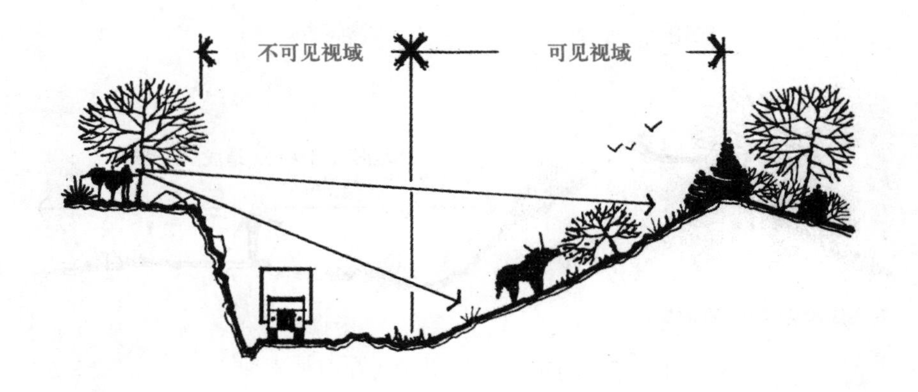

a. 山顶障住谷底的不悦物

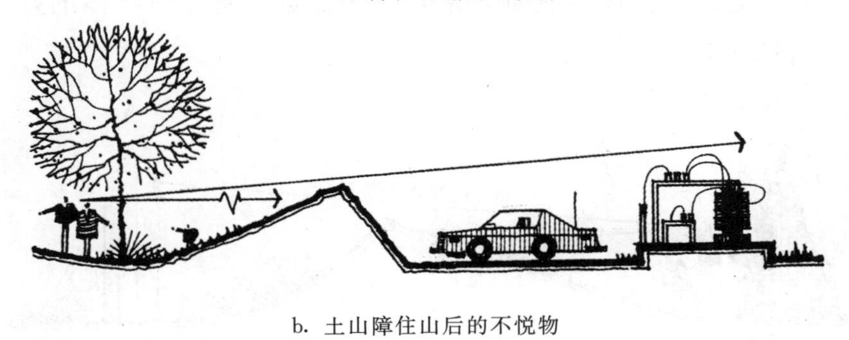

b. 土山障住山后的不悦物

图 3-4　利用坡地挡住不悦物

图 3-5　坡地形成夹景，使游览者视线引向前方停留在某一特殊焦点上

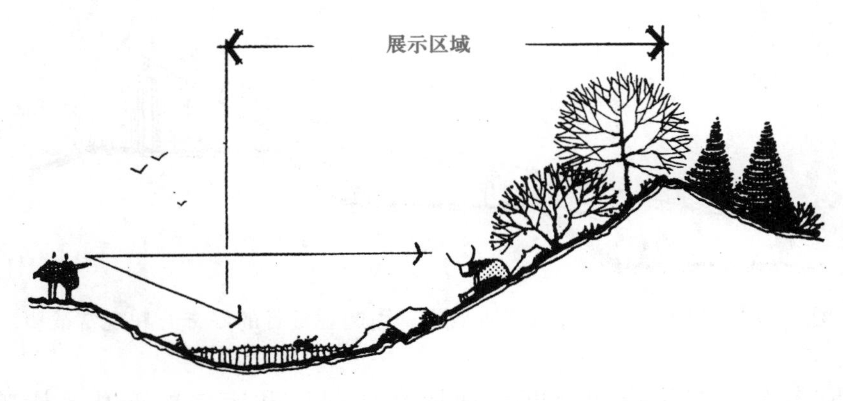

图 3-6　利用倾斜的坡面展示观赏因素

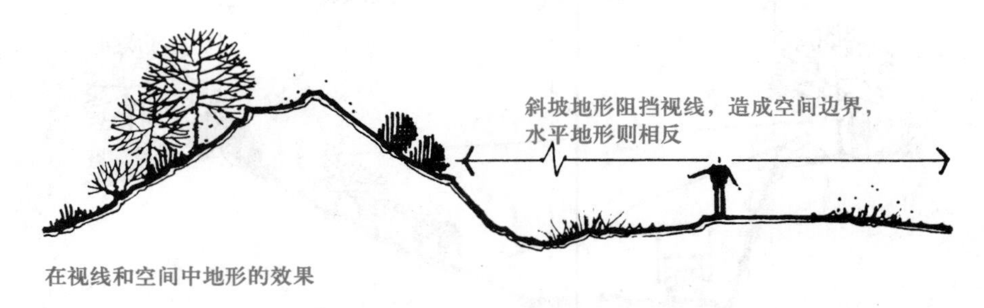

图 3-7　利用地形控制视线和造就空间

变化，形成的对景物忽隐忽现的障景视觉效果，引起游览者对隐蔽物体的好奇心和观赏欲望（图 3-8、图 3-9、图 3-10）。

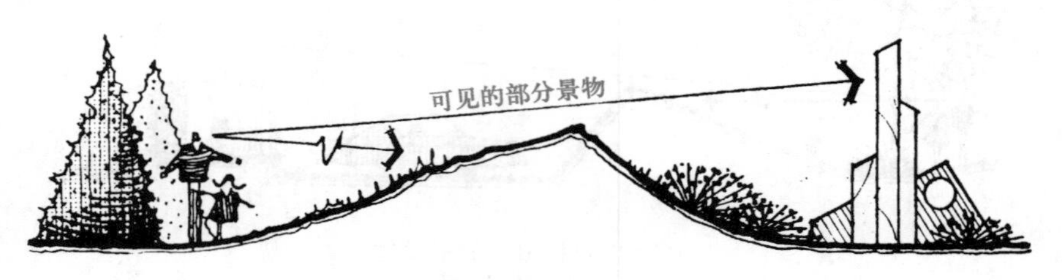

图 3-8　利用地形控制视线并引导游览

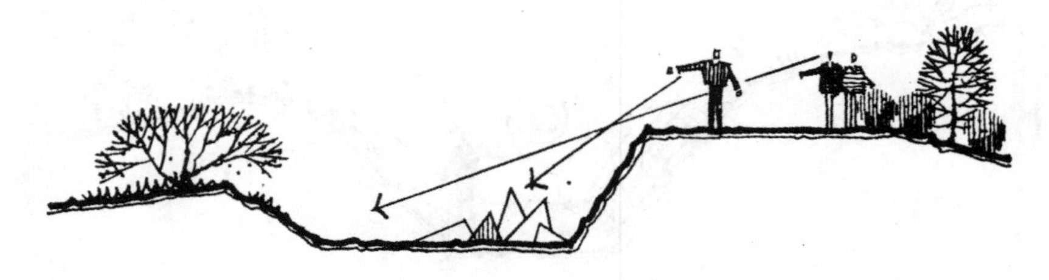

图 3-9　利用坡地障景先藏后露

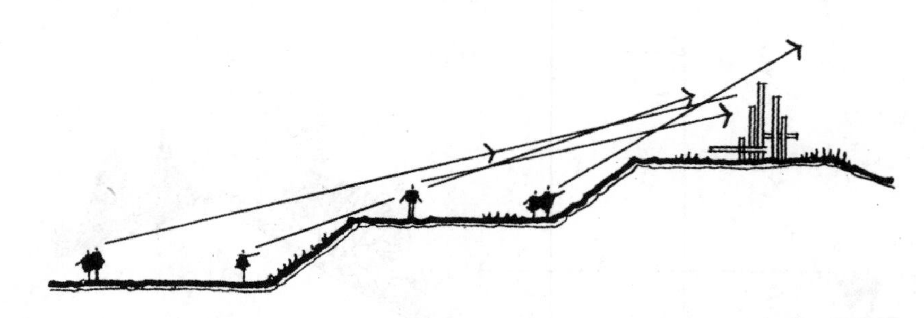

图 3-10　利用坡地的障景视觉效果，引起观赏者的好奇心和观赏欲望

（3）利用坡地影响导游路线和速度　地形高低起伏和走向的变化，影响游人行进的方向、速度和节奏。如坡地坡度的增加会减慢游人游览的速度，坡地起伏变化的节奏不同必然

引起游览节奏的变化，峰回路转的地形处理引导着游人游览的方向。因此，变化的坡地地形会给游人带来不同的游览乐趣（图 3-11、图 3-12）。

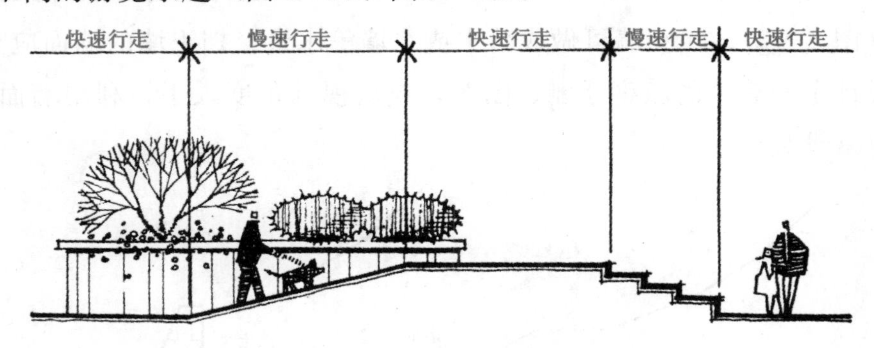

图 3-11　不同的地形影响空间和游览的速度与节奏

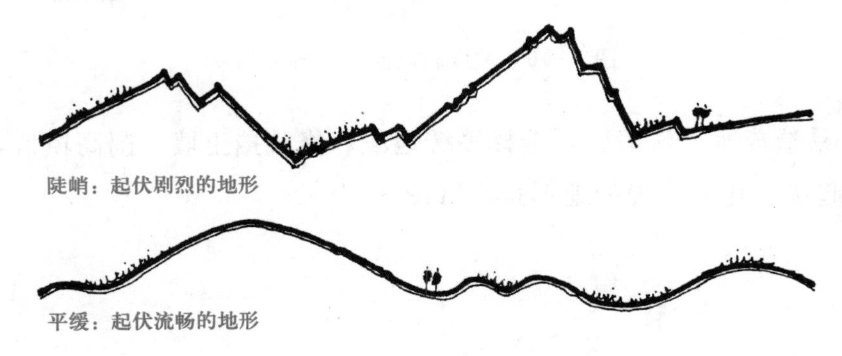

图 3-12　不同的地形特点影响游览的节奏与趣味

（4）利用坡地改善局部小气候　利用坡地改善局部小气候，可为不同生态习性的植物营造适宜的生长环境，为游人创造不同特点的游玩、休息和居住环境空间。高地形，尤其是山坡可形成南北坡向不同的小气候（图 3-13），西北边的高地形可以用来阻挡刮向某一场所的冬季寒风。当然，地形的高低起伏设计同样要注意夏季东南风的引入。

（5）利用坡地形成良好的自然排水类型和水景景观

① 合理设计坡地，利用坡地形成良好的自然排水类型，既要避免过大的地表径流，又有利于地面排水的需要（图 3-14）。

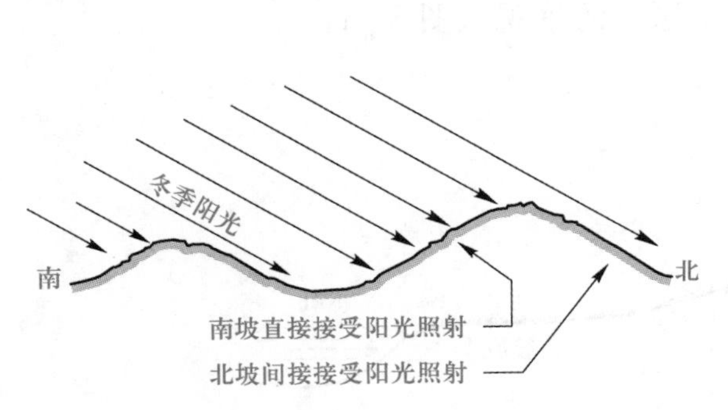

图 3-13　特殊的地形可以改变局部小气候

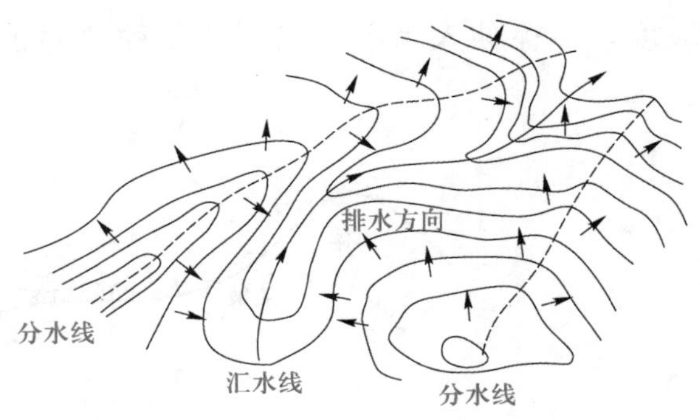

图 3-14　坡度与自然排水的关系

② 当坡度较陡，超过土壤的安息角时（一般为30°左右），为避免水土流失可用挡土墙、工程护坡、台阶等构筑物或采用植物护坡等措施加固基部，在坡顶设排水沟也是一种避免水土流失的方法（图3-15）。挡土墙可做成落水或水墙等水景，挡土墙的墙面应充分利用起来，精心设计成与设计主题有关的叙事浮雕、图案，或从视觉角度入手，利用墙面的质感、色彩和光影效果，丰富景观。

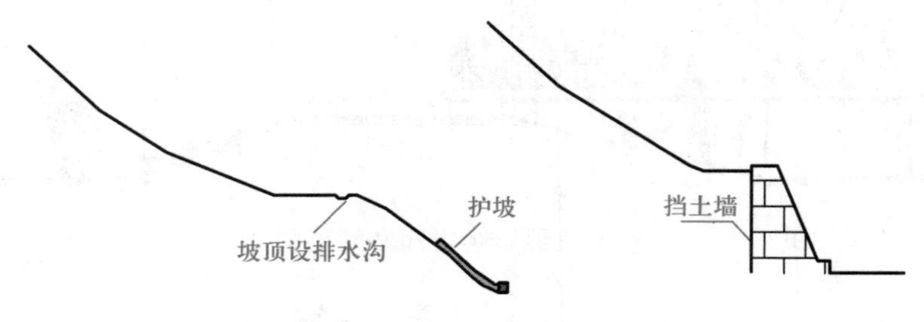

图3-15　坡度较陡时的处理方法

③ 坡面较长易造成水土流失，可选择平缓地段，修筑挡土墙，削高填低，获得平地，或将坡地改造成有起伏变化的优美的地形景观（图3-16）。

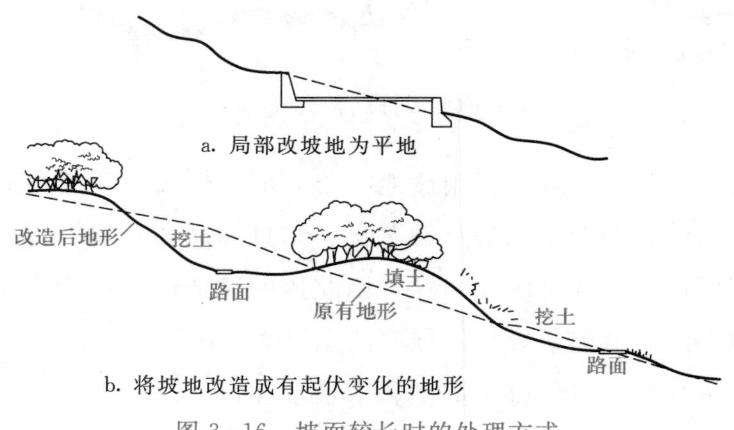

图3-16　坡面较长时的处理方式

④ 与山水相接的坡地，应在近山的一边以渐变的坡度与陡坡连接，而在临水的一旁以较缓的坡度，徐徐伸入水中，以创造一种“冲积平原”的景观（图3-17）。

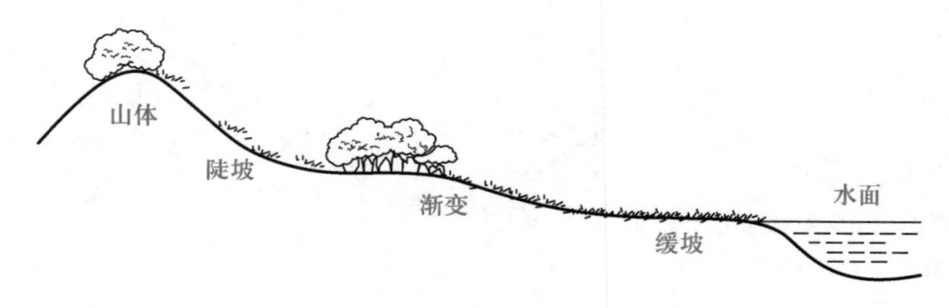

图3-17　坡面与山水相接时的处理方式

由于地形在园林中的特殊性，在设计处理时，一定要结合其他构成要素如植物配置、建筑布局等综合考虑。

3. 山地　山地是创造园林立面景观的重要要素，包括自然的山地和人工的堆山叠石。山地可以构成山地景观，组织空间，丰富园林的观赏内容，提供建筑和种植需要的不同环境，改善小气候，点缀、装饰园林景色，在园林中起主景、背景、障景、隔景等作用。园林中人工堆山又叫做掇山、筑山。人工堆成的山称为假山。

根据堆叠的材料不同，假山可分为土山、石山和土石山三类。

（1）土山　一般坡度比较缓（1%～33%），在土壤的自然安息角以内。占地较大，不宜设计得过高，可用园内挖出的土方堆置，造价较低。

（2）土石山　有土上点石、外石内土两种。

土上点石是以土为主体，在山峰、山腰和山脚的适当位置点缀石块以增加山势，便于种植和营造建筑。这种山坡占地较大，不宜太高，它有土有石，景观丰富，以土为主，造价较低，故在造园中经常应用。如北京颐和园的万寿山、苏州的沧浪亭。

外石内土是在山的表面包了一层石块，它以石块挡土，坡度可较陡，占地较小，可堆叠得高一些。如北京北海公园的琼华岛后山，岛高 32.3 m。

掇山最根本的法则是“因地制宜，有假有真，做假成真”。

土山和土石山假山外形设计要点（图 3-18）：

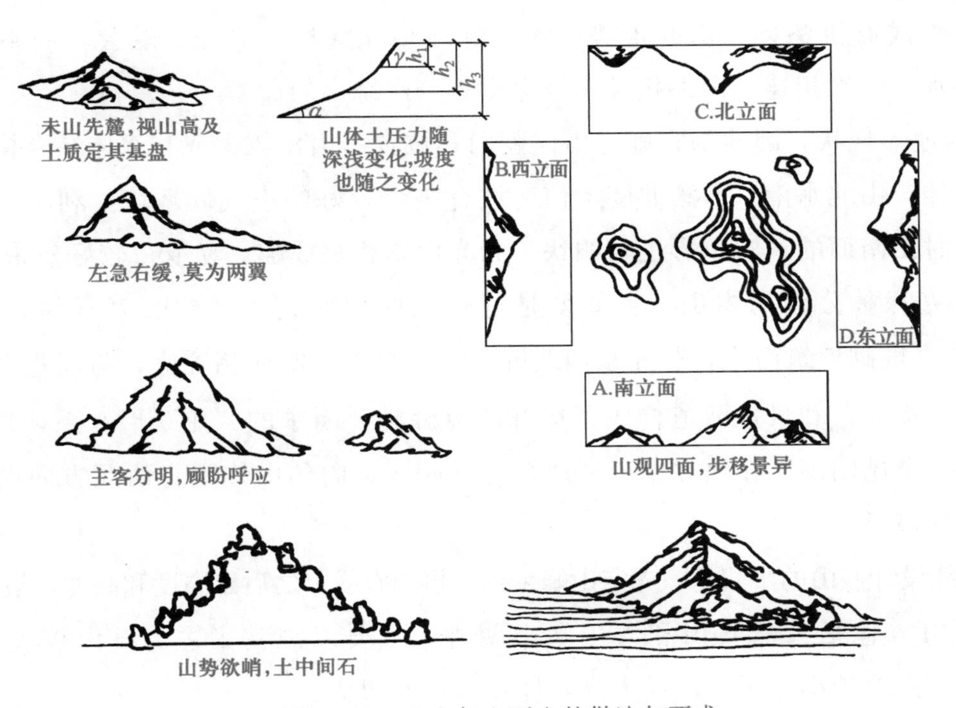

图 3-18　土山与土石山的做法与要求

① 未山先麓，脉络贯通　“左急右缓，莫为两翼”，避免呆板、对称，独山忌堆成馒头状。

② 主客分明，遥相呼应　山要有主、次、配之分，高低错落、前后穿插，顾盼呼应，忌“一”字罗列，成排成行，忌堆成“笔架状”对称形象。

③ 山观四面而异，山形步移景变　四面的坡度陡、缓各不相同，不同方向，不同角度形态变化多端，即“横看成岭侧成峰，远近高低各不同”。

④ 位置经营，山讲三远　山有“三远”：高远，自下仰视山巅；深远，自山前窥山后；平远，自近山望远山（图 3－19）。在规模较大的园林中布置一组山体，应力求达到“三远”的艺术效果。

高远，自下仰视山顶

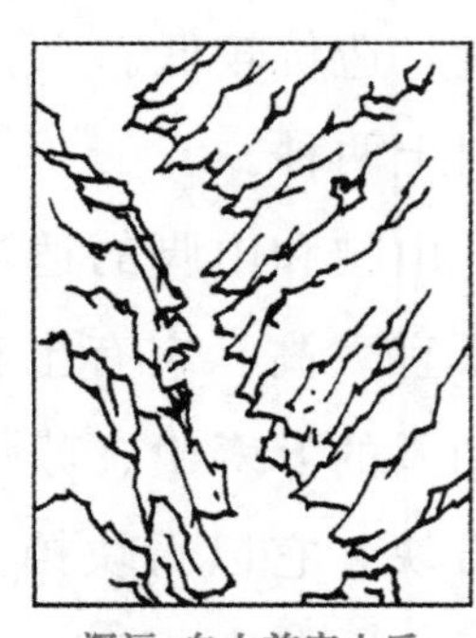
深远，自山前窥山后

平远，自近山望远山

图 3－19　山的“三远”

⑤ 与水体巧妙配合，造成山水相依、山环水绕的自然景观　山因水活，水因山转，水系与山体相互组成有机整体，山的走势、水的脉络相互穿插、渗透、融会，而不能是孤立的山，无源的水。山水相连，山岛相延，水穿山石，水绕山间。

⑥ 根据地形现状，因地制宜确定山体朝向和位置　山体较大或与水体结合构景时，宜以东西走向为佳。山北水南，南缓北陡，使南坡有一个较好的小气候环境，利于植物生长、游人游憩，同时山南面的景观色彩也较明快，湖光山影相映成趣，易取得较好效果（图 3－20）。北京奥林匹克森林公园的主山、主湖就是遵从此原理而建，奥林匹克森林公园主山体以 398 万 m^3 土方堆砌填筑而成，与北京西北屏障——燕山山脉遥相呼应，与周边大环境相得益彰，主湖区“奥海”和景观河道构成了奥林匹克森林公园中的“龙”形水系，122 hm^2 的水面超过了 1/2 个昆明湖。在北方也可利用东北－西南走向的山体阻止西北方向的寒风，创造较好的游憩环境。

用等高线设计假山的步骤是：先定山峰位置，再画脊线，之后定高度和高差，最后画等高线。

（3）石山　包括天然石山和人工塑山两种，主要以观赏为主。石山坡度一般比较陡（50％以上），占地较小，不宜设计太高，体量也不宜过大。

① 天然石山　天然石山是使用天然的山石材料，在人工砌叠时，以水泥作胶结材料，以混凝土作基础。造型各异的石材，堆叠手法的不同，塑造成玲珑、峥嵘、顽拙等丰富多变的山景。

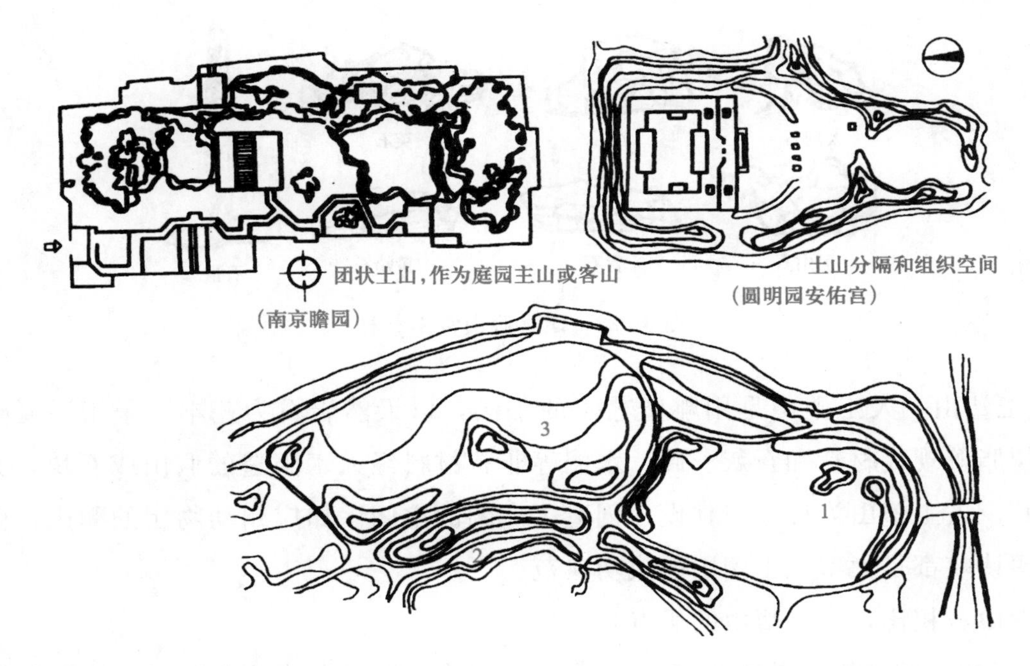

图 3-20　土山做围合空间、屏障、阜障、土丘处理

1—阜障高约 1 m；2—带状土山高约 2.5 m；3—缓坡 1∶4～1∶10

堆叠山石的总体造型和结构设计要求是，以安全为前提，合乎自然山水地貌景观形成和演变的科学规律；造型宜朴素自然，手法宜简洁；要有巧夺天工之趣，不能矫揉造作，更不能露斧凿之痕；结构应牢固耐久，应对石质、色彩纹理、形态、尺度有明确设计要求。石山设计的山体形态主要有峰、峦、岭、岗、崖、谷、崮、丘、壑台、洞。苏州环秀山庄的湖石假山、北京北海公园的琼华岛后山、北京故宫乾隆花园假山、南京瞻园假山、承德避暑山庄文津阁前假山以及上海豫园的黄石假山等都是非常著名的假山。

堆叠山石构成整体景观时，选石有六要素，即山石的质、色、纹、面、体、姿（图 3-21）。山石之间的关系讲究石不可杂、纹不可乱、块不可均、缝不可多。

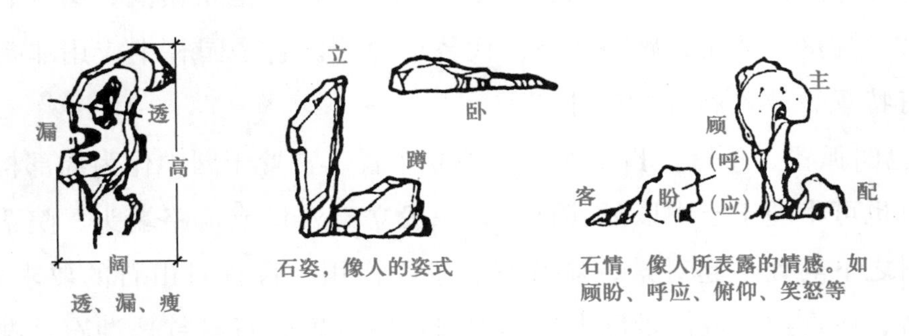

图 3-21　选石　审度石的尺度、体态、质感、皴纹和色彩

常用石材有：湖石类、黄石类、青石类、卵石类（南方为黄蜡石，彩图 6-1）、剑石类、砂片石类和吸水石类，还有英石和宣石（图 3-22）。

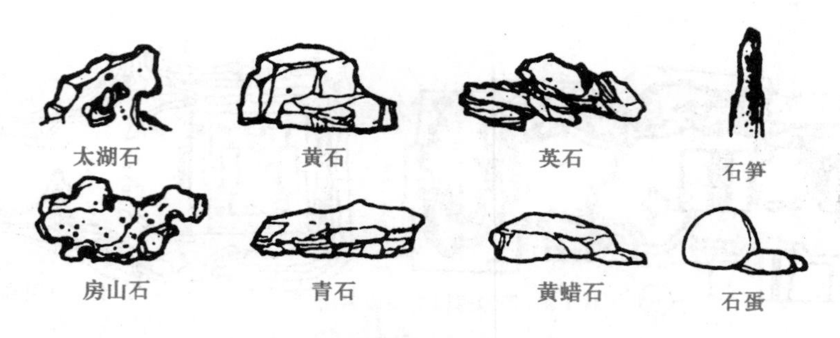

图 3-22　园林假山常用石材

② 人工塑山　人工塑山是用雕塑艺术的手法，以天然岩石为蓝本，采用混凝土、玻璃钢、有机树脂等现代材料和石灰、砖、水泥等非石材料经人工塑造的假山或石块，又称“塑石”“塑山”。人工塑山为现代园林设计创造了广阔的空间。如广州动物园的狮山，西安大唐芙蓉园的唐诗峡都是大型人工塑山的成功典范。

与天然山石相比，人工塑山的优点是：

A. 可以塑造较理想的艺术形象。如雄伟、磅礴、富有力感的山石景，特别是能塑造难以采运和堆叠的巨型奇石。这种艺术造型较能与现代建筑相协调。此外还可通过仿造，表现黄蜡石、英石、太湖石等不同石材所具有的风格。

B. 可以在非产石地区布置山石景，可利用价格较低的材料。

C. 自重轻，施工灵活方便，不受地形、地物限制，在自重较大的巨型山石不宜进入的地方，如室内花园、屋顶花园等，仍可塑造出壳体结构的、自重较轻的巨型山石。

D. 可以预留位置栽培植物，进行绿化。

人工塑山与自然山石相比，有干枯、缺少生气的缺点，设计时要多考虑绿化与泉水的配合，以补其不足。

（4）置石　利用山石零星布置，作独立或附属的造景布置，称为置石或点石。点石时山石半埋半露，以点缀局部景点，别有风趣。如建筑的基础、抱角镶隅、蹲配、如意踏跺、土山、水畔、护坡、院落、墙角、路旁树下、代替桌凳等。它是园林中应用非常广泛的一项内容。主要形式有特置、散置和群置三种。

① 特置：也叫孤置、单置，指单块山石独立布置。常置于园中作为局部构图中心或作小景，可设基座，也可半埋于土中以显其自然。一般立于入口或道路端头、院落或广场中，廊间、路边、佳树之下等处，起对景、障景或点景的作用。特置对山石的要求较高，或玲珑、或秀美、或奇特、或古拙、或体量巨大。我国园林中特置的石材首选湖石，湖石的传统欣赏标准为“透、漏、瘦、皱、丑”，“透”指水平方向有洞，“漏”指竖直方向有洞，“瘦”即秀丽而不臃肿，“皱”指脉络分明，“丑”即独特不流于常形。苏州留园的“冠云峰”、上海豫园的“玉玲珑”、杭州西湖的“绉云峰”、苏州十中（原织造府）的“瑞云峰”被称为“江

南四大名石”（图 3－23）。

冠云峰——苏州留园

玉玲珑——上海豫园

绉云峰——杭州西湖

青芝岫——北京颐和园

瑞云峰——苏州十中

置石——北京植物园

图 3－23　孤置名石欣赏

② 散置：是指单块山石散落放置的方式，又叫散点。散置对个体石材的要求相对较低，但要组合得当。它的布置要点在于有聚有散、有立有卧、有主有次、断续错落、顾盼呼应，形成一个有机整体，布局虽无定式，但不能有凌乱散漫或整齐划一的呆板感觉。可以设置在山头、山坡、山脚、水畔、溪中、路旁、林下、粉墙前等处（图 3－24a、b）。

③ 群置：是将几块石头成组地排列在一起，作为一个群体来表现的布置形式。布置要点与散置相似，只是所占空间更大，堆数也可增多，但就其布置的特征而言，仍属散置范畴，只是以大代小，以多代少而已（图 3－24c）。

a. 散置——粉墙前

b. 散置——石桌凳

c. 群置

图 3-24 散置和群置

（二）园林水体

水是园林中最活跃的要素。水景以清灵、妩媚、活泼见长，为园林造景增加动感、空灵感和生机，是园林的灵魂。水不仅能够提供视觉欣赏，还可提供听觉欣赏和触觉欣赏。在功能上能增加空气湿度，调节气候，吸收灰尘，有利于游人健康，还可用于灌溉和消防。东西方园林都重视水的利用和水景的创造，但其处理手法不同。东方重视意境，手法自然；西方偏重视觉，讲究格局和气势，处处显露着人工造景的痕迹。

1. 水的类型

（1）园林水景按水体的形式分为自然式水体、规则式水体和混合式水体三类。

① 自然式水体　是指边缘不规则、变化自然的水体，如保持天然的或模仿天然形状的河、湖、溪、涧、泉、瀑布等。自然式水体在园林中随地形而变化，有聚有散，有直有曲，有高有下，有动有静（图 3-25）。

② 规则式水体　是指边缘规则、具有明显轴线的水体，一般是由人工开凿成的几何形状的水面，如规则式水池、运河、水渠、水井，以及几何体的喷泉、叠水、瀑布等，常与山石、雕塑、花坛、花架、铺地、路灯等园林小品组合成景（图 3-26）。

③ 混合式水体　是自然式水体和规则式水体两种形式的交替穿插或协调使用，吸收了前两种水体的特点，使水体更富于变化，特别适用于水体组景（图 3-26）。

（2）园林水景按水体的状态分静水和动水两类。

① 静水　静水是不流动的、平静的水。如湖泊、水塘、水池、水井等。静水宁静、轻松、温和，可以形成景物的倒影，给人以明净、开朗、幽深、虚幻的感受，加强人们的注意力。

② 动水　常见的河流、溪涧、瀑布、叠落、喷泉等。动水明快、活泼、多姿，具有活力，令人兴奋、激动。以声为主，声形兼备，给人视听双重美感。

2. 园林中常见水景的造景手法和要求　园林理水同掇山一样，不是对自然风景的简单模仿，而是要运用多种造景手法，对自然风景作抒情写意的艺术再现，才能创作出不同的水型景观，给人以不同情趣的感受。

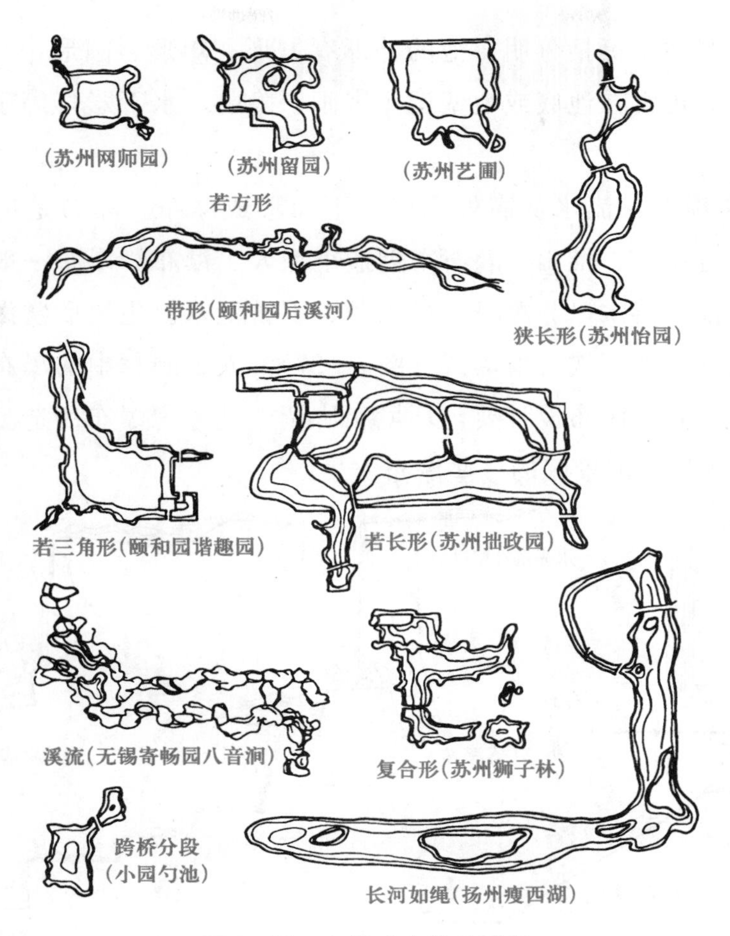

图 3-25 自然式水体的形状

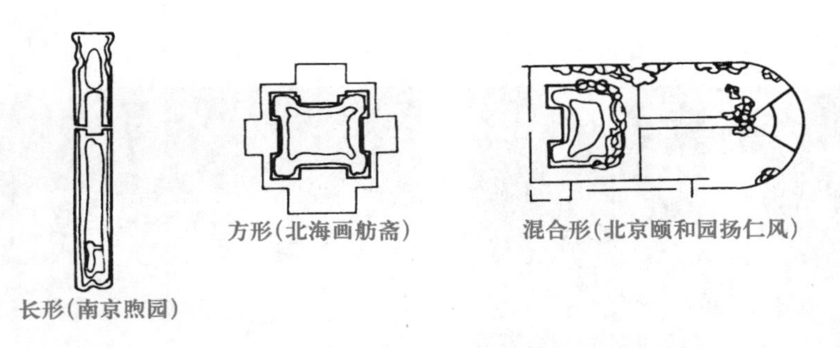

图 3-26 规则式和混合式水体的形状

(1) 将水景设计为构图重心，作为主景。

通常将这些水景安排在向心空间的焦点上、主轴线的交点上、空间的醒目处或视线容易集中的地方，使其突出并成为焦点，主要手法如下：

① 湖、池 湖池有天然、人工两种，多按自然式布置，水岸线曲折多变，沿岸因境设景，常作为构图中心。园林中观赏的水面空间，面积不大时，宜以聚为主；大面积的水面可以分隔，其水面虽有“烟波浩森”之感，但容易显得单调贫乏，较大水面可设堤、岛、桥、建筑或种植水生植物分隔空间，情趣各异，形成丰富的景观层次。

规则式的水池边缘线条挺括分明，池的外形有方形、矩形、圆形、三角形、抽象形及组合形等多种几何形式。也常在池底或池壁运用嵌画、隐雕、水下彩灯等手法，产生千变万化的景观效果。

② 瀑布与跌水　瀑布：流水从高处突然落下而形成瀑布。瀑布是指自然形态的落水景观，在园林中，常结合溪流、堆山、叠石来创造小型人工瀑布。瀑布一般由以下几个部分组成：上游水流、蓄水池、落水口、瀑身、受水潭、下游泄水。主要欣赏瀑身的景色。最常见的瀑布类型有：直落式、叠落式、滑落式（图 3-27）。人工园林中的瀑布应模仿天然瀑布的意境，常成为园中的主景。瀑布设计要与环境相协调，既考虑瀑布的造型，同时要留有一定的观赏距离。图 3-28 是我国景区的一些瀑布实景。

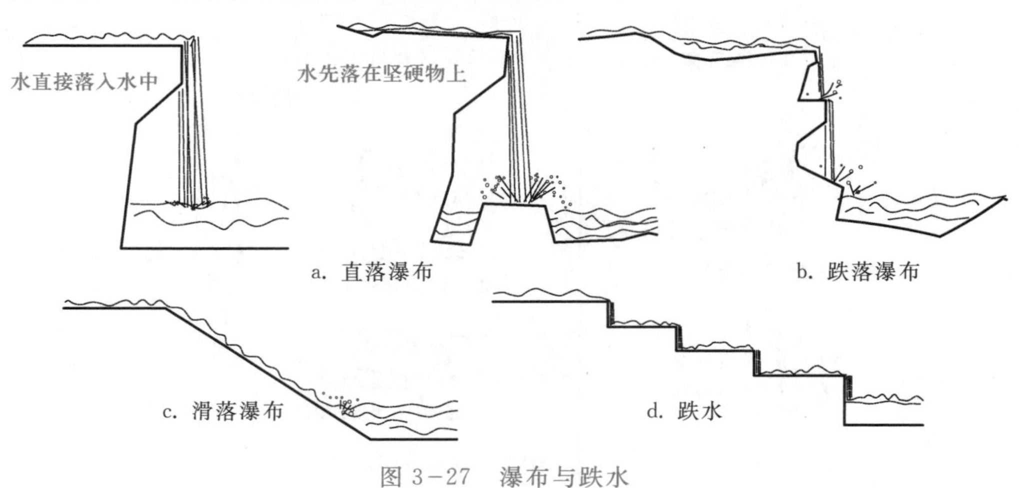

图 3-27　瀑布与跌水

图 3-28　瀑布实景

跌水：跌水是指规则形态的落水景观，多与建筑、景墙、挡土墙等结合（图 3-27d）。瀑布与跌水均表现了水的坠落之美，瀑布是自然之美，跌水则更具形式之美和工艺之美，其规则整齐的形态，比较适合于简洁明快的现代园林和城市环境。

③ 喷泉　喷泉是由压力水喷出后形成各种喷水姿态、用于观赏的动态水景。一般布置在城市广场上、大型建筑物前、入口处、道路交叉口等处的场地中，与水池、雕塑、花坛、彩色灯光等组合成景，起装饰点缀园景的作用。

喷泉在现代园林中应用非常广泛，其形式多种多样，有蒲公英形、球形、涌泉形、扇形、牵牛花形、直线形等。随着工程技术水平的提高，喷泉出现了音乐喷泉、间歇喷泉和声控喷泉等新形式。

选择喷泉的位置以及布置喷水池周围的环境时，首先要考虑喷泉的主题、形式和喷水景观效果，要与环境相协调，把喷泉和环境统一考虑，用环境渲染和烘托喷泉，以达到装饰环境，或借助喷泉的艺术联想，创造意境。

（2）将水景设计为配景　主要手法有：

① 溪涧　溪涧是自然山涧中的一种水流形式。泉水由山上集水而下，通过山体断口夹在两山间的水流为涧，山间浅流为溪。习惯上“溪”、“涧”通用，溪浅而阔，水流平缓，涧狭而深，水流湍急。园林中溪涧的布置讲究师法自然，忌宽示窄，忌直求曲，平面上要求蜿蜒曲折，有分有合，有收有放，构成大小不同的水面或宽窄各异的水流（图 3-29）。竖向上应有缓有陡，陡处形成跌水或瀑布，落水处还可构成深潭。溪涧应力求创造出多变的水形，常与山石配合，或急或缓，或隐或现，或聚或散，给人以视听上的双重感受（图 3-30、图 3-31）。

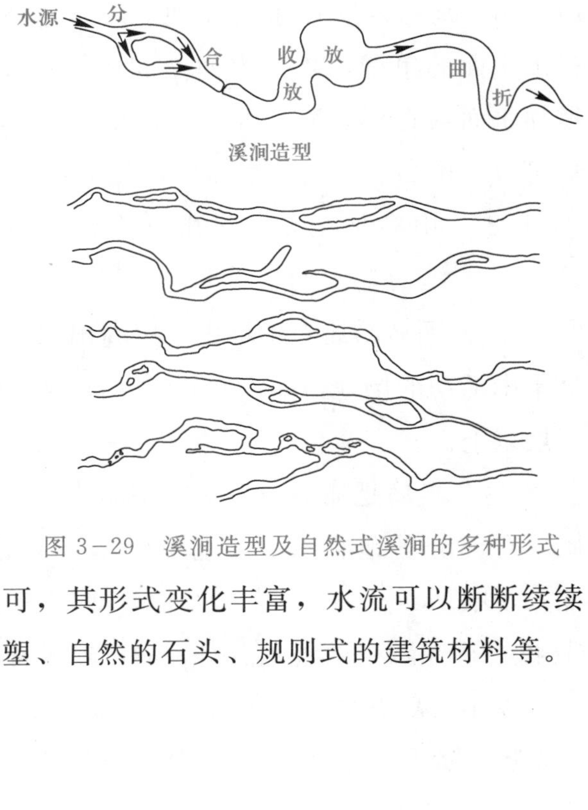

② 河流　一般在园林绿地中水量较大时，可采用河流的造景手法，一方面能使水动起来，同时又能起到分割空间的作用。设计时要根据具体情况采用形式多变的手法，如驳岸的高低、宽窄、材料、植物配置等。

水源
分
合
收
放
放
曲
折
溪涧造型

图 3-29　溪涧造型及自然式溪涧的多种形式

③ 壁泉　水从墙壁上顺流而下形成壁泉。壁泉一般规模小，起点缀作用，室内外均可，其形式变化丰富，水流可以断断续续，可以激流喷出。壁泉落水口形式很多，如龙头雕塑、自然的石头、规则式的建筑材料等。

图 3-30 小溪实例

图 3-31 山洞实例

3. 水面的分隔及驳岸 水面的分隔与联系形式主要有岛、堤、桥与植物等（图 3-32）。驳岸的处理直接影响水景的面貌，应富于变化。

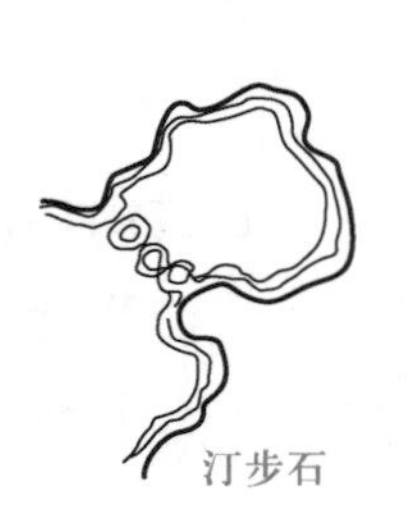

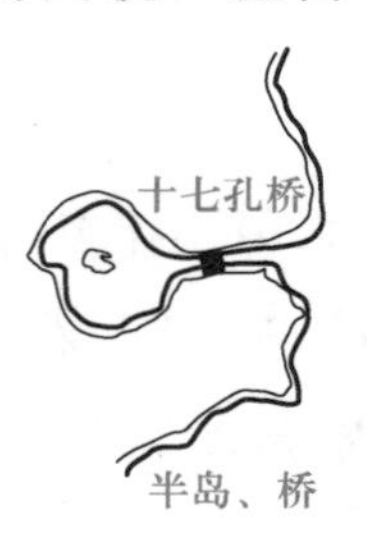

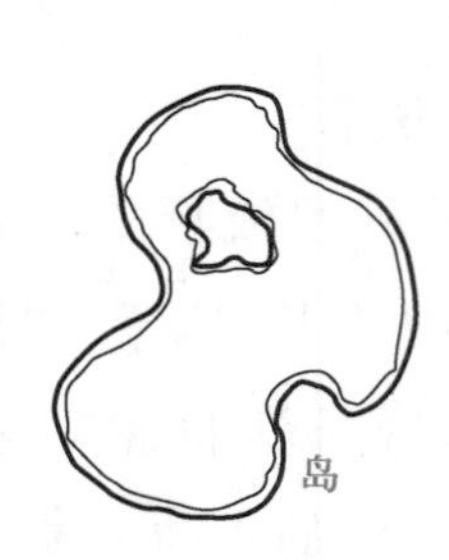

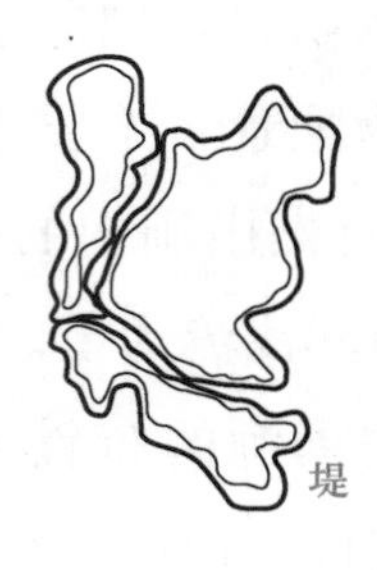

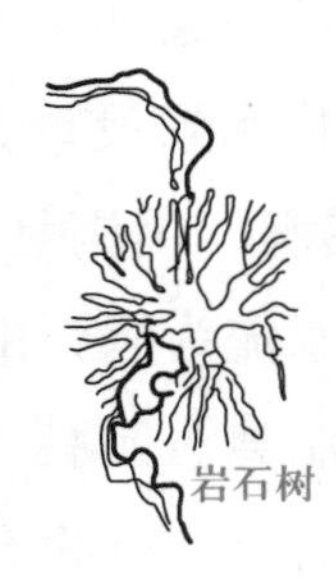

图 3-32 水面分隔的一般形式

（1）岛 岛是四周环水的陆地。岛是水景的一部分，可以丰富水体景观，增添游览内容；打破水面的单调，划分水面空间，使水面产生变化；利用岛作障景，掩映更远处的景物，增加水面的观赏层次；陆地上游人过多时，还可以向岛上分散一部分游人。

岛可分为山岛、平岛、半岛三种类型。

① 山岛 山岛是在岛上设山，抬高登岛的视点，山岛上可设建筑形成垂直构图中心或主景。

② 平岛 平岛的岛上不堆山，以高出水面的平地为准，地形可有缓坡的起伏变化，可作为人群集中活动的场地，如没有桥，平岛不宜安排过多的游人活动内容，岛内如有建筑，最好在两层以上。

③ 半岛 半岛是陆地伸入水中一部分，一面接陆地三面临水。半岛端点可适当抬高成石矶，矶下有部分平地临水，可上下眺望，又有竖向的层次感，也可在临水的平地上建廊、榭，探入水中。

④ 礁 礁是水中散置的点石，或以玲珑奇巧的石作孤赏的小石岛。尤其在较小的整形水池中，常以小石岛点缀或以山石作水中障景。

（2）堤 堤是将大型水面分割成不同景色的带状陆地，堤上设道，道中间可设桥与涵洞，沟通两侧水面。

（3）桥与汀步　桥使水面隔而不断。汀步，又称跳桥、点式桥，是指浅水中按一定间距布设块石，微露水面，使人跨步而过，是一种特殊形式的园桥。园林中运用这种古老渡水设施，质朴自然，别有情趣。桥和汀步一般建在水面较窄处，但不宜将水面分为平均的两块。具体在本章第二节讲述。水面分隔设计要点：

① 堤、岛、桥等不宜设在水面正中，应设于偏侧，使水有大小之对比变化。

② 岛的数量不宜过多，最好不超过 3 个，且忌成排设置。

③ 岛的形体宁小勿大，轮廓形状应自然而有变化。

④ 岛中可设体量相宜的建筑、植物、山石，取得以小见大的艺术效果。

⑤ 阴阳虚实，湖岛相间。“知白守黑”，虚中有实，实中有虚，虚实相间，景致万变。

古典皇家园林由于面积较大，所以多设堤、岛、桥等增加湖面的层次，组织空间，从秦始皇在长池中作三仙岛以后，历代王朝多崇“一池三山”，如北京元大都皇城太液池内的“一池三山”（图 3-33）；杭州西湖的“一池三山”（图 3-34）；乾隆在清漪园（颐和园）根据瓮山（万寿山）、瓮山泊（昆明湖）的形状，采用保留西堤向西扩展水面，留下山岛藻鉴堂、阁岛治镜阁，新堆南湖岛，形成新的“一池三山”（图 3-35）；圆明园的福海三岛（图 3-36）；西藏拉萨的罗布林卡这座达赖喇嘛的夏宫也在湖心宫建了藏式的“一池三山”（图 3-37），在一个长方形的大池内，南北分列 3 个方形小岛，在岛的周围和池岸绕以石栏杆。这种“一池三岛”的园林布局，在汉地中原已两千多年，但“三岛”的形式较为自然错落，到西藏却整齐化了。古典小型园林也在湖池中点缀小岛、山石，或假山驳岸，或悬崖峭壁、山洞等，使水景更引人入胜。现代园林应根据具体环境灵活应用。如上海的长风公园，水面占全园的 39%，约 14.3 hm^2，银锄湖内的青枫岛打破了湖面的单调感，因为大型园林的水体忌讳“一览无余”，岛的作用，增加了湖面的层次，同时又组织了湖面的空间（图 3-38）。

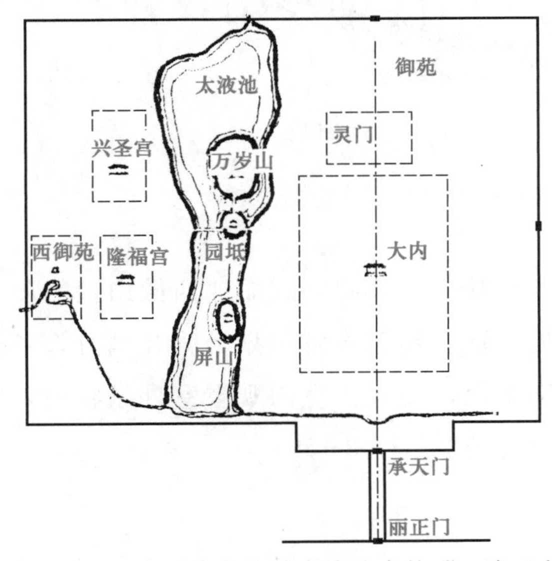

图 3-33　北京元大都皇城太液池内的“一池三山”

图 3-34　杭州西湖“一池三山”

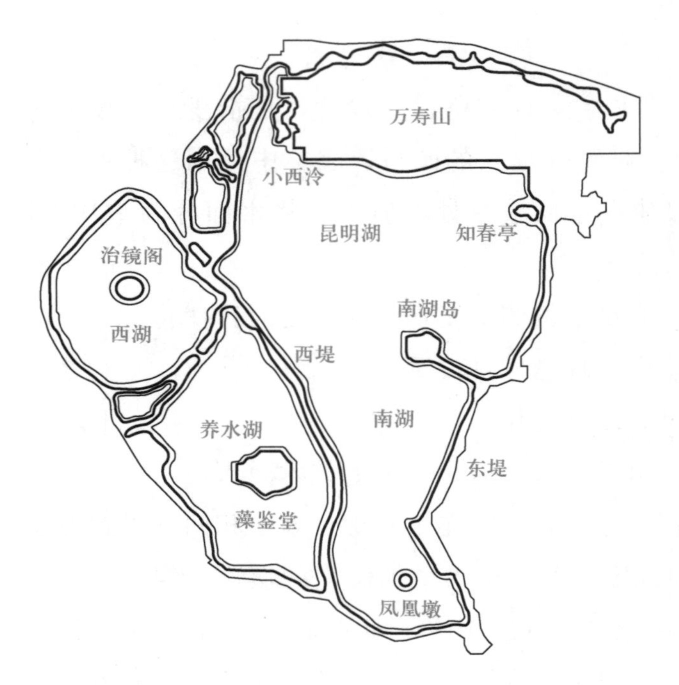

图 3-35　颐和园湖内“一池三山”

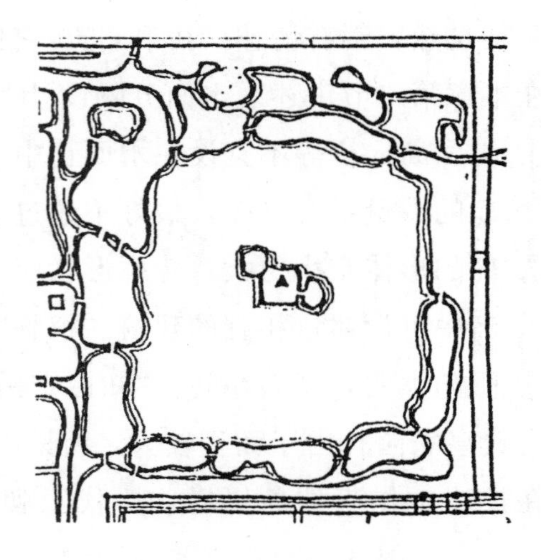

图 3-36　圆明园的福海三岛

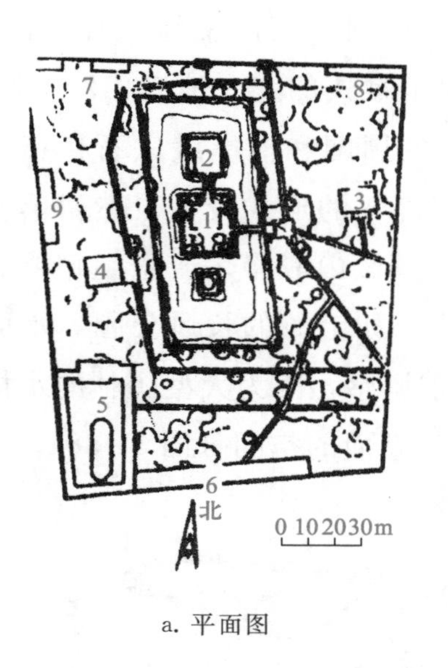

a. 平面图

b. 效果图

图 3-37　西藏拉萨的罗布林卡湖心宫“一池三山”

留园以水池为中心，池北为假山小亭，林木交映。留园后庭湖面池西假山上的闻木樨香轩，则为俯视全园景色最佳外，并有长廊与各处相通。建筑物将园划分为几部分，各建筑物设有多种门窗，每扇窗户各不相同，可沟通各部景色，使人在室内观看室外景物时，能将以山水花木构成的各种画面一览无余，视野空间大为拓宽（图 3-39）。

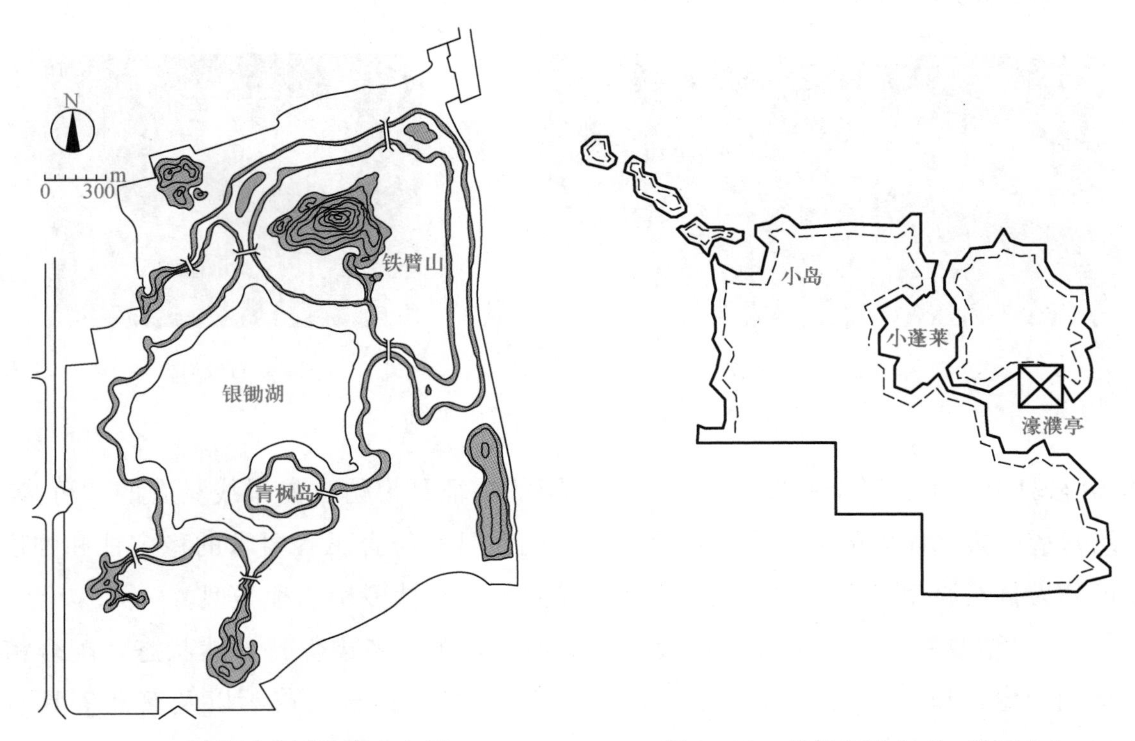

图 3-38 上海长风公园的湖山岛图　　　　图 3-39 苏州留园内“一池三山”

(4) 驳岸　驳岸是在水体边缘与陆地交界处，为稳固岸壁、保护水岸不被冲刷或水淹而设置的构筑物。不同形式的驳岸，防护效果不同，也具有不同的立面层次和艺术效果。

园林景观中的驳岸分为工程砌筑驳岸和生态驳岸。

① 工程砌筑驳岸　工程砌筑驳岸其断面形式分为立式驳岸、斜式驳岸和阶式驳岸(图 3-40)。

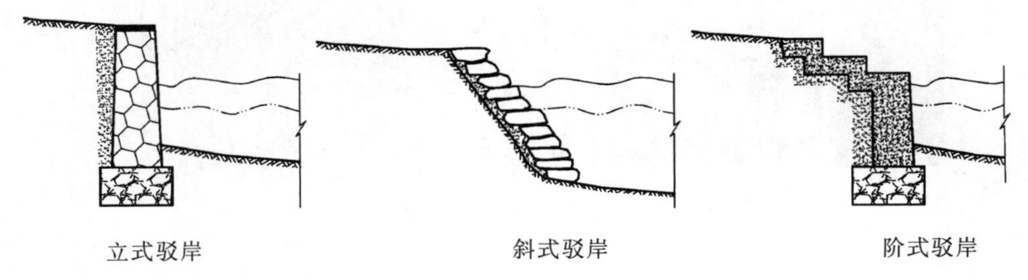

图 3-40 工程砌筑驳岸断面形式

工程砌筑驳岸根据材料不同，有钢筋混凝土驳岸和块石驳岸两种类型（图 3-41)。

A. 钢筋混凝土驳岸　整体性好、强度高，多用于大型水体和风浪大、水位变化大的水体以及基本上是规则式布局的水体。

B. 块石驳岸　可做成岩、矶、崖、岫等形状，采取上伸下收、平挑高悬等形式。对于小型水体和大水体的小局部，以及自然式布局的园林中水位稳定的水体，常采用块石驳岸，景观效果好。也有采用混凝土与卵石结合的驳岸，新颖独特。

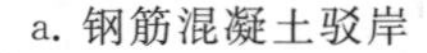

a. 钢筋混凝土驳岸

b. 块石驳岸

图 3-41　工程砌筑驳岸实例

② 生态驳岸　生态驳岸有许多形式，其共同的特征是模仿自然岸线具有的“可渗透性”特点，能营造岸边水体中的湿地水生植物群落，同时具有符合工程要求的稳定性和强度。生态驳岸可分为自然原型驳岸、自然型驳岸和台阶式人工自然驳岸三种类型。

A. 自然原型驳岸　对于坡度缓或腹地大的河段，可以考虑保持自然状态，配合植物的种植，达到稳定河岸的目的。如种植草皮、柳树、水杨、白杨、芦苇以及菖蒲等具有喜水特性的植物，利用它们发达根系的固土作用来稳定堤岸，加之其枝叶柔韧，顺应水流，增强抗洪、护堤的能力（图 3-42）。在平坦的河岸边也可仿照天然沙滩，播撒白色的砂石或卵石。

图 3-42　生态驳岸：自然原型驳岸

B. 自然型驳岸　对于较陡的坡岸或冲蚀较严重的地段，不仅种植植被，还采用天然石材、木材护底，以增强堤岸抗洪能力。如坡脚采用石块、木桩、仿木桩或浆砌石块等护底，其上筑有一定坡度的土堤，斜坡种植植被，实行乔灌草相结合，固堤护岸（图 3-43）。

C. 台阶式人工自然驳岸　对于防洪要求较高、腹地较小的河段，在必须建造工程砌筑驳岸时，采取台阶式的分层处理，在自然型护堤的基础上，在植被后边，再用钢筋混凝土的材料砌筑驳岸，确保大的防洪能力，又具有生态驳岸的渗水功能。

a. 坡脚采用浆砌石块等护底

b. 坡脚采用石块护底

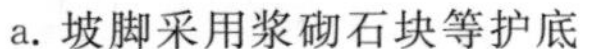

图 3-43 生态驳岸：自然型驳岸

驳岸是园景的组成部分，要注意与周围景观的协调。水体的岸边，要讲究“线”形艺术，不宜呈角、对称、圆弧、螺旋线、波状、直线（除垂直条石驳岸外）等线型。较小的水面中，不宜有较长的直线，岸面不宜离水面太高；水面广阔的水岸，可以在临近建筑和观景点的局部砌成规则式的驳岸，其余大部分应因地制宜，选择相应的生态驳岸，突出重点，混合运用。

4. 自然式水体设计应注意的问题

（1）水源应来去明确、动态清楚。为保持动态感，水的流向应明确，水位的线型保持流动感，不能形成死水。

（2）聚者辽阔，散者潆洄。自然的水体应有主有次，主水面应辽阔、宽广，次水面应潆洄、曲折、深邃。

（3）通过岛、堤、桥、植物等合理分隔水面，使水面景色丰富多彩。

（4）将水体的“三远”有机结合，达到景观的多样性和统一性。水体“三远”即旷远、幽远和迷远。旷远：水面开阔、壮观；幽远：水面曲折潆洄、层次丰富；迷远：神秘莫测、时隐时现。

（三）地形设计步骤

1. 准备工作

（1）园林用地及其附近的地形图，地形设计的质量在很大程度上取决于地形图的正确性。

（2）搜集城市市政建设各部门的道路、给排水、地上地下管线及与附近主要建筑的关系等资料，以便合理解决地形、设计与市政建设其他设施可能发生的矛盾。

（3）收集园林用地及其附近的水文、地质、土壤、气象等现况和历史相关资料。

（4）了解当地施工力量，包括人力、物力和机械化程度等。

（5）现场踏勘。

2. 设计阶段

（1）施工地区等高线设计图（或用标高点进行设计），图纸平面比例采用 1∶200～1∶500，设计等高线差为 0.25～1 m。图纸上要求标明各项工程平面位置的详细标高，如建筑物、绿地的角点、园路、广场的转折点等的标高，并表示出该地区的排水方向。

（2）土方工程施工图要注明土方施工各点的原有标高和设计标高，做出填方、挖方调配表。

（3）园路、广场、堆山、挖湖等土方施工项目的施工断面图。

（4）土方量计算表与工程预算表。

（5）说明书。

3.2 出入口及园林（硬质）铺装场地

一、 出入口

园林绿地的出入口主要指公园、小游园的出入口及小型绿地的出入口，是游人进入园林绿地的必经之处，可以直观地反映绿地的特征。

（一）公园的出入口

1. 公园出入口种类 公园出入口一般分以下三种：

（1）主要出入口 是全园大多数游人出入的地方，它的位置要求面对游人主要来向，直接联系城市干道，要尽量减少外界交通的干扰，避免设置于几条主要街道的交叉口上，并且方便地联系园内道路，直接或间接地通向公园中心区。一般应有集散广场。

（2）次要出入口 主要为了方便附近居民或为了公园某一个局部而设置的，也应有集散广场。

（3）专用出入口 主要是为园务管理而设置的，一般不设集散广场，只需要留足回车的空间。

2. 公园主出入口的设计 主出入口应有出入口内、外集散广场、园门、停车场、售票处、围墙、导游图牌或宣传牌、小卖部及其他附属设施等。公园出入口的设计，一方面要满足游人进、出公园在此交会等候的需要，同时也要考虑在城市景观中所起的作用，要有较高的观赏性，成为城市绿化美化的窗口。

（1）大门建筑 大门是通向园林空间的枢纽，在整个园林空间中处于“起景”的位置。公园大门的设计要根据公园的性质、规模、地形、环境和公园整体造型的基调等因素综合考虑，要力求美观，充分体现时代精神和地方特色；造型风格要新颖、有个性，与公园及附近城市建筑风格相协调一致。在形象上要能引人注目，力求给游人以深刻的印象，起到“引人入胜”的作用。应成为公园中乃至城市中富有特色的标志性建筑。

常见的公园大门的立面形式有多种：如屋门式、墙门式、牌坊式、牌楼式、柱式、门廊式、顶盖式等（图 3-44）。小型公园甚至可以简化为几块自然石材作为大门的点景示意。

a. 牌楼式——扬州平山堂牌楼门

b. 牌坊式——广州烈士陵园南门

c. 墙门式——无锡鼋头渚公园大门

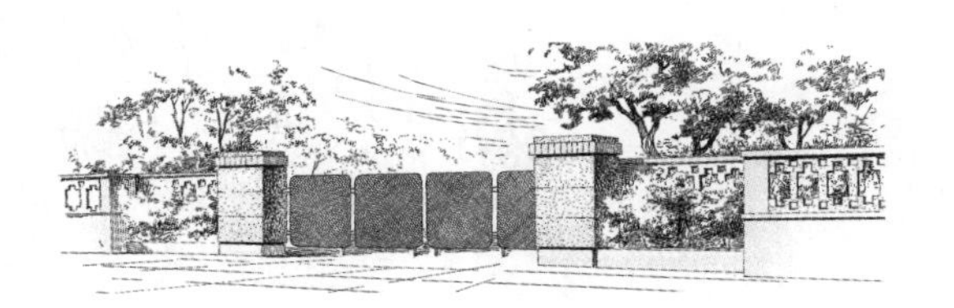

d. 柱墩式——武汉东湖湖光阁大门

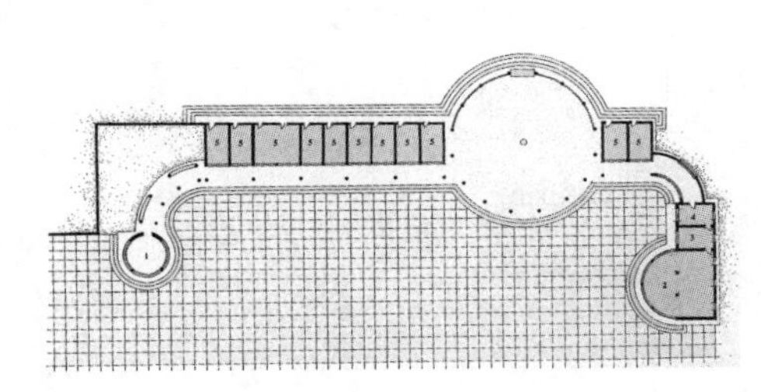

e. 柱廊式——北京石景山游乐场大门

f. 顶盖式——哈尔滨儿童公园大门

g. 门廊式——北京天坛公园大门

h. 屋门式——颐和园大门

图 3-44　公园大门的形式

（2）出入口布局　出入口外广场要满足游人进园前集散需要，设置标牌，介绍公园与季节性特别活动。出入口内广场要满足游人入园后需要，设导游图牌，立亭廊等休息设施。出入口有规则式和自然式两种，要与公园布局和大门环境相协调。出入口广场一般宽 12～50 m，深 6～30 m，单个出入口最小宽度为 1.5 m。无论是规则式还是自然式，一般公园出入口的艺术布局形式有如下几种（图 3-45）：

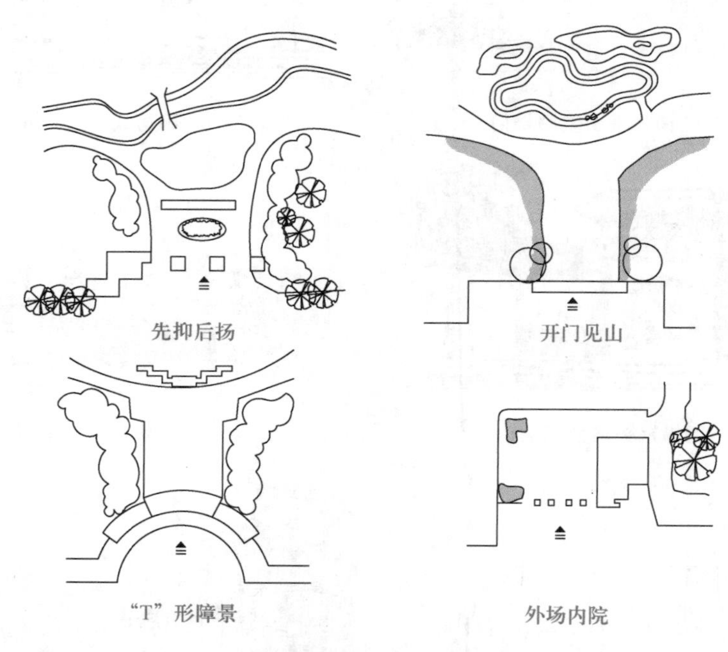

图 3-45　公园出入口艺术布局形式

①“先抑后扬”　入口处常设园林障景。如苏州拙政园。

②“开门见山”　入口前不设障景，游人一进园，观赏到的是一幅开阔的园林景观画面。

③“外场内院”　将出入口以大门划分为外部交通广场和步行内院，游人由内院入园，这也减少了城市干道和车流的干扰。这种布局形式也是继承了先抑后扬的传统手法。

④“T”形障景　是最常见的手法，进入园门后，广场与园内呈“T”形相接，其前常设障景引导。园林中，主要建筑前方的广场布局设置应综合考虑游览线、休息停留等因素，其大小、形式宜与建筑体量、风格相协调统一。为便于观赏建筑或广场中的景观，应留有一定的视距范围。

公园出入口内、外广场的形成方式可以是多种多样的（图 3-46）。

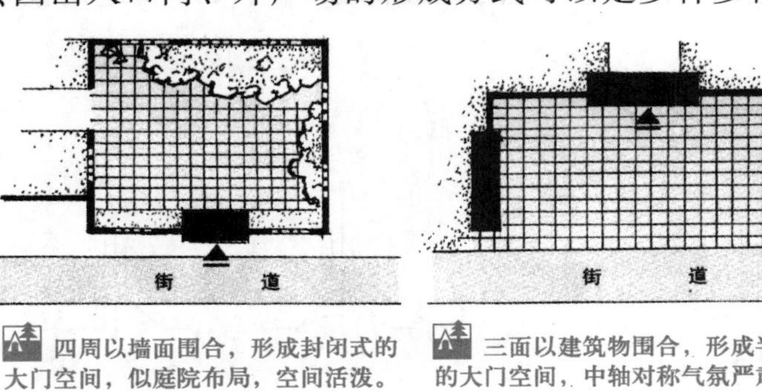

四周以墙面围合，形成封闭式的大门空间，似庭院布局，空间活泼。

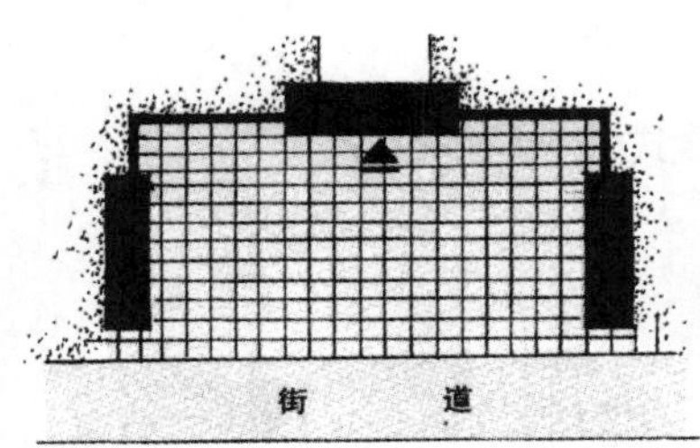

三面以建筑物围合，形成半封闭式的大门空间，中轴对称气氛严肃。

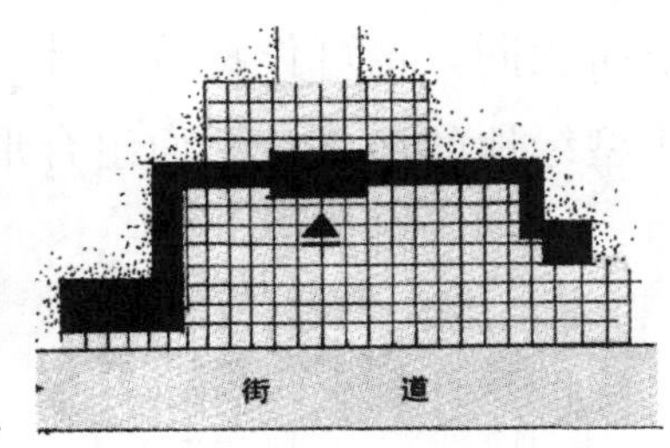

以亭、廊围合成的大门空间，富有民族特色。

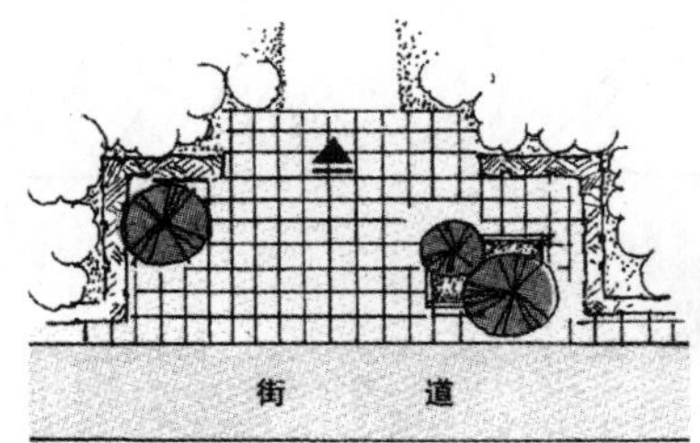

以树木绿化围合的大门空间，富有自然情趣。

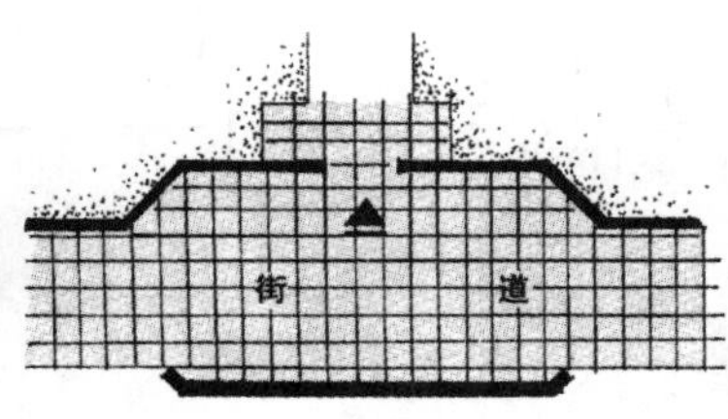

以古建雁翅、影壁构成的大门空间体现了建筑空间的特有韵味，当占地不足时，可扩大空间，包括街道，空间流动。

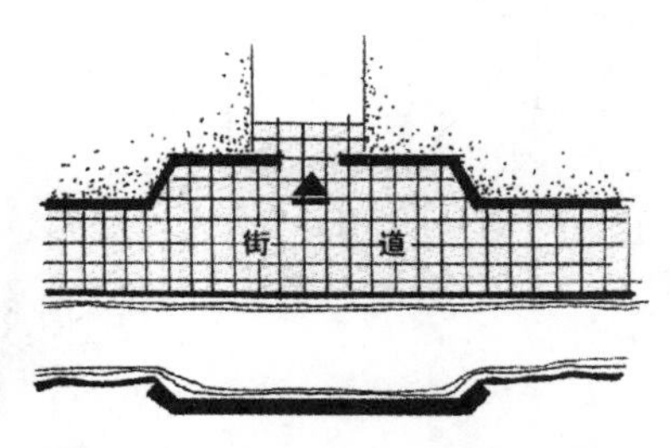

在江南地区，大门空间还可越过街道延伸到街河对岸，使空间更为活泼。

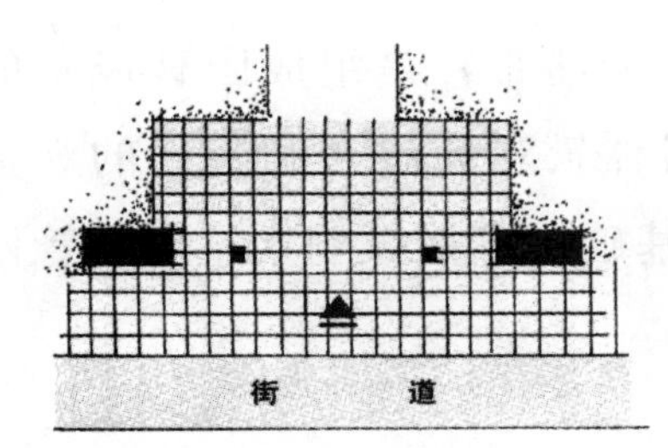

以门墩形成大门空间，视线通透空间开朗。

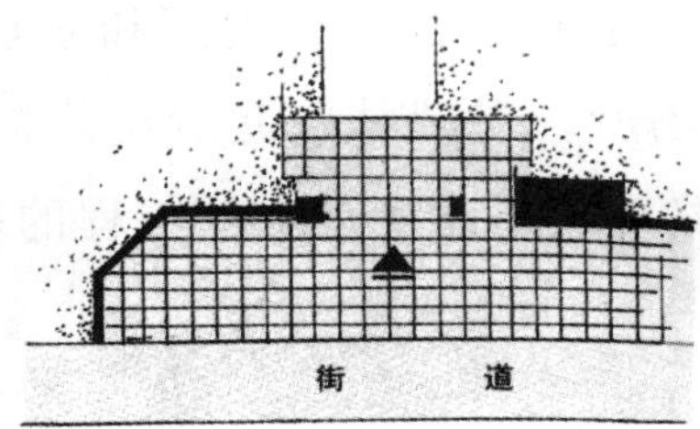

以门墩、花格、栏杆等围合的大门空间，形式轻松活泼。

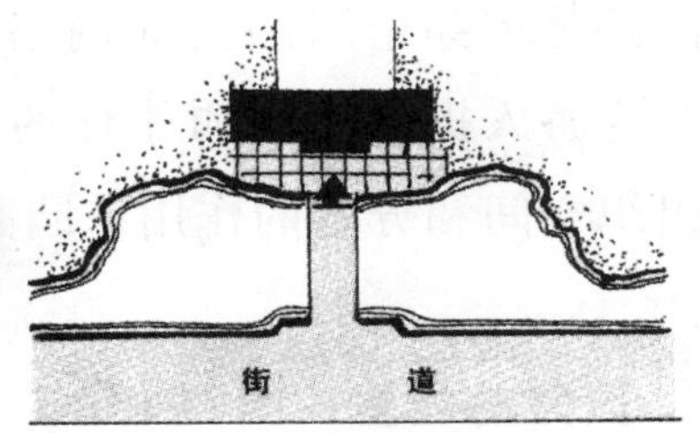

以水体形成的大门空间，明朗开阔景物倍增。

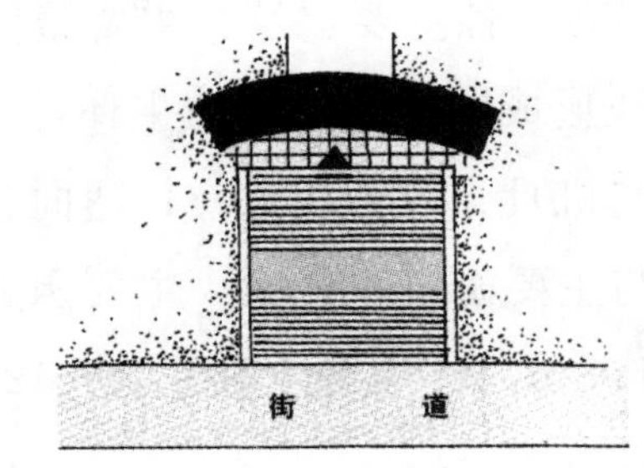

以地形、地貌的突变造成强烈的空间感，以显示大门的空间特色。

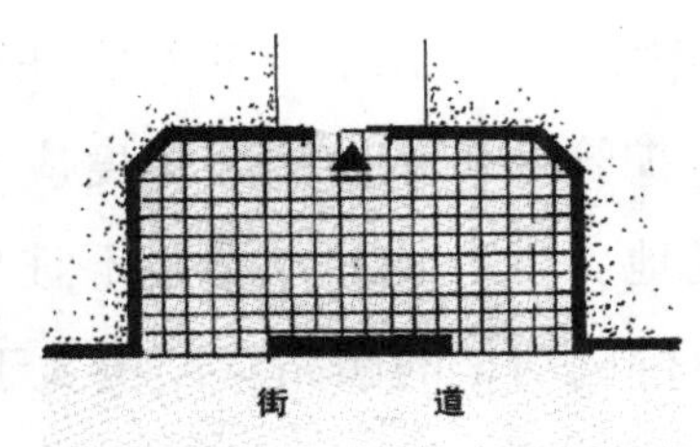

而在北方经常形成较为封闭的，严肃的大门空间。

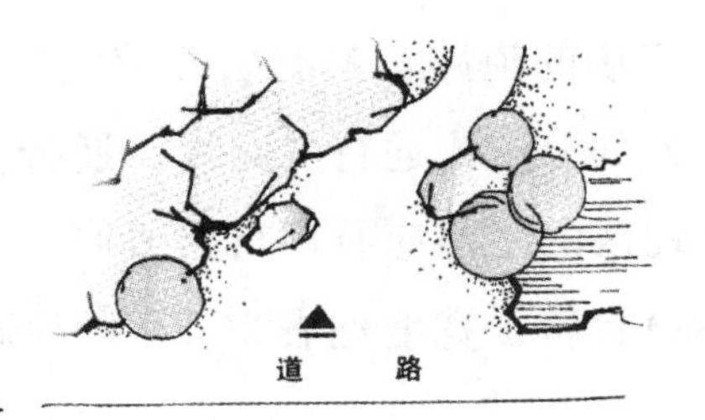

自然风景园林，常见到以洞崖、巨石、林木、水体等形成的大门空间，形式活泼，引人入胜。

图 3-46　公园出入口内、外广场的形成方式

（二）小型绿地的出入口

小型绿地的出入口实际上就是绿地主要道路的端头。一般只有外广场、园灯，设施较少且较简单，有的出入口还设有入口标志、内广场、宣传牌，为了与广场或入口视线端头配

合，也可设花坛、水池、山石、雕塑、景墙等作为入口对景或障景。出入口场地的铺装形式可与道路相同，也可作特殊设计。

小型绿地的出入口平面组合形式主要如图 3-47 所示。

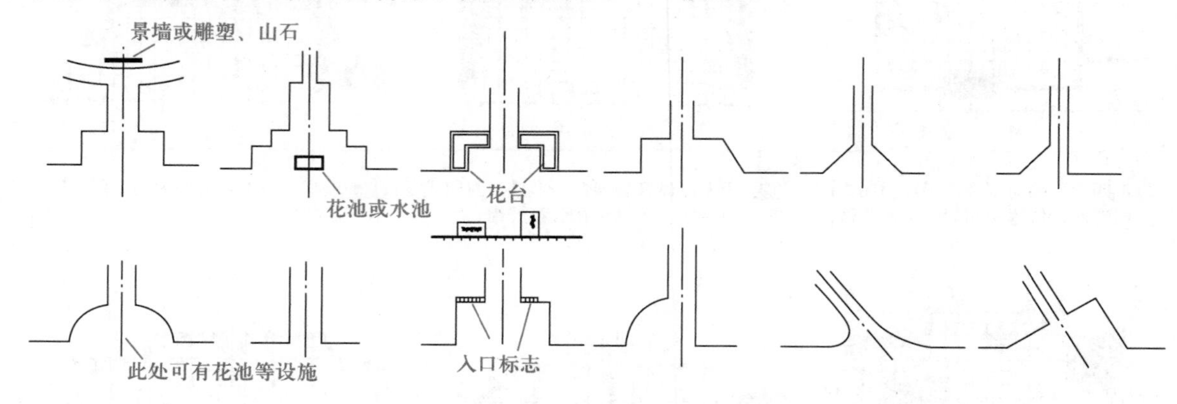

图 3-47　小型绿地出入口的布局形式

二、园路、台阶、园桥及汀步

（一）园路

园路是贯穿全园的交通网络，是联系若干个景区和景点的纽带，是组成园林风景的要素，并为游人提供活动和休息的场所。在园林中起着组织园林景观的展开和游人的观赏路线，组织空间和分景的作用。园路系统的设计是水电工程的基础，直接影响水、电、管网的布置。

1. 园路的类型

（1）按其性质和功能划分

① 主要园路（主干道）　指从园林入口通向全园各景区中心、各主要建筑、主要景点和主要广场的道路，具有引导游览的作用，易于识别方向。它往往形成园路系统中的主环，是园林内大部分游人通行的路线。通行养护管理机械的园路宽度应与机具、车辆相适应；通向建筑集中地区的园路应有环行路或回车场地。生产管理专用路不宜与主要游览路交叉。主要园路一般不设台阶，宽度见表 3-1，经常通行机动车的园路宽度应大于 4 m，转弯半径不得小于 12 m。

表 3-1　园路宽度

园路级别 \ 陆地面积/hm^2 \ 宽度/m	＜2	2～10	10～50	＞50
主路	2.0～3.5	2.5～4.5	3.5～5.0	5.0～7.0
支路	1.2～2.0	2.0～3.5	2.0～3.5	3.5～5.0
小路	0.9～1.2	0.9～2.0	1.2～2.0	1.2～3.0

② 次要园路（次干道） 指分散在各景区的道路、连接着景区内的景点，通向各主要建筑。要求能通小型服务用车。坡度大时可以平台和台阶的形式处理。

③ 游憩小路（小径） 主要供游人散步休息用，引导游人深入到园林景区的各个角落。它们或精美，或幽静，或神秘，或坎坷。一般布置在山林、水边、草地等处，布局曲折自由。

（2）按铺装材料划分

① 整体铺装路面 包括现浇混凝土路面、沥青路面、三合土路面。前两者平整清洁、耐压平稳，适用于园林中的主路；而后者不耐压，可用于园林中的次要园路。近年来压印混凝土路面在园林中得到广泛应用。

② 块状路面 是指用各种天然块料或各种预制混凝土块料铺地，如混凝土路面砖、彩色混凝土连锁砖、块石、片石砖及卵石镶嵌路面等。坚固、平稳、便于行走，图案的纹样和色彩丰富多姿，适用于公园步行路，或通行少量轻型车的地段。

③ 简易路面 如煤渣路面、沙石路面、夯土路面等。只适用于游人较少的游憩小路或临时性道路。造价较以上各种道路低廉，但质量或者耐压性和稳定性较差，不宜多用。

2. 园路的设计要点 园路应与地形、水体、植物、建筑物、铺装场地及其他设施结合，形成完整的园林景观，创造连续展示园林风景的空间透视线。

（1）园路的平面线形设计（图 3-48、图 3-49、图 3-50）

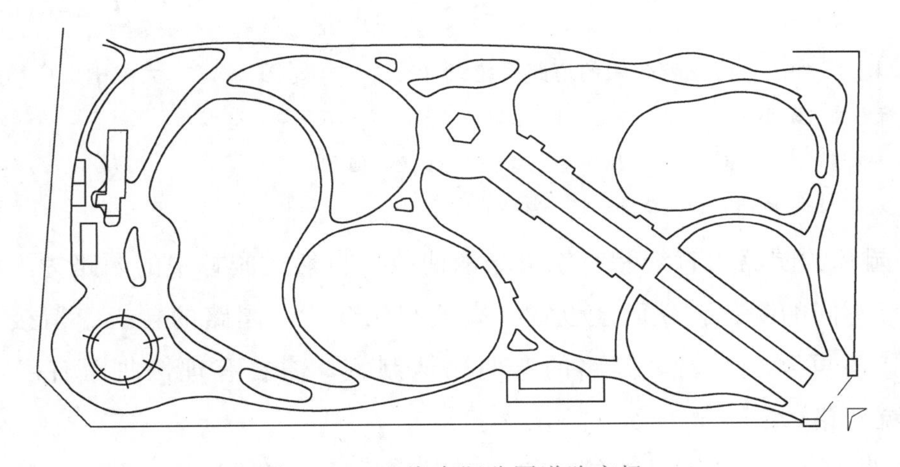

图 3-48 上海襄阳公园道路广场

① 园路应主次分明，密度适中，方向明确。能够组织游赏路线，方便引导游人到主要景区、景点。

② 主路应成环状，道路系统应成网，网眼有大有小。小路能引导游人到园内各个偏僻、宁静的角落，以提高公园面积的使用效率。

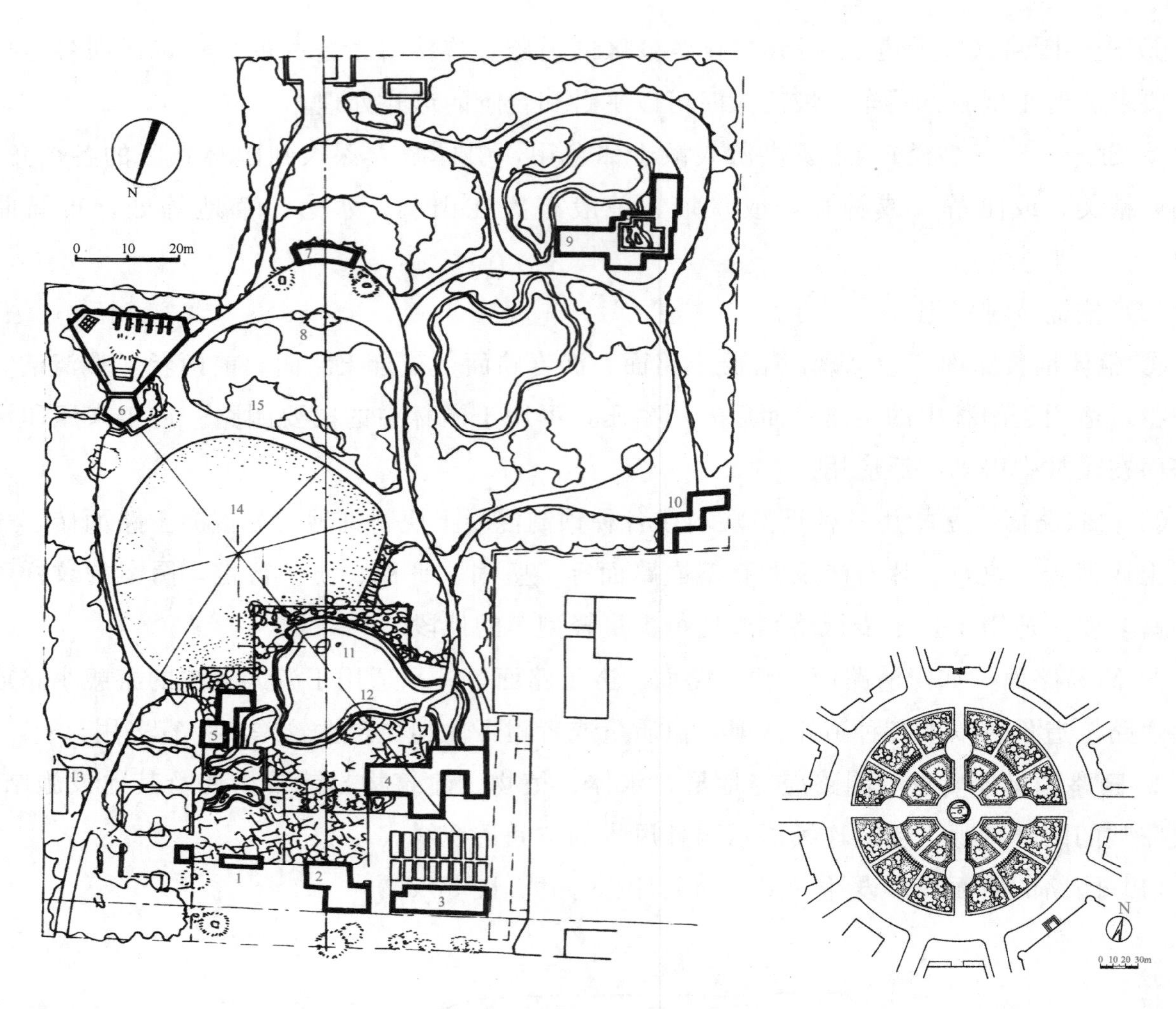

图 3-49 上海东安公园的道路系统设计

1—大门；2—管理处（附小卖部）；3—温室；4—茶室；5—亭；6—五角亭；
7—廊；8—雕塑；9—娱乐廊；10—休息廊；11—景石；12—莲池；
13—厕所；14—草坪；15—宣传廊

图 3-50 大连中山广场的道路系统

③ 规则式园林的园路为直线和有轨可循的曲线；自然式园林中的园路为无轨可循的自由曲线，并有宽窄不同的变化，立面上也宜有高低起伏变化。园路的转折、衔接要通顺，符合游人行为规律，不可互相平行。园路的弯曲因地制宜，曲之有理，曲而有度，不能矫揉造作，让游人走冤枉路。

④ 园路与建筑的联系：园林建筑一般面对园路，且适当地远离园路。连接方式是建筑物近旁设置一块缓冲场地，道路通过这一场地与建筑物相连，或分出支路通向建筑入口。在有大量游人的建筑物前，应设置广场，既取得较好的艺术效果，又有利于游人的集散和休憩等活动。一般主路不能横穿建筑物，避免园路在建筑物前斜交或走死胡同。

⑤ 道路临水设计时不应始终平行水岸，应使路与水面若即若离，有远有近，有藏有露。

⑥ 道路的交叉口可以正交成十字形，也可以斜交，处理方法多种多样（图 3-51）。

园路交叉口设计必须注意如下问题：

A. 避免多路交叉，以免导向不明。多路必须交叉时应在交叉处设广场等。

B. 应主次分明。在宽度、铺装和走向上应有区别。

C. 主路相交最好正交，并可设小广场以避免拥挤。

D. 如两园路成丁字形相交，在焦点处可设道路对景。

E. 两园路斜交时，斜交角度不能小于 60°，锐角部分应有足够的转弯半径，设为圆形的转角，角度过小不利于车辆转弯和游人行走。两园路斜交时，园路的中心线应交于一点。

（2）园路的铺装设计　园路的铺装设计要美观、实用。铺装路面图案能衬托景物，富于观赏效果，色彩、质感和图案纹样应与周围的景观相协调（图 3-52、图 3-53）。色彩上应稳重而不沉闷，鲜明而不俗气；大场地的质感可粗些，纹样不宜过细，而小场地的质感不宜过粗，纹样应细些。如竹林中小径用竹叶图案，梅林中用冰纹梅花图案，大面积广场则不宜进行细碎分割。

（3）为了道路排水需要，横坡应有 1%～3%的坡度，纵坡也应有＜8%的坡度，超过 12%时，应做防滑处理。支路和小路，纵坡坡度宜小于 18%。纵坡超过 15%路段，路面应做防滑处理；纵坡超过 18%，宜按台阶、梯道设计，坡度大于 58%的梯道应做防滑处理，宜设置护栏设施。

公园出入口及主要园路宜便于通过残疾人使用的轮椅，其宽度及坡度的设计应符合《城市道路和建筑物无障碍设计规范》（JGJ 50—2001）中的有关规定。如有高差时应设坡道，坡道的宽度不应小于 0.90 m；出入口的内外，应留有不小于 1.50 m×1.50 m 平坦的轮椅回转面积，出入口设有两道门时，门扇开启后应留有不小于 1.20 m 的轮椅通行净距。

（二）台阶与步石

1. 台阶　台阶也称踏步，是为解决园林地形高差而设置的，除了具有使用功能外，其富有节奏的外形轮廓也具有一定的美化装饰作用，常附设于建筑入口、水边、陡坡、陡峭山路等处，与花台、栏杆、水池、挡土墙、假山、雕塑等结合，构成动人的园林美景（图 3-54）。台阶使用的材料有木材、石料、砖、钢筋混凝土。设计时应结合具体的地形地貌，尺度要适宜。台阶与坡道比较能使人在斜坡上保持稳定，只需要较短的水平距离就能完成一垂直高度的变化，但有轮的交通工具不能方便行驶。

台阶设计要点：台阶包括踏面、升面和休息平台三部分（图 3-55）。

（1）一般台阶的踏面宽 30～38 cm，升面高度为 10～17 cm。在美国，升面、踏面尺寸设计一般以升面尺寸乘以 2，加踏面尺寸的和为 66 cm 较合适。游人量较大时，台阶宽度不宜小于 150 cm。

（2）一组台阶的升面垂直高度，踏面的方向和宽度应是不变的，否则易发生危险。在开阔的广场可以例外。

（3）一组台阶，台阶踏步数不少于 2 级。否则难以察觉，容易绊脚。

（4）台阶尽可能设在与运动方向垂直的方向上。

（5）侧方高差大于 1.0 m 的台阶，应设护栏设施。

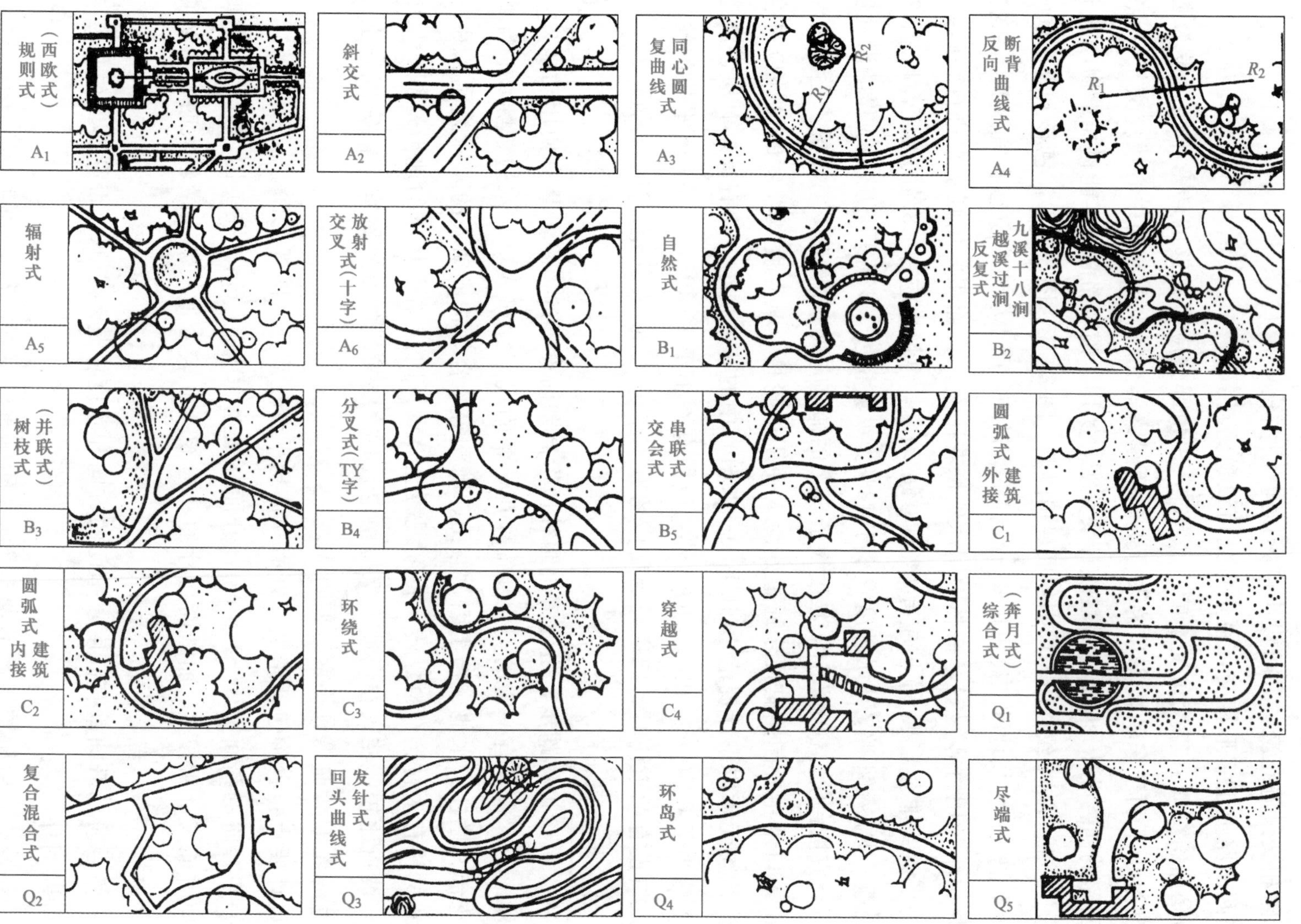

图 3-51 各种园路交叉口的处理

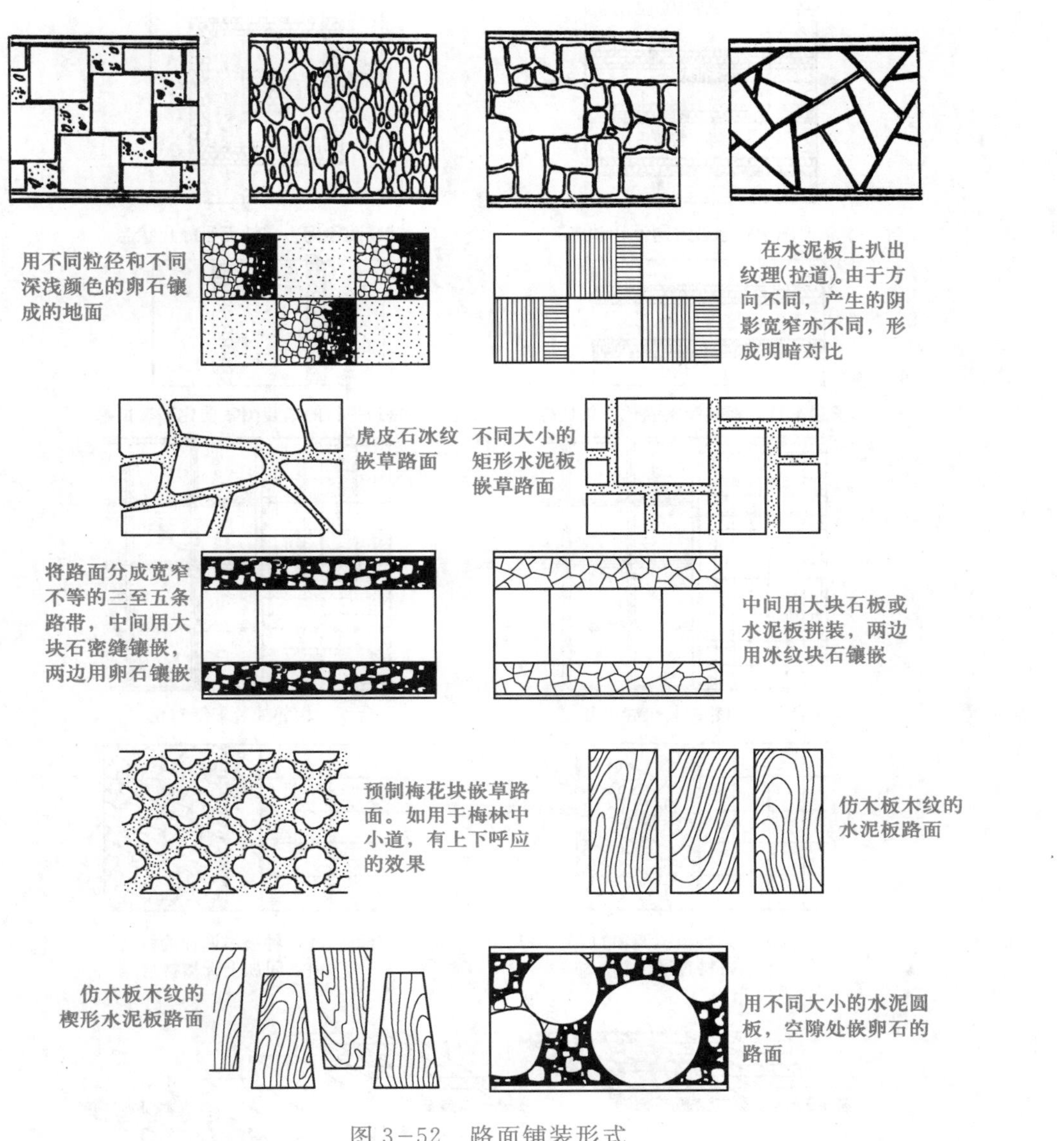

图 3-52　路面铺装形式

(6) 台阶应和无障碍通道结合使用，尽可能为老、弱和残疾人创造通行条件。

(7) 在一长串的台阶中应加设平台，平台宽 158 cm 左右。一组台阶中无护栏，两平台之间的升面高度之和不能大于 122 cm，有护栏不能大于 183 cm。

2. 步石　步石是一种非连续的道路形式，一般主要设置在草坪上，使人跨步而过。步石的材质可大致分为自然石、加工石、人工石及木质等。步石可大可小，形状不同，高低不等，间距也可灵活变化，路线宜自然弯曲，灵活，轻松，活泼，富有野趣。

(三) 园桥及汀步

园桥是跨越水面及山涧的园路。园桥不仅起着交通联系作用，而且还有组织游览的作用，它可以分隔水面，划分水域空间，点缀水面景色，增加风景层次等。

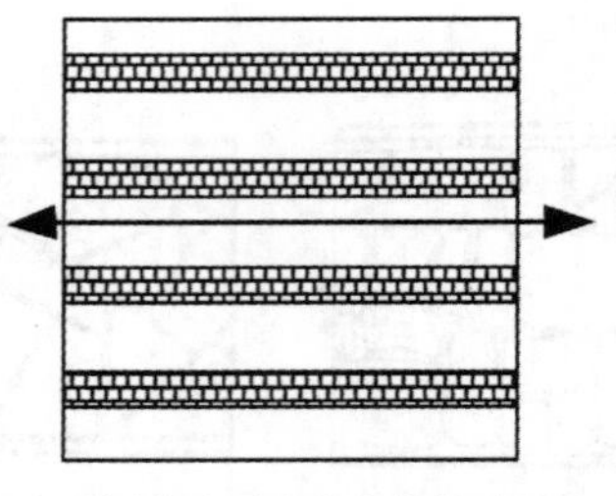

条形图案暗示着方向性和动感

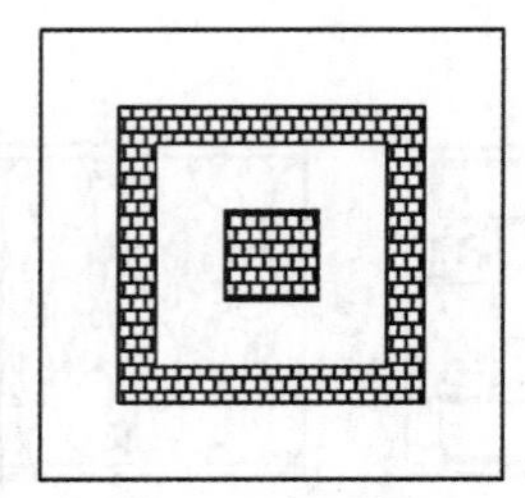

铺装图案无方向性而呈静止状态

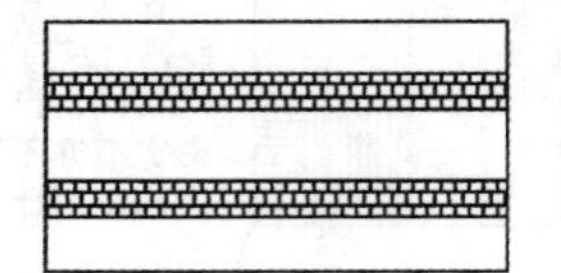

与长边平行的铺装图案强化了狭长感

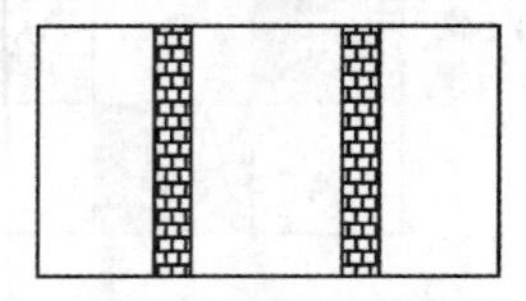

与短边平行的铺装图案弱化了狭长感

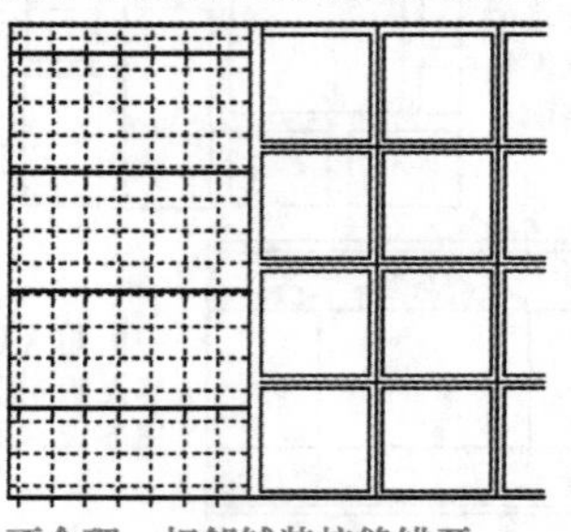

不合理：相邻铺装接缝错开

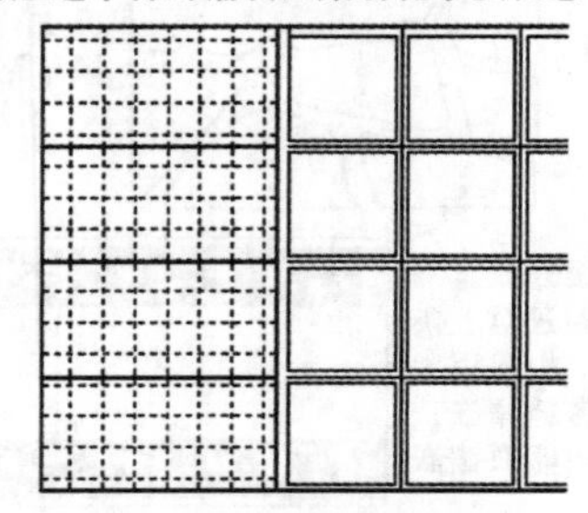

合理：相邻铺装接缝对正

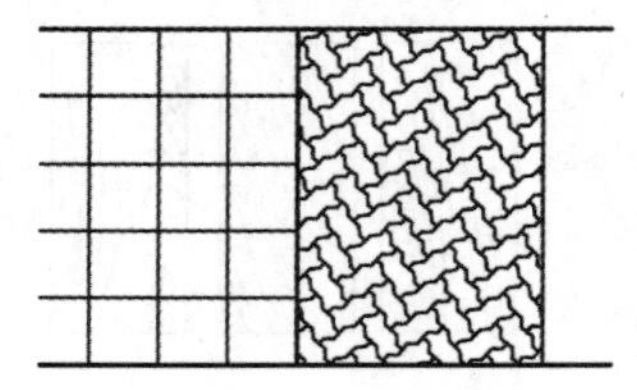

不合理：两种极不调和的材料直接相邻

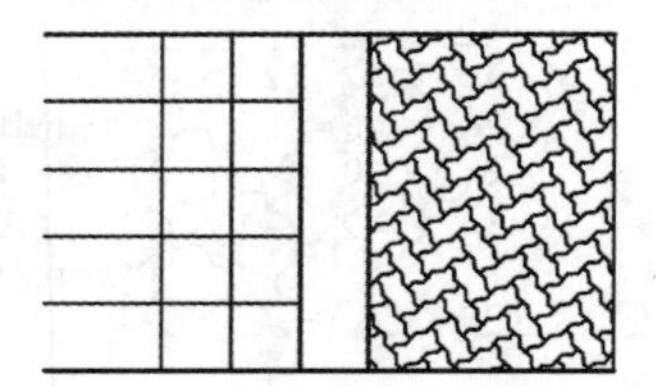

合理：在两种极不调和的材料之间加上天然材料

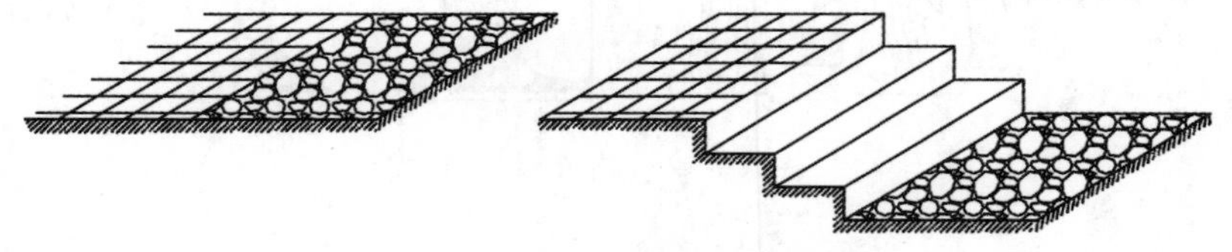

不合理：不同铺装材料在同一平面相邻

合理：不同铺装材料在不同的平面

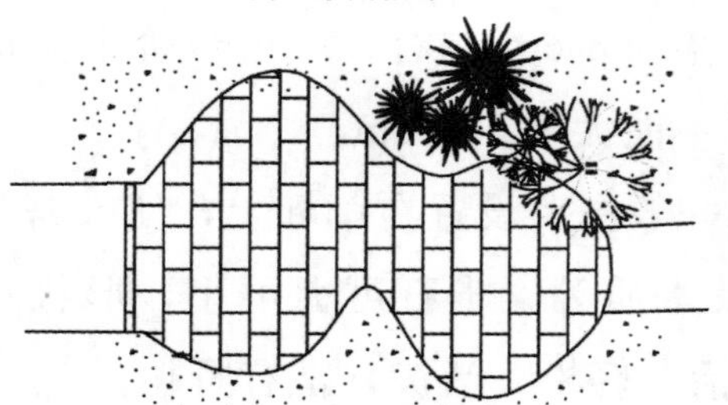

不合理：标准砖铺在自然形状地面需加工

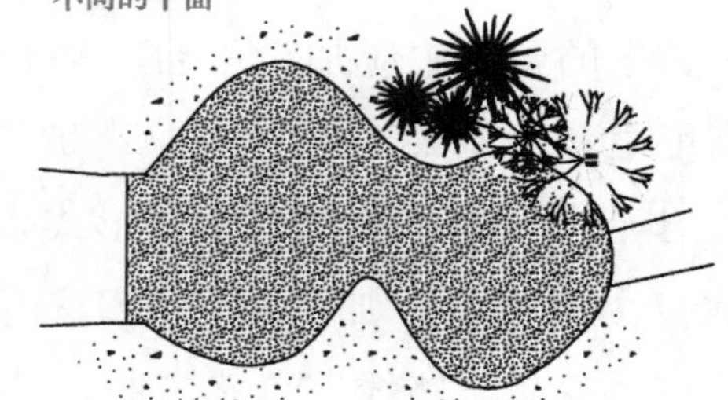

合理：混凝土适合铺在自然形状地面

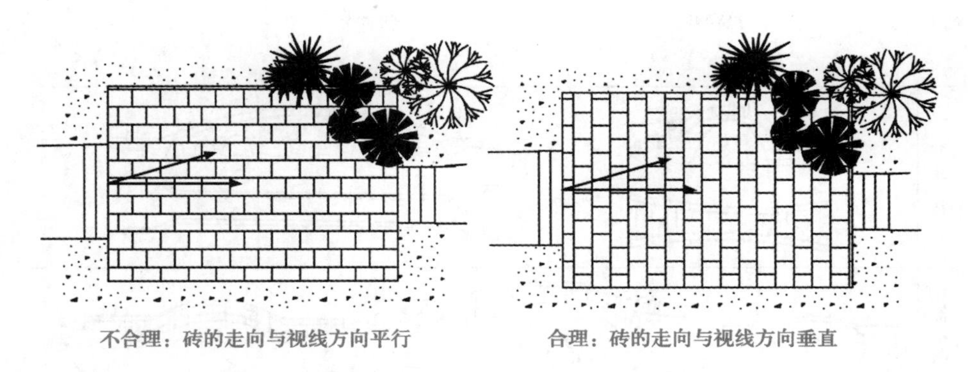

图 3-53　铺装应注意的问题

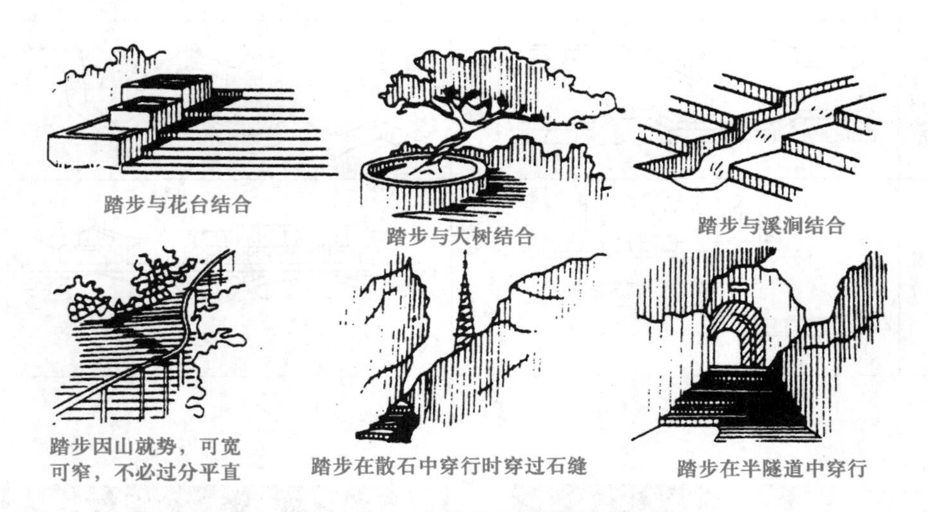

图 3-54　台阶的几种处理方法

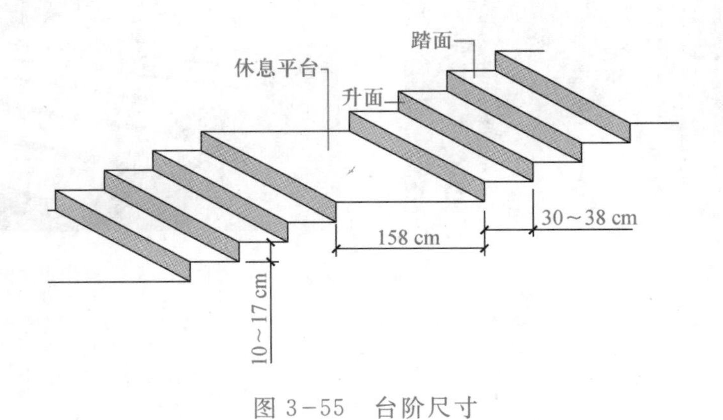

图 3-55　台阶尺寸

1. 园桥的类型

（1）根据构筑材料不同分类　石桥、钢筋混凝土桥、木桥、铁桥、竹桥等。

（2）根据结构分类　拱桥、梁式桥、浮桥。

（3）根据建筑形式分类　平桥、曲桥、拱桥、亭桥、吊桥、廊桥、索桥等（图 3-56、图 3-57、图 3-58）。

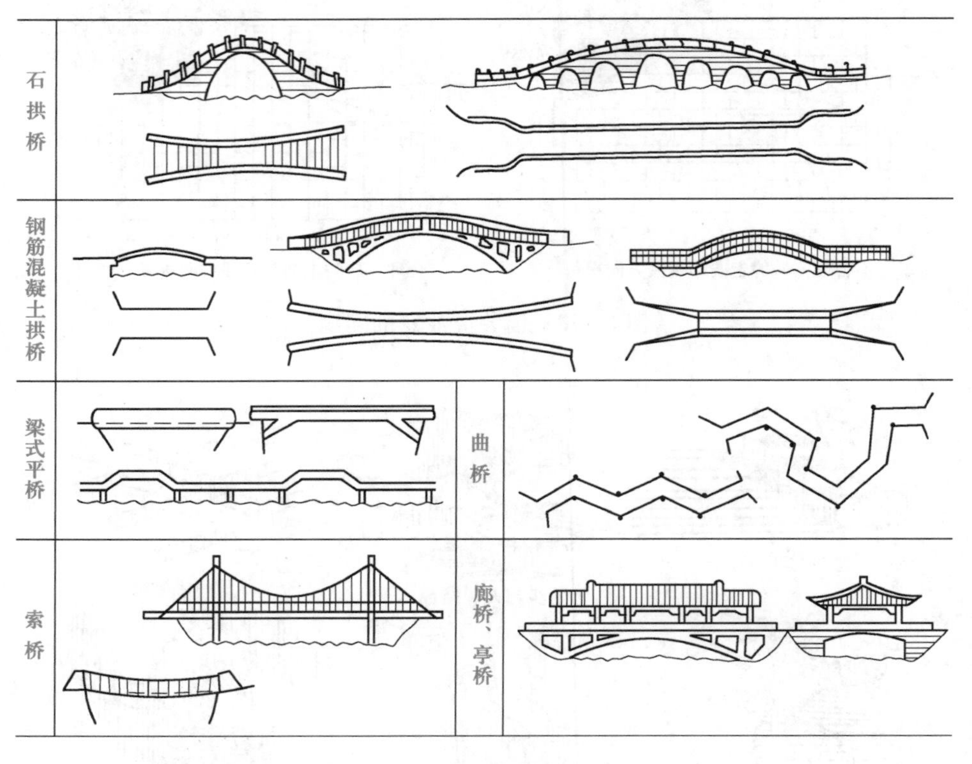

图 3-56　园桥形式举例

图 3-57　圆明园拱桥

图 3-58　云南腾冲温泉平桥

2. 汀步　在浅水中按一定间距布设块石，微露水面，供游人跨步而过，称汀步，又称跳桥、点式桥。是一种特殊形式的园桥。汀步的形式可分为自然式和整形式。自然式的汀步，用天然石材自然式布置。整形式的汀步有圆形、方形，或塑造莲叶等造型，质朴自然，又有一番情趣，可用石材雕凿或耐水材料砌塑而成（图 3-59）。汀步一般宜用于浅水河滩、平静水池、山林溪涧等地段，供游人跨步而过，别有一番野趣。

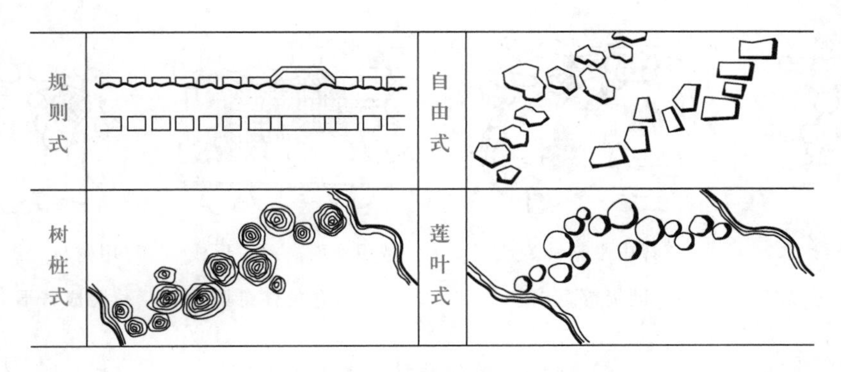

图 3-59 汀步形式举例

3. 园桥的设计要点

（1）园桥的设置最好选在水面最窄处，桥身与岸线应垂直。桥的设计要保证游人过水通行和游船通航的安全。

（2）园桥与水景的关系　小水面架桥，取其轻快质朴，常为单跨平桥。水面宽广或水势急湍者设高桥并带栏杆。水面狭窄或水势平静者，可设低桥免去栏杆。水面与地面水平相近，架桥低临水面，亦可使游人濒溪漫步，饶有情趣。在清澈的水面，要巧于利用桥的倒影效果。地形平坦，桥的轮廓宜有起伏。水与山相邻，山下岩边桥面临水不宜高，以显山势峥嵘。

（3）汀步的基础要坚实、平稳，面石要坚硬，耐磨。汀步的间距应考虑游人的安全，石墩间距不宜太远，石块不宜过小。一般石块间距可为 8～15 cm，石块大小应在 40 cm×40 cm以上。汀步石面应高出水面 6～10 cm 为佳。

（4）园桥材料的选择应与周围的建筑材料协调统一。

三、 园林广场

园林广场是指由建筑物、道路和绿化地带等围合或限定形成的开敞的公共活动空间，是园路的扩大部分。园林广场有交通集散、组织集会、为游人提供游览休息、锻炼等活动场所的作用。

（一）园林广场的类型

1. 园林广场按性质和功能划分

（1）交通集散广场　人流量较大，主要功能是组织交通和分散人流。多用于入口处、大型建筑旁等地方。广场构图应具有艺术性，可精心安排各种造园要素，反映其独特的风貌。

（2）游憩活动广场　在园林中经常运用，可以是草坪、疏林及各式铺装地面，外形轮廓为几何形或自然曲线，也可配合花坛、水池、雕塑、花架等共同组成。主要供游人游览、休息，儿童游戏，集体活动等。根据不同的活动内容和要求，游憩活动广场应美观、适用，各具特色（图 3-60）。

用亭、廊、花架、水池等组合成的

疏林中平整铺装及园椅等组成

利用地面高差，形成不同特色的休息场地

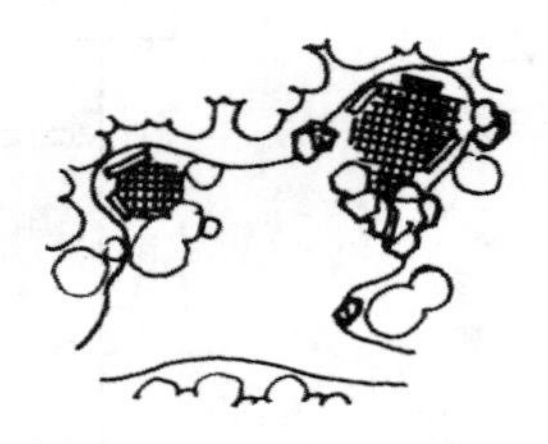

用树丛、山石、园墙等隔成若干个休息场地

图 3-60　游憩活动广场形成方式

（3）生产管理广场　主要供园务管理，生产需要之用。如停车场、晒场等。它的布局应保证与园务管理专用出入口、花圃、苗圃等方便地联系。

2. 园林广场按平面布局形式划分（图 3-61）

（1）规则式　多用于入口处及规则建筑空间中或规则建筑前。

（2）自然式　多用于林下、水池旁。

（3）混合式　多用于大型广场。

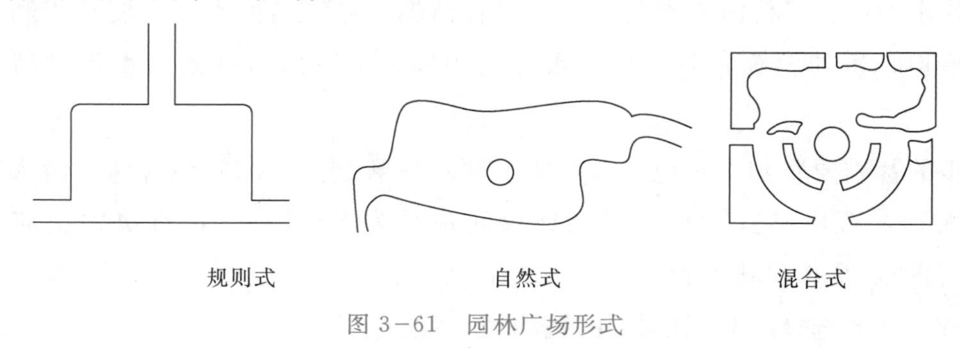

规则式　自然式　混合式

图 3-61　园林广场形式

3. 园林广场按垂直高度划分

（1）平面型广场　广场地面与周围道路等高。多用于入口处及建筑前。

（2）立体型广场　广场地面与周围道路不等高，有垂直变化。有上升式广场和下沉式广场两种形式。下沉式广场近年来使用广泛，其优点是便于开展群众性的集会和娱乐活动，观众可沿台阶而坐，观赏或休息，平时游人上下台阶又别是一番景象（图 3-62）。

图 3-62　北京植物园规则式下沉广场

（二）园林广场的设计要点

（1）广场的布局　要求广场在空间尺度感、形体结构、色彩、交通与周围关系都取得协调，还应该具有特色。

（2）广场的规模与尺度　广场规模与尺度，应结合围合广场的建筑物的尺度、型体、功能以及结合人的尺度来考虑。

（3）广场设施　包括休息椅、灯、柱、雕塑等，在设计时必须强调它们的统一性，切忌杂乱。下沉式广场排水设施应完善。

（4）广场的路面铺装　根据广场的功能与性质，可设计不同的路面铺装。如儿童游戏活动场地可用塑胶材料，保证儿童的安全。

3.3　园林建筑与小品

一、园林建筑与小品的内容及特征

1. 园林建筑的内容及特征　园林建筑是园林中具有造景功能，同时又能供人观赏、游憩的建筑物和构筑物的统称。园林建筑的特征是具有使用和造景、观赏和被观赏的双重性；空间变化多样，能与环境巧妙结合；色彩明快，装饰精巧。园林建筑形式和类型很多，按使用功能可分为四类。

（1）游憩类建筑　这类建筑主要指游览、点景和休息用的建筑等，具有简单的使用功能，但更注重造景的作用，既是景观又是休息、观景的场所，建筑造型要求高，是园林绿地中最重要的建筑。常见的有亭、廊、榭、舫以及园林小桥等。此类建筑在园林中应用最多，将重点介绍。

（2）服务类建筑　为游人在游览途中提供生活服务的建筑，在现代公园中更常见。如各类小卖部、茶室、小吃部、餐厅、接待室、小型旅馆及厕所等。

（3）文化娱乐类建筑　供开展各种活动用的建筑，如划船码头、游艺室、俱乐部、演出厅、露天剧场、各类展览馆，阅览室，以及体育场馆、游泳池、旱冰场等。

（4）管理类建筑　园林管理用房包括公园大门、办公室、实验室及栽培温室等。此外，还有一类较特殊的建筑，即动物兽舍，同样具有外观造型及使用功能的要求。

2. 园林建筑小品内容及特征　园林建筑小品是将园林中供休息、装饰、照明、展示和供园林管理及方便游人之用的小型建筑设施，也称园林小品。如花架、园椅、园桌、园林景墙、园林栏杆、园灯、雕塑、标牌、垃圾桶等设施。园林小品小巧，结构简单，造型别致，装饰性好，布局灵活，能烘托环境，并有各自的实用功能。

二、 常见园林建筑的设计

（一）亭

亭是指一类有顶无墙，供人休息、观景、遮阳、避雨的园林建筑。亭是我国传统园林建筑中最常见的形式，常具有点景效果，被誉为“园林中的眼睛”。不论在现代公园、风景区还是传统古典园林中，都可见到各式各样的亭子悠然伫立，为园林增色添彩，起到其他园林建筑无法替代的作用（图 3-63）。

1. 亭的类型

（1）亭的平面形式　如图 3-64。

① 独立式亭　三角形、正方形、长方形、六角形、八角形、圆形、扇形、海棠形、梅花形、十字形、万字形等。

a. 苏州拙政园天泉亭

b. 苏州狮子林湖心亭

c. 北京植物园双亭

d. 韩国亭

图 3-63　亭在园林中的应用实例

② 组合式亭　双圆、双三角、双方、双六角、双八角、矩形的组合以及与廊、墙的组合等。

③ 不规则式亭　近年来许多新式平顶亭，其平面形状，出现各种不规则的图形。

（2）亭的屋顶形式　有攒尖顶、平顶、硬山顶、悬山顶、歇山顶、单坡顶、卷棚顶、四坡顶、褶板顶、壳体顶等。还有单檐、重檐、三重檐之分（图 3-65）。

2. 亭的设计要点

（1）亭子位置的选择　位置的安排，一方面是为了观景，即供游人眺望景色，驻足休息，另一方面是为了点景，即点缀风景。无论什么环境，都应使亭置于特定的景物环境之中。或运用“对景”“借景”等手法，使亭子的位置充分发挥观景与点景的作用。一般选择位置如下：

① 山上建亭　山上设亭丰富了山的立体轮廓，使山色更有生气，为人们提供休息之所，也为观望山景提供合适的角度。常选用的位置有山巅、山腰台地、山坡侧旁、山洞洞口、山谷溪涧等处（图 3-66）。山顶之亭成为俯瞰山下景观、远眺周围风景的观景点，是游人登山活动的高潮。山腰之亭可作为登山中途休息的地方，还可丰富山体立面景观。但对于不同高度的山，建亭位置有所不同。

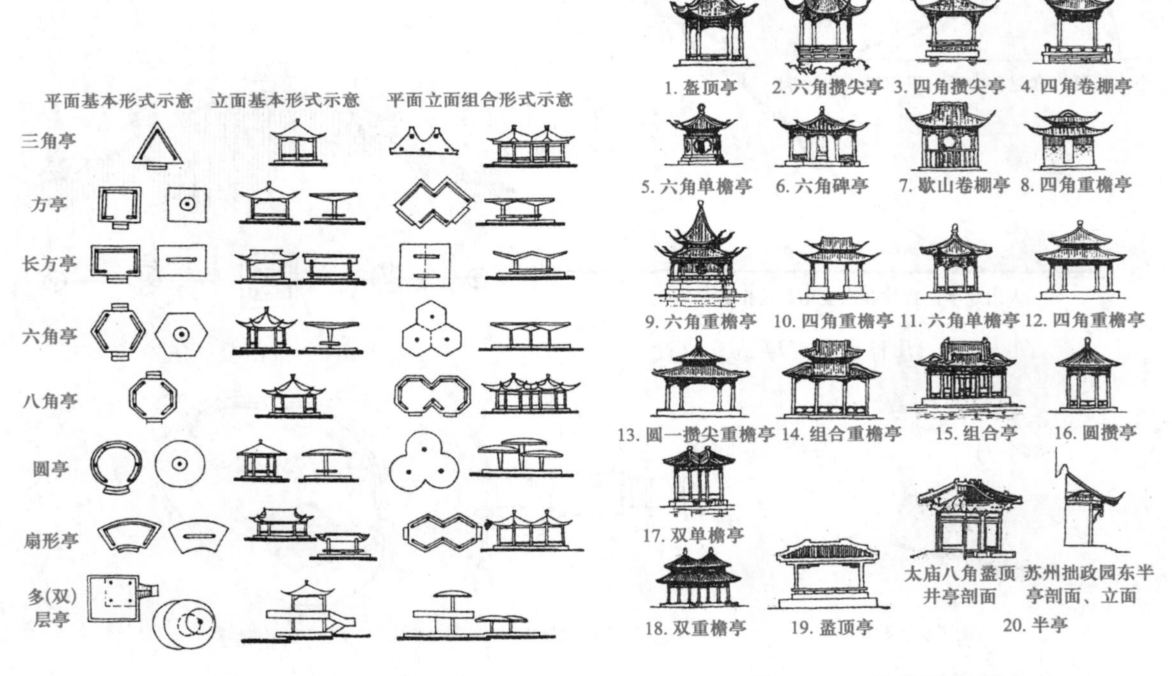

图 3-64　亭的平面形式　　　图 3-65　亭的屋顶形式

A. 小山建亭：小山高度一般在 5～7 m，亭常建于山顶，以增山体的高度与体量，更能丰富山形轮廓，但一般不宜建在山形的几何中心。如苏州诸园中，小山建亭，多在山顶偏于一侧建亭。

B. 中等高度山建亭：宜在山脊、山顶或山腰建亭。亭应有足够的体量，或成组设置，以取得与山形体量协调的效果，如北京景山，在山脊上建五座亭，体量适宜，体形优美，相互呼应，连成一体，与景山体量相称、协调，更丰富了山形轮廓（图 3-67）。

C. 大山建亭：一般宜在山腰台地，或次要山脊，或崖旁峭壁之顶，亦可将亭建在山道坡旁，以显示局部山形地势之美，并有引导游人观赏美景的作用，如贵阳黔灵山公园九曲径诸亭。

② 临水建亭　水边设亭，一方面是为了观赏水面的景色，另一方面，也可丰富水景的艺术效果。其位置常在小岛上、湖心台基上、岸边石矶上、桥等处，或一边临水，或多边临水，或完全伸入水中，四周被水环绕，丰富水面景色，增加水面空间层次（图 3-68）。苏州狮子林湖心亭，苏州拙政园松风水阁都是成功先例（图 3-69）。

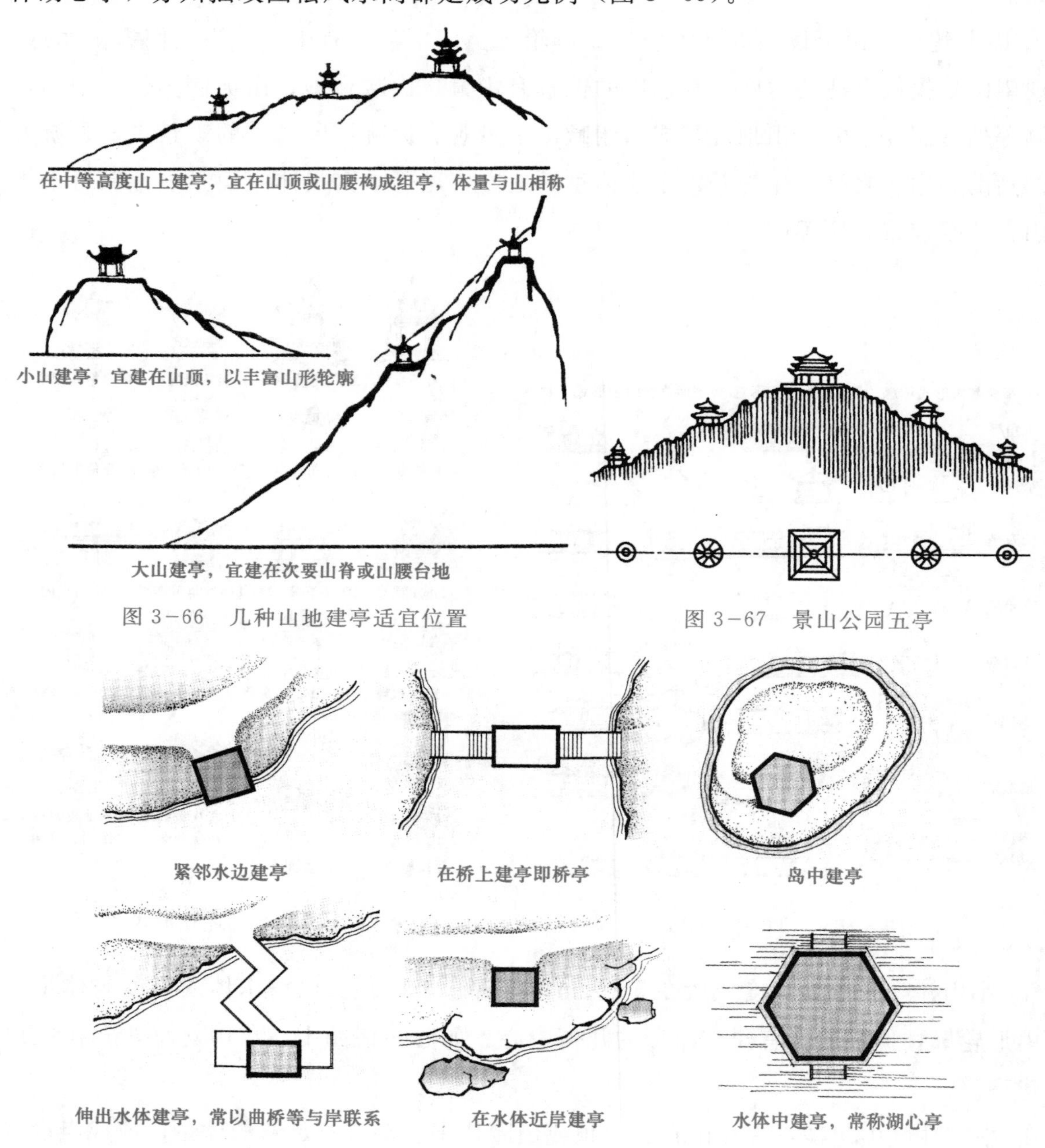

图 3-66　几种山地建亭适宜位置

图 3-67　景山公园五亭

图 3-68　邻水建亭的几种情况

③ 平地建亭　平地设亭，通常位于道路的交叉口上，路侧的林荫之间，或位于厅、堂、廊、室与建筑之一侧，供户外活动之用。或在自然风景区入口处，在路边或路中筑亭，作为一种标志和点缀。平地建亭为避免给人平淡无奇的感觉，常在亭旁配置假山石、花灌木等加以点缀，亭子造型应新颖独特。

（2）体量与造型的选择　亭的体量与造型应根据其所处的周围环境的大小、性质等，因地制宜而定。面积较小的庭园，亭子不宜过大，如拙政园松风水阁（图 3-69），但亭作为主要的景物中心时，也不宜过小，在造型上也宜丰富些，如苏州拙政园天泉亭（参见图3-63a）。在大型园林的空间中设亭，要有足够的体量，为突出亭子的特定气氛，还成组布置，形成亭廊组群，如北海公园五龙亭。

图 3-69　拙政园松风水阁

（3）亭子的材料及色彩　我国古代的亭子多为木构瓦顶，现代园林多利用钢筋混凝土结构，近年出现膜结构亭子，是新型建筑材料在建亭工程上的运用。应力求就地取材，便于配合自然。不必过分地追求人工的雕琢。

（二）廊

廊是上有屋顶，周围无墙壁，以“间”为单元组合，供游人在其内漫步行走的长形园林建筑，在园林中起到联系各建筑、分隔和联系空间的作用。古代园林中，廊适应中国木结构建筑需要，附于建筑周围，作为防雨防晒的室内外过渡空间，现代园林中廊的作用更为广泛。

1. 廊在园林中的作用

（1）联系功能　廊可将园林各景区、景点连接成一个有序的整体，亦可联系单体建筑组成有机群体，且主次分明，错落有致。苏州鹤园以廊联系园内各单体建筑，形成以建筑环绕的园林空间（图 3-70）。

（2）组织空间　廊可将单一的空间分隔成几个局部空间，而又能互相渗透，隔而不断；廊可将空旷开敞的空间围合成相对封闭的空间，丰富空间景观的变化，如拙政园“小沧浪”水院，以桥廊分隔水湾空间，并与周围亭廊围合成水院空间，空间自然弯曲，别具风韵(图 3-71)。

（3）组廊成景　廊能自由组合，本身通透开畅，宜与地形结合，组成完整独立的景观。如哈尔滨斯大林公园“半圆廊”与防洪纪念碑一起成为松花江边的一组景物，空间开阔，景色壮观；再如南宁市人民公园的圆廊，位于一个圆形岛上，独立成景（图 3-72、图 3-73）。

（4）实用功能　廊可供游人休息，防雨防晒，同时由于其系列长度的特点，符合展览要求，如书画廊、花卉廊等。大唐芙蓉园的彩霞亭廊由金亭、玉亭和长廊三部分组成，全长270 m，是国内最长的文化长廊，意在展示“大唐巾帼，敢与男子争天下；柔情三千，横贯古今流芳名”的主题（图 3-74）。

2. 廊的形式 如图 3-75。

（1）依据廊的位置分为 平地廊、爬山廊、沿墙走廊、水走廊、桥廊等。

（2）依据平面形式分为 直廊、曲廊、回廊等。

（3）依据结构形式分为 空廊、半廊、暖廊、复廊、里外廊、双层廊等。

（4）依据功能分为 休息廊、展览廊、候车廊、分隔空间廊等。

3. 廊的设计要点

（1）廊的位置选择 根据其所处地形的不同，平地建廊往往沿墙及附属建筑，以“占边”的形式布置，可以达到隐去墙边的作用，或在开阔地段用以围合空间或用以分隔空间；临水建廊宜贴近水面，廊基宜低不宜高，或建于岸边，与水岸的曲折变化相协调，或建于水上，形成廊桥；可顺山地拾阶而上建成爬山廊，还可以将不同高度建筑物连接起来（图 3-76）。

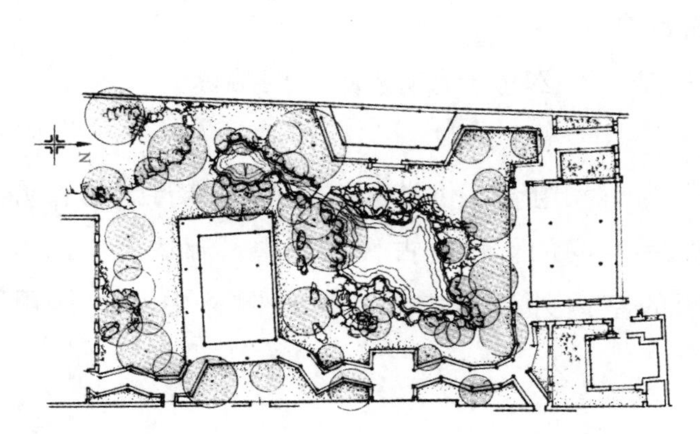

图 3-70 苏州鹤园以廊联系园内各单体建筑

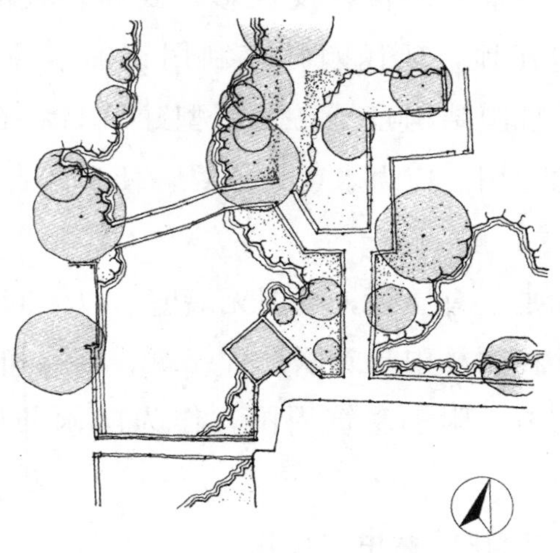
图 3-71 苏州拙政园“小沧浪”水院，以桥廊分隔水湾空间

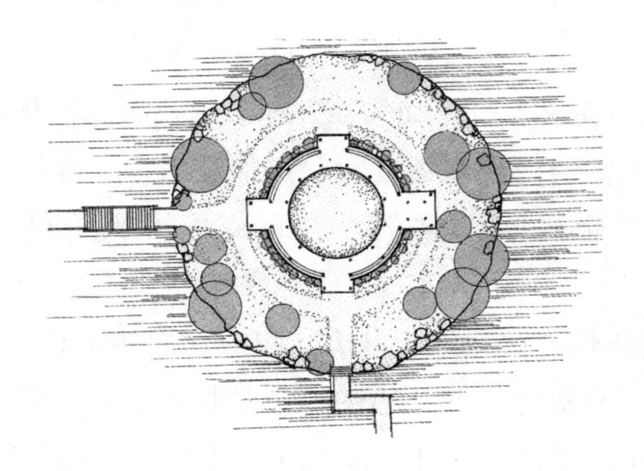
图 3-72 南宁市人民公园岛上圆廊平面图

图 3-73 南宁市人民公园岛上圆廊构成主景

图 3-74　西安市大唐芙蓉园彩霞亭廊水中部分

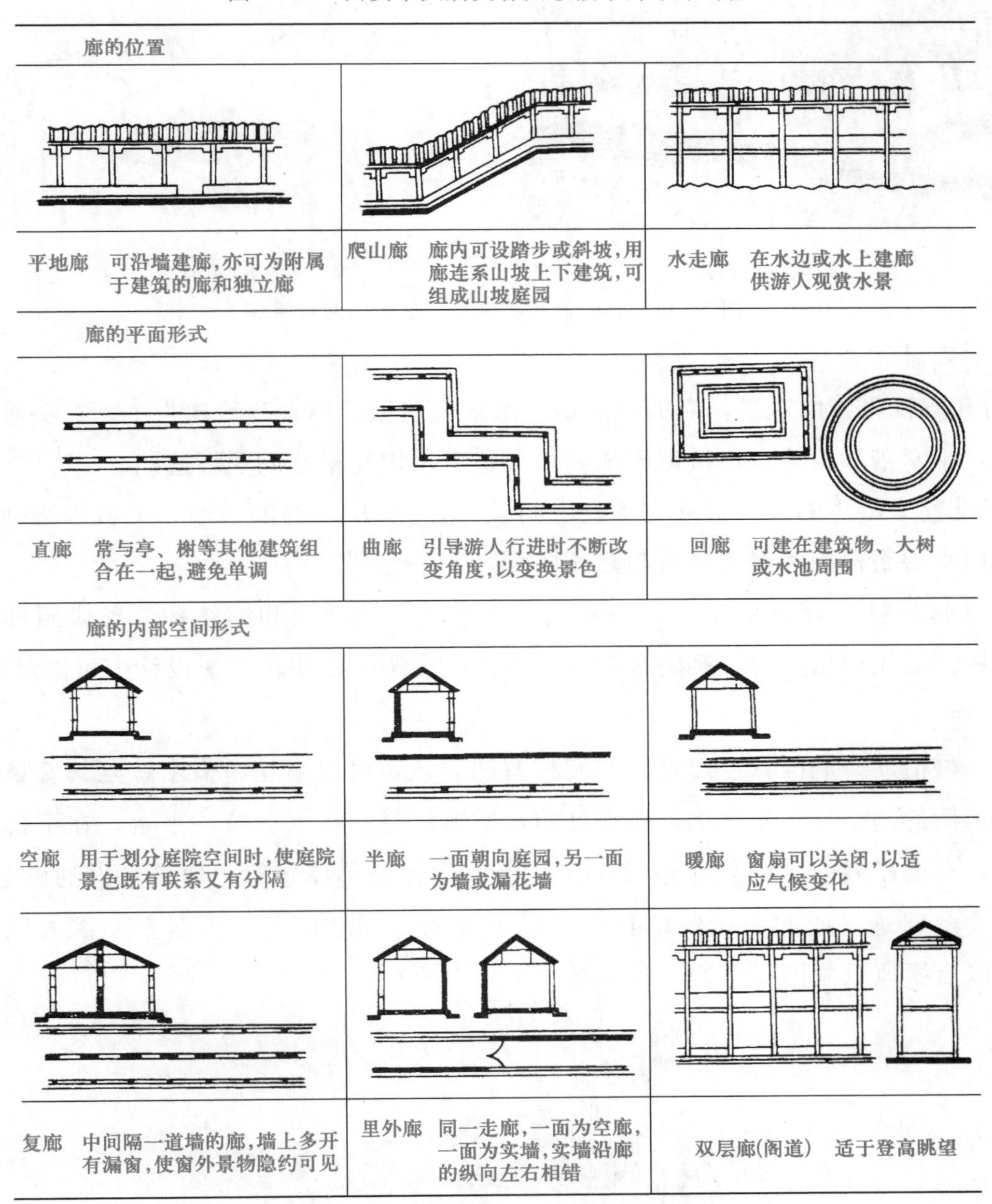

图 3-75　廊的几种传统形式

(2) 廊的体量尺度

① 廊的开间不宜过大，宜在 3 m 左右，柱距 3 m 上下，而一般横向净宽在 1.2～1.5 m，

游客流量较多的，廊宽可在 2.5～3.0 m。

② 檐口底皮高度一般为 2.4～2.8 m。

③ 廊顶一般为平顶、坡顶和卷棚等。

④ 廊柱的柱径 d=1.50 m，柱高为 2.5～2.8 m，株距 3 m 左右。方柱截面边长控制在 1.50～2.50 m，长方形柱截面长边不大于 3.00 m。

a. 实景照片

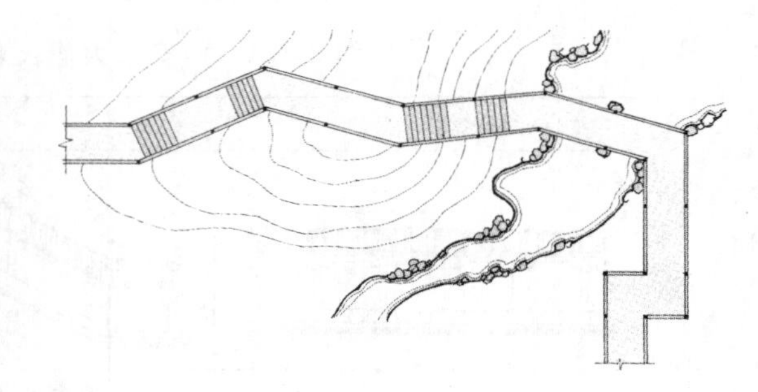

b. 平面图

图 3-76 廊的形式实例——拙政园起伏水廊

(3) 立面设计

① 为开阔视野四面观景，立面多选用开敞式的造型，以轻巧玲珑为主。在功能上需要私密的部分，常常借加大檐口出挑以形成阴影，也可以用花格或漏明墙遮挡。

② 下设置 1 m 左右的栏杆或在廊柱之间设 0.5～0.8 m 高的矮墙，上覆水磨砖板，以供坐憩，或用水磨石椅面和美人靠背与之相匹配。

(4) 廊的材料　廊有木结构、钢筋混凝土结构、竹结构和钢结构。现代园林中，新材料、新结构的运用层出不穷，廊的造型丰富多样，格调简洁明快，在设计中可以灵活运用。

(三) 榭

榭是一种借助于周围景色而见长的园林游憩建筑，可以借花、借水，尤其着重于借取水面景色。水榭的基本特点是临水，最常见的水榭形式是，在水边筑一平台，在平台周边以低栏杆围绕，在湖岸通向水面处作敞口，在平台上建起一单体建筑，建筑平面通常是长方形，建筑四面开敞通透，或四面作落地长窗，屋顶常用卷棚歇山顶。水榭主要供人们游憩、眺望，还可以点缀风景（图 3-77）。

a. 效果图

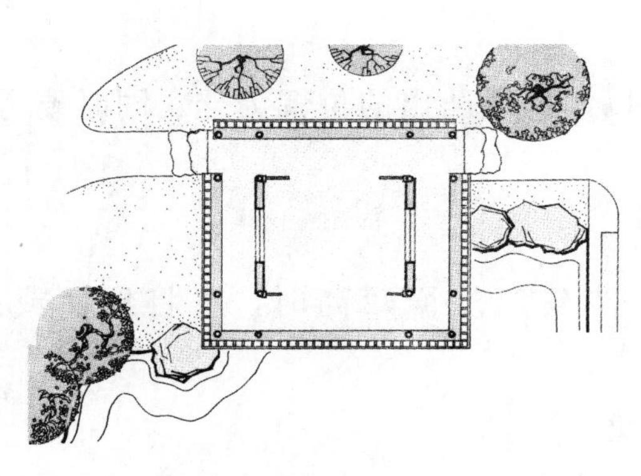
b. 平面图

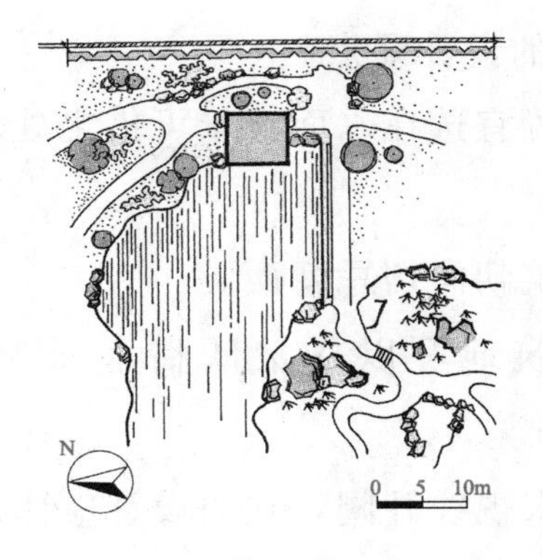

c. 位置图

图 3-77 水榭实例——苏州拙政园芙蓉榭

1. 榭与水体的结合方式 榭与水体的结合方式有多种：

（1）从平面上看 有一面临水、两面临水、三面临水以及四面临水等形式，四面临水者以桥与湖岸相连。

（2）从剖面上看平台形式 有的是实心土台，水流只在平台四周环绕（图 3-78a）；有的平台下部是以石梁柱结构支承，水流可流入部分建筑底部（图 3-78b、c、d、）；甚至有的可让水流流入整个建筑底部，形成临驾碧波之上的效果（图 3-78e）。近年来，由于钢筋混凝土结构的运用，常采用伸入水面的挑台取代平台，使建筑更加轻巧，低临水面。

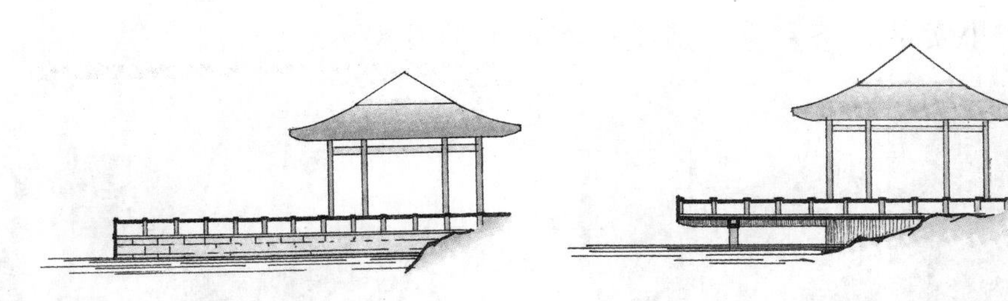
a. 以实心土台作为挑台的基座　　b. 以梁柱结构作为挑台的基座，岸边以实心土台作为榭的基座

c. 以梁柱结构作为挑台的基座，平台的一半挑出水面，另一半坐落在湖岸上

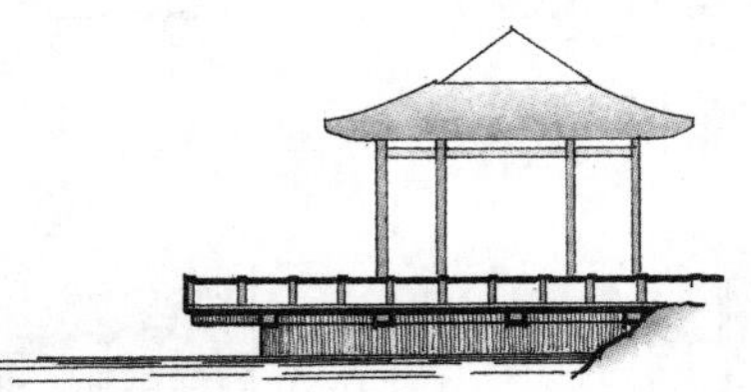
d. 在实心土台的基座上，伸出挑梁作为平台的支撑

e. 整个建筑及平台均坐落在水中的梁柱结构基座

图 3-78 水榭平台的构造类型

2. 水榭的设计要点

（1）位置宜选在水面有景可借之处，并以湖岸线凸出的位置为佳，同时要考虑对景、借景的视线。

（2）建筑朝向切忌朝西。

（3）建筑地坪以尽量低临水面为佳，当建筑地面较高时，可将地面或平台作上下层处理。

（4）要求视线开阔，立面设计应体现出来。

（四）舫

舫是在园林水面建造的一种船形建筑，不能划动，故又名“不系舟”，其立意是“湖中画舫”。舫一般由三部分组成，即船头、中舱和尾舱，船头设眺台，似甲板，常做成敞棚，作赏景用；中舱常做成下沉式，是舫的主要空间，供休息和宴客用，两侧常设长窗，以便视线畅通；尾舱一般做两层，下实上虚，设楼梯，上层有休息、眺望功能。一般舫的下部用石砌成，上部多用木结构，在现代园林中也用钢筋混凝土等新材料和新技术，在形式上有所创新，形成一种功能多样、造型别致，但又不失传统韵味的建筑形式。苏州拙政园香洲就是舫的应用佳例，东面船头作敞篷，中舱是较低矮的连接部分，作休息和宴客之用，后舱为二楼可供远眺，从北面望去很像一艘泊岸的画舫楼船（图 3-79）。西安大唐芙蓉园龙翔碧波石舫像一个巨龙昂首挺胸，向芙蓉湖中游去（图 3-80）。现代园林中，舫除作点景，供人们休息、赏景外，还可用作小卖部、茶室等，造型也有很大的发展。

a. 北侧实景照片

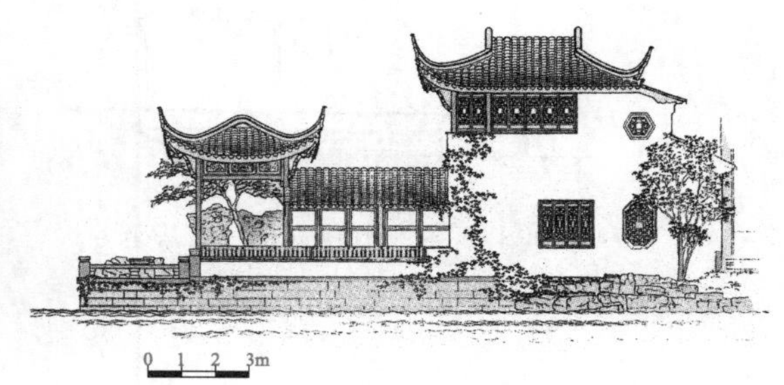

b. 北立面图

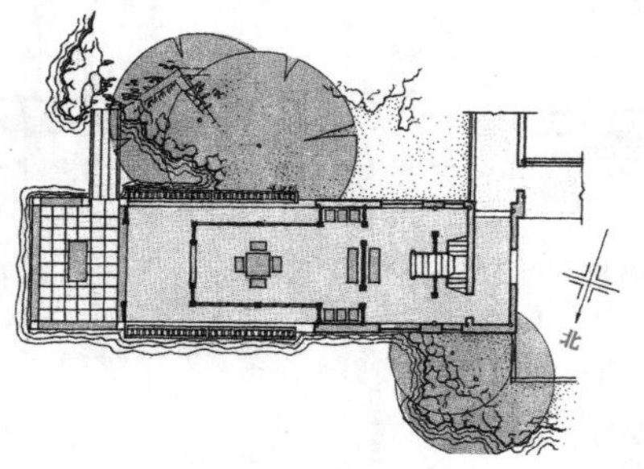

c. 一层平面图

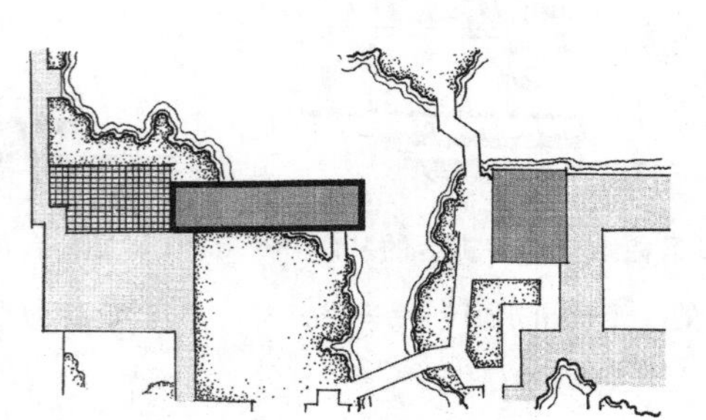

d. 平面位置图

图 3-79 舫的应用实例——苏州拙政园香洲

图 3-80　西安大唐芙蓉园石舫

三、 常见园林建筑小品的设计

(一) 花架

花架是攀缘植物的棚架，是植物与建筑有机结合的产物。可供庇荫、休息和赏景之用，同时也起到点景的作用（图 3-81）。

花架往往具有亭廊的作用，作长线布置时，作用同游廊；作点状布置时，其作用就像亭子。构造上的差别主要在顶部，花架顶部只有空格顶架或者用棱条铺设，在造型上更为灵活、轻巧，富于变化，并且与植物相配合，极富园林特色。

1. 花架的形式　花架按组合方式分独立式和组合式（图 3-82）。

独立式花架有：单片式，有花格栏杆或墙之分；点式，有单柱和多柱之分；廊架式，分为单臂和多臂。从形状上有直线形、曲线形等。

组合式花架是与亭、廊等组合在一起，高低错落，互相衬托，共同创造出变化多样的园林景观。

2. 花架的位置　花架的位置选择较灵活，在地势平坦处的广场边、广场中、公园隅角、水边、园路一侧、道路转弯处、建筑旁边等都可设立。

3. 花架的设置方式　在形式上可与亭廊、建筑组合，也可单独设立于草坪之上。

4. 花架常用的建筑材料和植物材料　常用的建筑材料有竹、木、钢、石、钢筋混凝土等。植物材料应选择蔓性并且具有观赏价值的植物，如紫藤、地锦、凌霄、葡萄、金银花等。

5. 花架的设置要点

（1）花架与植物的搭配　花架位置的选择要符合所选植物材料的生态要求，花架的构造应与植物相适应，配合植株的大小、高低、轻重、与枝干的疏密来选择格栅的宽窄粗细，结构合理。同时要考虑种植池的设置，种植池有的放在架内，有的放在架外，有的种植在地面，也有可能高置。

（2）花架尺度与空间　花架尺度要与所在空间与观赏距离相适应，基本尺寸与廊大致相同，但应略高些，每个单元的大小要与总的体量配合，长而大的花架开间要大些，临近高大建筑的花架也要高些。

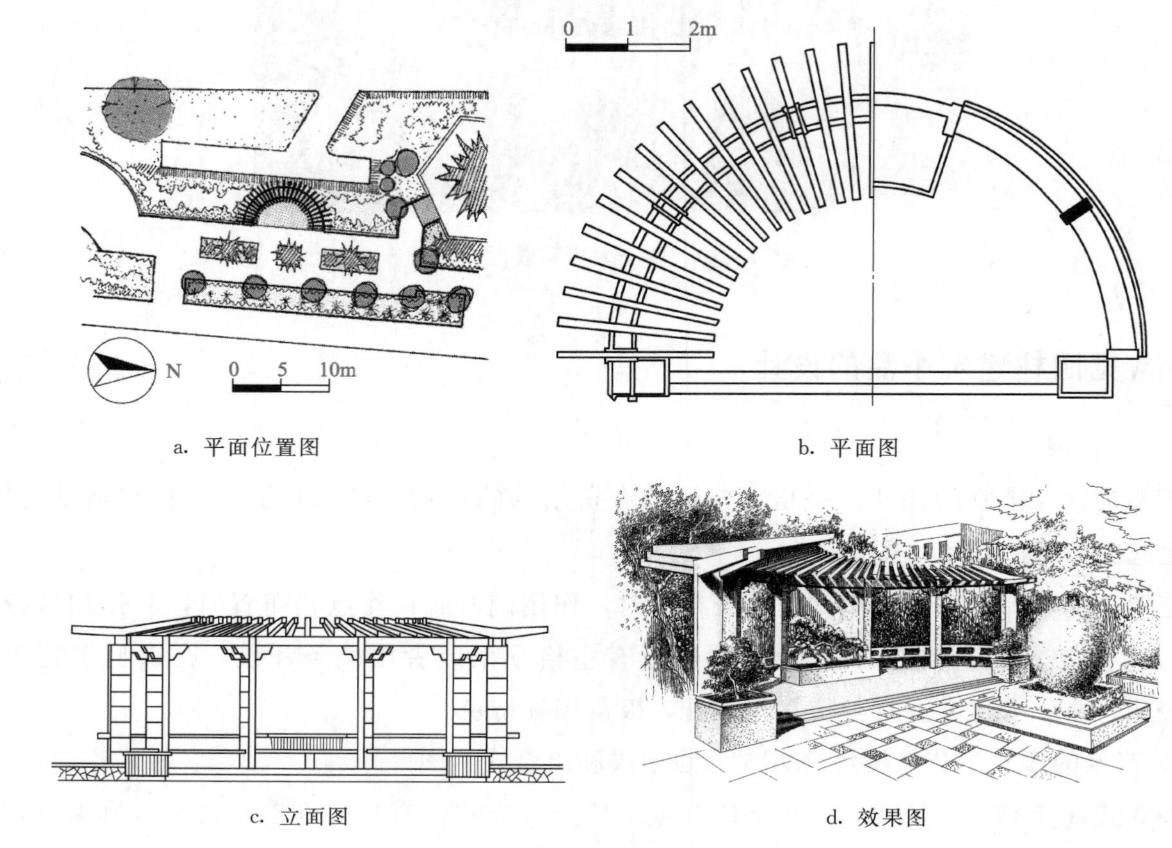

a. 平面位置图　b. 平面图

c. 立面图　d. 效果图

图 3-81　上海江西路小游园花架

（3）花架造型　花架式样要与环境建筑协调。如西方建筑，花架可用柱式的造型；坡顶建筑，花架也可配以起脊的椽条。

（4）花架应适于近观需要　花架常为植物所覆盖，要求椽头探出部分处理应统一，且造型轻巧，柱子、座凳材料的质感与形式配合恰当。为了结构稳定及形式美观，柱间要考虑设花格与挂落等装饰，同时也能有助于植物的攀缘。还可以在格栅上做些空中栽植池便于垂盆植物种植。

（二）洞门、景窗、墙垣

1. 洞门　洞门主要是指小游园的入口或公园中园中园入口的标志性建筑，一般不设门扇，便于通行，门洞往往处于观赏园林景观的最佳位置。常设置在园林的各种墙垣上，在走廊、爬山廊、亭、榭等建筑物上也多有设置。洞门能分割和联系空间，可增加空间层次，塑造框景，引导游览和点缀装饰墙面，一个好的洞门往往给人以“引人入胜”“别有洞天”的感觉。

洞门造型轻巧别致，活泼多样，在空间体量、形体组合、细部构造、材料与色彩选用方面应与环境相协调，可用题字点题，表达立意（图 3-83）。其门洞形式一般有几何形和仿生形，如八角式、六角式、月洞式、新月式、汉瓶式、海棠式、葫芦式、贝叶式、桃式、香炉式等多种样式（图 3-84）。

图 3-82　花架的各种形式

a. 天津杨柳青

b. 苏州拙政园

c. 苏州定园

d. 无锡寄畅园塔影

图 3-83　洞门应用实例

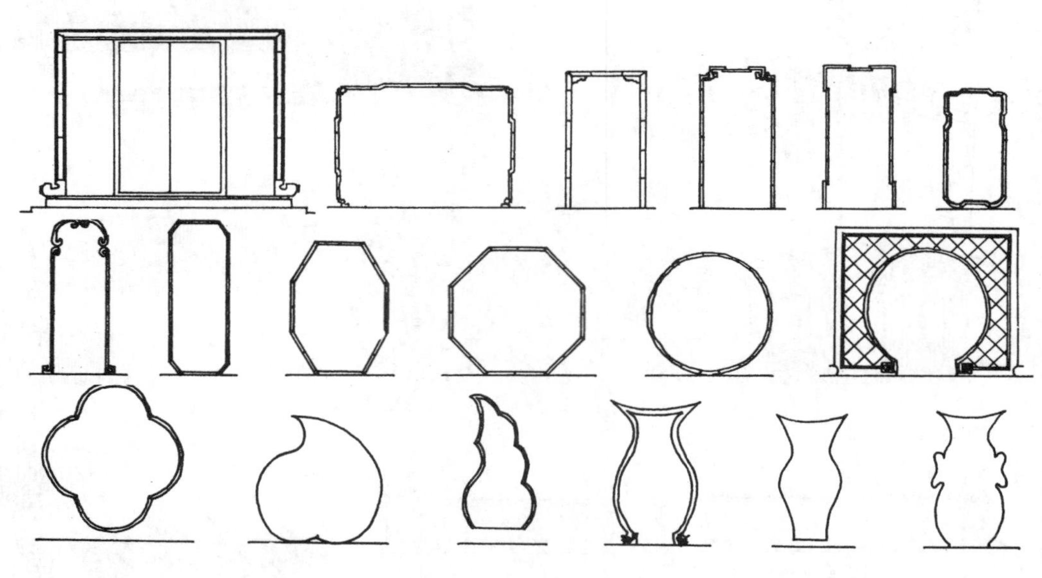

图 3-84　洞门的形式举例

2. 景窗　景窗有空窗和漏窗两种形式。空窗是指不装窗扇和漏花的窗洞，作采光和景框用。其后常设置石峰、竹丛、芭蕉之类。通过空窗，形成一幅幅绝妙的图画，使游人在游赏中不断获得新的画面感受。空窗还有使空间相互渗透、增加景深的作用，其形式有很多，如长方形、六角形、圆形、瓶形、扇形等（图 3-85）。漏窗是在窗洞中设有半通透的花格，隔窗看景，形成若隐若现的漏景。漏窗本身就是景，窗框形式多样，花格样式繁多，玲珑剔透，可繁可简，妙趣横生，大致可分为几何形和自然形（图 3-86）。

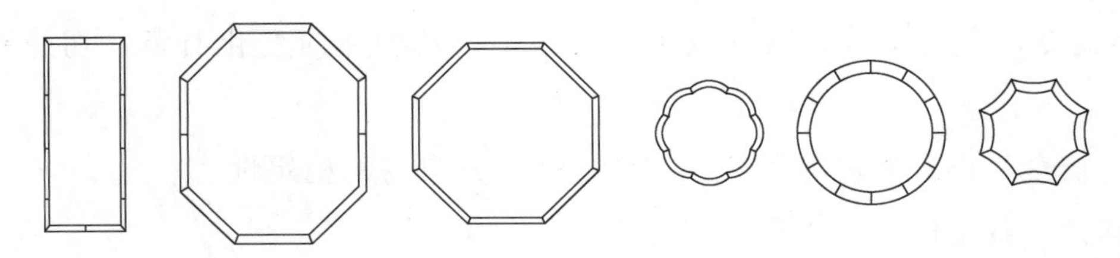

图 3-85　空窗样式举例

图 3-86　漏窗样式举例

3. 园林墙垣

（1）园林墙垣类型　园林墙垣有围墙与景墙之分。

① 围墙　围墙主要功能是防卫作用，同时具有装饰环境的作用。围墙既要美观，又要坚固耐久。最好采用透空或半透空的花格围墙，使园林内外景色互相渗透。

② 景墙　主要是造景，具有围合及分隔空间、组织游览路线、衬托景物、遮蔽视线、遮挡土石的作用，以其精巧的造型点缀园林，成为空间构图的一个重要因素。

景墙的形式有波形墙、漏明墙、白粉墙、花格墙、虎皮石墙等。江南古典园林中多用白粉墙，与建筑色彩形成明显的对比，而且能衬托出山石、植物的多姿多彩。

景墙的材料常用的有砖、毛石、竹、预制混凝土等，在砖墙上可粘贴各种贴面材料，如石雕贴片等。

(2) 园林墙垣的设计要点

① 位置选择　墙垣位置的选择要考虑其在园林中的不同功能，与游赏路线、视线、景物之间的关系，有的放矢，取得“框景”“对景”“障景”等景观效果。如围墙作为空间界限，必然设于园林或各种空间的周边，起着围护及限定范围等作用。作为空间布局，则按需要穿插在各种空间中，一般将墙设在景物变化的交界处，使其两侧有不同的景观。作为造景手段，要符合造景的需要，“俗则屏之，佳则收之”。

② 造型与环境　造型要完整，构图要统一，形象应与环境协调一致，墙面上设装饰时，应该注意比例适度，布局有致，以形成统一的格调，其型体应变化有章，切忌零散、杂乱、变化无度。

③ 坚固与安全　设置墙垣除了美观，还应注意其自身的稳定性。

④ 材料选择　就地取材，体现地方特色。

(三) 栏杆

栏杆除本身具有围护功能外，还以其简洁、明快的造型丰富园林景致，起到分隔园林空间、组织疏导人流及划分活动范围的作用。

1. 位置选择　栏杆设置位置与其功能有关。作为围护的栏杆，常设在地形变化之处，人流集散的分界，交通危险的地段；作为分隔空间的栏杆，常设在活动分区的周边，绿地周围，草地周围等处，具有一定的装饰效果。

2. 尺度与材料选择要求　应根据不同的功能要求选择不同类型的栏杆。材料既要考虑与环境协调统一，又要考虑满足功能要求，就地取材，降低造价。

高栏杆：用于园林边界，1.5 m以上。材料常用砖、金属、钢筋混凝土等。

中栏杆：用于分区边界及危险处、水边、山崖边，0.8～1.2 m。材料常用金属、石、砖等。

低栏杆：用于绿地边，0.8 m以下。材料常用金属、竹木、石、预制混凝土、塑钢等。

3. 美观要求　栏杆造型要简约大方，切忌烦琐，应与园林环境协调统一。

4. 坚固要求　栏杆要求安全，有足够的强度要求，衔接牢固。

(四) 园椅、园桌和园凳

园椅、园桌和园凳不仅供游人休息、等候、交谈、阅读、用餐和观赏，还可作为园林装饰小品，以其优美精巧的造型点缀园林环境。常见的有长条直凳、圆凳、仿原木座凳、仿动植物造型凳、自然山石桌凳等（图3-87）。

园椅、园桌和园凳设计要点：

1. 位置选择

(1) 选择在需要休息的地段，设置休息椅。在公园中应按一定距离设置，以满足游人休息，恢复体力需要。在小游园中也应满足人们休闲纳凉的需要，人性化设置，尤其中老年人

图 3-87　园凳、园椅的样式举例

较多的地方。

(2) 位置布置应满足其功能，并符合游人的心理。不同年龄、不同职业、性别以及不同爱好的人的需求不同，如有的需要安静，有的希望热闹等。

(3) 还要考虑气候特色及季节需要。湿热地区，宜在通风良好处布置；浓雾弥漫之都，则宜在阳光充足的场地上设置；干热地区宜在荫凉处设置。夏季应以通风遮阳处为好，冬季应选择背风向阳之处。

(4) 具体设置要合理。在道路旁边应退出人流路线以外，不宜紧贴路边；道路两旁设园椅，宜交错布置，忌正面相对；最好使人背靠墙体或树木，使人感到安稳、踏实，为了保持安静，且互不干扰，座椅间一般要保持一定距离，或利用地形、植物山石等适当分隔空间，创造一些相对独立的小环境，以适应各类游人的需要。

2. 尺寸适当　符合人体的尺度，使人感到自然舒服。一般园凳园椅高度宜在 30～45 cm，不宜太高，否则无安全感，双人位长度 1.3～1.5 m，四人位长度 2.0～2.5 m。园凳宽 0.3～0.6 m，园椅宽 0.6～0.8 m，园凳直径 0.4 m，园桌直径 0.7 m，方桌边长0.7～0.8 m。

3. 根据园林景致布局的需要选择合适的园桌、园椅和园凳类型　要与其他要素的形状、质感、风格相协调，切忌将买来的大众性座椅随意摆放。

(五) 园灯

园灯在园林组景中是一种引人注目的小品，既有照明又有点缀装饰园林环境的功能。白天可点缀园景，夜间可发挥指示和引导游人的作用，突出主要景点，丰富园林夜色。一般布置在广场上、雕塑旁、建筑前、桥头、入口处、道路转折处、草坪上和花坛旁等处。

园灯可分为照明灯和夜景灯两类。设计要点：

(1) 园灯的造型应精美，具有一定装饰趣味，与环境相协调。

(2) 园灯的高度，园灯的照度。在公园入口、开阔的广场，应选择有充分照度的光源。

灯柱的高度，应根据广场的大小而定。一般为5～10 m，灯的间距为35～40 m。在园路两旁的灯光，要求照度均匀。灯不宜悬挂过高，一般为4～6 m。灯杆的间距为30～60 m。在道路交叉口或空间的转折处，应设指示园灯。在某些环境如踏步、草坪、小溪边可设置地灯。

（六）标牌

标牌包括展览牌、宣传牌、导游牌、路牌、植物铭牌等，是园林中引导游人顺利游览，进行科普宣传，及精神文明教育的设施，占地少，造型灵活多样，能装饰环境，还能起到点景的作用。一般设在各种广场边，道路入口、交叉口处，道路对景处或结合房屋、围墙、游廊等灵活布置。

造型及形式灵活多样，设置时应与周围的景观协调一致。

（七）雕塑

雕塑主要是指带观赏性的小品雕塑，还有一些纪念性雕塑和主题性雕塑。题材广泛，有助于表现园林主题，点缀风景，丰富游览内容，给游人以视觉和精神的享受。园林小品雕塑可配置于规则式园林的广场、花坛、林荫道上，也可点缀在自然式园林的山坡、草地、池畔或水中。

1. 雕塑的类型

（1）按形式可分为　圆雕、浮雕和透雕，又分为抽象和具体两种。

（2）按功能可分为　纪念性、主题性、装饰性、功能性雕塑以及陈列性雕塑五种。

（3）按题材可分为　人物、动物、植物、抽象的几何体、山石等。

（4）按使用材料可分为　永久性材料（金属、石、水泥、玻璃钢等）、非永久性材料（雪、冰、沙）。

2. 设计要点

（1）造型上应与周围环境的风格协调。

（2）要有合适的观赏距离与角度。

（3）与所在的空间大小、尺度要有恰当的比例，并考虑雕塑本身的朝向、色彩及背景关系，使雕塑与园林环境互相衬托，相得益彰。

3.4　园林植物

现代园林以植物为主体，园林植物是园林绿地中最重要的组成要素。园林植物包括乔木、灌木、攀缘植物、草本植物、草坪地被植物和水生植物等。

园林植物种植设计即园林植物造景，是根据园林布局要求，按植物的生态习性，合理地配植园林中的各种植物，充分发挥它们的生态功能和景观功能。园林植物种植设计是园林设计过程中的重要环节。

一、 园林植物种植设计的一般原则

1. 符合园林绿地的性质和功能要求 如综合性公园，从其多种功能出发，有集体活动的广场或大草坪，有遮阳的乔木，有安静休息需要的密林、疏林等；街头绿地除遮阳外应考虑组织交通和市容美观的问题；烈士陵园要注意纪念意义的体现。

2. 符合生态学要求

（1）注重提高绿地比例和绿化覆盖率。

（2）重视植物种类的多样性，建设多层次、多结构、多功能的植物群落。

（3）适地适树。一方面因地制宜，选择能适应一定地段的植物；另一方面就是改造环境，为植物正常生长创造适合的生态条件。注重乡土植物的应用。

（4）植物间搭配要合理，种植密度合适。不同种类间应根据植物的生态学特性进行搭配。保持合理密度，园林植物种植设计时的密度是否合适直接影响绿化功能、美化效果。种植过密会影响植物的通风采光、营养吸收，造成植物病虫害的发生及植株矮小生长不良。种植设计时是根据植物的成年冠幅来决定种植距离。若要取得短期绿化效果，种植距离可近些。

3. 考虑园林绿地的艺术要求

（1）总体艺术布局上要协调 园林布局的形式有规则式、自然式之分，在植物种植设计时要注意种植形式的选择与绿地的布局形式相协调。

（2）考虑四季景色的变化 为了突出景区或景点的季相特色，植物造景要综合考虑时间、环境、植物种类及其生态条件的不同。在植物种植设计时可分区、分级配置，使每个分区或地段突出一个季节的植物景观主题，同时，应点缀其他季节的植物，避免单调的感觉，在统一中求变化。在游人集中的重点地段，要注意使四季皆有景可赏。

（3）全面考虑植物在观形、赏色、闻味、听声上的效果 在植物种植设计时应根据园林植物本身具有的特点，全面考虑各种观赏效果，合理配置。植物的可观赏性是多方面的，有“形”，包括树形、叶形、花形、果形等；有“色”，包括花色、叶色、果色、枝干颜色等；有“味”，包括花香、叶香、果香等；有“声”，如雨打芭蕉、松涛等。在设计上，用于观赏整体效果的布置可距游人远一点，用于观赏个体效果（花形、叶形、花香等）的布置可距游人近一点，还可以与建筑、地形等结合，丰富园林景观。

（4）突出地方特色 注重当地植物的应用，借鉴当地植被的植物层次、群落结构和成分，形成独特的地方风格和浓郁的乡土气息（彩图 6-2）。

（5）从整体着眼 园林植物种植设计在平面上要注意种植的疏密和轮廓线，在竖向上要注意树冠线，开辟透景线，重视植物的景观层次，远近观赏效果，还要考虑种植方式。要处理好与建筑、山水、道路等之间的关系。

4. 结合园林绿地的经济要求 一方面可通过合理选择植物种类、规格来降低造园和养护费用；另一方面应充分利用植物本身的经济价值，使在有限的空间中收到园林效果的同时又有一定的经济收入。

二、 乔灌木的种植设计

乔灌木是园林绿地中的骨干材料，在景观上起骨架、支柱作用，其生态效益是草坪和其他植物无法比拟的。乔灌木可分为规则式配置和自然式配置两种。

（一）规则式植物配置

规则式配置是指选择枝叶茂密、树形美观、规格一致的树种，种植成整齐对称的几何图形的配置方式。具体形式有以下几种。

1. 对植 对植是指用两株或两丛相同或相似的树木，按照一定的轴线关系做相互对称或均衡的种植，主要用于强调公园、建筑、道路、广场的出入口，起遮阳和装饰美化的作用。在构图上形成配景和夹景，起陪衬和烘托主景的作用。

对植分为对称对植和非对称对植两种形式（图 3－88）。

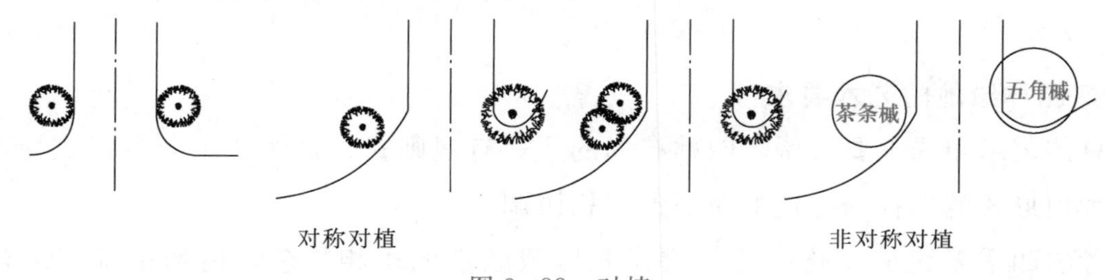

图 3－88 对植

对称对植是指中轴线两侧种植的树木在数量、品种、规格上都要求对称一致。常用在房屋和建筑物前、公园和广场的入口处、道路两旁（图 3－89a）。

非对称对植是只强调一种均衡的协调关系，不是对称的，但左右仍保持均衡：

（1）可在轴线两侧使用同一树种，但大小和姿态必须是不同的，动势要向主轴线集中。与主轴线的垂直距离要求大树近，小树远，且两树穴连线不得与主轴线垂直。

（2）采用株数不同而树种相同的配置，如左侧是一株大树，右侧为同一树种的两株小树。

（3）也可以两边是相似而不同的植株或两种树丛。树丛的树种必须相似，双方既要避免呆板的对称形式，又必须有对应关系。

非对称对植主要用于自然式绿地的出入口、桥头、石阶蹬道、河道口等处，起衬托、诱导作用（图 3－89b）。

2. 列植 列植是指乔灌木按一定的株距成行种植，可以是单行，也可以是多行。行列栽植形成的景观比较整齐、单纯，气势大，广泛应用于道路旁、广场、居住区和办公楼等处（图 3－90）。

a. 对称对植

b. 非对称对植

图 3-89　对植实例

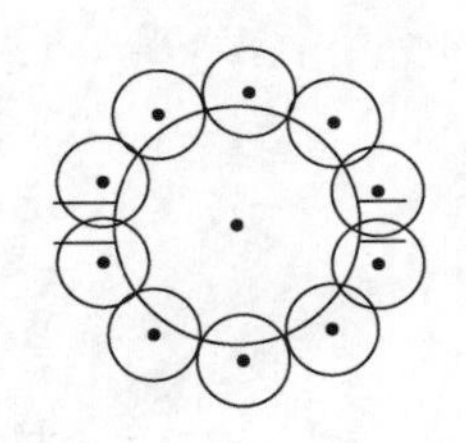

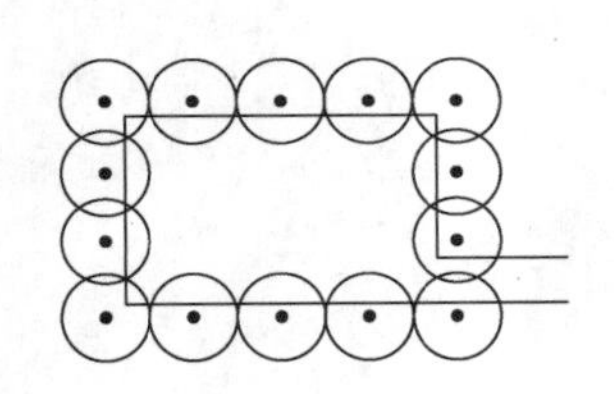

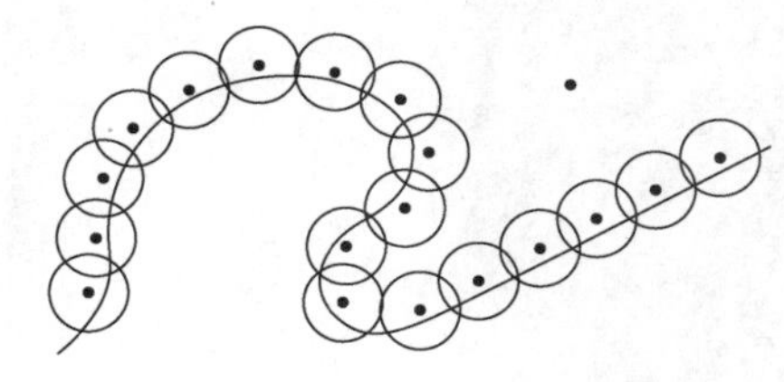

图 3-90　沿铺装边缘栽植的行列式栽植

列植分为等行等距和等行不等距两种形式。等行等距的种植从平面上看是正方形或正三角形，多用于规则式园林绿地或自然式园林绿地中的规则部分。等行不等距的种植从平面上看种植点呈不等边的三角形或四角形（图 3-91），多用于园林绿地中规则式向自然式的过渡地带，如水边、广场边、路边、建筑旁等，或用于规则式的栽植到自然式栽植的过渡。

a. 等行等距方形排列

b. 等行等距三角形排列

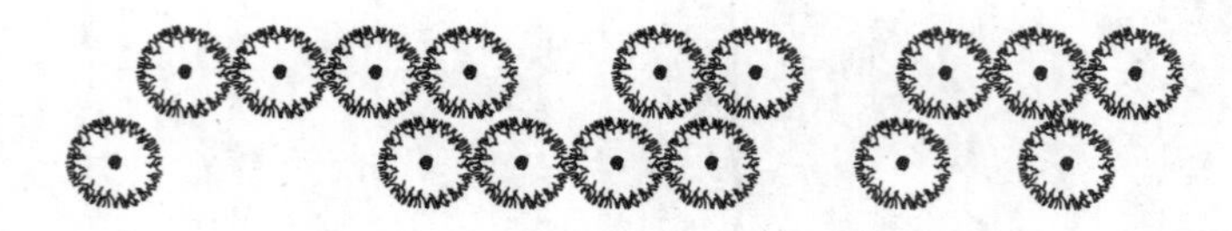

c. 等行不等距排列

图 3-91　列植形式

列植宜选用树冠体形比较整齐、枝叶繁茂的树种。其株行距的大小决定于树冠的成年冠幅。一般大乔木株行距为 5～8 m，中、小乔木为 3～5 m，大灌木为 2～3 m，小灌木为 1～2 m。列植在设计时，要注意处理好与其他因素的矛盾，如周围建筑、地下地上管线等。

3. 篱植　篱植即绿篱、绿墙，是指由耐修剪的灌木和小乔木以近距离的株行距，单行或双行栽植而组成的紧密结构的绿带。

园林绿化中绿篱可以作为防范的边界，不让人们任意通行；可用来组织游人的游览路线，起引导作用；可运用低矮绿篱做花坛、花境、草坪的镶边；可作为屏障和组织空间层次；可作为园林景观背景；可作为观赏色带。

（1）绿篱分类

① 根据高度不同划分（图 3-92）：

图 3-92　不同高度的绿篱

A. 绿墙　高度在 1.6 m（一般人眼高度）以上，阻挡人们视线不能透过。

B. 高绿篱　高度在 1.2～1.6 m，人的视线可以通过，但其高度，一般人不能跳跃而过。

C. 中绿篱　高度在 0.5～1.2 m，一般人跨越而过比较费力。

D. 矮绿篱　高度在 0.5 m 以下，人们可以毫不费力而跨过。

② 根据功能要求与观赏要求不同划分：

A. 常绿篱　一般由常绿的灌木或小乔木组成，是园林绿地中应用最多的绿篱形式。常修剪成规则式。常用的树种有垂叶榕、桧柏、侧柏、云杉、大叶黄杨、海桐等。

B. 花篱　由观花树木组成，一般用于重点地带的绿化。常用的树种有大红花、杜鹃、栀子花等。

C. 观果篱　由有观赏价值的结果树木栽植而成。常用的树种有火棘、枸骨、枸杞等。

D. 刺篱　由带刺的树木栽植而成。常用的树种有黄刺梅、小檗、花椒等。

E. 落叶篱　由落叶树木栽植而成。常用的树种有绣线菊、水蜡、紫丁香、榆树等。

F. 蔓篱　由攀缘植物栽植而成，需设立竹篱、木栅栏或铁丝网栏支撑，主要起防护和围合空间的作用。常用的树种有凌霄、常春藤、爬山虎、牵牛花等。

G. 编篱　将绿篱植物的枝条编结起来形成的，可增加绿篱的防范作用，避免游人与动物穿行。常用的树种有木槿、杞柳、叶子花等。

(2) 绿篱的设计要点

① 绿篱的种植密度，应根据苗木冠幅确定，一般绿篱的株距为 0.3～0.5 m，行距为 0.4～0.6 m，绿墙的株距为 1～1.5 m，行距为 1.5～2 m。双行绿篱苗木栽植点应呈三角形排列。不可为追求近期效果而过密栽植，否则会使植物因光照空间不够而生长不良，效果不佳，甚至死亡。

② 为了从侧面看来比较厚实美观，绿篱的起点和终点应作加宽等尽端处理（图 3-93）。

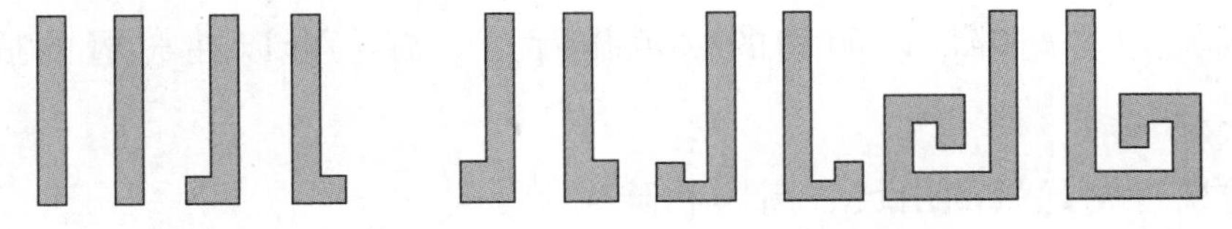

图 3-93　篱植的尽端处理方法

③ 丰富绿篱的立面景观效果，运用不同高度的绿篱，修剪成阶梯式、波浪式等造型。

(二) 自然式植物配置

1. 孤植　孤植是指在空旷地上孤立地种植一株树木，或几株同一种树木紧密地种植在一起，株距不超过 1.5 m，以表现单株栽植效果的种植类型（图 3-94）。

(1) 作用　一是单纯作为构图艺术上的孤植树，多植于陡坡、悬崖或广场中心建筑旁侧；二是作为园林中庇荫与构图相结合的孤植树，可设在道旁、建筑广场前、草坪中、蹬道

图 3-94　孤植树

口、巨石旁和水边。

（2）孤植树应具备的条件　孤植树主要表现植株个体的特点，突出树木的个体美。因此，在选择树种时，必须突出个体美，选择具有形体特别巨大、轮廓富于变化、姿态优美、枝繁叶茂、色彩鲜明、生长旺盛、成荫效果好、寿命长等特点的树种。如樟树、榕树、银杏、柳树、榆树、槐树、悬铃木、油松、枫杨、雪松、广玉兰、元宝槭、鸡爪槭、合欢、山楂等。

（3）空间要求　为了突出孤植树的观赏效果，一般将孤植树布置在周围空间开阔、有一定观赏视距、背景较单纯的环境中。孤植树必须与周围的环境和景物相协调，统一于整个园林构图之中，与周围景物互为配景。

具体位置如下：

① 布置在开敞的大草坪之中，但一般不宜种植在草坪的几何中心，应偏于一端，安置在构图的自然重心上。

② 在开阔的河边、湖畔，以明朗的水色作背景，游人可以在树冠的庇荫下欣赏远景或活动。

③ 在可以透视辽阔远景的山坡、高冈和陡崖上。

④ 作为自然式园林的焦点树、诱导树，种植在园路的转折处或另一景区的入口，以诱导游人进入另一景区。

⑤ 在深颜色植物的衬托下，色彩鲜艳树木的孤植，可在公园广场的边缘，或人流少的地方或院落白粉墙前、房屋的角隅等地。如苏州艺圃，在园林建筑组成的院落中以白墙、绿藤为背景，用色彩鲜艳的红枫作孤植树。

建园时，应充分利用原地的成年大树作为孤植树，如果原地有上百年或数十年的大树，必须使整个公园的构图与这个有利条件结合起来。利用原有大树，可以提早实现园林艺术效果，是因地制宜、巧于因借的设计方法。如果没有大树可以利用，则利用原有中年树为孤植树。建园时，新植孤植树最好选用超级大苗，以便早日达到设计效果。

2. 丛植 丛植通常是由两株到十几株乔木或乔、灌木按一定要求种植成的一个植物组合单元。

（1）特点 丛植有较强的整体感，在园林绿地中运用广泛，是园林绿地中重点布置的一种种植类型，以反映树木群体美为主。树丛设计必须以当地的自然条件和总的设计意图为依据，用的树种少，但要选得准，要与周围环境相适应。要处理好株间、种间的关系。株间关系是指株间疏密远近，要注意整体适当密植，局部疏密有致，使之成为一个有机的整体；种间关系是指种间搭配，要根据植物的特性如常绿与落叶、速生与慢生、喜光与耐阴、深根系与浅根系、相克与相生、是否为某些病害的转主寄主（梨树与苹果树不能和柏树种在一起，否则要发生梨柏锈病），使之成为生态相对稳定的树丛。

（2）作用

① 主景的作用 在四周空旷，有较开阔的观赏空间和通透的视线或栽植点较高时，丛植都可起到主景的效果。如布置在大草坪中央、水边、岛上及土丘山冈上，作为主景的焦点。注意留出一定的观赏距离，一般最小距离为树高的 4 倍。树丛与岩石结合，设置于白粉墙前、走廊或房屋的角隅组成树石景观，是中国古典山水园中较常用的手法。

② 障景的作用 公园入口等处栽植树丛，既可观赏又有障景的作用。

③ 配景与背景 作为假山、雕塑、建筑物或其他园林设施的配景。作为花境、花带的背景。

④ 诱导作用 多布置在出入口、岔路口和道路转弯处，引导游人按设计安排的路线欣赏园林景色。

另外，也可当配景用作小路分叉的标志或遮蔽小路的前景，取得“峰回路转又一景”的效果。

（3）基本形式

① 两株丛植 两株树丛的组合，必须既有变化又有统一。两株组合的树丛最好采用同一种树，但大小、姿态要有不同，否则配置在一起时就会过分呆板。明朝画家龚贤所说：“两株一丛，必一俯一仰，一欹一直，一向左一向右。”两株树丛，其栽植的距离应小于两树冠的半径之和，这样才能在视觉上成为一个整体。不同种的树木，如在外观上十分相似，可考虑配置在一起（图 3-95）。

② 三株丛植 最好采用在姿态、大小上有差异的同一树种，最多只能有两个树种，忌用三个不同树种。三株配置时，树木的大小、姿态都要有对比和差异。栽植时，三株忌在一条直线上，也忌按等边或等腰三角形栽植；其中最大一株与最小一株要靠近些，中等的一株要远离些，使其成为另一小组。两个小组在动势上要呼应，构图才统一，但不能太远（图 3-96）。如果是两个不同的树种，最好同为常绿树或同为落叶树、同为乔木或同为灌木，最小一株为一个树种，其余两株为一个树种（图 3-97、图 3-98）。

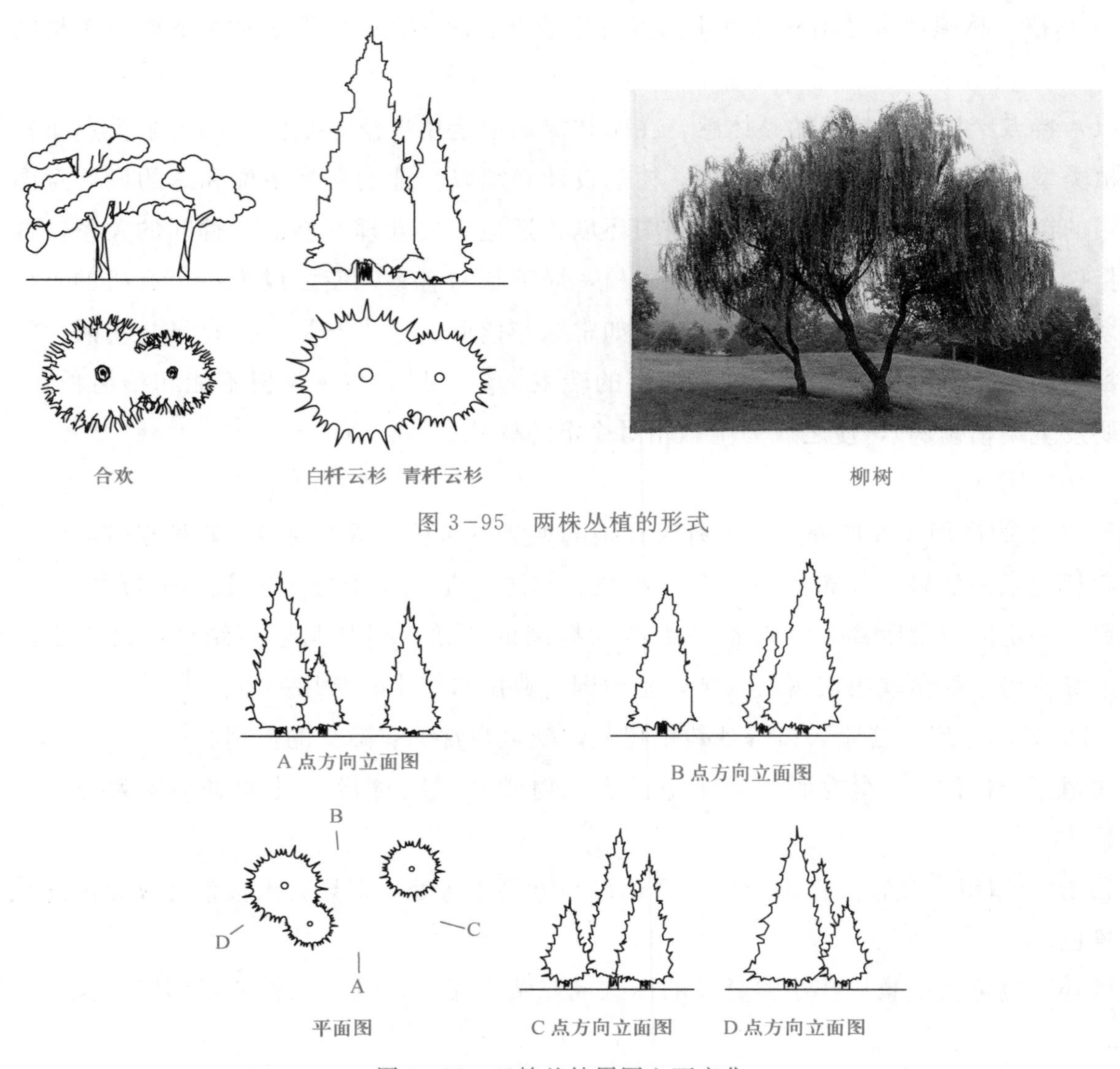

图 3-95 两株丛植的形式

图 3-96 三株丛植周围立面变化

③ 四株丛植 四株丛植可以是同一树种，也可以是两种不同树种。如果是同一树种，各株应大小、姿势有所不同。如是两种不同树种，必须同为乔木或同为灌木，外形相差不能太大，否则难以协调。与三株丛植的忌讳相同，四株丛植也不能在同一直线上。

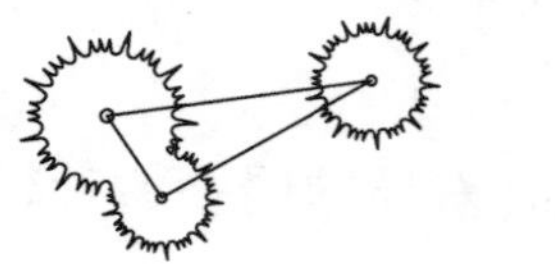

三株为同种树种

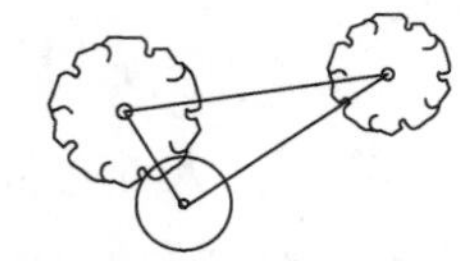

三株为两个不同树种

图 3-97 三株丛植正确配置形式

A. 树种相同时，要分组栽植，不能两两组合，也不能任意三株成一直线，分两组或三组。两组（3＋1）即三株间较近，为一组，另一株较远，平面图形为不等边三角形；三组

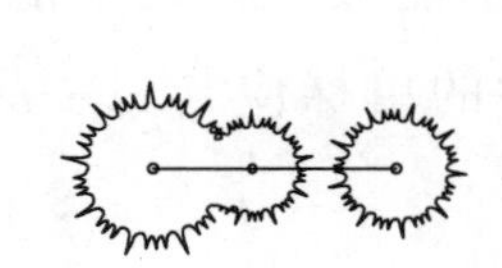

a. 三株在一条直线上

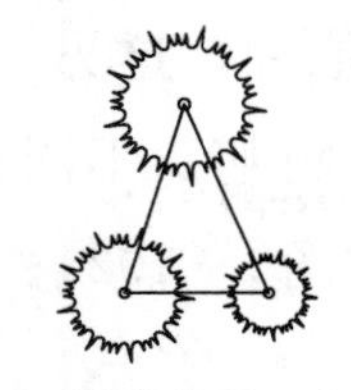

b. 三株成等腰三角形

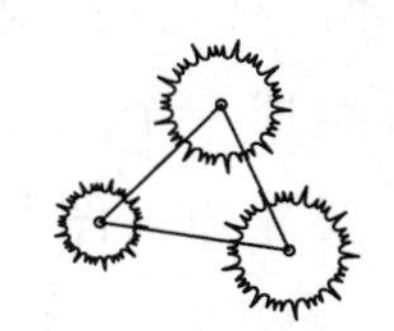

c. 三株成等边三角形

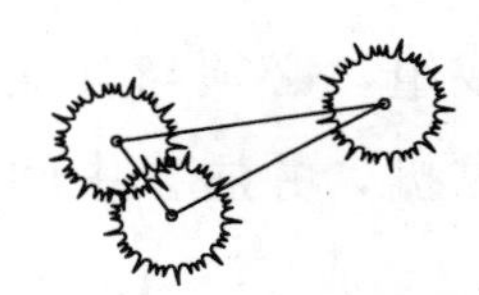

d. 三株大小、姿态相同

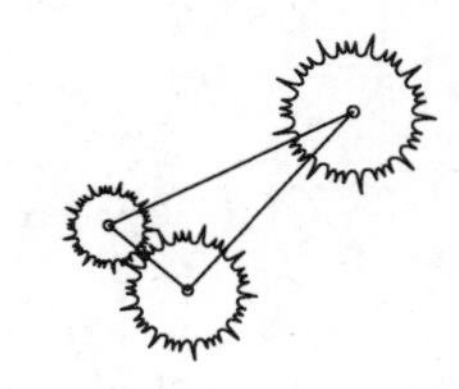

e. 三株最大的为一组，其余为另一组

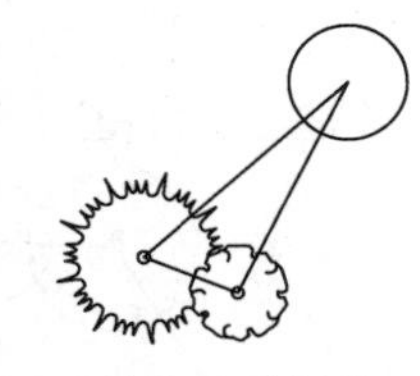

f. 三株为三种树种

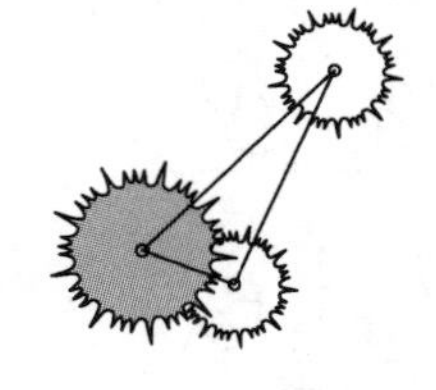

g. 三株为常绿和落叶两种树种

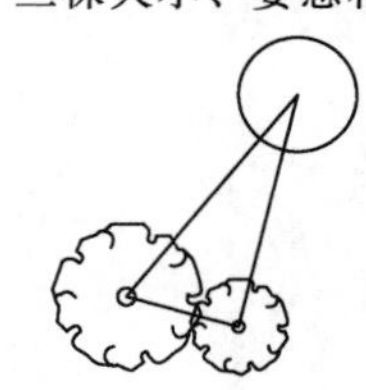

h. 三株为两种树种，但中间树种为一种树种，单独成为一组

图 3-98　常见三株丛植不正确配置形式

(2+1+1)即两株一组，另一株较远，再一株更远，平面图形为不等边也不等角四边形。在树木大小排列上，最大的一株要在集体的一组中（图 3-99、图 3-100）。

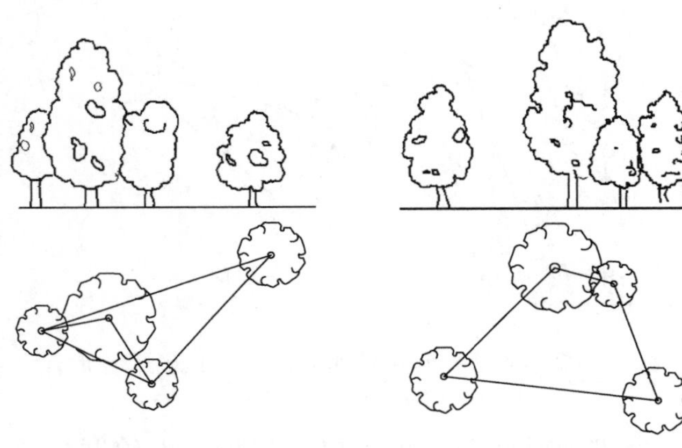

a. 同一树种 3+1 组合　　b. 同一树种 2+1+1 组合

图 3-99　同一树种四株丛植正确配置形式

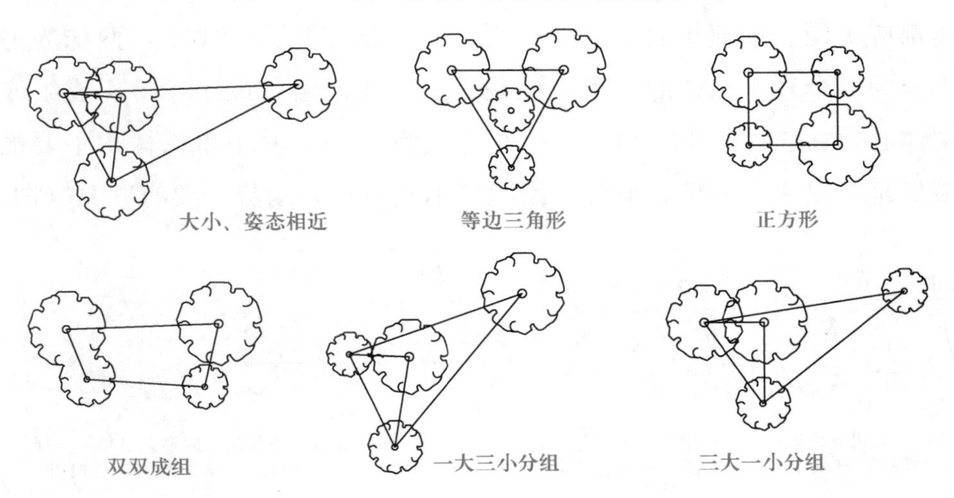

图 3-100　常见同一树种四株丛植不正确配置形式

B. 树种不同时，其中三株为一种，另一株为其他种，这另一株不能最大，也不能最小，不能单独成组，必须与其他树种组成一个三株的混交树丛。不同树种的单株应与另一树种的其中一株靠拢，并居于中间，不要靠边（图 3-101、图 3-102）。

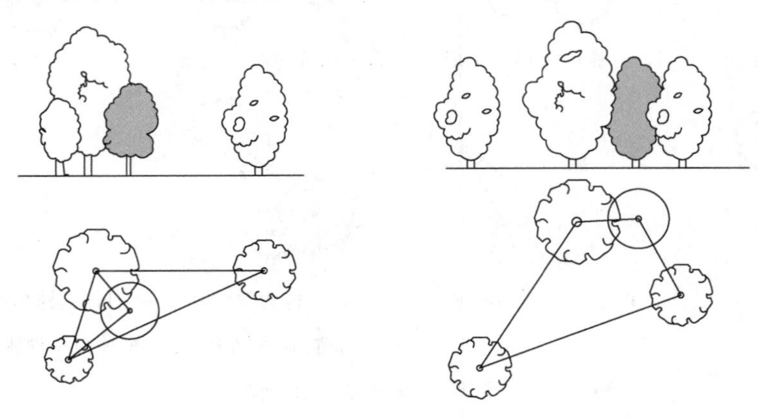

图 3-101　不同树种四株丛植正确配置形式

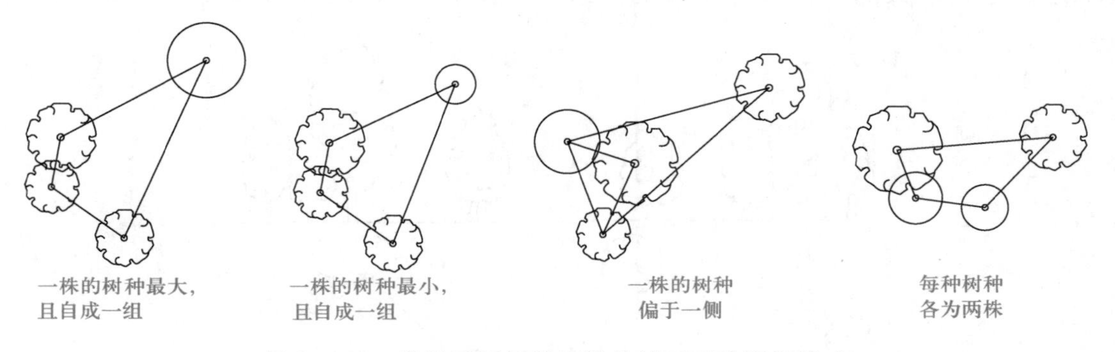

图 3-102　常见不同树种四株丛植不正确配置形式

④ 五株丛植　由同一个树种或两个树种组成，栽植时外轮廓应是不等边三角形、不等边四边形或不等边五边形。五株同为一个树种的组合方式，每株树的形体、姿态、动势、大小、栽植距离都应不同。最理想的分组方式为 3+2，即三株为一小组，两株为另一小组，如果按从大到小分为 5 个号，三株的小组应该是 1、2、4 成组，或 1、3、4 成组或 1、3、5 成组。总之，主体必须在三株组中。另一种分组方式为 4+1，其中单株树木不要最大的，也不要最小的，最好是 2 或 3 号树种，但两小组距离不宜过远，动势上要有联系（图 3-103）。

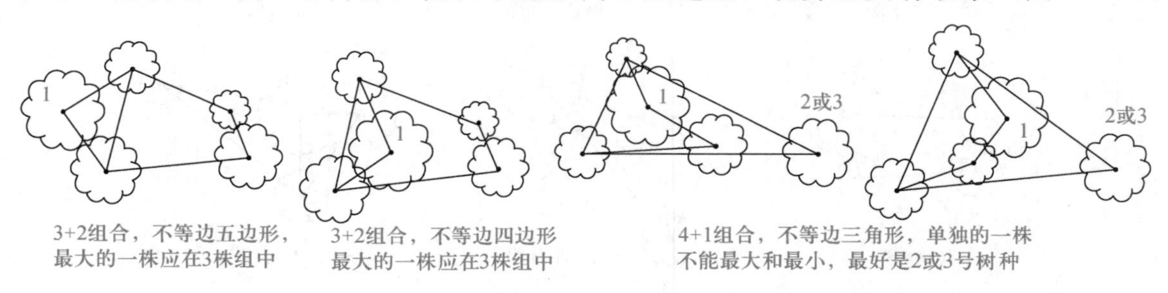

图 3-103　同一树种五株丛植的配置形式

五株树丛由两个树种组成，一个树种为三株、另一个树种为两株的配置比较合适。可分为1＋4两个单元，也可分为3＋2两个单元。当树丛分为1＋4两个单元时，三株的树种应分别配置在两个单元中，两株的树种应配置在一个单元中，最好不要把两株的分为两个单元。如果要把两株分为两个单元，则其中一株应该配置在另一树种的包围之中。当树丛分为3＋2两个单元时，不能三株的种在同一单元，而另一树种的两株种在同一单元（图3－104）。

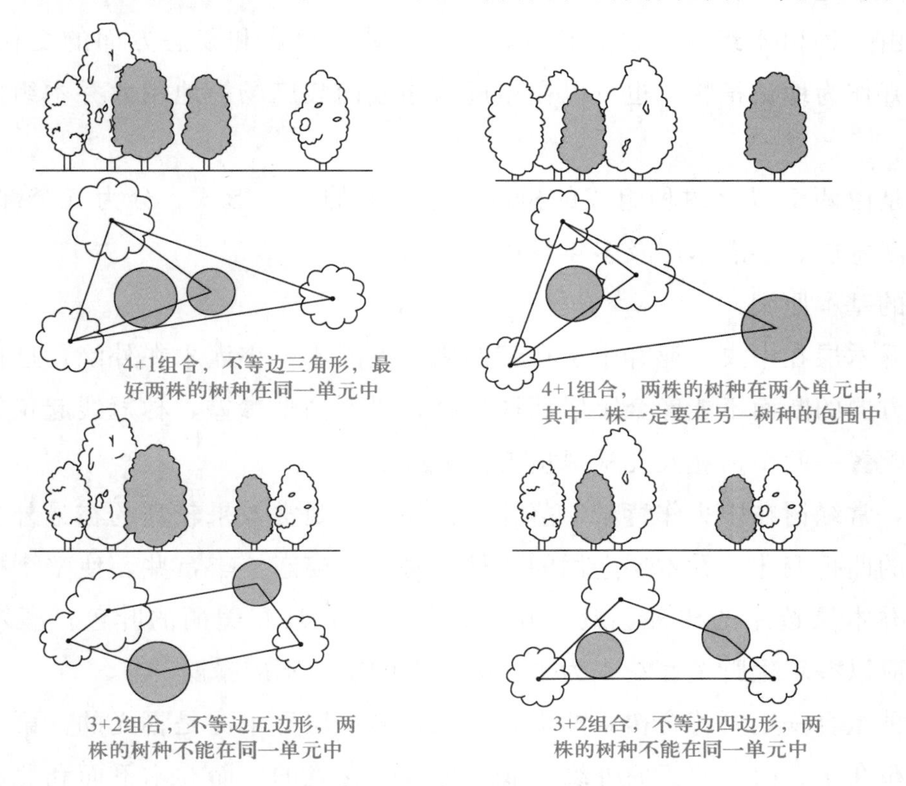

图3－104　不同树种五株丛植的配置形式

树木的配置，株数越多越复杂，分析起来，孤植树是一个基本单元；两株丛植也是一个基本单元；三株是由两株与一株组成；四株是由三株与一株，或两株加一株、再加一株组成；五株则是由三株与两株或四株与一株组成。理解了五株的配置道理，可依次类推六、七、八……株的配置。其关键是在调和中求对比和差异，差异也不可过大。所以种植数量越少，树种越不能多。六株、七株树丛理想分组为5＋2和4＋3，树种不能超过三种，八株树丛理想分组为5＋3和6＋2，树种不能超过四种。九株树丛理想分组为5＋4、6＋3和7＋2，树种不能超过四种。一般10～15株以内，丛植时外形相差太大的树种，最好不要超过五种以上，以避免树种繁杂，管理不利。外形十分相似的树种，可以适当增多种类，但应选择管理要求尽量一致的树种。

应注意，在园区的不同主题区域，应尽量避免选择相似的树种组合，这样，既可增加园区的景观，也可防止因树种过于单一而引起的病虫害增多，避免增加管理难度。

3. 群植　群植是指由二三十株以上，七八十株以下同种或异种、乔木或乔灌木组合，成群栽植的种植类型，也叫树群。树群所表现的主要为群体美，观赏它的层次、外缘、林冠等。树群作为园林的骨干，用以组织空间层次，划分区域。也可以一定的方式组成主景、配景，起隔离、屏障作用。树群规模不宜太大，在构图上要四面空旷，应布置在有足够距离的开阔场地上，如靠近林缘的大草坪上，宽广水面的水滨等处。

树群可分为单纯树群和混交树群两种。

单纯树群由一种树木组成，景观整齐、单一，缺少色彩和姿态方面的变化，应用较少。可以用宿根花卉作为地被植物，也可以在靠近园路或铺装广场等地用大乔木组成，以解决游人休息问题。

混交树群是由两个以上树种组成的树群，是树群的主要形式。分为五个部分：乔木层、亚乔木层、大灌木层、小灌木层及多年生草本。

树群组合的基本原则：

从高度上乔木层在中央，亚乔木层在其四周，大灌木、小灌木在外缘，这样不致互相遮掩，但其各个方向的断面不能像金字塔那样机械，树群高低参差，林冠线起伏错落。树群的某些外缘可以配置一两个树丛及几株孤植树作为过渡。

从外貌上，常绿树在中央作背景，落叶树在外缘，观赏效果较高的在最外层，使整体水平轮廓有丰富的曲折变化。乔木层选用的树种，树冠的姿态要丰富些，使整个树群的天际线富于变化；亚乔木层选用的树种，最好开花繁茂，或者具有美丽的叶色；灌木应以花木为主；草本植物应以多年生野生性花卉为主，树群下的土面不应暴露。

树群内树种组合一定要符合树木的生态特性，第一层乔木应是喜光的，第二层应是稍耐阴，第三层分布在东、南、西三面外缘的灌木可以是喜光的，而乔木下面和北面的灌木应该是稍耐阴或耐阴的。要注意植物的季相变化。

树群内植物的栽植距离要有疏密的变化，要构成不等边三角形，切忌成行、成排、成带地栽植，常绿、落叶、观叶、观花的树木，其混交的组合，不可用带状混交，也不可用片状、块状混交，应用复层混交及2～5株小块混交与单株点状混交相结合的方式。

4. 林植 林植是指成片、成块大量栽植乔灌木，构成林地和森林景观的种植形式，也称树林。林植多用于大面积公园安静区、风景游览区或休、疗养区及卫生防护林带。

树林可分为密林和疏林两种。

（1）密林 郁闭度在0.7～1.0之间，阳光很少透入林下，土壤湿度很大，地被植物含水量高，经不起踩踏，容易弄脏衣物，不便游人活动。密林又有单纯密林和混交密林之分。

① 单纯密林 是由一个树种组成的，它没有垂直郁闭景观美和丰富的季相变化。在种植时，可以采用异龄树种，结合利用起伏地形的变化，同样可以使林冠得到变化。林区外缘还可以配置同一树种的树群、树丛或孤植树，增强林缘线的曲折变化。林下配置一种或多种开花的耐阴或半耐阴的草本花卉，以及低矮开花繁茂的耐阴灌木。为了提高林下景观的艺术效

果，水平郁闭度不可太高，最好在0.7～0.8之间，以利地下植被正常生长和增强可见度。

② 混交密林　是一个具有多层结构的植物群落，形成不同的层次，季相变化比较丰富。供游人欣赏的林缘部分，其垂直成层构图要十分突出，但也不能全部塞满，影响游人欣赏林下特有的幽邃深远之美。密林可以有自然路通过，但沿路两旁垂直郁闭度不可太大，游人漫步其中犹如回到大自然中。必要时还可以留出大小不同的空旷草坪，利用林间溪流水体种植水生花卉，再附设一些简单构筑物，以供游人做短暂的休息或躲避风雨之用，更觉意味深长。

单纯密林和混交密林在艺术效果上各有特点，前者简洁壮阔，后者华丽多彩，两者相互衬托，特点更突出，因此不能偏废。但从生物学的特性来看，混交密林比单纯密林好，故在园林中纯林不宜太多。

（2）疏林　疏林是指郁闭度在0.4～0.6之间，常与草地相结合，故又称草地疏林，是园林中应用最多的一种形式。疏林中的树种应具有较高的观赏价值，树冠应开展，树荫要疏朗，生长要强健，花和叶的色彩要丰富，树枝线条要曲折多变，树干要好看，常绿树与落叶树搭配要合适。树木的种植要三五成群，疏密相间，有断有续，错落有致，使构图生动活泼。林下草坪含水量少，组织坚韧耐践踏，不污染衣服，尽可能让游人在草坪上活动，作为观赏用的嵌花草地疏林，应该有路可通，不能让游人在草地上行走。为了使林下花卉生长良好，乔木的树冠应疏朗一些，不宜过分郁闭。

三、　花卉的种植设计

露地花卉种类繁多，色彩鲜艳，繁殖容易，生育周期短，因此，露地花卉是园林绿地中经常用作重点装饰和色彩构图的植物材料。常用于出入口、广场的装饰，公共建筑附近的陪衬和道路两旁及拐角、树林边的点缀。在烘托气氛、丰富景色方面有独特的效果，也常配合重大节日使用。在园林中，花卉常被布置成花坛、花境、花丛、花台等，一些蔓性花卉还可装饰柱、廊、篱及棚架。

（一）花坛

在具有一定的几何形状的植床内种植各种不同观花、观叶或观景的园林植物，从而构成一幅富有鲜艳色彩或华丽纹样的装饰图案以供观赏，称之为花坛。花坛一般中心部位较高，四周逐渐降低，以便排水，边缘用砖、水泥、磁柱等做成几何形矮边。花坛大多布置在道路中央、两侧、交叉点，广场、庭园、大门前等处，是园林绿地中重点地区节日装饰的主要花卉布置类型。在园林构图中，常作主景或配景，具有较高的装饰性和观赏价值。

1. 花坛的类型　现代花坛式样极为丰富，某些设计形式已远远超过了花坛的最初含义。花坛分类方法很多，主要介绍以下几种：

（1）依花材分类

① 盛花花坛　也叫花丛式花坛，主要由观花草本植物组成，表现盛花时群体的色彩美或绚丽的图案景观。可由同一种花卉的不同品种或不同花色的多种花卉组成。

② 模纹花坛　主要由低矮的观叶植物或花、叶兼美的植物组成，表现群体组成的精美图案或装饰纹样，主要有毛毡式花坛、浮雕花坛和彩结花坛等。

A. 毛毡花坛是由各种观叶植物组成的精美的装饰图案，植物修剪成同一高度，表面平整，宛如华丽的地毯。

B. 浮雕花坛是依花坛纹样变化，植物高度不同，部分纹样凸起或凹陷，凸出的纹样多由常绿小灌木组成，凹陷面多栽植低矮的草本植物，也可以通过修剪使同种植物因高度不同而呈现凸凹，整体上具有浮雕的效果。

C. 彩结花坛是花坛内纹样模仿绸带编成的绳结式样，图案的线条粗细一致，并以草坪、砾石或卵石为底色。

现代花坛常见两种类型相结合的花坛形式。例如在规则或几体形植床之中，中间为盛花布置形式，边缘用模纹式，或在立体花坛中，中间为模纹式，基部为水平的盛花式等。

（2）依空间位置分类（图 3-105）

① 平面花坛　花坛表面与地面平行，主要观赏花坛的平面效果，包括沉床花坛（也叫花池）或高出地面的花坛。

② 斜面花坛　花坛设置在斜坡或阶地上，也可以布置在建筑的台阶两旁或台阶上，花坛表面为斜面，是主要的观赏面。

③ 立体花坛　花坛向空间伸展，为竖向景观，是一种超出花坛原有含义的布置形式。它以四面观为主，包括造型花坛、标牌花坛等形式。

A. 造型花坛是用模纹花坛的手法，运用五色草或小菊等草本植物制成各种造型物，如动物、花篮、花瓶等，前面或四周用平面装饰。

B. 标牌花坛是用植物材料组成竖向牌式花坛，多为一面观赏。

（3）依花坛的组合分类

① 独立花坛　即单体花坛，常设置在广场、公园入口等较小的环境中。

② 花坛群　由相同或不同形式的多个单体花坛组合而成，但在构图及景观上具有统一性。花坛群应具有统一的底色，以突出其整体感。花坛群还可以结合喷泉和雕塑布置，后者可作为花坛群的构图中心，也可作为装饰。

③ 花坛组　是指同一环境中设置多个花坛，与花坛群不同之处在于各个单体花坛之间的联系不是非常紧密。如沿路布置的多个带状花坛、建筑物前作基础装饰的数个小花坛等。

2. 花坛的设计要点　花坛在环境中可作为主景，也可作为配景。

（1）花坛的设置首先应在风格、体量、形状诸方面与周围环境相协调，其次才是花坛自身的特色。

a. 平面花坛（北京天安门）

b. 斜面花坛（广东林业学校）

c. 立体花坛（西安园林博览会）

d. 立体花坛之标牌花坛（中山菊展）

图 3－105　花坛依空间位置分类

（2）花坛的体量、大小也应与设置花坛的广场、出入口及周围建筑的高低成比例。一般不应超过广场面积的 1/3，不小于 1/5，出入口设置花坛以既美观又不妨碍游人路线为原则，在高度上不可遮住出入口的视线。同时应注意交通功能上的要求，不妨碍人流交通和行车拐弯的需要。

（3）花坛的外部轮廓也应与建筑物边线、相邻的路边和广场的形状协调一致。如自然式园林中就不适合设置花坛，狭长的地段上设一圆形独立花坛就显得不协调。一般情况下，所要装饰的地域是圆形的，花坛也宜圆形或正方形、多边形，地域是方形的，花坛也宜用方形或菱形的。

（4）花坛要求经常保持鲜艳的色彩和整齐的轮廓。

3. 几种常见花坛设计

（1）盛花花坛的设计

① 植物选择　一、二年生花卉为盛花花坛的主要材料，其种类繁多，色彩丰富，成本较低。球根花卉也是盛花花坛的优良材料，色彩艳丽，开花整齐，但成本较高。

适合作花坛的花卉应株丛紧密、着花繁茂，在盛花时完全覆盖枝叶，要求花期较长，开放一致，至少保持一个季节的观赏期。如为球根花卉，要求栽植后花期一致，花色明亮鲜艳，有丰富的色彩幅度变化，纯色搭配及组合较复色混植更为理想，更能体现色彩美。

不同种花卉群体配合时，除考虑花色外，也要考虑花的质感相协调，才能获得较好的效果。

② 色彩设计　盛花花坛表现的主题是花卉群体的色彩美，因此一般要求鲜明、艳丽。如果有台座，花坛色彩还要与台座的颜色相协调。一个花坛配色不宜太多。一般花坛2～3种颜色，大型花坛4～5种颜色即可。配色多而复杂难以表现群体的花色效果，显得杂乱。

③ 图案设计　花坛外部轮廓主要是几何图形或几何图形的组合。现代建筑的外形趋于多样化、曲线化，在外形多变的建筑物前设置花坛，可用流线或折线构成外轮廓，对称、拟对称或自然均可，以求与环境协调。

花坛内部图案要简洁，轮廓明显。忌在有限的面积上设计烦琐的图案，要求有大色块的效果。

盛花花坛可以是某一季节观赏的花坛，如春季花坛、夏季花坛等，至少保持一个季节内有较好的观赏效果。但设计时可同时提出多季观赏的实施方案，可用同一图案更换花材，也可另设方案，一个季节花坛景观结束后立即更换下季材料，完成花坛季节交替。

（2）模纹花坛的设计

① 植物选择　模纹花坛材料以生长缓慢的枝叶细小、株丛紧密、萌蘖性强、耐修剪的观叶植物为主，如红绿草、白草、尖叶红叶苋等。

② 色彩设计　模纹花坛的色彩设计应以图案纹样为依据，用植物的色彩突出纹样，使之清晰而精美。

③ 图案设计　模纹花坛以突出内部纹样精美华丽为主，因而植床的外轮廓以线条简洁为宜，可参考盛花花坛中较简单的外形图案。内部纹样可较盛花花坛精细复杂些，但点缀及纹样不可过于窄细。以红绿草类为例，不可窄于5 cm，一年草本花卉以能栽植2株为限。设计条纹过窄则难以表现图案，纹样粗、宽，色彩才会鲜明，使图案清晰。

（3）立体花坛的设计

① 标牌花坛　标牌花坛以东、西两向观赏效果好，南向光照过强，影响视觉，北向逆光，纹样暗淡，装饰效果差。

A. 用五色苋等观叶植物作为表现字体及纹样的材料，栽种在15 cm×40 cm×70 cm的扁平塑料箱内。完成整体图样的设计后，每箱依照设计图案中所要求种类扦插植物材料，各箱拼组在一起则构成总体图样。之后，把塑料箱依图案固定在竖起（可垂直，也可为斜面）的钢木架上，形成立面景观。

B. 以盛花花坛的材料为主，表现字体或色彩，多为盆栽或直接种植在架子内。架子以阶式一面观为主，架子呈圆台或棱台样阶式可作四面观。用钢架或砖及木板制成架子，然后花盆依图案设计摆放其上，或栽植于种植槽式阶梯架内，形成立面景观。

C. 设计立体花坛时要注意高度与环境协调。除个别场合利用立体花坛作屏障外，一般应在人的视觉观赏范围之内。此外，高度要与花坛面积成比例。以四面观圆形花坛为例，一般高为花坛直径的1/4～1/6较好。设计时还应注意各种形式的立面花坛不应露出架子及种植箱或花盆，以充分展示植物材料的色彩或组成的图案。要考虑实施的可能性及安全性，如钢木架的承重及安全问题等。

② 造型花坛　造型花坛造型物的形象依环境及花坛主题来设计，可为花篮、花瓶、动物、图徽及建筑小品等，色彩应与环境的格调、气氛相吻合，比例也要与环境协调。

4. 花坛设计图绘制

(1) 运用小钢笔、墨线、水粉、水彩、彩笔等绘制均可，环境总平面图应标出花坛所在环境的道路、建筑边界线、广场及绿地等，并绘出花坛平面轮廓。依面积大小有别，通常可选用1∶100～1∶500的比例。

(2) 花坛平面图　应表明花坛的图案纹样及所用植物材料。绘出花坛的图案后，用阿拉伯数字或符号在图上依纹样使用的花卉，从花坛内部向外依次编号，并与图旁的植物材料表相对应，表内项目包括花卉的中文名、拉丁学名、株高、花色、花期、用花量等，以便于阅图。若花坛用花随季节变化需要轮换，也应在平面图及材料表中予以绘制或说明。

(3) 立面效果图　用来展示及说明花坛的效果及景观。花坛中某些局部，如造型物等细部必要时需绘出立面放大图，其比例及尺寸应准确，为制作及施工提供可靠数据。立体阶式花坛还可绘出阶梯架的侧剖面图。

(4) 设计说明书　简述花坛的主题、构思，并说明设计图中难以表现的内容、对植物材料的要求，以及花坛建立后的养护管理要求。

株行距以冠幅大小为依据，不露地面为准。实际用苗量统计出后，要根据花圃及施工的条件留出5%～15%的耗损量。所以花坛用苗量计算如下：

$$花坛总用苗量的计算=\{A+A\times(5\%\sim15\%)\}+\{B+B\times(5\%\sim10\%)\}+\cdots$$

式中：A为A种花卉用苗量，B为B种花卉用苗量。

(二) 花境

花境是园林绿地中又一种特殊的种植形式，是以树丛、树群、绿篱、矮墙或建筑物作背景的带状自然式花卉布置，是模拟自然界中林地边缘地带多种野生花卉交错生长的状态，运用艺术手法提炼、设计成的一种花卉应用形式。花卉布置采取自然式块状混交，表现花卉群体的自然景观。

花境可设置在公园、风景区、街心绿地、家庭花园及林荫路旁，可在小环境中充分利用边角、条带等地段，营造出较大的空间氛围，还可起到分隔空间和引导游览路线的作用。

花境与花坛有着本质的区别：

A. 花境的边缘不用建筑材料形成一定形状的种植床。

B. 从平面上看，整个花境的形状不是规划成某种规则的几何形状，而是沿道路等地形作长带状布置。

C. 植物材料的搭配，不是人为地规划成整齐的块状，而是像自然界中植物自然错落分布，形成不规则的小片状，甚至零星分布。

D. 花坛是以一二年生花卉为主，花境是以多年生花卉为主。

花境在外形上有别于自然曲线的花丛和带状花坛。

1. 花境的类型

（1）按设计形式分

① 单面观赏花境　常以建筑物、矮墙、树丛、绿篱等为背景，把高的花卉种植在后面，矮的种在前面。高度可超过游人视线，但是不能超过太多。整体上前低后高，供一面观赏。

② 双面观赏花境　多布置在道路的中央，高的花卉种在中间，两侧种植矮些的花卉供两面观赏。中间最高的部分不要超过游人的视线高度。

（2）按植物选材分

① 宿根花卉花境　花境全部由可露地过冬的宿根花卉组成。

② 混合式花境　花境种植材料以耐寒的宿根花卉为主，配置少量的花灌木、球根花卉或一二年生花卉。这种花境季相分明，色彩丰富，应用较多。

③ 专类花卉花境　由同一属不同种类或同一种不同品种植物为主要种植材料的花境。做专类花境用的花卉要求花期、株形、花色等有较丰富的变化，从而体现花境的特点，如百合类花境、鸢尾类花境、菊花花境等。

2. 花境的设计

（1）花境植物的选择　应以在当地露地越冬、不需特殊管理的宿根花卉为主，兼顾一些小花木及球根花卉和一二年生花卉。花境植物应有较长的花期，且花期能分散于各季节，花色丰富多彩。

（2）花境植物的配置　花境中各种各样的花卉配置应考虑到同一季节中彼此的色彩、姿态、体形及数量的调和对比，整体的构图应比较完整，要求一年中有季相变化。同时要充分考虑环境空间的大小，最好通过植物分段布置使其具有节奏感、韵律感，花境的花卉植物通常是5～6种或10多种自然混合而成（图3−106）。

图3−106　北京植物园花境

(3) 花境还应具有较好的立面效果，充分体现群落的美观。利用植株高低、株型、花序及植株的质感，创造出错落有致、花色层次分明、丰富美观的立面景观。植物与背景的色彩配合应对比协调，植物间的色彩配合要有主次。

3. 花境设计图绘制 花境设计图可用小钢笔画墨线图，也可用水彩、水粉绘制。

(1) 花境位置图 用平面图表示，标出花境周围环境，如建筑物、道路、草坪及花境所在位置。依环境大小可选用 1∶100～1∶1000 的比例绘制。

(2) 花境平面图 绘出花境边缘线，背景和内部种植区域，以流畅曲线表示，避免出现死角，以求接近种植植物后的自然状态。在种植区内编号或直接注明植物，编号后需附植物材料表，包括植物名称、株高、花期、花色等。可选用 1∶50～1∶100 的比例绘制。

(3) 花境立面效果图 可以一季景观为例绘制，也可分别绘出各季景观。选用 1∶100～1∶200 比例皆可。

此外，如果需要，还可绘制花境种植施工图及花境设计说明书。种植图比例可选用 1∶20～1∶50 绘制。说明书可简述作者创作意图及管理要求等，并对图中难以表达的内容作说明。

(三) 花丛、花群、花地

1. 花丛 几株至十几株花卉成丛栽植在一起称为花丛。花丛在园林绿地中应用极为广泛。它可以布置在大树下、岩石旁、小溪边、自然式的草坪中和悬崖上。花丛所表现的不仅有色彩美，而且还有姿态美。

2. 花群 由几十株乃至几百株花卉种植在一起，形成一群。花群可以布置在林缘、自然式的草地内、草地边缘、水边或山坡上。

3. 花地 所占的面积更大，远远超过花群，所形成的景色十分壮观。在风景园林中常布置在坡地、林缘、林中空地以及疏林草地内（图 3－107）。

(四) 花台

花台是指抬高种植床的花池，由于距地面较高，缩短了人在观赏时的视线距离，能获取清晰明朗的观赏效果，便于人们仔细观赏其中的花木或山石的形态、色彩，品味其花香（图 3－108）。

图 3－107 沈阳世博园花地

图 3－108 上海动物园花台

花台在古典园林中，常布置在庭院当中、两侧、角落，或与建筑物相连而设于墙基、窗下。现代园林中，花台的布置非常灵活，如布置在道路的边缘、广场的中间、立交桥的桥头、商店的门口等。在建筑物的正前方还可以布置不同高程的组合花台。

花台的形式因环境、风格而异。有盆景式，即以松、竹、梅、杜鹃、牡丹等传统花卉为主，配饰以山石小草，着重于花卉的姿态、风韵，不追求色彩的华丽。花坛式，以栽植草花做整形式布置，多选择株形较矮，繁密、匍匐或枝叶下垂于台壁的花卉，如芍药、萱草、玉簪、鸢尾、兰花、天门冬、玉带草、牡丹、杜鹃、迎春等。因花台面积较小，一般只种 1～4 种花。

（五）花钵、花箱

花钵、花箱是指种植或插摆花卉的盛器，具有很强的装饰性。它造型丰富，小巧玲珑，能较灵活地与环境搭配，已越来越多地出现在公园、街道等园林绿地及建筑入口、室内、窗前、阳台、屋顶等处。在花圃内，依设计意图把花卉栽种在预制的花钵、花箱内，待花开时运送到城市广场、道路两旁和其他建筑物前进行装点。这种形式不仅施工便捷，还可迅速形成景观（图 3－109、图 3－110）。

图 3－109　某广场花钵

图 3－110　沈阳世博园草坪花箱

1. 种植钵设计　花钵、花箱的形状、大小、样式多种多样，运用时可根据场地、环境特点及经费等情况综合考虑，选择合适的花钵、花箱。

总体上要求造型美观，以纹饰简洁的灰、白色调为主，以突出花卉的色彩美。同时还应考虑质地轻便易于移动，既可以单独陈放又能拼组和搭配应用。制作材料有玻璃钢、泡沫砖和混凝土等。此外，还有用原木和木条做种植箱的外装饰，更富有自然情趣。从造型上看，有圆形、方形、高脚杯形，以及由数个种植钵拼组成的六角形、八角形和菱形等。

2. 植物选择

（1）选择应时的花卉作为种植材料。

（2）用几个单体的种植钵拼组成的活动花坛，可以选用同种花卉不同色彩的园艺品种进行色块构图；或不同种类的花卉，但在花型、株高等方面相近的花卉做色彩构图，均能收到良好的效果。

（3）花卉的形态和质感，与种植钵的造型应该协调，色彩上应该有对比，才能更好地发挥装饰效果。

四、攀缘植物的种植设计

攀缘植物是指具有柔长纤细的枝条或蔓茎，自身不能直立生长，须借助吸盘、卷须、气生根等特殊方式攀附于其他植物，借助蔓茎缠绕向上或垂挂覆地的一类植物。

（一）攀缘植物在园林中的作用

攀缘植物是园林绿地中供垂直绿化用的主要植物材料，可丰富园林构图的立面景观，可以经济利用土地和空间，在较短的时间内达到绿化美化的效果。可解决城市中局部因建筑拥挤，地段狭窄，无法用乔灌木进行绿化的困难。垂直绿化可以形成空中花园，改善小气候，减轻环境污染。在城市绿化中，广泛应用攀缘植物来装饰街道、围墙、台阶、灯柱、建筑墙面、阳台、窗台、亭子、游廊、花架、栏杆、高大枯死老树和假山石等。

（二）常见攀缘植物

攀缘植物有多年生的藤本植物和一、二年生草本攀缘植物。它们有不同的生态习性、生物学特性和观赏特性。设计时要根据植物的这些特性选择攀缘植物种类，因地制宜，合理地进行种植设计。常见攀缘植物有爬墙虎、紫藤、五叶地锦、三叶地锦、常春藤、葡萄、蛇白蔹、薜荔、猕猴桃、南蛇藤、炮仗花、凌霄、木香、葛藤、五味子、牵牛花、鸟萝、丝瓜、观赏菜豆等。

（三）攀缘植物的种植设计

1. 墙面装饰 一种是把攀缘植物作为欣赏对象，对单调的墙壁进行点缀。另一种是把攀缘植物作为配景以突出建筑物的细部。在种植时宜选用有吸盘或气生根的攀缘植物，如三叶地锦、薜荔等。没有吸盘或气生根的攀缘植物应建立支架或引线，以利于植物攀爬。

2. 窗、阳台等装饰 可用支架绳索把攀缘植物引到门、窗或阳台，如果门窗前是水泥地，则可预制种植箱。为了保证冬季的采光需要，一般采用一、二年生的落叶攀缘植物。

3. 棚架、花架、栏杆、柱体的装饰 用来装饰棚架、花架的攀缘植物最好种植在支柱旁，可以采用一种或多种攀缘植物成排种植，使棚架、花架内的人获得较大的视野，利于观赏周围的景致。与栏杆配合的攀缘植物一般选择爬不高的。装饰柱体如灯柱、高大枯死老树的攀缘植物，可使对比强烈的垂直线条与水平线条得到调和。常用的有五叶地锦、三叶地锦、葡萄、凌霄、紫藤、常春藤等。

4. 假山、坡地的装饰 攀缘植物装饰假山不能影响山石的主要观赏面，以免喧宾夺主。攀缘植物只宜种植在山石的背面，且要经常修剪影响山石观赏面的枝条。与坡地配合，攀缘植物可选络石、薜荔和五叶地锦等。

五、水生植物的种植设计

水生植物是指生长在水中并可繁殖的植物。它一般生长迅速，适应性强，栽培管理省工。通常利用水生植物具有观赏价值的茎、叶、花、果等，打破园林水面的平静，丰富水面的观赏内容，增添水面情趣，还可以减少水面蒸发，改良水质。

（一）水生植物的类型

1. 挺水植物 挺水植物又名沼生植物，其根生于泥中，植株直立挺出水面，一般生长在水深不超过 1 m 的浅水区域或沼泽地，如荷花、千屈菜、慈姑、菖蒲、芦苇等。这类植物宜种植在不妨碍水上活动、又能增进岸边风景的边缘水区中。

2. 浮水植物 其根生长在水底泥中，但茎并不挺出水面，仅叶、花浮在水面上，如睡莲、菱、芡实等。这类植物可以在浅水或稍深一些的水面区生长。

3. 漂浮植物 其全植株均漂浮在水面或水中，不需要自泥中生出。一般繁殖迅速，在深水、浅水中都能生长，又是改良水质、消除水体污染的重要水生植物，如水浮莲、浮萍等。这类植物可以作静水面上的点缀装饰，在大的水面上可以增加曲线变化，还具有一定的经济价值。

（二）水生植物种植的设计

1. 因地制宜，合理搭配 根据水面的大小、深浅，水生植物的特点，应选择集观赏、经济和水质改良为一体的水生植物。若水面较小可以选择单一的水生植物；水面较大，可以考虑结合生产，选择多种水生植物混合配置，混植时在园林构图上应有主次之分，在形状、高矮、姿态、叶形、叶色、花期、花色等方面的对比调和关系要尽量考虑周全。

2. 数量适当，有疏有密 水生植物种植时，要留有充足的水面，产生倒影及扩大空间的感觉，不宜种满整个水面，也不宜在沿岸种植一圈，应有疏有密、有断有续。水生植物的面积应不超过水面积的 1/3。注意防止有害生物的蔓延。

3. 控制生长，安置设施 为了控制水生植物生长，需在水下安置一些设施。大水面可设水生植物种植床，小水面可在池底用砖、大石块作支墩，将盆栽的水生植物置在其上。在规则式水面上种植水生植物要求有较高的观赏价值，多用混凝土栽植台，按照水的不同深度要求进行分层设置，也可用缸栽植，排成图案，形成水上花坛。

六、草坪、地被植物的种植设计

（一）草坪

草坪是用多年生矮小草本植物密植，经人工修剪、碾压、剔除杂草而形成平整的人工草地。常见的草坪植物都是禾本科和莎草科的，如羊胡子草、野牛草、狗牙根、黑麦草、假俭草等。

草坪是园林的重要组成部分，可与乔木、灌木、草本花卉构成多层次的绿化布置，形成绿荫覆盖、高低错落、繁花似锦的优美景观。草坪犹如园林的底色，对园林中的树木、花卉、山石、建筑、道路、广场等起着衬托作用，能把园林中景物统一协调起来，构成有机的整体。

草坪的园林功能是多方面的，除了覆盖地面、保持水土、防尘杀菌、净化空气、改善小气候等外，还有两个独特的功能：一是绿茵覆盖的大地代替了裸露的泥土，给整个城市以整洁清新、绿意盎然、生机勃勃的宜居环境；二是用柔软的草铺成的绿色地毯，为人们提供了理想的户外游憩活动的场地。

1. 草坪的类型

（1）根据草坪的用途划分

① 游憩草坪　供散步、休息、游戏及户外活动用的草坪。多用在公园、小游园、花园中，一般都采用叶细、韧性大、较耐践踏的草坪植物，如野牛草、狗牙根等，并且要经常进行修剪。

② 观赏草坪　专供观赏，不允许游人入内游憩践踏。一般选用叶色碧绿均一、绿色期较长、观赏价值高、能耐炎热又能抗寒的草坪植物，如黑麦草、早熟禾、紫羊茅等。

③ 运动场草坪　专供体育活动之用，如高尔夫球场、足球场、网球场等。不同体育项目要求选用不同草坪植物，有的要选用草叶细致的草坪植物，有的要选用草叶坚韧的草坪植物，有的要选用地下茎发达的草坪植物。

④ 交通区域草坪　主要设置在陆路交通沿线、立交桥、高速公路两旁、飞机场等处。植物选择范围较广。

⑤ 护坡护岸草坪　用以防止水土流失，常布置在坡地、水岸，主要选用生长迅速、根系发达或具有匍匐性的草坪品种。

（2）根据草坪植物的组成划分

① 纯一草坪　由一种植物组成的草坪为纯一草坪。如结缕草草坪、野牛草草坪等。

② 混合草坪　由两种以上禾本科草本植物，或由一种禾本科草本植物混有其他草本植物所组成的草坪。

③ 缀花草坪　在以禾本科草本植物为主体的草地上混种少量花色艳丽的多年生草本植物，如水仙、石蒜、葱兰、韭兰、酢浆草、马蔺、二月兰、紫花地丁等草本及球根植物，构成缀花草坪。这些植物在数量上一般不超过草坪面积的1/3，呈自然式分布。主要用于游憩草坪、林中草坪、观赏草坪及护坡护岸草坪。

2. 草坪的设计要点

（1）草坪植物的选择　草坪植物种类繁多，以多年生和丛生性强的草本植物为主。不同的草坪植物具有不同的特性，优良的草坪植物应具有繁殖容易、生长快、能迅速形成草皮并布满地面、耐践踏、耐修剪、绿色期长、适应性强等特点。需要因地制宜地选择和栽植。如在林下栽种的草坪，应选用耐阴的草种；在湖畔栽种的草坪，应选用耐湿的草种；供游人游憩的场地或运动场地，应选用耐践踏的草种。

（2）合理的设置坡度　一方面为了避免水土流失，坡岸的塌方或崩落现象的发生，草坪坡度不能超过土壤自然安息角（一般为30°），超过此坡度的地形，一般应采用工程措施加以保护。另一方面满足草坪的排水要求。一般普通的游憩草坪，其最小排水坡度，最好不低于0.5%，并且不宜有起伏交替的地形，必要时可埋设盲沟来解决排水问题。体育场上的草坪，由场中心向四周跑道倾斜的坡度为1%。网球场草坪，由中央向四周的坡度为0.2%～0.5%。

（二）地被植物

地被植物是指除草坪以外、生长高度在1 m以下、枝叶密集、成片种植、具有较强的扩展能力、能覆盖地面的植物，包括木本、草本、藤本及肉质植物。与草坪比较，地被植物的特点是：地被植物种类繁多，色彩丰富；具有很强的适应性；养护费用低，见效快；具有一定的经济价值；具有层次变化，对环境利用更充分，生态效应更大。

地被植物配置的主要原则如下：

1. 因地制宜，适地适树　因地制宜在地被植物配置中起主导作用。地被植物种类多，生态适应性差异较大。某种地被植物只有在适应其生长的环境中才能正常生长，才能发挥地被植物的优势，才有最佳观赏效果，最大限度地发挥其生态效益。如喜阴的玉簪不可以在全光下栽植。不同地区应选择不同的地被植物，适合于广东的米兰、九里香就不适合在黑龙江种植。

2. 要考虑绿地性质和功能　不同类型的绿地，因其性质和功能不同，对地被的要求也不同。如入口区绿地主要是美化环境，可以低矮整齐的小灌木和观花地被植物进行配置，以靓丽的色彩或图案吸引游人；山林绿地主要是覆盖黄土，美化环境，可选用耐阴类地被进行布置，可用连钱草、玉簪等；路旁则根据园林的宽窄与周围环境的各异，选择开花地被类，如紫花地丁、二月兰等，使游人能不断欣赏到因时序而递换的各色园景，而游人视线能及但不是近观的地方可用粗放管理的种类，如委陵菜等。

3. 要符合园林艺术的规律　园林艺术是多种艺术的综合，是自然美与园林美的结合。地被植物的应用也要按照园林艺术的规律，处理好地被植物与园林布局的关系，利用地被植物不同的花色、花期、叶形等搭配成高低错落、色彩丰富的花境，与周围环境和其他植物协调衔接，以体现不同的园林风格与特色。

4. 高度适当　一般情况下，植物群落最下层是地被植物，配置时，应注意与上层乔木和灌木错落有致的组合，高度搭配适当，使地被植物与其周围植物搭配成高低错落、互相协调的整体。当上层乔木分枝点较高时，下面应选用株高稍高的地被植物，而上层植株矮或分枝点低时，则应选匍匐性的地被。

总之，配置地被植物时，应尽量使群落层次分明，主体突出，地被植物只起陪衬作用，不能喧宾夺主。若层次不清，会显得杂乱无章，适得其反。

实　训

Ⅰ. 园林绿地综合设计

一、实训目的

掌握园林绿地构成要素的设计方法。

二、实训内容

综合本章所学知识，运用园林绿地设计手法，按照园林绿地规划设计的一般程序，设计一个包含园林绿地各组成要素的小游园（最好能结合实地）。

本章建议以任务引领的方法讲授。在讲本章之前，将设计任务布置给学生，结合理论讲授过程，按山水地形、出入口及园林（硬质）铺装场地、建筑与小品和园林植物的配置逐步完成设计。

三、实训时间安排

建议10～20学时，各校根据本校实际授课学时灵活安排，建议结合教学实习周进行。

四、实训材料

卷尺、测量仪器、图纸、绘图工具等。

五、实训成果

（一）图纸

1. 小游园位置图。

2. 小游园现状分析草图。

3. 小游园功能分区图。

4. 小游园地形设计图。

5. 小游园道路设计图。

6. 小游园总体规划平面图。

7. 小游园绿化种植设计图。

8. 小游园景点设计局部效果图。

9. 小游园整体鸟瞰图。

（二）文本说明书

（三）材料统计表

Ⅱ. 园林植物选择与配置调查

一、实训目的

掌握所在城市的地区园林绿化树种的选择情况，它们在园林中的作用，为实现因地制宜、适地适树提供依据。

二、实训内容

选择就近的公园或规模较大的园林绿地、城市广场组织参观，观察各类园林绿地中植物选择与配置情况，记录并整理。

三、实训时间安排

4～6 学时，各学校根据本校学时自行安排，建议在教学实习周进行。

四、实训材料

图纸、绘图工具、测量仪器等。

五、实训要求

每人对其所调查的园内的植物名称、配置形式、种植位置、生态特性、生长状况、景观效果等作详细调查，并记载整理。

六、实训步骤

1. 熟悉整个园林绿地的树种；

2. 依次对现有植物进行观察记录；

3. 对所调查的资料进行汇总、整理，并写出调查报告（表格）。

调查记录表

地点　　　　时间　　　　　　　　　　　　　班级　　小组　　调查人

植物名称	配置形式	种植位置	生态特性	生长状况	园林中的作用

Ⅲ. 小型园林建筑及公园出入口调查

一、实训目的

1. 掌握园林各类小型建筑的名称、设置地点、类型、建造材料，了解它们在园林中的作用。

2. 掌握公园出入口的布局形式。

二、实训内容

选择就近的公园或规模较大的园林绿地、城市广场组织参观，观察各类小型建筑（亭、廊、榭、花架等）、建筑小品（园门、园窗、园桥、雕塑等）、出入口大门、广场的布局形式，在园林中的位置及所起的作用。

三、实训时间安排

4～6 学时，各学校根据本校学时自行安排，建议在教学实习周进行。

四、实训材料

卷尺、测量仪器、图纸、绘图工具等。

五、实训要求

1. 每人选择 5 种不同形式的小型园林建筑和 5 种不同形式的园林建筑小品，对其名称、形式、位置、作用记载整理，并评价其优缺点。

2. 对公园或绿地的出入口（包括大门、出入口内外广场）进行记录，评价其特点。

六、实训步骤

1. 熟悉整个园林绿地，选择具有代表性的小型园林建筑、园林建筑小品。

2. 记录每个小型园林建筑、园林建筑小品所在的位置、形式、建筑材料及功能作用。

3. 对出入口大门、广场的位置、布局形式，地面铺装材料，园灯的位置、材料、形式，植物种植形式、树种的选择等作调查。

4. 结合要求整理写出调查报告（附表 1、附表 2）。

附表 1　小型园林建筑调查记录表

地点　　　　时间　　　　　　　　　　班级　　小组　　调查人

	建筑名称	建筑形式	建筑位置（平面示意图）	建筑材料	在园林中的作用	评价
园林建筑						
园林建筑小品						

附表 2　公园出入口调查记录表

地点　　　　时间　　　　　　　　　　班级　　小组　　调查人

出入口名称	出入口位置	出入口布局形式	地面铺装材料	园灯的位置、材料及形式	植物种植形式及选择树种	其他小品	评价

第4章 道路绿地设计

本章知识点

1. 道路绿地的作用、主要类型及规划设计原则。
2. 街道绿地中人行道、分车带、交叉路口、立体交叉、交通岛、林荫道等绿地的设计要点。
3. 公路绿化的类型及设计要点。
4. 铁路绿化设计原则及设计要点。

本章学习目标

1. 基本掌握道路绿地的组成、特点、功能、设计原则及设计要点。
2. 独立完成一项道路绿地的规划设计任务。

道路绿地主要是指城市街道绿地、穿过市区的公路、铁路、高速干道的防护绿带等。它是城市园林绿化系统的重要组成，直接反映城市的面貌和特点。它通过穿针引线，联系城市中分散的“点”和“面”的绿地，织就了一片城市绿网，更是改善城市生态景观环境，实施可持续发展的主要途径。

4.1 道路绿地的基本知识

一、道路绿地的作用

1. 营造城市景观 现代城市不仅需要气势雄伟的高楼大厦、纵横交织的立交桥、绚丽多彩的灯光，更需要蓝天、白云、绿树、鲜花、碧水和新鲜的空气。而城市道路绿化不仅可以美化街景、软化建筑的硬质线条、优化城市建筑的艺术特征，还可以遮掩城市街道上有碍观瞻的地方（图4-1）。国内外一些著名的城市，如美国的华盛顿、德国的波恩、澳大利亚的悉尼、中国的深圳等，由于街道绿化程度高，空气清新，处处是草坪、绿树、鲜花，因而被人们誉为“国际花园城市”。

图 4-1　东莞大道绿化效果图

2. 改善交通状况　利用交通绿地的绿化带，可以将道路分为上下行车道、机动车道、非机动车道和人行道等，这样可以避免发生交通事故，从而保障行人车辆的交通安全。另外，在交通岛、立体交叉口、广场、停车场等地段也需要进行绿化。利用这些不同形式的绿化，都可以起到组织城市交通、保证车行速度、保障行人安全、改善交通状况的作用。绿色植物还可以减轻司机的视觉疲劳，这在一定程度上减少了交通事故的发生。

3. 保护城市环境　街道上茂密的行道树，建筑前的绿化以及街道旁各种绿地，对于调节道路附近的温度、增加湿度、减缓风速、净化空气、降低辐射、减弱噪声和延长街道使用寿命等方面有明显效果。在绿化良好的街道上，距地面 1.5 m 处的空气含尘量比无绿化的地段低 56.7%；具有一定宽度的绿化带可以明显地将噪声减弱 5～8 dB；夏天树荫下水泥路面的温度要比阳光下低11 ℃左右。因此，交通绿地对于城市环境保护的作用是显而易见的。

4. 散步休息　城市道路绿化除行道树和各种绿化带外，还有面积大小不同的街道绿地、城市广场绿地、公共建筑前的绿地。这些绿地内经常设有园路、广场、座凳、宣传廊（牌）、小型休息建筑等设施，可为附近居民提供锻炼身体（如打太极拳、散步）的地方及休息的场所。这些绿地与城市大公园不同，它们距居住区较近，所以绿地的利用率比大公园高，从而弥补了城市公园分布不均所造成的缺陷。居民在上下班、上下学、出行购物时经过街道绿地时会感到心情舒畅，如北京正义路、上海肇家滨路等。

5. 结合生产　道路绿化在城市绿地系统中占有很大比重，有很多植物不仅观赏价值很高，而且可以提供果品、药材、油料等价值很高的产品，如七叶树、银杏、连翘等，既绿化了街道，又可创造一些物质财富。但在结合生产时一定要注意从实际出发、实事求是，因地制宜、讲求实效。所选的树种应该是当地的乡土树种，并为群众所喜爱。还要有一定的管理措施，才能达到预期的目的。

6. 防灾、战备 道路绿化为防灾、战备提供了条件，它可以伪装、掩蔽，在地震时可搭棚，战时可砍树架桥等。

二、道路绿地的主要类型

1. 按道路的断面布置形式

(1) 一板二带式（一块板） 由一条车行道、两条绿化带组成，这种形式最为常见（图 4-2）。

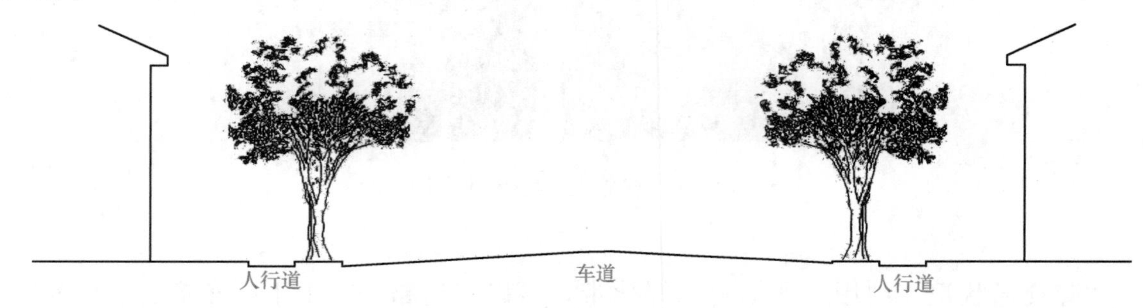

图 4-2 一板二带式

一板二带式中间为车行道，两侧种植行道树与人行道分隔。其优点是用地经济，管理方便，规则整齐，在交通量较少的街道可以采用。缺点是景观比较单调，而且车行道过宽时，遮阴效果差。另外，各类车流混合，安全性差。

(2) 二板三带式（两块板） 由两条车行道、中间两边共三条绿化带组成（图 4-3）。

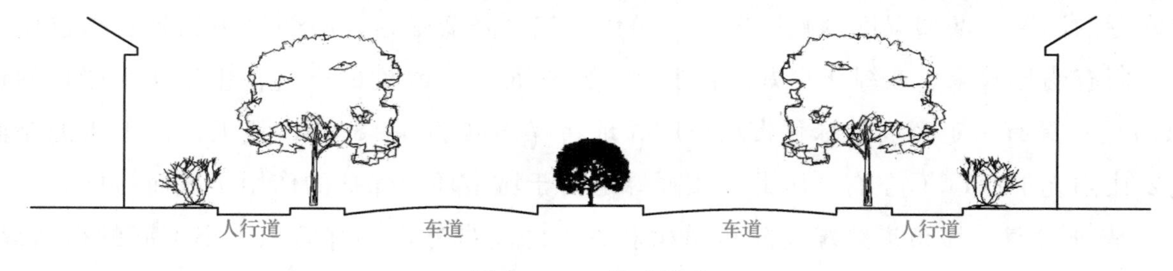

图 4-3 二板三带式

二板三带式可将上下行车辆分开，适于宽阔道路。绿带数量较大，中间超过 8 m 可设林荫带或小游园，生态效益较好。其优点是用地较经济，可避免机动车之间事故发生；缺点是由于不同车辆同向混合行驶，还不能完全杜绝交通事故。此种形式多用于城市入城公路、环城道路和高速公路。

(3) 三板四带式（三块板） 利用两条分隔带把车行道分为 3 块，中间为机动车道，两侧为非机动车道，连同车道两侧的行道树共 4 条绿带（图 4-4）。

此种形式在宽街道上应用较多，是现代城市较常用的道路绿化形式。其优点是组织交通方便，环境保护效果好，街道形象整齐美观；缺点是用地面积较大。

(4) 四板五带式（四块板） 利用三条分隔带将车道分成为 4 条，使不同车辆分开，均形成上下行，共有五条绿化带（图 4-5）。

图 4-4　三板四带式

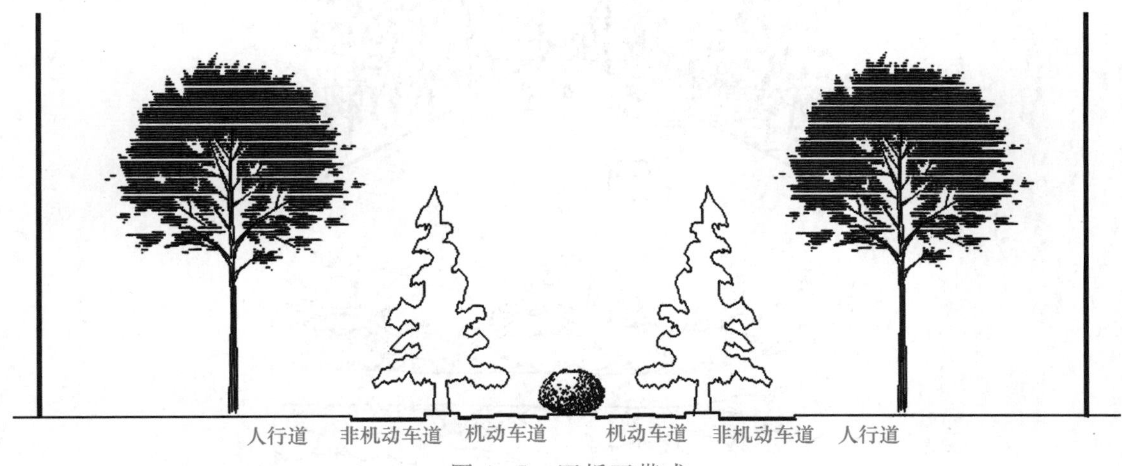

图 4-5　四板五带式

这种形式多在宽阔的街道上应用，是城市中比较完整的道路绿化形式。其优点是由于不同车辆上下行，保证了交通安全和行车速度，绿化效果显著，景观性极强，生态效益明显；缺点是用地面积大，经济性差。因此，如果道路面积不够时则中间可改用栏杆分隔，既经济又节约用地。

(5) 其他形式　随着城市化建设速度的加快，原有城市道路已不能适应城市面貌的改善和车辆日益增多的需要，因此有必要改善传统的道路形式，因地制宜设置绿带。根据道路所处的地理位置、环境条件等特点，灵活采用一些特殊的绿化形式，如在建筑附近、宅旁、山坡下、水边等地多采用一板一带式，即只有一条绿化带，既经济美观，又实用适用（图 4-6）。

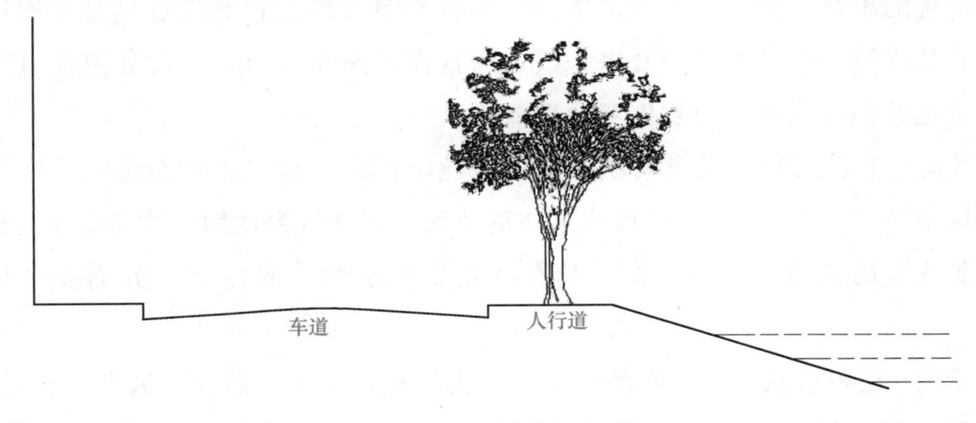

图 4-6　其他形式

2. 按绿地的景观特征

(1) 密林式　一般设在城乡交界处或结合河湖布置。沿路植树应具有相当宽度，一般在50 m以上，沿路两侧为浓茂树林，主要为乔木加上灌木，常绿树种和地被植物。多采用自然式布置，也可以成排成行种植，以形成规则整齐的美感（图4-7）。

图4-7　密林式配置有绿荫夹道的效果

这种形式的优点是夏季浓荫郁郁，生态效益显著，且具有明确的导向性，容易适应周边地形环境特点。

(2) 自然式　这种方式模拟自然景色，主要根据地形环境来决定。沿街两侧布置不同植物组成的自然树丛，使其具有高低、远近、浓淡、疏密和各种形体的变化，从而形成生动、活泼、多变的景观（图4-8）。

由于采用自然式种植，因此道路需要一定宽度，一般要求在6 m以上，还要注意与地下管线、地上设施的配合。另外，所选苗木也应具备一定规格。它的优点是易与周边环境景物配合，街道景观性好。但夏季遮阳效果一般，而且在道路交叉口，转弯处要注意不要种植高大植物，以避免遮挡司机视线而发生交通事故。

(3) 花园式　沿道路外侧设置大小不同的绿化空间，有广场、林荫道，并设有必要的园林设施、建筑小品（图4-9）。这种形式可在商业区、居住区内使用，如商业步行街的道路绿化等。其优点是布局灵活、用地经济、具有一定的功能性，但在交通方面要严格组织，避免意外。

(4) 田园式　这种形式开阔、自然，富于乡土气息，蓝天、白云、远山、大海尽收眼底，还有独具特色的田园风光。道路两侧的植物都在视线以下，空间开阔，或与农田、菜园相

自然式配置使街道空间富于变化、线条柔美

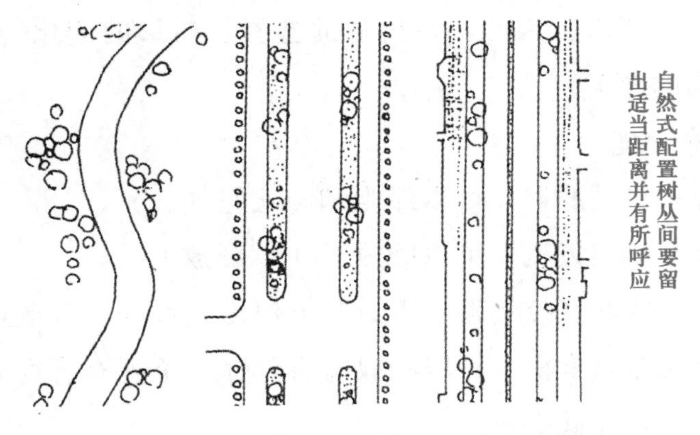

图 4-8　自然式配置使街道空间富于变化

图 4-9　花园式配置对街道有较强的装饰性并能为附近居民创造良好的游憩环境

连，或与苗圃、果圃相伴，多适用于城市公路、铁路、高速干道的绿化。其优点是视线开阔，交通流畅。

(5) 滨河式　道路一面临水，空间开阔，环境优美，也可作为市民游憩的良好场所。通常植物成行成列，并布置相应的园林设施、建筑小品、小型广场和临水平台等。其不仅具有极强的景观特征，而且满足了人们的亲水感和观景要求，如杭州西湖的滨湖道路布局。

(6) 简易式　沿道路两侧各种植一行乔木或灌木，以适于宽度较窄的道路，类似前面的一板两带式。它是街道绿化布局中最简单、最原始的布局形式。

三、 道路绿地规划设计原则

1. 要与城市道路的性质、功能相适应 伴随着城市的诞生，交通也就随之和它联系在一起，现代化的城市交通已发展成一个多层次的系统。在进行绿化设计中，不仅要考虑城市的布局、地形、气候、地质、水文等方面的因素，还要注意不同城市路网、不同道路系统和不同交通环境下对于绿化的要求。因此，在树种的选择、树形的变化、高度控制、种植方式和设计手法上也应有不同的考虑。

2. 应具备一定的生态功能

（1）道路绿地是一台天然过滤器，可以滞尘和净化空气。

（2）道路绿地是一台天然制氧机，可以吸收 CO_2，释放 O_2。

（3）道路绿地是一台天然温度控制器，可以降低温度，增加空气湿度。

（4）道路绿地是一台天然杀毒机，可以吸收有害气体，杀死有毒物质。

（5）道路绿地可以隔声和降低噪声。

（6）道路绿地可以作为防护绿带，而起到防风、防雪、防火等作用。

3. 要符合人们的行为规律和视觉特性 道路空间是供人们生活、工作、休息、相互往来与货物流量的通道。考虑到我国城市交通的构成情况和未来发展前景，并根据不同道路的性质、各种用路者的比例来作出符合现代交通条件下行为规律与视觉特性的设计。需要对活动人群根据其不同的出行目的与乘坐（或驾驶）不同交通工具所产生的行为特性、视觉特性加以研究，并从中找出规律，以此作为城市交通绿地与环境设计的一种依据。

4. 要与街景环境融合以形成优美的城市景观 道路绿地的设计除应符合美学的要求，遵循一定的艺术构图原则之外，还应根据道路性质、街道建筑、风土民俗、气候环境等进行综合考虑，以使绿地与道路环境中的其他景观元素协调，与地形环境、沿街建筑等紧密结合，从而与城市自然景色（山峦、湖泊、绿地等）、历史文物（古建筑、古桥梁、古塔、民居等）以及现代建筑有机结合在一起。把道路环境作为一个整体加以考虑，进行一体化的设计，才能形成独具特色的、优美的城市景观。

5. 要选择适宜的园林植物以形成丰富多变、独具特色的景观 不同的城市可以有不同的道路绿地形式，不同的绿地形式可以选择不同的绿化树种。不同的绿化树种，由于树形、色彩、气味、季相等不同，因此在绿化设计中应根据不同的道路绿地形式、不同的道路级别、不同用路者的视觉特性和观赏要求，以及不同道路的景观和功能要求进行灵活选择，以便形成三季有花、四季常青的绿化效果。

6. 应充分考虑街道上的交通、建筑、附属设施和地下管线 道路绿地中的植物不应遮挡司机在一定距离内的视线，不应遮蔽交通管理标志。同时，交通绿地应可以遮挡汽车眩光；另外，在一些特殊地带还能作为缓冲栽植。

（1）道路绿地中的植物要留出公共站台的必需范围，要保证行道树有适当高的分枝点。

（2）道路绿地要对公共建筑、居住建筑、商业建筑等起到美化和保护作用。

（3）道路绿地的设计应充分考虑附属设施的位置、地下管线、地下构筑物及地下沟道等的布局。

7. 应考虑城市的土壤条件、气候特点、养护管理水平等 土壤、气候和养护管理水平是影响和决定植物生长的重要因素。因此，在进行绿化设计时，也应充分考虑，唯此才能保证城市景观的长久性。

四、道路交通绿地的功能分类及专用术语

1. 城市交通道路功能分类

（1）城市主干道 包括高速交通干道、快速交通干道、普通交通干道和区镇干道。

（2）市区支道 这是小区街坊内的道路，直接连接工厂、居住区、公共建筑。其车速一般为 15～45 km/h，断面的变化较多，车道划分不规则。

（3）专用道路 城市规划中考虑有特殊需要的道路，如专供公共汽车行驶的道路，专供自行车行驶的道路和城市绿地系统中步行林荫道等均为此类。

2. 道路绿地设计专用术语 道路绿地设计专用术语见图 4－10。

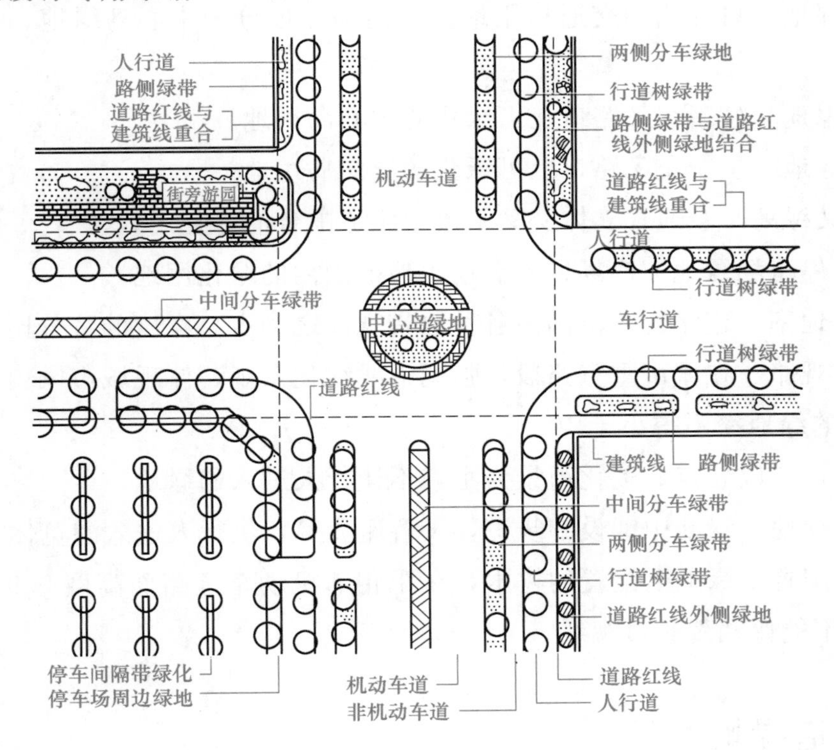

图 4－10 道路绿地设计专用术语

（1）道路绿地　道路及广场用地范围内的可进行绿化的用地。道路绿地分为道路绿带、交通岛绿地、广场绿地和停车场绿地。

（2）道路绿带　道路红线范围内的带状绿地。道路绿带分为分车绿带、行道树绿带和路侧绿带（图 4－11）。

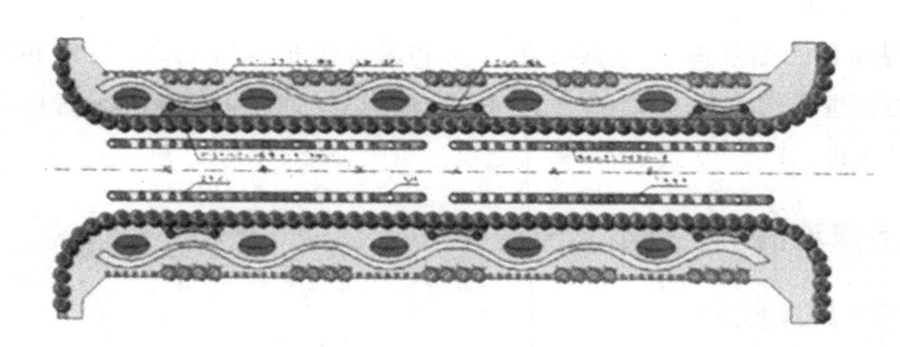

图 4－11　某道路绿带的设计示意图

（3）分车绿带　车行道之间可以绿化的分隔带，其位于上下行机动车道之间的为中间分车绿带；位于机动车道与非机动车道之间或同方向机动车道之间的为两侧分车绿带。

（4）行道树绿带　布设在人行道与车行道之间，以种植行道树为主的绿带。

（5）路侧绿带　在道路侧方，布设在人行道边缘至道路红线之间的绿带。

（6）交通岛绿地　可绿化的交通岛用地。交通岛绿地分为中心岛绿地、导向岛绿地和立体交叉绿岛。

（7）中心岛绿地　位于交叉路口上可绿化的中心岛用地。

（8）导向岛绿地　位于交叉路口上可绿化的导向岛用地。

（9）立体交叉绿岛　互通式立体交叉干道与匝道围合的绿化用地。

（10）广场、停车场绿地　广场、停车场用地范围内的绿化用地。

（11）道路绿地率　道路红线范围内各种绿带宽度之和占总宽度的百分比。

（12）园林景观路　在城市重点路段，强调沿线绿化景观，体现城市风貌，绿化特色的道路。园林景观路的绿地率不得小于 40％。

（13）装饰绿地　以装点、美化街景为主，不让行人进入的绿地。

（14）开放式绿地　绿地中铺设游步道，设置座凳等，供行人进入游览休息的绿地。

（15）通透式配置　绿地上配置的树木，在距相邻机动车道路面高度 0.9～3.0 m 之间的范围内，其树冠不能遮挡驾驶员视线。

4.2　城市街道绿地设计

城市街道绿地设计包括行道树种植设计、道路绿地设计、交叉路口种植设计、立体交叉的绿地设计、交通岛绿地设计、停车场绿地设计、林荫路绿地设计和滨河路绿地设计等。

一、 行道树种植设计

1. 行道树的概念　按一定方式种植在道路的两侧，造成浓荫的乔木，称为行道树。

2. 行道树生长环境及树种选择

（1）行道树的生长环境　行道树的生长环境应具备一般的自然条件，如光、温度、空气、风、土壤、水分等；另外，它又有其城市的特殊环境，即行道树所处的环境与城市公园及其他公园绿地不同，有许多不利于植物生长的因素，如建筑物、地上地下管线、人流、交通等人为的因素，因此行道树生长环境条件是一个复杂的综合整体。

（2）行道树的树种选择原则　行道树应选择深根性、分枝点高、具冠大荫浓、生长健壮、适应城市道路环境条件，落果对行人、行车不会造成危害的树种；移植时容易成活，管理省工，对土、肥、水要求不高，耐修剪，病虫害又少的抗性强的树种。此外，还要求树干挺直，绿荫效果好；发芽早，落叶晚，且时间一致；花果无毒，落果少，没有飞絮；树龄长，材质好。在沿海受台风影响的城市或一般城市的风口地段最好选用深根性树种。

3. 行道树种植方法

（1）树带式　在人行道和车行道之间留出一条不加铺装的种植带，为树带式，其设计图如图 4－12 所示。

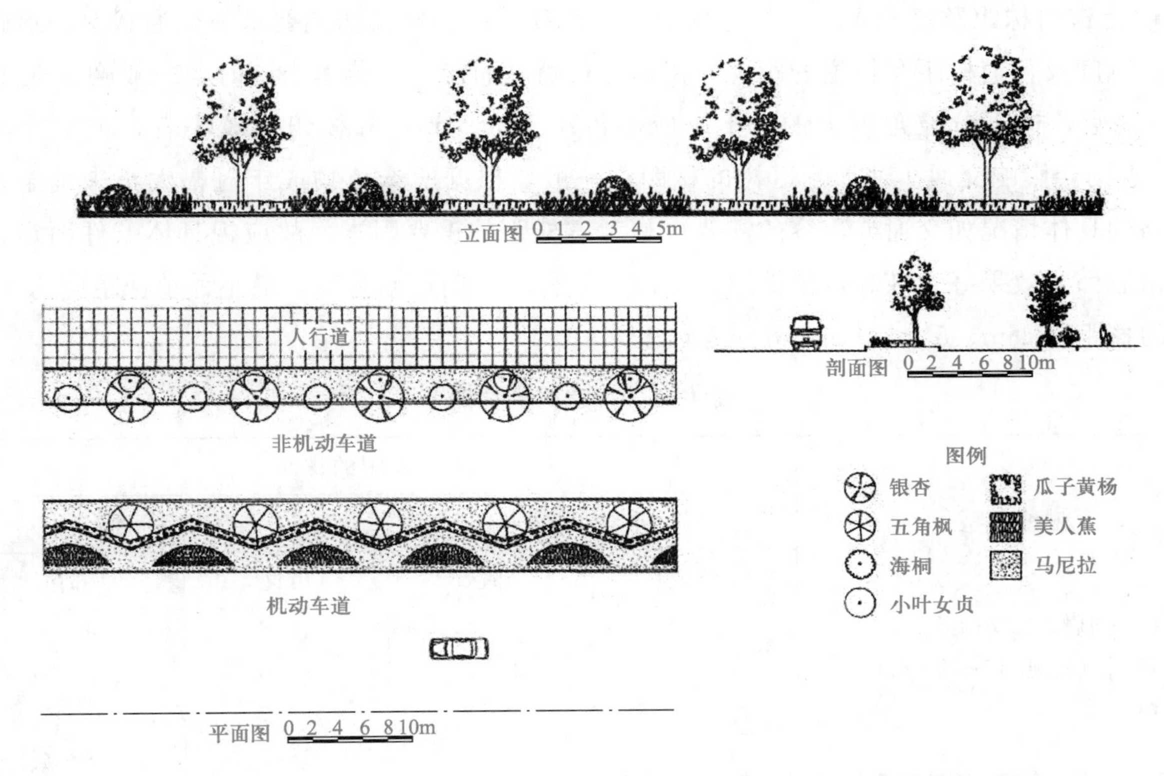

图 4－12　树带式种植

树带式种植带宽度一般不小于1.5 m，以4～6 m为宜，可植一行乔木和绿篱，或视不同宽度可多行乔木和绿篱相结合。一般在交通量少、人流不大的情况下采用这种种植方式，有利于树木生长。在种植带树下铺设草皮，以免裸露的土地影响路面的清洁，同时在适当的距离要留出铺装过道，以便人流通行或汽车停站。

(2) 树池式　在交通量比较大、行人多而人行道又狭窄的街道上，宜采用树池式，如图4-13所示。

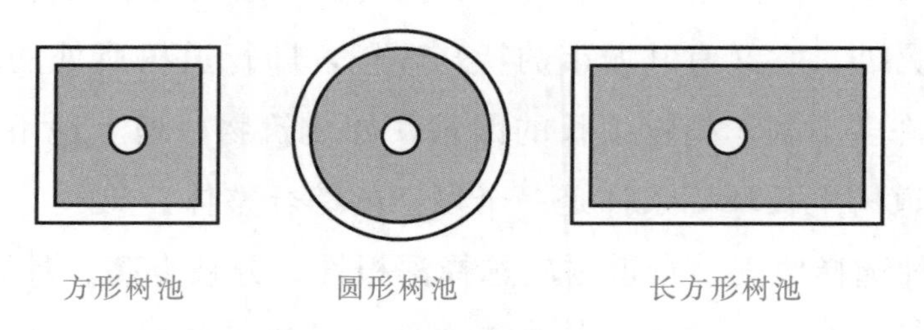

图4-13　常用树池示意图

一般树池以正方形为好，大小以1.5 m×1.5 m较为合适；长方形以1.2 m×2 m为宜；还有圆形树池，其直径不小于1.5 m。行道树宜栽植于几何形的中心。树池的边石有高出人行道10～15 cm的，也有和人行道等高的，前者对树木有保护作用，后者行人走路方便，现多选用后者。在主要街道上还覆盖特制混凝土盖板石或铁花盖板以保护植物，于行人更为有利。

4. 行道树株距及定干高度　行道树的定干高度，应根据其功能要求、交通状况、道路的性质、宽度及行道树距车行道的距离、树木分枝角度而定。当苗木出圃时，一般胸径在12～15 cm为宜，树干分枝角度大的，干高应不得小于3.5 m，分枝角度较小者，也不能小于2 m，否则会影响交通。对于行道树的株距，一般要根据所选植物成年冠幅大小来确定，另外道路的具体情况如交通或市容的需要也是考虑株距的重要因素。故应视具体条件而定，以成年树冠郁闭效果好为准。定植株距，应以其树种壮年期冠幅为准，最小种植株距应为4 m。常用的株距有4 m、5 m、6 m、8 m等（表4-1）。

表4-1　行道树的株距　　单位：m

树种类型	通常采用的株距			
	准备间移		不准备间移	
	市区	郊区	市区	郊区
快长树（冠幅15 m以下）	3～4	2～3	4～6	4～8
中慢长树（冠幅15～20 m）	3～5	3～5	5～10	4～10
慢长树	2.5～3.5	2～3	5～7	3～7
窄冠树	—	—	3～5	3～4

行道树树干中心至路缘石外侧最小距离宜为 0.75 m。行道树的胸径：快长树不得小于 5 cm，慢长树不宜小于 8 cm。在道路交叉口视距三角形范围内，行道树绿带应采用通透式配置。

5. 行道树与工程管线之间的关系 随着城市化进程的加快，各种管线不断增多，包括架空线和地下管网等。这类管线一般多沿道路走向布设，因而易与城市街道绿化产生许多矛盾，故一方面要在城市总体规划中考虑；另一方面又要在详细规划中合理安排，为树木生长创造有利条件。树木与各种管线设施构筑物之间的关系，见表 4-2～表 4-5。

表 4-2 树木与建筑、构筑物的水平间距 单位：m

名 称	最小间距	
	至乔木中心	至灌木中心
有窗建筑物外墙	3.0	1.5
无窗建筑物外墙	2.0	1.5
道路侧面外缘、挡土墙脚、陡坡	1.0	0.5
人行道	0.75	0.5
高 2 m 以下围墙	1.0	0.75
高 2 m 以上围墙	2.0	1.0
天桥、栈桥的柱及架线塔电线杆中心	2.0	不限
冷却池外缘	40.0	不限
冷却塔	高 1.5 倍	不限
体育用场地	3.0	3.0
排水明沟外缘	1.0	0.5
邮筒、路牌、车站标志	1.2	1.2
警亭	3.0	2.0
测量水准点	2.0	1.0
人防地下室入口	2.0	2.0
架空管道	1.0	
一般铁路中心线	3.0	4.0

表 4-3 树木与架空线路的间距 单位：m

架空线名称	树木枝条与架空线的水平距离	树木枝条与架空线的垂直距离
1 kV 以下电力线	1	1
1～20 kV 电力线	3	3
35～140 kV 电力线	4	4
150～220 kV 电力线	5	5
电线明线	2	2
电信架空线	0.5	0.5

表 4-4　一般较大型的各类车辆高度　　单位：m

项目	车类		
	无轨电车	公共汽车	载重汽车
高度	3.15	2.94	2.56
宽度	2.15	2.50	2.65
离地高度	0.36	0.20	0.30

表 4-5　植物与地下管线及地下构筑物的距离　　单位：m

名　称	至中心最小距离	
	乔木	灌木
给水管、闸井	1.5	不限
污水管、雨水管、探井	1.0	不限
电力电缆、探井	1.5	
热力管	2.0	1.0
弱电电缆沟、电力电信线杆	2.0	
路灯电杆	2.0	
消防龙头	1.2	1.2
煤气管、探井	1.5	1.5
乙炔氧气管	2.0	2.0
压缩空气管	2.0	1.0
石油管	1.5	1.0
天然瓦斯管	1.2	1.2
排水盲管	1.0	0.5
人防地下室外缘	1.5	1.0
地下公路外缘	1.5	1.0
地下铁路外缘	1.5	1.0

二、 道路绿带设计

1. 分车绿带的设计

（1）分车绿带概念　在双向车行道的中间或机动车与人力、兽力车道之间设置的加以绿化的隔离地带，在分车绿带上进行绿化，称为分车绿带，也称隔离绿带（图 4-14）。

（2）分车绿带的功能　用绿带将快慢车道分开，或将逆行的车辆分开，以保证快慢车行驶的速度与安全。其有组织交通、分隔上下行车辆的作用。

（3）分车绿带的宽度　依车行道的性质和街道总宽度而定，高速公路分车带的宽度可达 5～20 m，一般也要 2～5 m，但最低宽度也不能小于 1.5 m。乔木树干中心至机动车道路缘

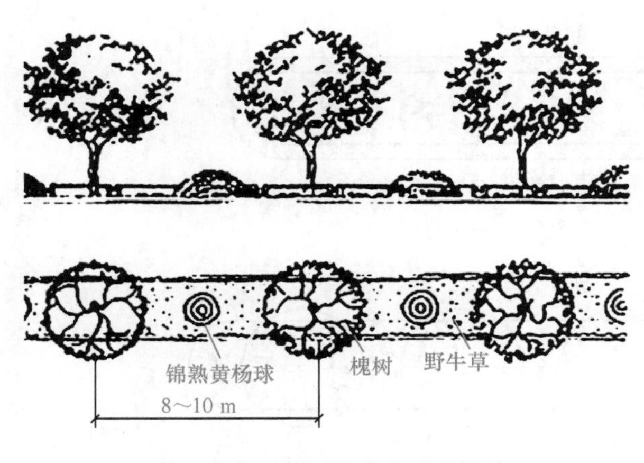

a. 北京三里河路分车绿带设计

b. 南京中山南路分车绿带设计

图 4-14 分车绿带示意图

石外侧距离不宜小于 0.75 m。中间分车绿带应阻挡相向行驶车辆的眩光，在距相邻机动车道路面高度 0.6～1.5 m 的范围内，配置植物的树冠应常年枝叶茂密，其株距不得大于冠幅的 5 倍。两侧分车绿带宽度大于或等于 1.5 m 的，应以种植乔木为主，并宜乔木、灌木、地被植物相结合。其两侧乔木树冠不宜在机动车道上方搭接。分车绿带宽度小于 1.5 m 的，应以种植灌木为主，并应灌木、地被植物相结合。

(4) 分车绿带的种植方式　分车绿带的绿化设计方式有三种，即封闭式、半开敞式、开敞式。

封闭式分车绿带造成以植物封闭道路的环境，在分车绿带上种植单行或双行的丛生灌木或慢生常绿树，当株距小于 5 倍冠幅时，可起到绿色隔墙的作用。在较宽的隔离带种植高低不同的乔木、灌木和绿篱，可形成多种树冠搭配的绿色隔离带，层次和韵律较为丰富（图 4-15a）。

开敞式分车绿带种植草皮、低矮灌木或较大株行距的大乔木，以使环境达到开朗、通透的效果，大乔木的树干应该裸露。另外，为便于行人过街，分车绿带要适当进行分段，一般以 75～100 m 为宜，并应尽可能与人行横道、停车站、大型商店和人流集散比较集中的公共建筑出入口相结合（图 4-15b）。

半开敞式分车绿带介于封闭式和开敞式之间，它可根据车道的宽度、所处环境等因素，利用植物形成局部封闭的半开敞空间（图 4-15c）。

(5) 分车绿带的植物选择　分车绿带以种植草皮与灌木为主，尤其在高速干道上的分车绿带更不应该种植乔木，以使司机不受树影、落叶等的影响，保障高速干道行驶车辆的安全。

(6) 行人横穿分车绿带的处理方式　当行人横穿道路时必然横穿分车绿带，这些地段的绿化设计应根据人行横道线在分车绿带上的不同位置采取相应的处理办法，既要满足行人横穿马路的要求，又不致影响分车绿带的整齐美观。如图 4-16 所示，有三种情况：

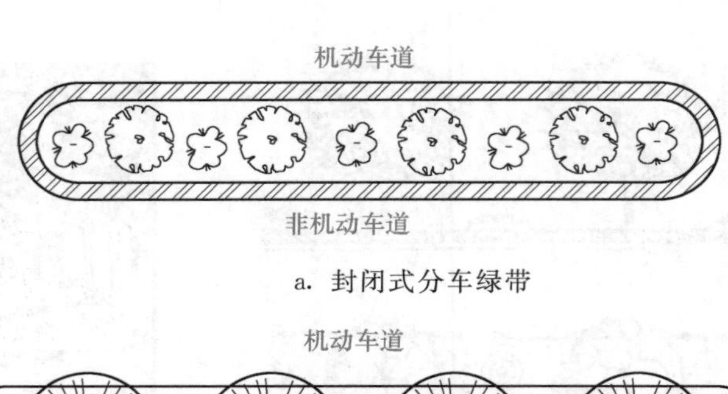

a. 封闭式分车绿带

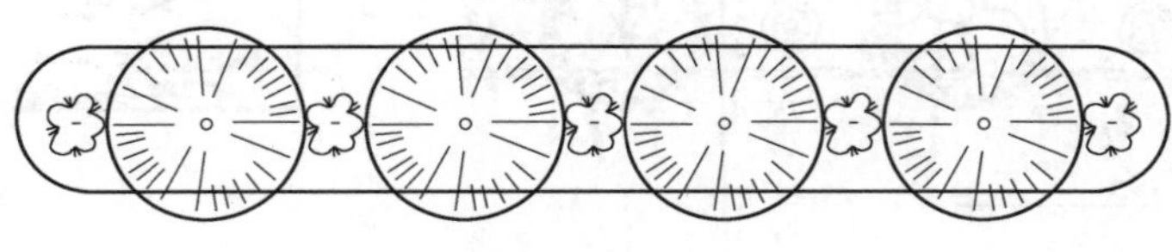

b. 开敞式分车绿带

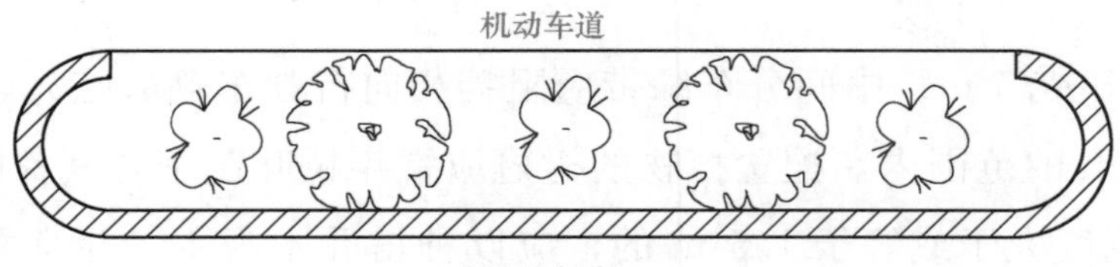

c. 半开敞式分车绿带

图 4-15　分车绿带的绿化设计方式

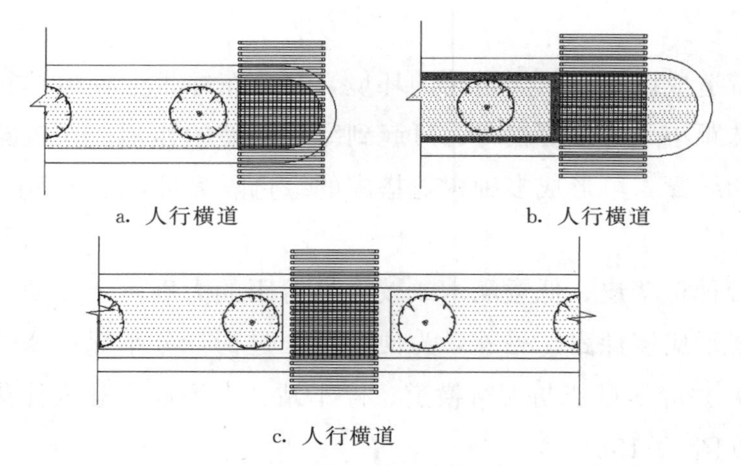

图 4-16　分车绿带与人行横道不同组合形式示意图

① 人行横道线在绿带顶端通过，在人行横道线的位置上铺装混凝土方砖，而不进行绿化。

② 人行横道线在靠近绿带顶端位置通过，在绿带顶端留下一小块绿地，在这一小块绿地上可以种植低矮植物或花卉、草坪。

③ 人行横道线在分车绿带中间某处通过，在行人穿行的地方不能种植绿篱及灌木，可种植落叶乔木。

（7）公共交通车辆的中途停靠站的设置　公共交通车辆的中途停靠站一般都设在靠近快车道的分车绿带上（图 4-17），车站的长度约 30 m。在这个范围内一般不能种灌木、花卉，可种植乔木，以便在夏季为等车乘客提供树荫。当分车绿带宽 5 m 以上时，在不影响乘客候车的情况下，可以种适量草坪、花卉、绿篱和灌木，并设矮栏杆进行保护。

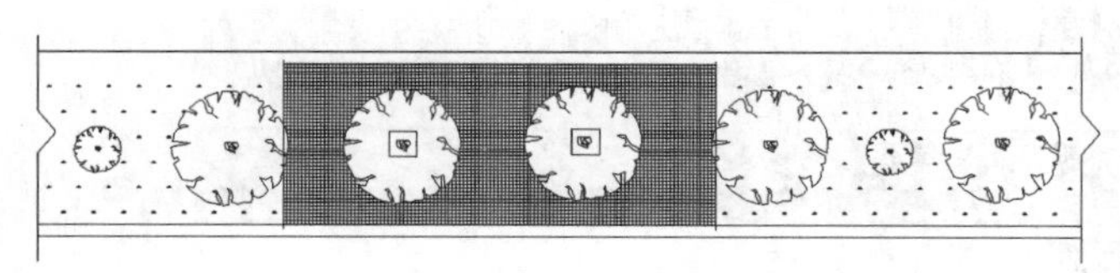

a. 公共汽车停靠站

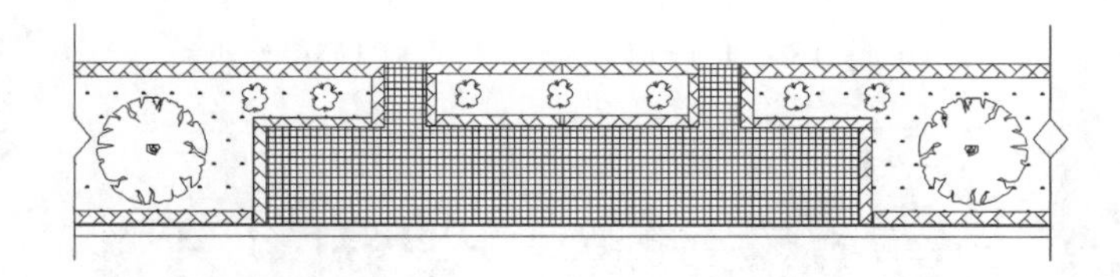

b. 公共汽车停靠站

图 4-17　公共汽车停靠站示意图

2. 人行道绿带设计

（1）人行道绿带的概念　从人行道边缘至建筑红线之间的绿地统称为人行道绿带。

（2）人行道绿带的种植设计

① 行道树绿带种植应以行道树为主，并宜乔木、灌木、地被植物相结合，形成连续的绿带。在行人多的路段，行道树绿带不能连续种植时，行道树之间宜采用透气性路面铺装。树池上宜覆盖池箅子。

② 行道树定植株距，应以其树种壮年期冠幅为准，最小种植株距应为 4 m。行道树树干中心至路缘石外侧最小距离宜为 0.75 m。

③ 种植行道树其苗木的胸径：快长树不得小于 5 cm，慢长树不宜小于 8 cm。

④ 在道路交叉口视距三角形范围内，行道树绿带应采用通透式配置。

（3）人行道绿带是带状狭长的绿地，栽植形式可分为规则式、自然式，以及规则与自然相结合的形式，其中规则式的种植形式目前最为常用，如绿带中间种植乔木，靠车行道一侧种植常绿的绿篱（图 4-18）。也有以常绿树为主的种植方式，在绿地中种植常绿乔木及常绿绿篱，其中还可以夹种一些开花灌木，以形成丰富多变的道路景观。

除上述规则式种植以外，目前还常用自然式种植。所谓自然式种植就是绿带上树木三五成丛、高低错落地布置在车行道两侧，这种种植方式自由灵活，景观效果活泼自然。其种植方式又分带状与块状两种类型（图 4-19）。

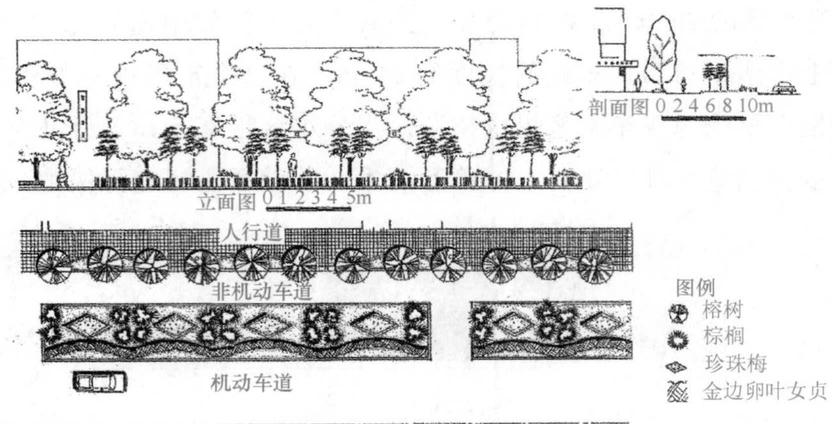

图 4-18 人行道绿地的规则式种植形式

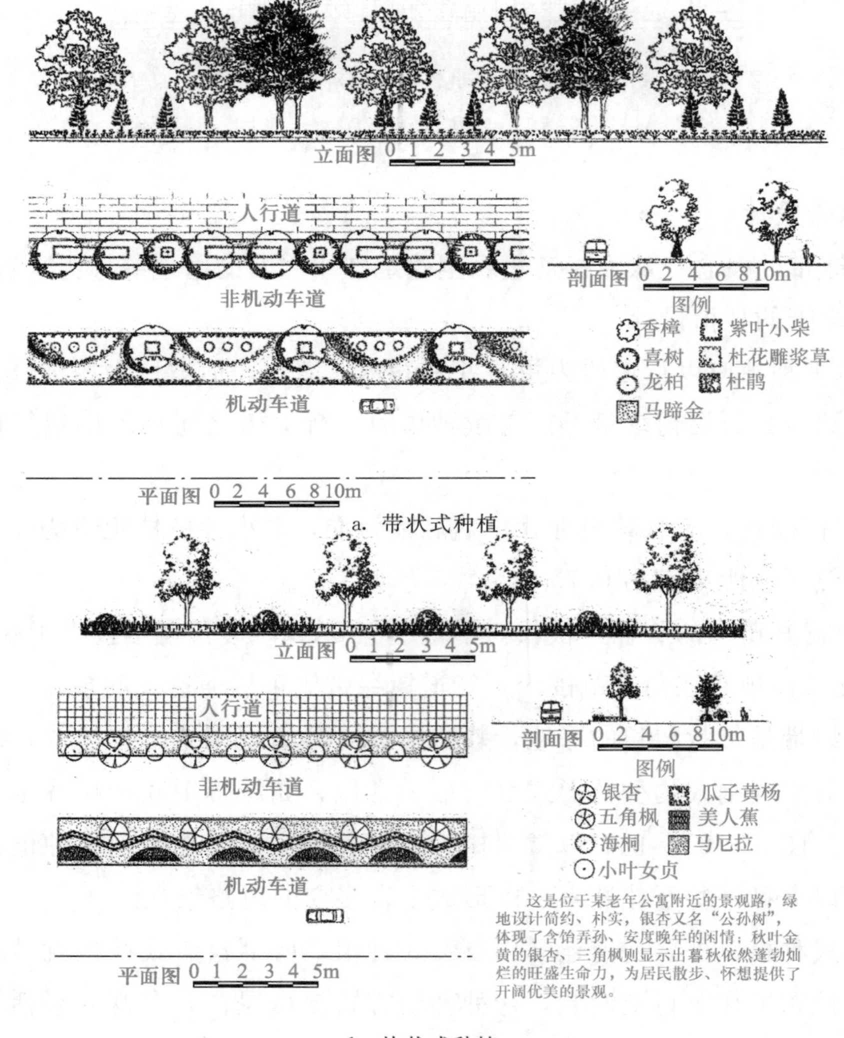

b. 块状式种植

图 4-19 人行道绿地的带状与块状种植形式

3. 路侧绿带设计

（1）路侧绿带应根据相邻用地性质、防护和景观要求进行设计，并应保持在路段内的连续与完整的景观效果。

（2）路侧绿带宽度大于 8 m 时，可设计成开放式绿地。开放式绿地中，绿化用地面积不得小于该段绿带总面积的 70%。路侧绿带与毗邻的其他绿地一起辟为街旁游园时，其设计应符合现行行业标准《公园设计规范》（CJJ 48）的规定。

（3）濒临江、河、湖、海等水体的路侧绿地，应结合水面与岸线地形设计成滨水绿带。滨水绿带的绿化应在道路和水面之间留出透景线。

（4）道路护坡绿化应结合工程措施栽植地被植物或攀缘植物。

三、 交叉路口种植设计

1. 安全视距的概念 为了保证行车安全，在道路交叉口必须为司机留出一定的安全视距，使司机在这段距离能看到对面及左右开来的车辆，并有充分刹车和停车的时间，而不致发生事故。这种从发觉对方汽车立即刹车而能够停车的距离称为安全视距或停车视距，这个视距主要与车速有关。

2. 根据相交道路所选用的停车视距 可在交叉口平面上绘出一个三角形，称为“视距三角形”（图 4-20）。

在视距三角形范围内，不能有阻碍视线的物体，如在此三角形内设置绿地，则植物的高度不得超过小轿车司机的视高，应控制在 0.65～0.7 m 以内，宜选种低矮灌木、丛生花草。

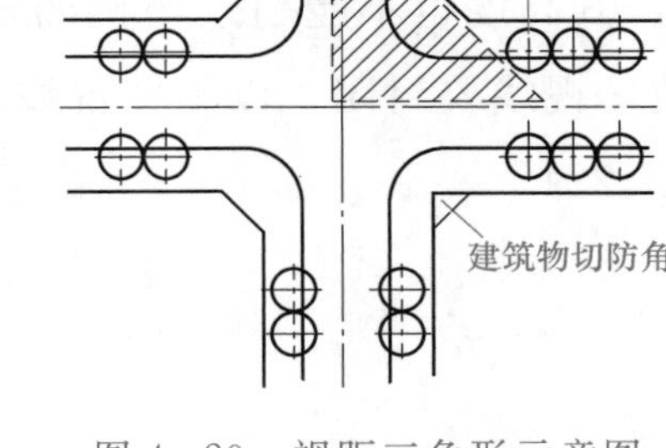

图 4-20　视距三角形示意图

视距的大小，随着道路允许的行驶速度、道路的坡度、路面质量情况而定，一般以 30～35 m 的安全视距为宜。安全视距计算公式为

$$D = a + tv + b$$

$$b = v^2 / 2g\varphi$$

式中：D ——最小视距，m；

v ——规定行车速度，m/s；

b ——刹车距离，m；

g ——重力加速度，9.8 m/s^2；

a ——汽车停车后与危险带的安全距离，m，一般采用 4 m；

t ——驾驶员发现目标必须刹车的时间，s，一般为 1.5 s；

φ ——为汽车轮胎与路面的摩擦系数，结冰情况下采用 0.2，潮湿时 0.5，干燥时 0.7。

四、 立体交叉的绿地设计

1. 立体交叉的概念 立体交叉是指城市两条高等级的道路相交处或高等级跨越低等级道路，也可能是快速道路的入口处，这些交叉形式不同，交通量和地形也不相同，需要灵活地处理。

2. 绿岛的设计要点

（1）绿岛是立体交叉中面积比较大的绿化地段，一般应种植开阔的草坪，草坪上点缀有较高观赏价值的常绿植物和花灌木，也可以为观叶植物组成的模纹色块和宿根花卉。

（2）如果绿岛面积较大，在不影响交通安全的前提下，可以按照街心花园或中心广场的形式进行布置，并设置小品、雕塑、园路、花坛、水池、座椅等设施。

（3）立体交叉的绿岛处在不同高度的主次干道之间，往往有较大的坡度，这对绿化是不利的，可设挡土墙减缓绿地坡度，一般以不超过 5%为宜。

（4）绿岛内还需装设喷灌设施。在进行立体交叉绿化地段的设计时，要充分考虑周围的建筑物、道路、路灯、地下设施和地下各种管线的关系，做到地上、地下合理安排，才能取得较好的绿化效果。

（5）在立体交叉处，绿地布置要服从该处的交通功能，使司机有足够的安全视距。例如，出入口可有作为指示标志的种植，使司机看清入口；在弯道外侧，最好种植成行的乔木，以便诱导司机的行车方向，同时使司机有一种安全的感觉。因此，在立交进出道口和准备会车的地段、在立交匝道内侧道路有平曲线的地段不宜种植遮挡视线的树木（如种植绿篱或灌木），其高度也不能超过司机的视高，使司机能通视前方的车辆。在弯道外侧，植物应连续种植，视线要封闭，以不使视线涣散，并预示道路方向和曲率，有利于行车安全（图 4-21、图 4-22）。

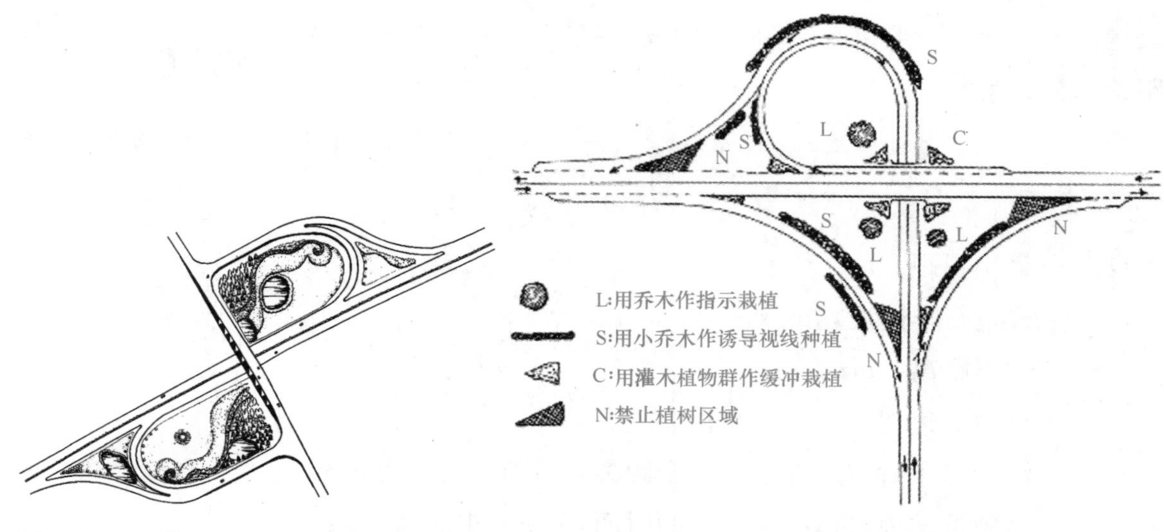

图 4-21 立体交叉绿地设计示意图（一）　图 4-22 立体交叉绿地设计示意图（二）

五、 交通岛绿地设计

1. 中心岛 中心岛俗称转盘，通常设在道路交叉口处（图 4-23），用于组织环形交通，使驶入交叉口的车辆一律绕岛作逆时针单向行驶。一般设计为圆形。中心岛直径的大小必须保证车辆能按照一定的速度以交织方式行驶。圆形中心岛直径一般为 40～60 m，小型城镇的中心岛的直径也不能小于 20 m。

中心岛绿地应保持各路口之间的行车视线通透，不能布置成供行人休息用的小游园、广场或布置引人注目的地面装饰物，而常以嵌花草皮花坛为主或以低矮的常绿灌木组成色块图案或花坛，切忌用常绿小乔木或灌木，以免影响视线。

2. 导向岛 导向岛为引导交通流的异形小岛，多为由直线和圆曲线组合成的三角形（图 4-24）。导向岛各顶端处应做成圆弧状，其半径一般为 0.5～1.0 m；导向岛与车道外侧应保持 0.25～0.5 m 的偏移距。导向岛绿地应配置地被植物以保持视线通透。

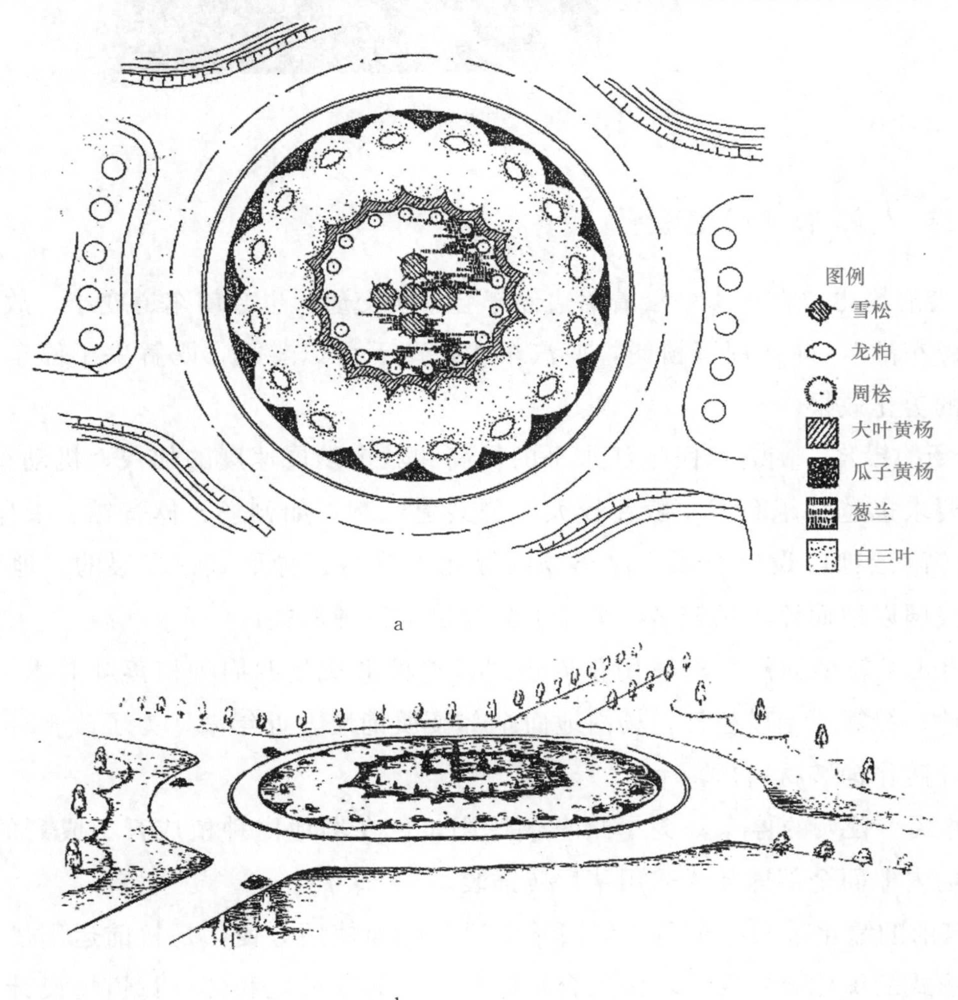

图 4-23　中心岛绿地设计示意图

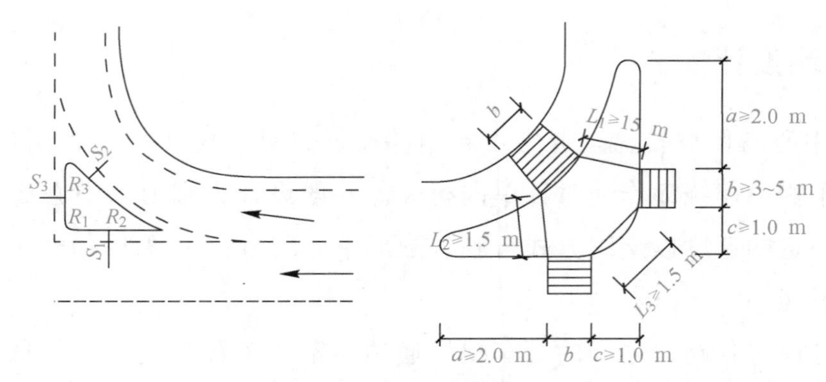

图 4-24 导向岛绿化设计

六、停车港、停车场绿地设计

1. 停车港的绿化 在城市中沿着路边停车会影响交通，也会使车道变小，故可在路边设凹入式的“停车港”，并在周围植树，使汽车在树荫下可以避晒，既解决了停车的要求，又增加了街景的美化效果。

2. 停车场的绿化 随着人民生活水平的提高和城市发展速度的加快，机动车越来越多，对停车场的要求也越来越高。一般在较大的公共建筑物，如剧场、体育馆、展览馆、影院、商场、饭店等附近都应设停车场，停车场的绿化可分为三种形式：多层的、地下的和地面的。目前，我国以地面停车场较多，具体可分为以下三种形式：

（1）周边式　较小的停车场适用于周边式，这种形式是四周种植落叶乔木、常绿乔木、花灌木、草地、绿篱或围以栏杆，场内地面全部硬质铺装。近年来，为了改善环境，停车场纷纷采用草坪砖作铺装材料。

（2）树林式　较大的停车场为了给车辆遮阳，可在场地内种植成行、成列的落叶乔木，除乔木外，场内地面全部铺装或采用草坪砖铺装。

（3）建筑前的绿化带兼停车场　其因靠近建筑物而使用方便，是目前运用最多的停车场形式。这种形式的绿化布置灵活，多结合基础栽植、前庭绿化和部分行道树设计。设计时既要衬托建筑，又要能对车辆起到一定的遮阳和隐蔽作用，故一般种植乔木高绿篱或灌木。

七、 林荫道绿地设计

1. 林荫道的概念 林荫道是指与道路平行并具有一定宽度的带状绿地，也可称为带状的街头休息绿地(图 4-25)。它扩大了群众活动场地，同时增加了城市绿地面积，对改善城市小气候、组织交通、丰富城市街景起着很大作用。

图 4-25 某街头林荫道休息绿地

2. 林荫道布置的几种类型

(1) 设在街道中间的林荫道 即两边为上下行的车行道，中间有一定宽度的绿化带。这种类型较为常见，例如北京正义路林荫道（图 4-26）、上海肇家滨林荫道等，主要供行人和附近居民作暂时休息用。此类型多在交通量不大的情况下采用，出入口不宜过多。

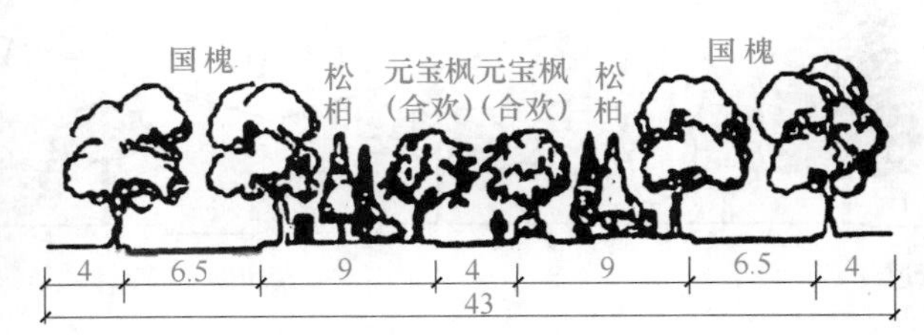

图 4-26 北京正义路林荫道绿地设计示意图（单位：m）

(2) 设在街道一侧的林荫道 由于林荫道设立在道路的一侧，从而减少了行人与车行路的交叉，在交通比较频繁的街道上多采用此种类型。同时，也往往受地形影响，例如当其于山、滨河一侧或有起伏的地形时，可利用借景将山、林、河、湖组织在内，以创造出安静的休息环境和优美的景观效果，例如上海外滩绿地、杭州西湖畔的公园绿地等。

(3) 设在街道两侧的林荫道 设在街道两侧的林荫道与人行道相连，可以使附近居民不用穿过道路就可到达林荫道内，安静且使用方便（图 4-27）。但因此类林荫道占地过大，目前使用较少。

图 4-27　东莞厚街林荫道

3. 花园林荫道设计原则

（1）必须设置游步路。可根据具体情况而定，但至少在林荫道宽 8 m 时有一条游步路；在 8 m 以上时，设 2 条以上为宜。

（2）车行道与林荫道绿带之间，要有浓密的绿篱和高大的乔木组成绿色屏障，一般立面上布置成外高内低的形式（图 4-28）。

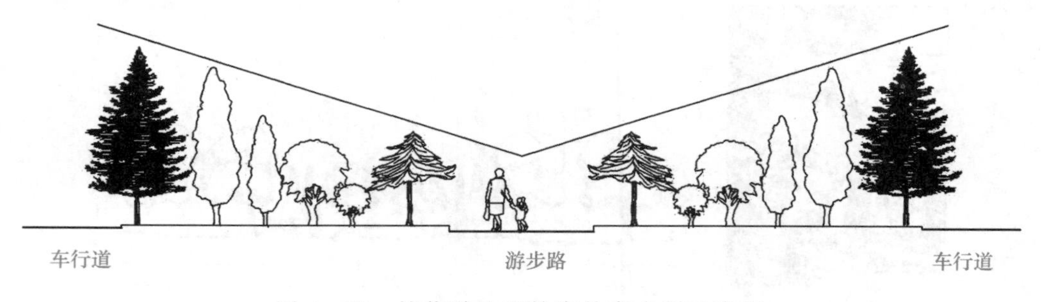

图 4-28　林荫道地面轮廓外高内低示意图

（3）林荫道中除布置游步小路外，还可考虑小型的儿童游戏场、休息座椅、花坛、喷泉、阅报栏、花架等建筑小品。

（4）林荫道可在长 75～100 m 处分段设立出入口，各段布置应具有特色。但在特殊情况下，如大型建筑的入口处，也可设出入口。同时，在林荫道的两端出入口处应使游步路加宽或设小型广场，但分段不宜过多，否则影响内部的安静。

（5）林荫道设计中的植物配置，要以丰富多彩的植物取胜。道路广场面积不宜超过总面积的 25%，乔木应占地面积 30%～40%，灌木占地面积 20%～25%，草坪占 10%～20%，花卉占2%～5%。南方天气炎热，需要更多的蔽荫，故常绿树的占地面积可大些；在北方，则以落叶树占地面积较大为宜。

（6）林荫道的宽度在 8 m 以上时，可考虑采取自然式布置；8 m 以下时，多按规则式布置。

八、 滨河路绿地设计

1. 滨河路的概念 城市中临河、湖、海等水体的道路，由于一面临水，空间开阔，环境优美，再加上进行绿化、美化，故是城市居民休息的良好场地。水体沿岸不同宽度的绿带称为滨河绿地，这些滨河路的绿地往往给城市增添了美丽的景色（彩图 7）。滨河路一侧为城市建筑，另一侧为水体，中间为道路绿化带。

2. 滨河路绿地设计要点

（1）滨河路的绿化一般在临近水面设置游步路，最好能尽量接近水边，因为行人习惯于靠近水边行走。

（2）如有风景点可观时，可适当设计成小广场或凸出水面的平台，以便供游人远眺和摄影。

（3）可根据滨河路地势高低设成平台 1～2 层，以踏步联系，可使游人接近水面，使之有亲切感。

（4）如果滨河水面开阔，能划船或游泳时，可考虑游园或公园的形式，以容纳更多的游人活动。

（5）滨河林荫道内的休息设施可多样化，岸边再设栏杆，并放置座椅，供游人休息。如林荫道较宽时，可布置成自然式，并设草坪、花坛、树丛等，以及安排简单园林小品、雕塑、座椅、园灯等，但要适量。

（6）滨河绿地除采用一般街道绿化树种外，在低湿的河岸或一定时期水位可能上涨的水边，应特别注意选择能适应水湿和耐盐碱的树种。

（7）滨河绿地的绿化布置要保证游人的安静休息和健康安全，在靠近车行道一侧种植应注意能减少噪声，临水一侧不宜过于闭塞。林冠线要富于变化，乔木、灌木、草坪、花卉结合配置，以丰富景观，还要兼顾防浪、固堤、护坡等的功能。

九、 步行商业街绿地设计

1. 步行商业街绿地概念 在市中心地区的重要公共建筑、商业与文化生活服务设施集中的地段，设置专供人行而禁止一切车辆通行的道路称为步行街道，如北京的王府井大街、上海的南京路、广州的北京路。步行商业街绿地是指位于步行街道内的所有绿化地段。

2. 步行商业街绿地设计要点

（1）步行街的设计在空间尺度和环境气氛上要亲切、和谐，人们在这里可感受到自我，从而在心理上得到较好的休息和放松。

（2）绿地种植要精心规划设计，并与环境、建筑协调一致，使功能性和艺术性很好地结合起来，以呈现出较好的景观效果。

（3）综合考虑周围环境，进行合理的植物选择，要特别注意植物形态、色彩，要和街道环境相结合，树形要整齐，乔木要冠大荫浓、挺拔雄伟；花灌木要无刺、无异味，花艳、花期长。特别需考虑遮阳与日照的要求，在休息空间应采用高大的落叶乔木，夏季茂盛的树冠可遮阳，冬季树叶脱落，又有充足的光照，以便为顾客提供不同季节舒适的环境。地区不同，绿化布置上也有所区别，如在夏季时间长、气温较高的地区，绿化布置时可多用冷色调植物；而在北方则可多用暖色调植物布置，以改善人们的心理感受。

（4）在街心应适当布置花坛、雕塑，以增添步行街的识别性和景观特色。此外，步行街还可铺设装饰性花纹地面，以增加街景的趣味性。

（5）考虑服务设施和休息设施的设置，由于步行商业街绿地的使用者均是以步行游览为主，对体力的消耗比较大，因此应考虑设置合理的服务设施和休息设施，例如设置供群众休息用的座椅、凉亭等。

（6）步行商业街绿地的特点：步行商业街是位于市中心地区的重要公共建筑，多在商业与文化生活服务设施集中的地段，也就是说它的位置一般在城市最繁华的街道，而一般情况下这些街道周围均以现代化的高层建筑为主，所以在绿地景观设计时，应注意使绿地景观与周围环境相协调。同时，它又是一条专供人行走而禁止一切车辆通行的道路，因此步行商业街绿地的使用者均是以步行游览为主，速度较慢，故景观设计应较为细腻。

4.3 公路、铁路绿化设计

一、 公路绿化

（1）公路绿化的目的在于美化道路，防风、防尘，并满足行人及车辆的遮阳要求。公路绿化的有利条件在于其地下管线设施简单，人为影响因素较少。

（2）公路绿化要根据公路的等级、路面的宽度来决定绿化带的宽度及树木的种植位置，如图 4－29 所示。

① 路面的宽度在 9 m 或 9 m 以下时，公路植树不宜种在路肩上，要种在边沟以外，距边缘 0.5 m 处为宜（图 4－30）。

② 路面的宽度在 9 m 以上时，可种在路肩上，距边沟内径以不小于 0.5 m 为宜，以免树木继续生长，地下部分破坏路基（图 4－31）。

（3）公路交叉口应留出足够的视距，在遇到桥梁、涵洞等构筑物时，5 m 以内不得种树。

（4）公路线较长时，应在 2～3 km 处变换树种，以避免绿化单调，从而增加景色变化，保证行车安全，并避免病虫害蔓延。

（5）选择公路绿化树种时要注意乔、灌结合，常绿、落叶结合，速生、慢生结合，还应

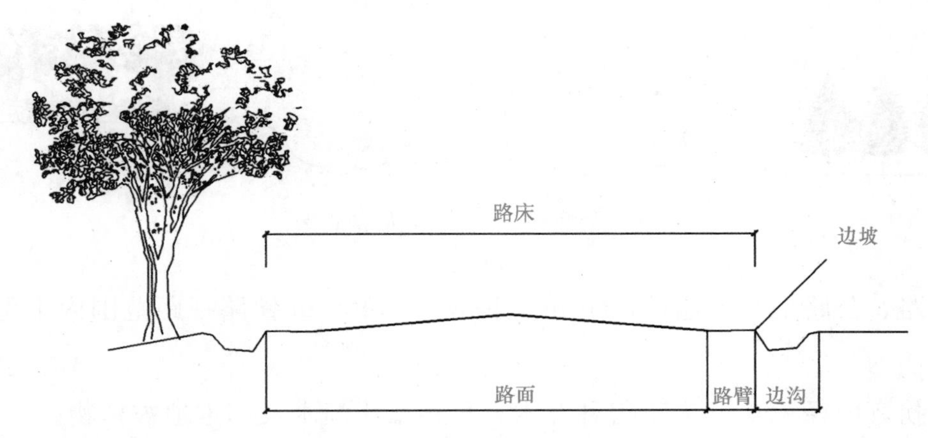

图 4-29　公路断面结构示意图

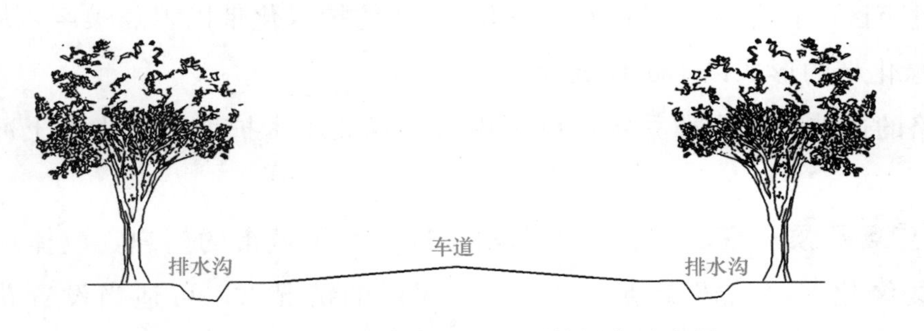

图 4-30　公路路宽 9 m 以下的绿化示意图

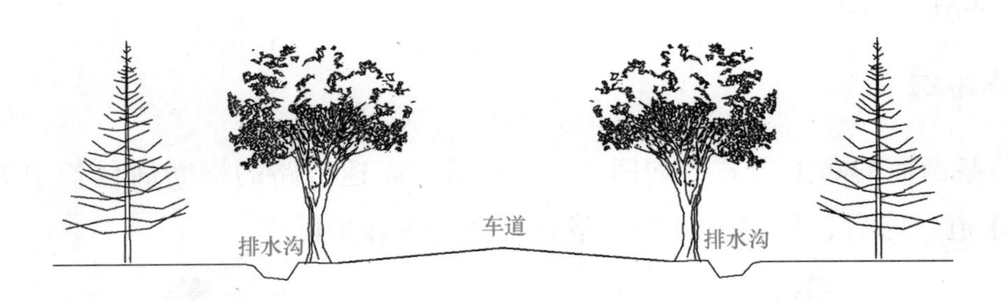

图 4-31　公路路宽 9 m 以上的绿化示意图

多采用地方乡土树种。

(6) 公路绿化应尽可能结合生产或与农田防护林带结合，做到一林多用，节省用地。

二、 铁路绿化

1. 铁路绿化的目的　其作用是保护铁轨枕木少受风、沙、雨、雷的侵袭，还可保护路基。在保证火车行驶安全的前提下，在铁路两侧进行合理的绿化，还可形成优美的景观效果(图 4-32)。

2. 铁路绿化的要求

(1) 种植乔木应距铁轨 10 m 以上，在 6 m 以上时可种植灌木。

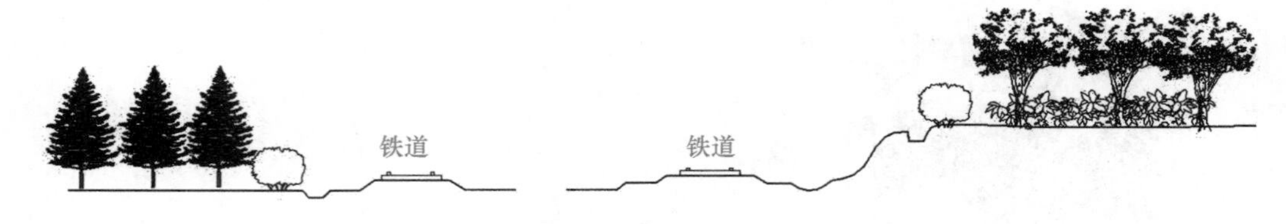

图 4-32　铁路绿化断面示意图

（2）在铁路、公路平交的地方，50 m 公路视距、400 m 铁路视距范围内不得种植阻挡视线的乔灌木。

（3）铁路拐弯内径 150 m 内不得种乔木，可种植小灌木及草本地被植物。

（4）在距机车信号灯 1 200 m 内不得种乔木，可种小灌木及地被。

（5）在通过市区的铁路两边应各有 30～50 m 的防护绿化带以阻隔噪声，从而减少噪声对居民的干扰。绿化带的形式以不透风式为好。

（6）在铁路的边坡上不能种乔木，可采用草本或矮灌木护坡，防止水土冲刷，以保证行车安全。

3. 火车站广场及候车室的绿化　火车站是进出一个城市的门户，应体现一个城市的特点，火车站广场绿化在不妨碍交通运输、人流集散的情况下，可适当设置花坛、水池、喷泉、雕像、座椅等设施，并种植庭荫树及其他观赏植物，这样既改善了城市的形象，增添了景观，又可供旅客短时休息观赏。

三、　高速公路绿化

1. 高速公路断面的布置形式　如图 4-33 所示，高速公路的横断面包括中央隔离带（分车绿带）、行车道、路肩、护栏、边坡、路旁安全地带和护网。

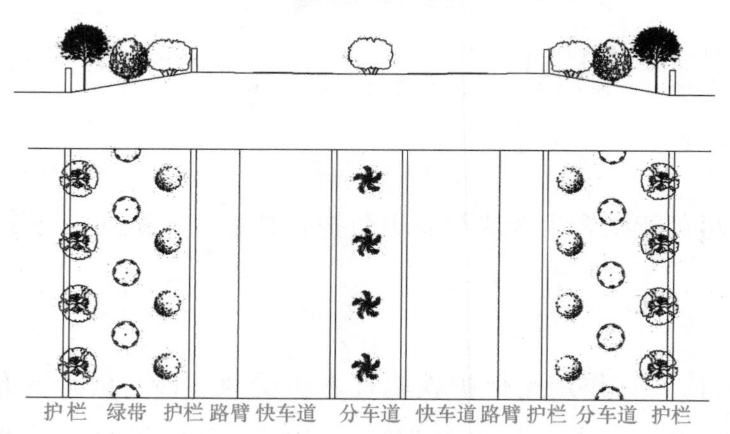

图 4-33　高速公路断面示意及平面布置图

2. 高速公路绿地种植设计要点

（1）遮光种植（也称防眩种植）　因车辆在夜间行驶常由对方灯光引起眩光，在高速道路上由于对方车辆行驶速度高，这种眩光往往容易引起司机操纵上的困难，影响行车安全。因而遮光种植的间距、高度与司机视线高和前大灯的照射角度有关，树高应根据司机视线高决定，从小轿车的要求看，树高需在 150 cm 以上；大轿车需 200 cm 以上，但过高则会影响视界，同时也不够开敞。

（2）建筑物要远离高速公路，并用较宽的绿带隔开。绿带上不可种植乔木，以免司机被晃眼而出事故。高速公路行车，一般不考虑遮阳的要求。

（3）高速公路中央隔离带的宽度最少 4 m，日本以 4～4.5 m 为多，欧洲大多采用 4～5 m 宽，美国为 10～12 m，有些受条件限制，为了节约土地也有采用 3 m 宽的。隔离带内可种植花灌木、草皮、绿篱、矮性整形的常绿树，以形成间接、有序和明快的配置效果。隔离带的种植要因地制宜，作分段变化处理，以丰富路景和有利于消除视觉疲劳。由于隔离带较窄，为安全起见，往往需要增设防护栏。对于较宽的隔离带，也可以种植一些自然的树丛。

（4）当高速公路穿越市区时，为了防止车辆产生的噪声和排放的废气对城市环境的污染，在干道的两侧要留出 20～30 m 的安全防护地带。美国有 45～100 m 宽的防护带，均种植草坪和宿根花卉，然后为灌木、乔木，其林型由低到高，既起防护作用，也不妨碍行车视线。

（5）为了保证安全，高速公路不允许行人与非机动车穿行，所以隔离带内需考虑安装喷灌或滴灌设施，并采用自动或遥控装置。路肩是发生故障时停车用的，一般 3.5 m 以上，不能种植树木。边坡及路旁安全地带可种植树木、花卉和绿篱，但要注意大乔木应距路面有足够的距离，不可使树影投射到车道上。

（6）对高速公路的平面线型有一定要求，一般直线距离不应大于 24 km，在直线下坡拐弯的路段应在外侧种植树木，以增加司机的安全感，并可引导视线。

（7）当高速公路通过市中心时，应建立交设施，使其与车行、人行严格分开。绿化时不宜种植乔木。

（8）高速公路超过 100 km，需设休息站，一般 50 km 左右设一休息站，供司机和乘客停车休息。休息站还包括减速车道、加速车道、停车场、加油站、汽车修理房、食堂、小卖部、厕所等服务设施，而且结合这些设施进行绿化。停车场应布置成绿化停车场，种植具有浓荫的乔木，以防止车辆受到强光照射，场内可根据不同车辆停放地点，用花坛或树坛进行分隔。

（9）高速公路的边坡绿化在保持水土、恢复自然、改善沿路景观等方面作用显著，设计时必须因地制宜，可推行挂网植草、液压喷播、土工格网、喷混植生，以及乔灌草、乔灌藤、多草种配置等坡面快速绿化新技术。

实　训

园林景观路绿化设计

一、实训目的

掌握城市街道绿地设计的原则与方法。

二、实训内容

设计一条 100 m 宽的园林景观路（路名自定），包含三个交叉路口、一处街头休息绿地。

三、实训时间安排

4～6 学时，各学校根据本校学时自行安排。

四、实训要求

1. 绘制出设计总平面图。
2. 绘制出导向岛绿化设计平面图、效果图。
3. 绘制出立交桥绿化设计平面图、效果图。
4. 绘制出中心岛绿化设计平面图、效果图。
5. 绘制出休息绿地绿化设计平面图、效果图。

五、学生实训习作（图 4-34～图 4-37，彩图 8）

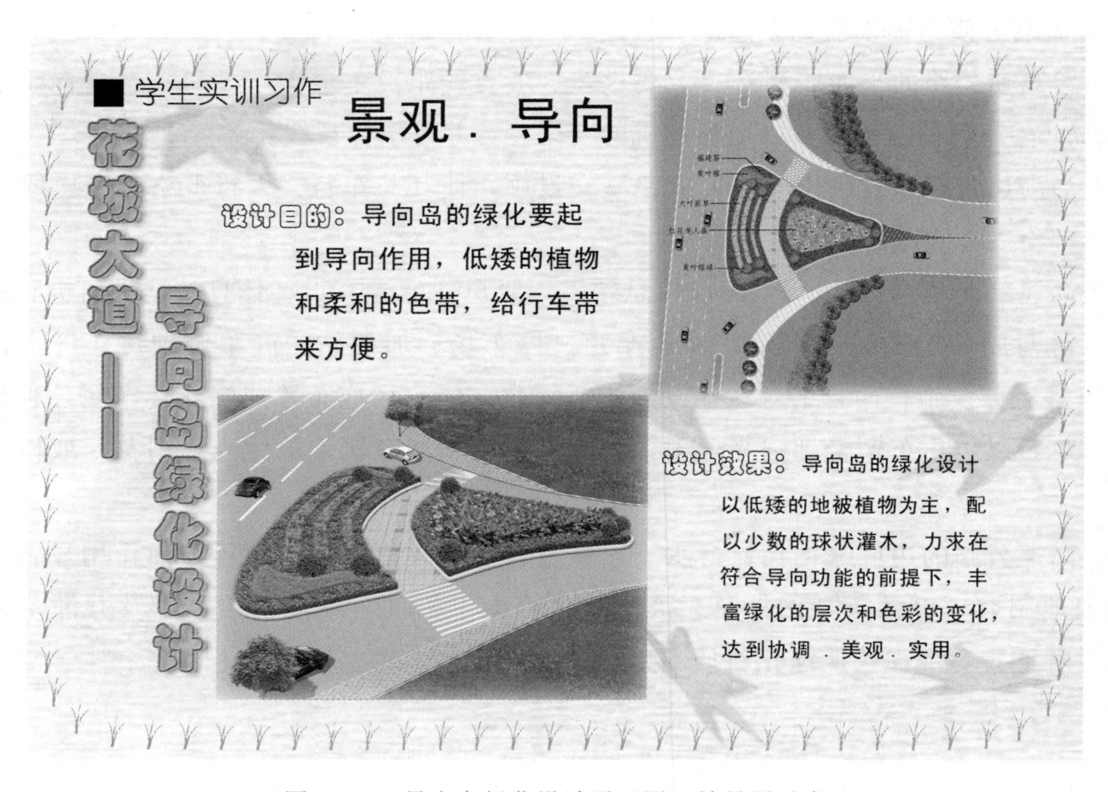

图 4-34　导向岛绿化设计平面图、效果图示意

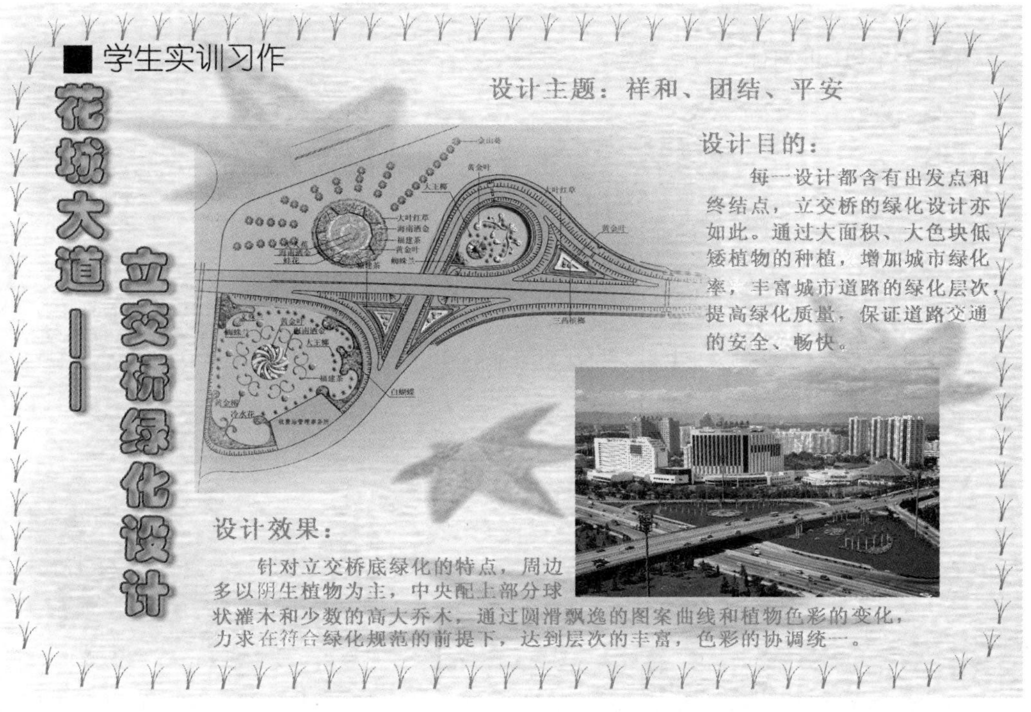

图 4-35　立交桥绿化设计平面图、效果图示意

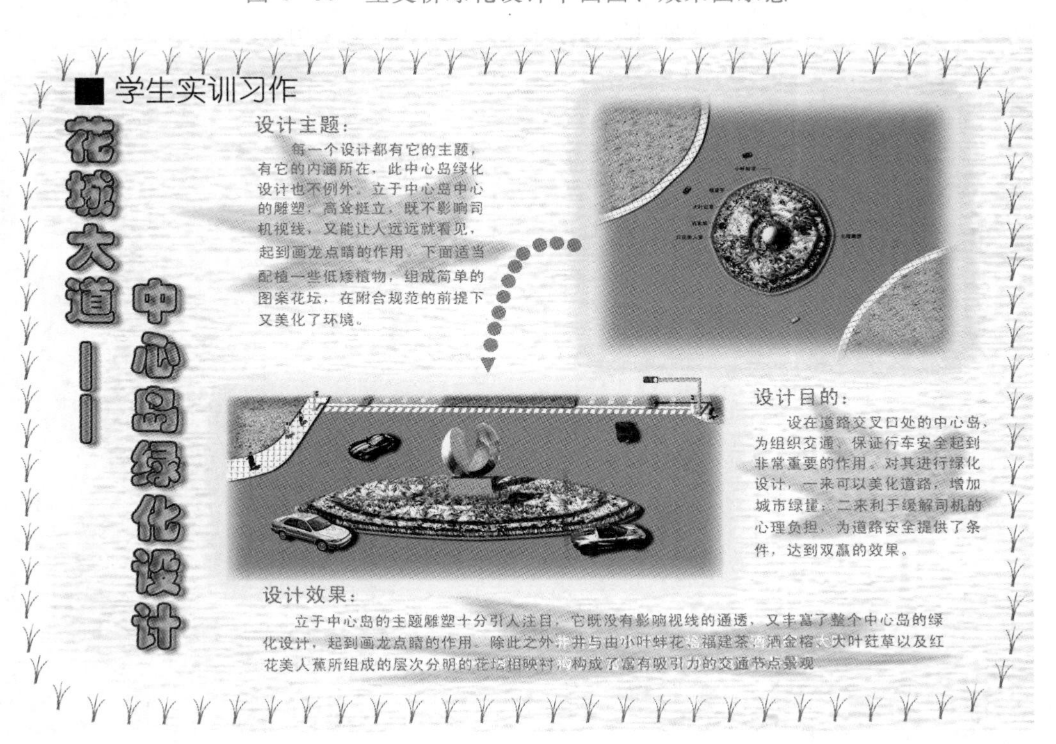

图 4-36　中心岛绿化设计平面图、效果图示意

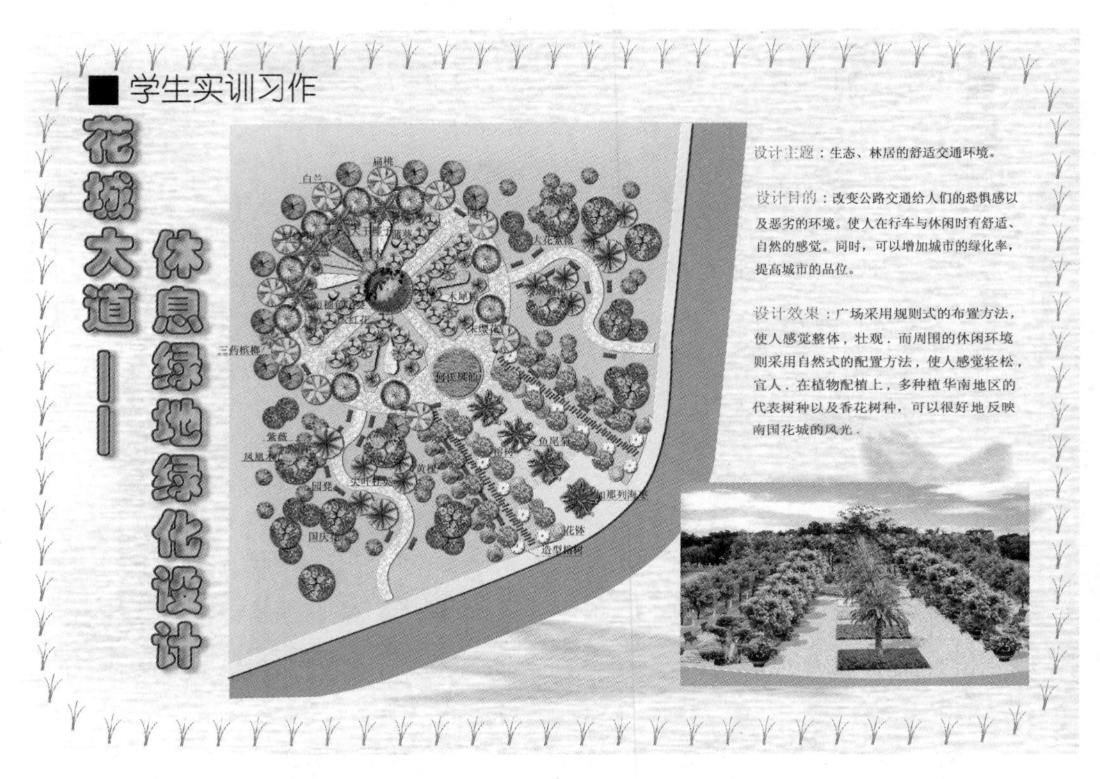

图4-37　休息绿地绿化设计平面图、效果图示意

第5章 居住区绿地设计

本章知识点

1. 居住区绿地的分类和作用。
2. 居住区绿地的设计要点。
3. 居住区中各类绿地的设计。

本章学习目标

掌握居住区中各类绿地的设计要点。

居住区作为人居环境最直接的空间，它是一个相对独立于城市的“生态系统”，为人们提供休息的场所，因而在很大程度上影响着人们的生活质量。现代居住区的建设，应本着为人们提供“人性关怀”的环境之目的，在不同的居住概念、居住模式和居住环境设计上，进行多方面的尝试和探索。居住区绿地在城市园林绿地系统中分布最广，是普遍绿化的重要方面，是城市生态系统中重要的一环。

据科学家计算，一个城市中居住和生活用地约占50%左右，居住区绿地的规划面积应占总用地面积的30%左右，平均每人5～8 m^2，绿化覆盖率达到50%以上才能充分发挥其效益。我国规定居住区绿地的规划面积至少应占总用地面积的30%。

5.1 居住区绿地设计的基本知识

一、居住区概述

1. 居住区的概念 居住区从广义上讲就是人类聚居的区域，狭义上说是指由城市主要道路所包围的独立的生活居住地段。一般在居住区内应设置比较完善的日常性和经常性的生活服务设施，以满足人们基本物质和文化生活的需求。

2. 居住区用地的组成　居住区用地按功能要求，由下列四类用地组成：

（1）居住区建筑用地　住宅的基底占有的土地和住宅前后左右必要留出的空地，包括通向住宅入口的小路、宅旁绿地、家庭院落用地等。它一般要占整个居住区用地的50%左右，是居住区用地中占有比例最大的用地。

（2）公共建筑和公共设施用地　是指居住区中各类公共建筑和公用设施建筑物基底占有的用地及周围的专用土地。

（3）道路及广场用地　以城市道路红线为界，在居住区范围内不属于以上两项的道路、广场、停车场等。

（4）居住区绿地　包括居住区公共绿地（居住区公园、小游园、组团绿地等）、单位附属绿地（亦称公建设施绿地）、宅旁绿地及道路绿地等。

此外，还有在居住区范围内但又不属于居住区的其他用地，如大范围的公共建筑与设施用地、居住区公共用地、单位用地及不适宜建筑的用地等。

3. 居住区的组织结构模式　居住区规划结构受城市规模、自然条件、公共服务设施服务半径和道路系统的影响。居住区常用的组织结构模式是：由若干居住生活单元构成居住小区，再由若干居住小区构成居住区。

居住区的规模应与服务半径、合理规模、管理体制、道路系统和自然条件因素相适应，以5万～6万人为宜，小的居住区约3万人。

二、居住区绿地的作用

居住区绿地的特殊之处在于与人的关系最密切，其服务对象最广泛（各类人都在其中生活），服务时间最长。

1996年在土耳其历史文化名城伊斯坦布尔召开的第二次联合国人类居住区会议（简称“人居二”），探讨了两个具有跨世纪意义的世界性重要主题，即“人人有适当住房”和“城市化世界中的可持续人类居住区发展”，使世界各国对人居环境的问题更加重视，并进一步认识到“人人有适当住房”已经不是简单地解决住的问题，而是必须满足居民行为、心理需求，创造舒适、方便、清净、安全、优美的人居环境。

市场经济带来房地产业的大发展，随着人们购房心态的理智和成熟，对住宅的需求已逐渐从“居者有其屋”的普通住宅转向了“居者优其屋”的有益身心健康的绿色住宅。而发展商因商品房竞争的需要，居住小区的开发也就主动或被动地把环境设计提到一定的高度，并打着“环境”“生态”的招牌大肆进行广告宣传，如重庆市龙湖花园住宅小区重视环境景观的规划，绿地率较高，为入住小区的人们创造了一个舒适宜人的环境，使住宅区成为名副其实的花园，从而备受人们欢迎；又如广州市天誉花园打出“地铁开通，花园开放——正对10万平方米绿化广场，直驳天河地铁总站出入口”的售楼广告，一时引来买者如云。

居住区绿地的作用体现在以下几个方面（彩图 12）：

1. 营造绿色空间 居住区中较高的绿地标准以及对屋顶、阳台、墙体、架空层等闲置或零星空间的绿化应用，为居民多接近自然的绿化环境创造了条件。同时，绿化所用的植物材料本身就具有多种功能，它能改善居住区内的小环境，净化空气，减缓西晒，对居民的生活和身心健康都起着很大的促进作用。

2. 塑造景观空间 进入 21 世纪，人们对居住区绿化环境的要求，已不仅仅是多栽几排树、多植几片草等单纯“量”方面的增加，而且在“质”方面也提出了更高的要求，做到“因园定性，因园定位，因园定象”，使入住者产生家园的归属感。绿化环境所塑造的景观空间具有共生、共存、共荣、共乐、共雅等基本特征，它不仅有利于城市整体景观空间的创造，而且极大地提高了居民的生活质量和生活品位。另外，良好的绿化环境景观空间还有助于保持住宅的长远效益，增加房地产开发企业的经济回报，提高市场竞争力。

3. 创造交往空间 社会交往是人的心理需求的重要组成部分，是人类的精神需求。通过社会交往，使人的身心得到健康发展，这对于今天处于信息时代的人们而言显得尤为重要。居住区绿地是居民社会交往的重要场所，通过各种绿化空间以及适当设施的塑造，为居民的社会交往创造了便利条件。同时，居住区绿地所提供的设施和场所，还能满足居民休闲时间对于室外体育、娱乐、游憩活动的需要，从而得到“运动就在家门口”的生活享受。如广州市金道苑、同德花园等居住区均在绿地中开辟了长 200 m、设置 10 个运动项目的“健身路径”，每个项目还设有一个指示牌，当中标明运动名称、主要功能、锻炼方法和评分标准，居民只需要用 15～30 min完成这 10 个运动项目，就能使身体的各部分器官和各项身体机能得到锻炼，并在路径终端的指示牌上标明不同年龄人士运动后的适宜心率和总评分表，居民可对自身的体能、体质作出评价，并对运动负荷进行自我监控。

5.2 居住区绿地的设计规范

一、 居住区绿地规划原则

（1）居住用地内的各种绿地应在居住区规划中按照有关规定进行配套，并在居住区详细规划指导下进行规划设计。居住区规划确定的绿化用地应当作为永久性绿地进行建设，必须满足居住区绿地功能，布局合理，方便居民使用。

（2）小区以上规模的居住用地应当首先进行绿地总体规划，确定居住用地内不同绿地的功能和使用性质，划分开放式绿地各种功能区，确定开放式绿地出入口位置等，并协调相关的各种市政设施，如用地内小区道路，各种管线，地上、地下设施及其出入口位置等，进行植物规划和竖向规划。

（3）居住区开放式绿地应设置在小区游园、组团绿地中，可安排儿童游戏场、老人活动区、健身场地等。如居住区规划未设置小区游园，或小区游园、组团绿地的规模满足不了居民使用时，可在具有开放条件的宅间绿地内设置开放式绿地。

（4）组团绿地的面积一般在 1 000 m^2 以上，宜设置在小区中央，最多有两边与小区主要干道相接。

（5）宅间绿地及建筑基础绿地一般应按封闭式绿地进行设计。宅间绿地宽度应在 20 m 以上。

（6）居住区绿地应以植物造景为主。必须根据居住区内外的环境特征、立地条件，结合景观规划、防护功能等，按照适地适树的原则进行植物规划，强调植物分布的地域性和地方特色。

二、 居住区绿地设计的一般要求

（1）在居住区绿地总体规划的指导下，进行开放式绿地或封闭式绿地的设计。绿地设计的内容包括：绿地布局形式、功能分区、景观分析、竖向设计、地形处理、绿地内各类设施的布局和定位、种植设计等，提出种植土壤的改良方案，处理好地上和地下市政设施的关系等。

（2）居住区内如以高层住宅楼为主，则绿地设计应考虑鸟瞰效果。

（3）居住区绿地种植设计应按照以下要求进行：

① 充分保护和利用绿地内现有树木。

② 因地制宜，采取以植物群落为主，乔木、灌木和草坪地被植物相结合的多种植物配置形式。

③ 选择寿命较长、病虫害少、无针刺、无落果、无飞絮、无毒、无花粉污染的植物种类。

④ 合理确定快、慢长树的比例。慢长树所占比例一般不少于树木总量的 40%。

⑤ 合理确定常绿植物和落叶植物的种植比例。其中，常绿乔木与落叶乔木种植数量的比例应控制在 2∶1～3∶1 之间（南方）、1∶3～1∶4 之间（北方）。

⑥ 在绿地中乔木、灌木的种植面积比例一般应控制在 70%，非林下草坪、地被植物种植面积比例宜控制在 30%左右。

（4）根据不同绿地的条件和景观要求，在以植物造景为主的前提下，可设置适当的园林小品，但不宜过分追求豪华性和怪异性。

（5）绿化用地栽植土壤条件应符合《公园设计规范》（CJJ 48—92）的有关规定。

（6）居住区绿地内的灌溉系统应采用节水灌溉技术，如喷灌或滴灌系统，也可安装上水接口灌溉。喷灌设计应符合《喷灌工程技术规范》(GB/T 50085—2007)的规定。

(7) 绿地范围内一般按地表径流的方式进行排水设计，雨水一般不宜排入市政雨水管线，提倡雨水回收利用。雨水的利用可采取设置集水设施的方式，如设置地下渗水井等收集雨水并渗入地下。

(8) 绿地内乔木、灌木的种植位置与建筑及各类地上或地下市政设施的关系，应符合国家有关规定：乔木与地下管线的距离是指乔木树干基部的外缘与管线外缘的净距离。灌木或绿篱与地下管线的距离是指地表处分蘖枝干中最外的枝干基部的外缘与管线外缘的净距离。

(9) 落叶乔木栽植位置应距离住宅建筑有窗立面 5.0 m 以外，满足住宅建筑对通风、采光的要求。

(10) 居住区绿地内绿化用地应全部用绿色植物覆盖，建筑物的墙体可布置垂直绿化。居住区绿化苗木的规格和质量均应符合国家或当地苗木质量标准的规定，同时应符合下列要求：

① 落叶乔木干径应不小于 8 cm。

② 常绿乔木高度应不小于 3.0 m。

③ 灌木类不小于三年生。

④ 宿根花卉不小于二年生。

5.3 居住区绿地的设计要点

居住环境不应该是由硬质景观堆砌出的磅礴气势，或者是由抽象构图形成的视觉冲击，而是应该处处以人为本，为居民着想，根据人的尺度营造亲切的生态空间和人性空间。

一、地形起伏，景观控制正负零

在小区内部结合地势，创造地形，最容易形成自然休闲的气氛。目前的居住小区，由于建造的朝向要求及密度要求，围合出来的空间大小雷同，形态相似，缺乏变化。地形的塑造，可以使原来枯燥乏味的矩形空间起伏连绵，富于生气，进而营造出大大小小的人性空间。其间以散步小径婉转相接，平添情趣。然而，社区环境中高墙林立，横断竖截，地形的营造只是在大墙的裂缝中挣扎填充，山无连亘，水难跌宕，壅塞生硬，何来一气呵成？这里的关键就在于建筑的基底（首层）标高的设定，居住小区所有建筑的正负零标高，都应该按照整体地形塑造的原则而设定，建筑群落随着地形的起伏而起伏，从而使山绵延而起落有章，水深远而跌落有致。如图 5-1 及图 5-2 所示。

图 5-1　建筑群落的标高随整体地形之起伏而定

图 5-2　建筑群落随地形之起伏而起伏

二、 步道宜窄， 线形婉转曲胜直

近些年在城市规划与建设中，刮起一股流行风，到处出现笔直的“景观”大道、“世纪”大道、“香榭里”大道。有的步行道宽至几十米，长数公里但空而无物；很多大道不仅尺度严重失控，缺乏细部的推敲处理，而且其间充斥着硬质广场、巨型雕塑、半年也不喷水的喷泉，还有毫无遮阳效果的色带植物。这种简单追求壮观视觉效果的肤浅做法，既劳民伤财，又缺乏实用性。可怕的是这一类市政设计的手法，目前在居住区绿地的规划设计中也大行其道。这种昂贵的宣泄，现在还被一些开发商和设计师视作高档的标志，几年以后也许还要再花大价钱重新修正。

居住区的游步道设计应以居民的舒适度为重要指标，当曲则曲，当窄则窄，不可一味追求构图，放直放宽。在满足功能的前提下，应曲多于直，宜窄不宜宽。当然，步道设计也不可一味言窄，应力图做到有收有放，树影相荫，因坡而隐，遇水而现，以创造休闲的气氛。如图 5-3、图 5-4 所示。

图 5-3　休闲步道效果图

图 5-4　休闲步道实景图片

三、 广场宜小， 隐形外延贵绿荫

居住区的广场称为休闲地更为适合，一般与中心花园相结合。这一类场地的功能主要在于满足社区的人车流集散、社会交往、老人活动、儿童玩耍、散步、健身等需求，规划设计应从功能出发，为居民的使用提供方便和舒适的小空间（图 5-5、图 5-6）。尽量将大型广场化整为零，分置于绿色组团之中，在社区中尽量不搞市政设计中常出现的集中式大型广场，越是高档的社区越不应该搞。别墅区中则更不要设，不仅尺度不适合，而且也难以适应居住区的休闲、交往等功能。

图 5-5　居住区广场效果图

图 5-6　居住区广场实景图片

居住区广场的形式，不宜一味追求场地本身形式的完整性，而应考虑多用一些不规则的小巧灵活的构图方式。特别是广场的外延可采用虚隐的方式以避其生硬，并与周围的社区环境有机结合，共同创造休闲氛围，具体地说，在居住环境中提倡“隐形广场”有两方面的原因。

其一，居住区内的建筑与环境为一整体，由于居民楼的外形一般线条简单而生硬，若景观场地一味强调本身的平面构图，则极易与周边的建筑线产生冲突。在四座楼体之间所设置的广场，若采用规整的构图（圆形）（图 5-7），则易与周围建筑线相冲突而缺乏呼应，并且会在其与建筑之间产生一系列的难以处理的边角空间。而放弃鲜明的平面构图，采用折线式的外延处理，则不仅可以化解矛盾于无形，更有利于植物景观与硬质景观之间的相互穿插，从而更富于生气与休闲（图 5-8）。

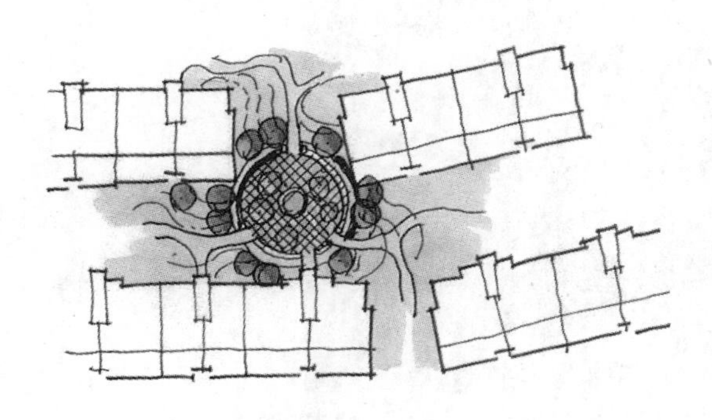

图 5-7　圆形的广场构图

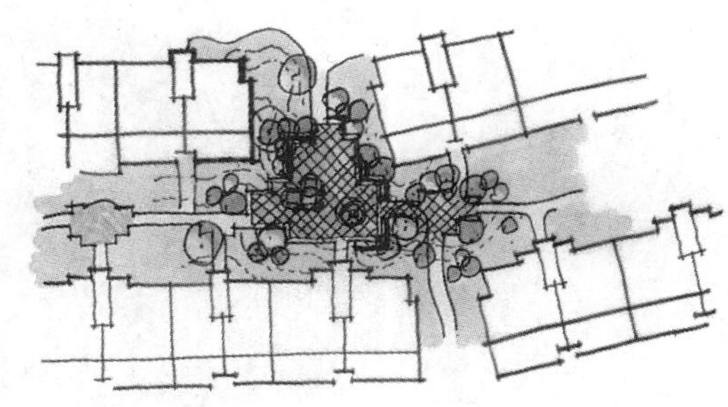

图 5-8　折线式的外延处理

其二，隐形广场的处理更易于将其他的环境因素有机地组织在广场空间内，使硬质景观与软质景观融为一体，你中有我，我中有你，望之无骨而用之怡然。此外，居住区内的广场设计，一定要避免城市广场设计中缺乏绿荫的通病，如很多广场地面上的铺装样式穷极变化——横线条、竖线条、横线条加竖线条中间再来个曲线穿插而过，可就是不见绿荫。其实，广场设计追求视觉形象和文化符号的陈列也无可厚非，但这并不是居住区广场唯一的功能，也不是最重要的。因为，广场是为居民而设计的，除了文化的宣泄外，还有更重要的用途：推着婴儿车的妇女在广场漫步；手提鸟笼的老人石桌对弈；欢呼雀跃的儿童追逐藏觅；饮品亭前落座的情侣慢啜咖啡；广场中央哄笑的男孩们或站或坐；鲜花摊前的女孩百般挑选，良久徘徊，这一切都少不了大树的遮阳。

广场上的树荫用好了不但不会削弱构图的形式美，还会使其得到加强。例如，有序排列的树阵，就可以使广场的线向更加明确，更有益于烘托主题，增加层次，其简洁而不失单调，亲切而不乏气势，应在广场设计中多加应用。

四、 密植分层， 木色秀润掩墙基

要使居住区显得舒适宜居，一个重要的原则便是多种植物，尤其是乔灌木，以增加绿量，特别是接近视线高度的绿量。居住区中的植物配置应提倡使用植物的自然形态，尽量避免人工修剪，以追求自然群落郁郁葱葱的效果。灌木的使用应避免东两棵、西三棵地散置于草皮中，应成群成片方成气候。要使植物各展其姿又密而不乱，首先应讲求植物的层次，从低向高依次为草皮、地被、灌木、小乔木、大乔木等，配合地形，围合出丰富的绿色空间(图5-9)。在这里，草坪就好像是天堂中的地毯，精美与否很大程度上取决于边界的限度和处理。在居住区狭小的空间内，草地在乔木和灌木下漫无边界地延伸会显得凌乱、粗糙，比较好的做法是用地被或灌木群将草坪的边缘清晰地限定出来。草坪的边界可以是直线构成(硬质界面)，也可以是优美的曲线，但一定要有明显的界面。如用硬质铺装限定草坪边界，

图 5-9 密植分层

一般应避免大片的草坪与大片的铺装相接，造成过空、过硬，缺乏层次感。乔木一般应置于地被或灌木群中，避免直接置于草地中。大乔木所形成的疏林草地的效果，在相对狭小的居住区空间内不仅难以实现，而且极易流于粗糙。

建筑物墙基部分的绿化处理问题。中国的山水画，常见山顶峰石突耸，山脚则木色秀润。建筑的墙面可视作国画中的山体，若山顶耸突，则山脚应极之秀润。密绿层层，以灌木群配以乔木掩之，效果更佳。建筑的转角处，其勒脚部分为三个向面的交会点，除上述绿化处理外，还应塑造地形，有如山脚之延续，并在灌木之上置大乔木，以掩其锐（图5-10、图5-11）。

图 5-10　基部绿化（一）

图 5-11　基部绿化（二）

五、 自然坡岸， 经营水景可用巧

众所周知，居住区中有水景可以使房子卖得更好，买家更喜欢，原因就在于水的引入，可以使居住区环境充满灵气。调查显示，有79%的购房者认为水景是高尚居住区的必备条件，问题在于水景该如何做？在居住区有限的空间内，水景与观赏者的空间应该如何考虑？水面越大越好吗？

水本身是不具形态的，水给人带来的感受很大程度上是由装水的容器所决定的。同样，装在崭新的玻璃器皿和烟灰缸里的清水无论如何也不会像盛在茶杯里那样引人；居住区水景带给人的感受很大程度上取决于水岸线的处理。

居住区中的水景，应尽可能用缓坡与植物来营造出自然的坡岸，即便是广场中央的喷泉水景也可以在其周边设植床，再围以广场铺装（图 5-12）。

在居住区内设计水景应遵循两条原则：

（1）步道不宜一味临水　步道与水面应是若即若离、时隐时现的，这样人在小路上行走，不但能够体验到多层次的景观感受，而且也使自然坡度的长度和沿岸植物群落的厚度得到保证。

图 5-12 喷泉水景

（2）临水步道不宜贴水　在居住区环境中，除重点处理的亲水平台外，其余临水步道皆宜与岸线保持一定的距离（建议 1.2 m 以上）。在此间距内，可用不阻挡景观视线的乔灌木装点自然式坡岸，这样既提供了亲岸赏水的方便，又维系了水景本身的质量（图 5-13、图 5-14）。

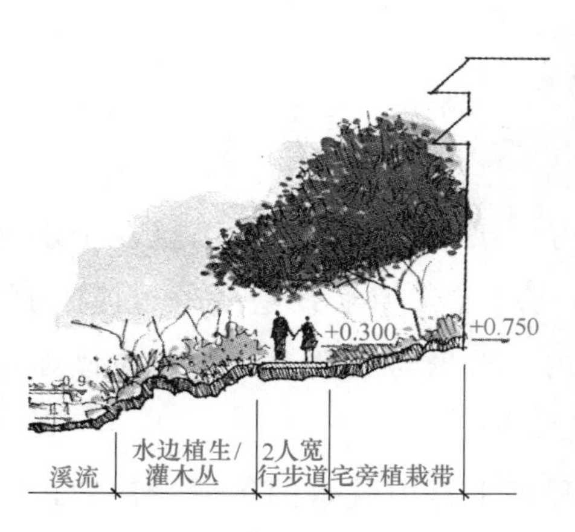

图 5-13 亲水平台剖面示意图

图 5-14 临水步道效果图

前面提到，水景是营造居住区休闲气氛的重要手段，甚至可以使房地产的价值得以提升。然而，营造水景的造价及后期高昂的管理费用，往往使开发商们犹豫再三，特别是在一些水资源奇缺的城市，要创造自然式的水景感受，更是谈何容易！这里“感受”一词非常关键，要给人带来亲水的环境感受并不一定需要用很多水，自然状态下的水景带给人的感受是综合的，是水体与其周边多种环境因素共同形成的。如果能够把人们对自然状态下水环境的经验与感受考虑进去，并结合在设计中，就可收到以少胜多的效果。观察自然中的山涧，很多时候，你根本看不到水本身（或是很少看到），你听到潺潺的溪声，哗哗的跌泉；你看到山涧中大大小小的石头，涧边葱绿葱绿的植物；还有架在巨石上的独木桥——这些就是溪水的环境，这样的地被地貌因素就会令人感到水的存在。在居住区设计中，哪怕没有很大的水面，只要着意水环境的营造，也可使人如沐山涧清风（图 5-15、图 5-16）。

图 5-15　自然坡岸效果图

图 5-16　自然坡岸实景图片

六、 弱化通道， 消防车道痕迹无

根据相关建筑法规的要求，居住区内都要贯穿一条消防通道，以备火灾出现时救火车通达之用。从功能上看，它属于必备的车行道，一般宽度至少要求 4 m，登高面则需 7 m×7 m。这样宽大的硬质路面对于小区的景观往往产生很大的负面影响。这些通道不仅占去了楼间宝贵的绿化面积，使本来就不大的景观空间变得更小、更零碎，而且它们往往贴近建筑，线形僵硬，很难与周边的景观环境相融。设计时应将消防通道有机地结合在居住区景观环境中，使其从风格上与其他景观元素相融合，从构图到铺装材质上加以精心处理，使其更加步道化、休闲化。具体的手法可归纳为以下三个方面：

（1）构图处理　利用小尺度的折线及曲线形成一些小型的休闲空间，打破通道简单生硬的构图空间形式，使其有收有放，具有休闲步道的感觉，并且兼顾消防通道的功能。

（2）铺装及小品处理　消防通道的铺装，可根据情况全部或局部地采用步行道系统铺装材料或形式，这样可以从感觉上避免使它成为车行道的延续，而更像是步行道的一部分。此外，局部可拓宽处理成结点（与步道交会等），利用景观小品形成可停留的空间，以弱化消防车线的通道感（图 5-17）。

（3）绿化处理　避免用绿化强调通道的线向，强调结点，强调领域感。可利用高低错落的植物群落丰富沿线的景观层次，将视线引向通道周边各个景观区段内。此外，在不影响通道功能的前提下，应进行绿化美化，使其更具步行道的节奏与尺度，从而更加亲切，更有趣味（图 5-18）。

图 5-17　利用景观小品弱化消防通道

图 5-18　消防通道绿化美化处理

5.4　居住区中各类绿地的规划设计

一、 中心花园的规划设计

中心花园是居住区公共绿地的主要形式，它集中反映了居住区绿地的质量水平，一般要求具有较高的规划设计水平和一定的艺术效果。在现代居住区中，集中的、大面积的中心花园成为不可缺少的元素（图 5-19、图 5-20），这是因为从生态的角度看，居住区的中心花园相对面积较大，有较充裕的空间来模拟自然生态环境，对于居住区生态环境的创造有直接的影响；从景观创造的角度看，中心花园一般视野开阔，有足够的空间容纳足够多的景观元素构成丰富的景观外貌；从功能角度而言，可以安排较大规模的运动设施和场地，有利于居住区集体活动的开展；从居民心理感受而言，在密集的建筑群中，大面积的开敞场地成为心灵呼吸的地方。因此，中心花园以其面积大、景观元素丰富，往往与公共建筑和服务设施安排

图 5-19　居住区中心花园实景图片

在一起，成为居住环境中景观的亮点和活动的中心，是居住区生活空间的重要组成部分。同时，中心花园因其良好的景观效果、生态效益，也往往成为房地产开发的“卖点”。

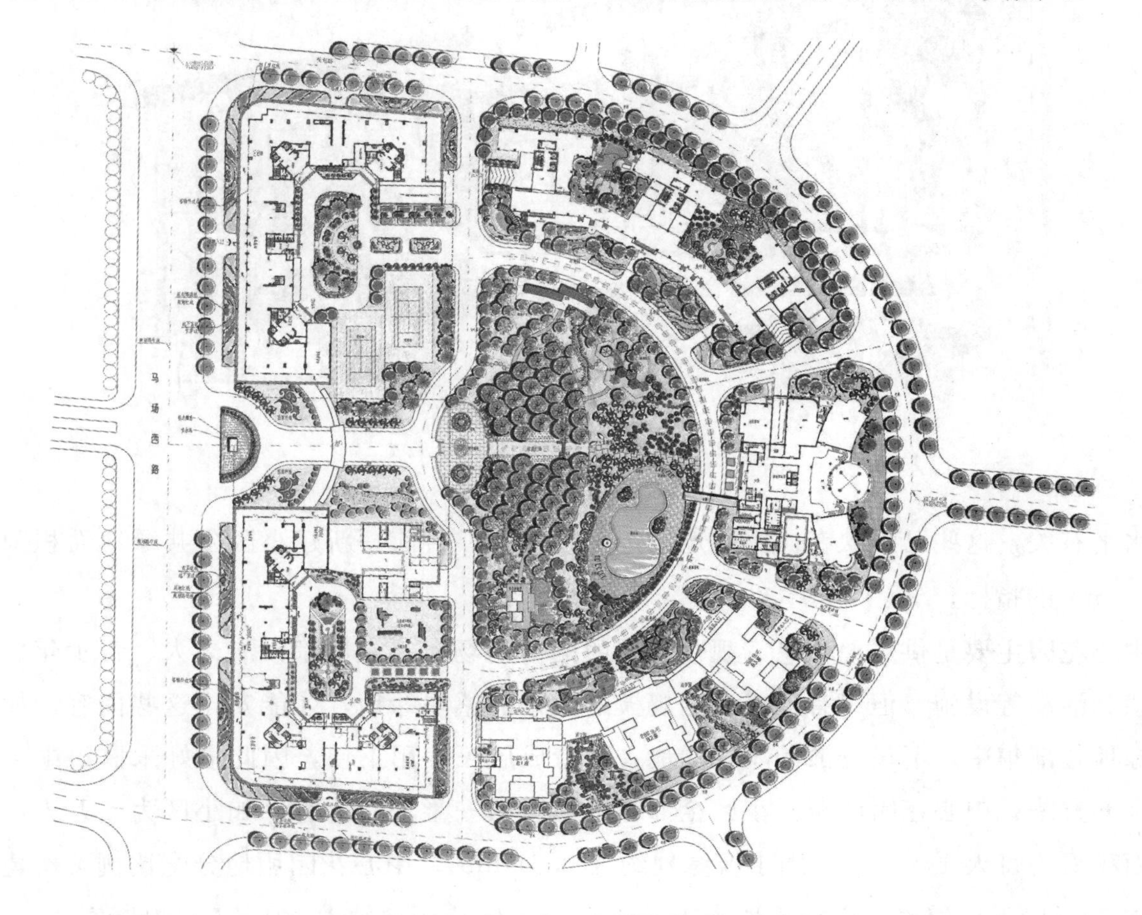

图 5-20　居住区中心花园设计平面示意图

中心花园设计时要充分利用地形，尽量保留原有大树，布局形式应根据居住区的整体风格而定，可以是规则的，也可以是自然的、混合的或自由的。

1. 位置　中心花园的位置一般要求适中，以使居民使用方便，并注意充分利用原有的绿化基础，尽可能和小区公共活动中心结合起来布置，以形成一个完整的居民生活中心，这样不仅节约用地，而且能满足小区建筑艺术的需要。

中心花园的服务半径以不超过 300 m 为宜，在规模较小的小区中，中心花园可在小区的一侧沿街布置或在道路的转弯处两侧沿街布置。当中心花园沿街布置时，可以形成绿化隔离带，从而减弱干道的噪声对临街建筑的影响，还可以美化街景，便于居民使用。有的在道路转弯处往往将建筑物后退，故可以利用空出的地段建设中心花园，这样路口处局部加宽后，可使建筑取得前后错落的艺术效果，同时还可以美化街景。在较大规模的小区中，也可布置成几片绿地贯穿整个小区，居民使用则更为方便（图 5-21）。

2. 规模　中心花园的用地规模是根据其功能要求来确定的，然而功能要求又和整个人民

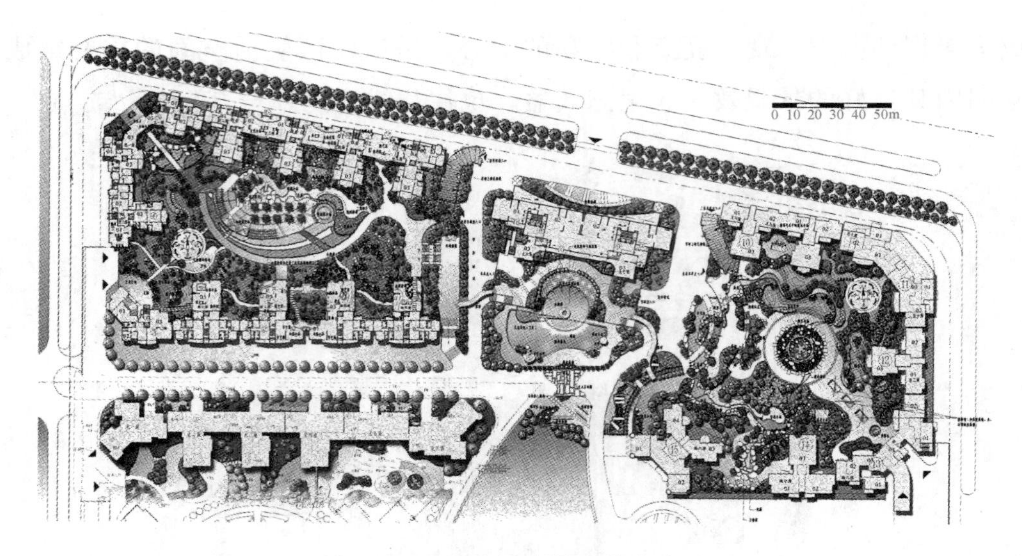

图 5-21　几片绿地贯穿整个小区

生活水平有关，这些已反映在国家确定的定额指标上。目前，新建小区公共绿地面积采用人均 1～2 m^2 的指标。

中心花园主要是供居民休息、观赏、游憩的活动场所，一般都设有老人、青少年、儿童的游憩和活动等设施，但只有形成一定规模的集中的整块绿地，才能安排这些内容。如果将小区绿地全部集中，不设分散的小块绿地，会造成居民使用不便，因此最好采取集中与分散相结合的方法，中心花园面积占小区全部绿地面积的一半左右为宜，如小区为 1 万人，小区绿地面积平均每人 1～2 m^2，则小区绿地约为 0.51 hm^2。中心花园用地分配比例可按建筑用地约占 30％以下，道路、广场用地占 10％～25％，绿化用地约占 60％以上来考虑。

3. 设计范例分析　如图 5-22 所示，碧湖居（彩图 9）位于北京市朝阳公园内，是一处高级住宅楼群，其销售对象为外国驻京使节及境外公司驻京工作人员，总占地面积为4.335 5 万平方米，其中建筑总面积为 1.08 万平方米，楼高 8 层。在建筑形式上，它汲取了老北京四合院布局的风格与内涵，采取两组四面围合的“8”字形布置，环境设计由北京市园林古建设计研究院完成。下面分析一下其中心花园的设计特色。

如图 5-23 所示，碧湖居中心花园为两组四面围合的“8”字形形成的建筑内庭院，总面积约为 5 000 m^2，是住户休闲、活动、娱乐的主要场所和视觉焦点。鉴于此种功能和俯瞰效果，设计中把握好“把自然引进来”这一理念，使住户能够充分感受到大自然的勃勃生机和流动的韵律，使之成为真正的室外起居室。通过勘察与研究，设计者发现南北甬路的串联，将区外公园的湖光山色尽收眼底，同时贯穿起一条与建筑所顺应的东西、南北双向规则的城市轴，即将形象简洁的中心广场作为视觉的中心，以山石、溪谷、树木等大自然中提炼出来的自然元素对规则式下沉式广场进行“楔人”，打破这种规则，从而产生自然韵律。凝练、清雅的意境使身处楼墙中的人们得到了与自然接触和交谈的场所。并用现代的手法和表达方

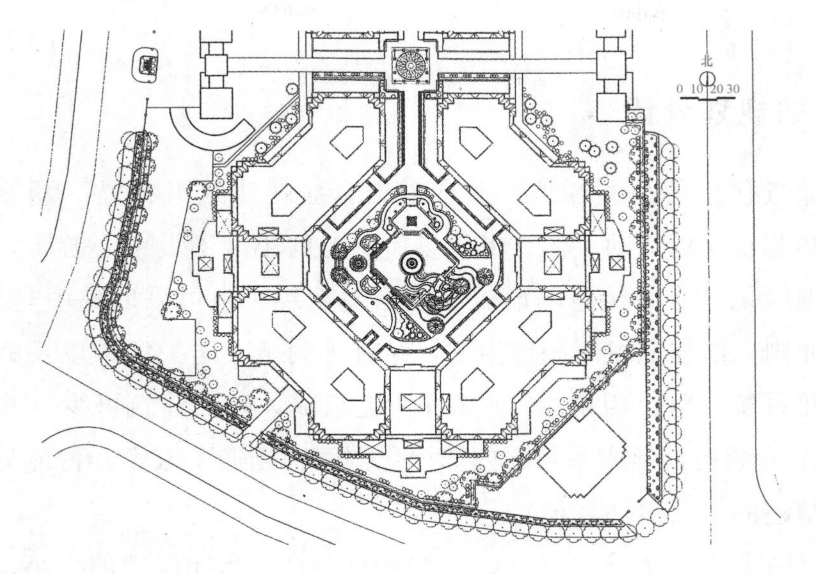

图 5-22　碧湖居总平面示意图

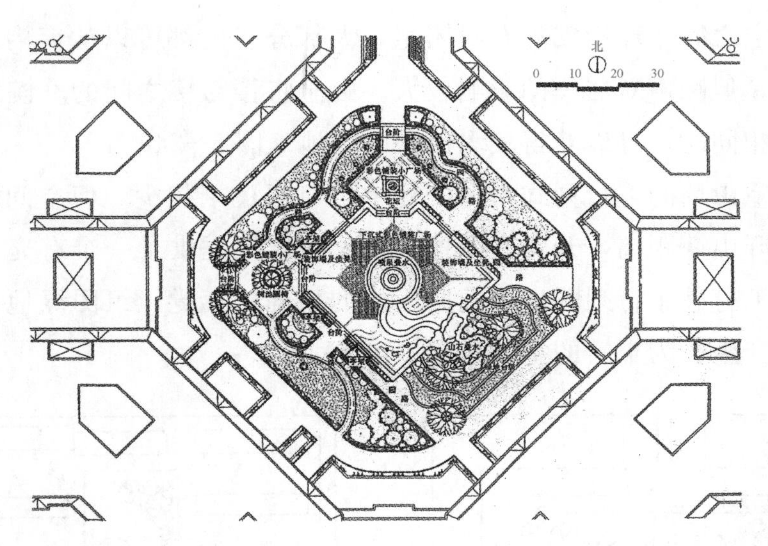

图 5-23　碧湖居中心花园设计平面示意图

式传达出中国传统造园艺术善于突破空间局限的特色，以对自然的艺术提炼和加工，在咫尺之地浓缩和再现自然山水之美，展示“虽由人作，宛自天开”的写意山水园的艺术之道，以及身居城市环境的人们热爱自然、渴望与大自然交流这一亘古不变的主题。

中心花园中的视觉焦点——六角亭以及圆形叠水与环心延长的组合框架相视而望，竖向设计做出起伏和沉降的地形变化，树木栽植也讲究疏密及层次的自然搭配，这一切形成了简洁、明快的三维构图和内向、聚合的空间感受。现代装饰图案的广场铺装，环设于广场周边的座椅，以及中心广场外流畅的园路和儿童游戏场等满足了住户多种户外活动的需求，嘉木参差，既清爽宜人，又阻隔了低层住户的对视和噪声干扰。

设计中应尽量减少使用高杆路灯及园灯以降低对低层住户的影响，而使用草坪灯、射灯、水底彩灯以及埋入花园墙柱和园林小品中的各种专项灯，采取分时、分重点照明，以节约电能。

二、 组团绿地的规划设计

组团绿地是靠近住宅的公共绿地，通常是结合居住建筑组布置，服务对象是组团内居民，主要为老人和儿童就近活动、休息提供场所。有的小区不设中心游园，而以分散在各组团内的绿地、路网绿化、专用绿地等形成小区绿地系统。也可采取集中与分散相结合，点、线、面相结合的原则，以住宅组团绿地为主，结合林荫道、防护绿带以及庭院和宅旁绿化构成一个完整的绿化系统。每个组团由 6～8 栋住宅组成，高层建筑可少一些，每个组团的中心有 1 000 m^2 以上的绿地，形成开阔的内部绿化空间，创造了家家开窗能见绿、人人出门可踏青的富有生活情趣的生活居住环境。

1. 位置 住宅组团的布置方式和布局手法多种多样，组团绿地的大小、位置和形状也是千变万化的。根据组团绿地在住宅组团内的相对位置，可归纳为以下几个类型。

（1）周边式住宅之间 环境安静有封闭感，大部分居民都可以从窗内看到绿地，有利于家长照看幼儿玩耍，但噪声对居民的影响较大。由于将楼与楼之间的庭院绿地集中组织在一起，所以建筑密度相同时，可以获得较大面积的绿地（图 5-24）。

（2）行列式住宅山墙间 行列式布置的住宅，对居民干扰少，但空间缺少变化，容易产生单调感。适当拉开山墙距离，开辟为绿地，不仅为居民提供了一个有充足阳光的公共活动空间，而且从构图上打破了行列式山墙间所形成的胡同的感觉，组团绿地的空间又与住宅间绿地相互渗透，以产生较为丰富的空间变化（图 5-25）。

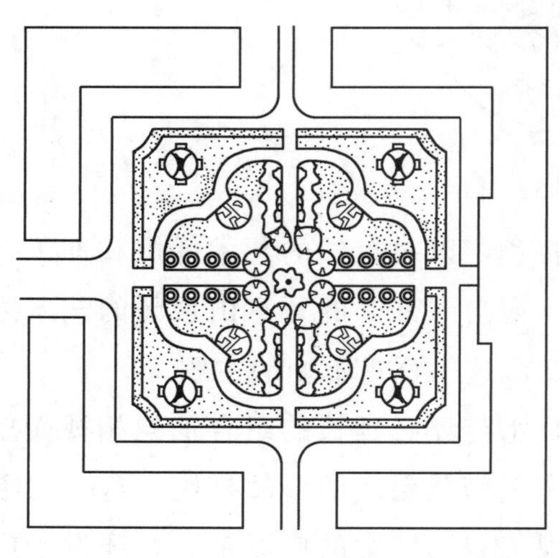

图 5-24 周边式住宅组团绿地

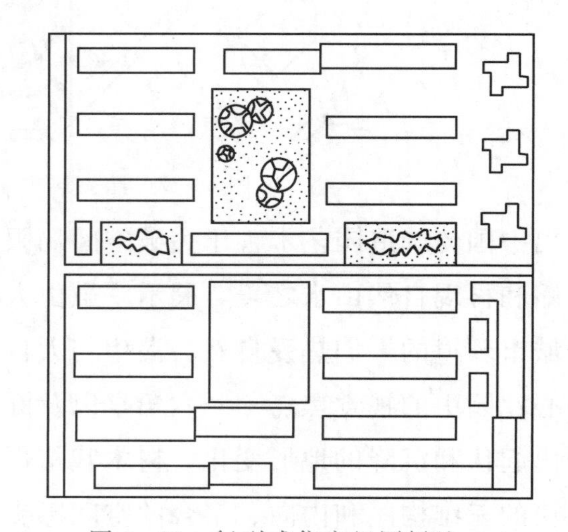

图 5-25 行列式住宅组团绿地

（3）扩大住宅的间距 在行列式布置中，如果将适当位置的住宅间距扩大到原间距的 1.5～2倍，就可以在扩大的住宅间距中，布置组团绿地，并可使连续单调的行列式狭长空间产生变化（图 5-26）。

(4) 住宅组团的一角　在地形不规则的地段，利用不便于布置住宅的角隅空地安排绿地，能起到充分利用土地的作用，但服务半径较大（图 5-27）。

(5) 两组团之间　由于受组团内用地限制而采用的一种布置手法，在相同的用地指标下绿地面积较大，有利于布置更多的设施和活动内容（图 5-28）。

(6) 一面或两面临街　绿化空间与建筑产生虚实、高低的对比，可以打破建筑线连续过长的感觉，还可以使过往群众有歇脚之地（图 5-29）。

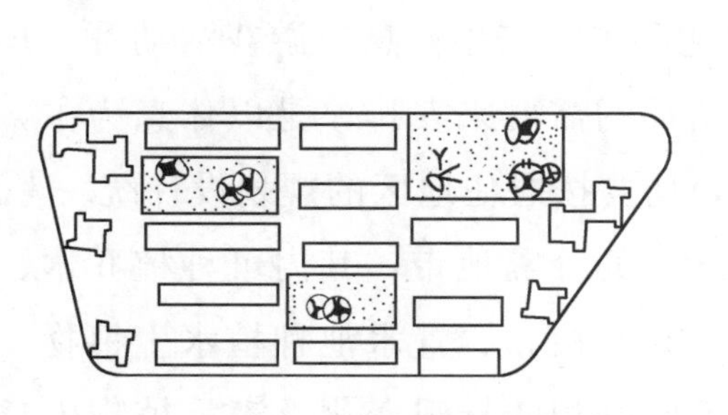

图 5-26　扩大间距的住宅组团绿地

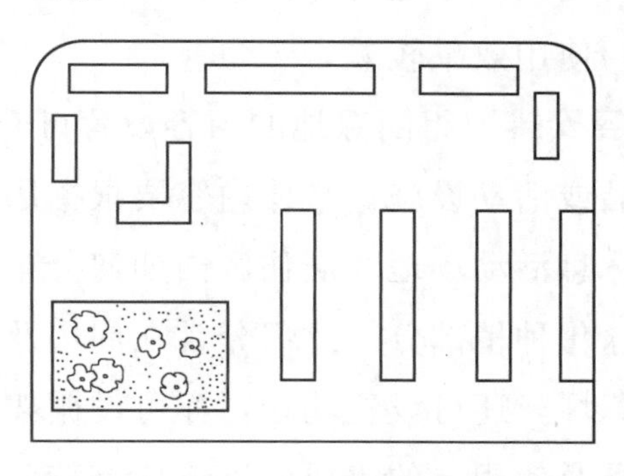

图 5-27　住宅组团一角的绿地

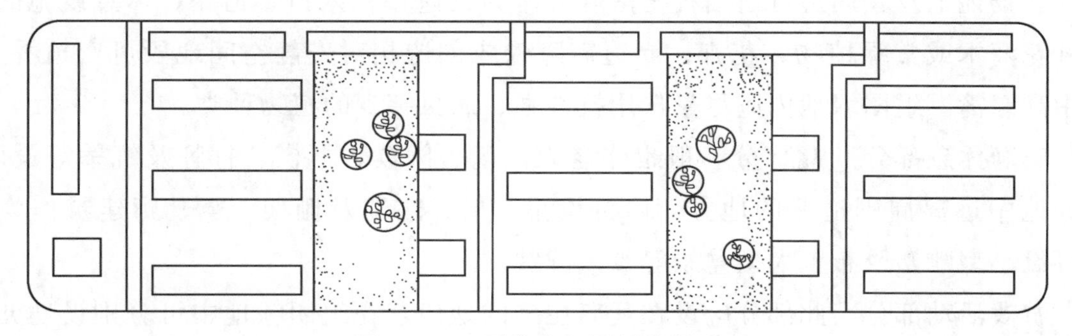

图 5-28　两住宅组团间的绿地

(7) 自由式布置　在住宅组团呈自由式布置时，组团绿地穿插配合其间，空间活泼多变，组团绿地与宅旁绿地配合，使整个住宅群面貌显得活泼（图 5-30）。

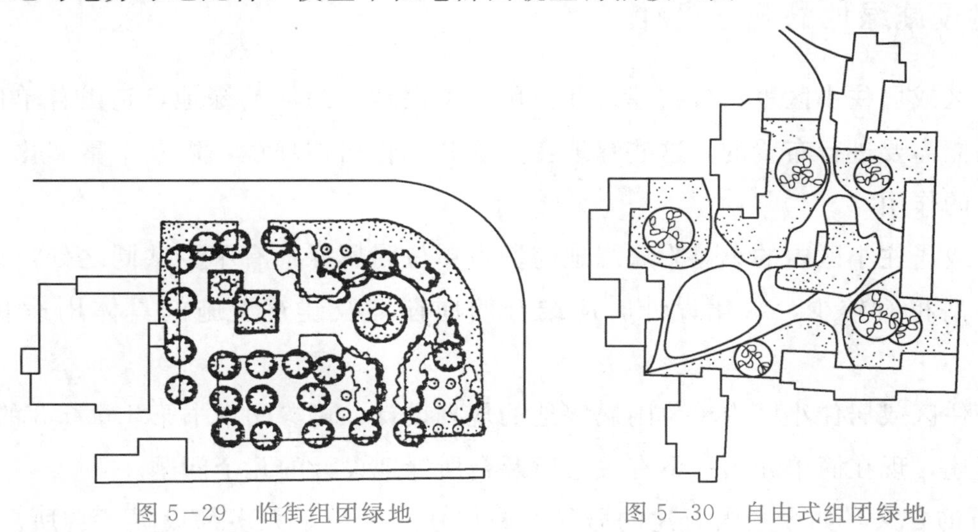

图 5-29　临街组团绿地　　图 5-30　自由式组团绿地

由于组团绿地所在的位置不同，它们的使用效果也不同，对住宅组团的环境影响也有很大区别。从组团绿地本身的使用效果来看，位于山墙和临街的绿地效果较好。

2. 布置方式

（1）开敞式　即居民可以进入绿地内休息活动，不以绿篱或栏杆与周围分隔。

（2）半封闭式　以绿篱或栏杆与周围有分隔，但留有若干出入口。

（3）封闭式　绿地为绿篱、栏杆所隔离，居民不能进入绿地，亦无活动休息场地，可望而不可即，使用效果较差。

3. 内容安排　组团绿地的内容设置可有绿化种植、安静休息、游戏活动等，还可附有一些建筑小品或活动设施。具体内容要根据居民活动的需要来安排，是以休息为主，还是以游戏为主；休息活动场地在居住区内如何分布等，均要按居住地区的规划设计统一考虑。

（1）绿化种植部分　此部分常在周边及场地间的分隔地带，其内可种植乔木、灌木和花卉，铺设草坪，还可设置花坛，亦可设棚架种植藤本植物、置水池种植水生植物。植物配置要考虑造景及使用上的需要，以形成有特色的不同季相的景观变化及满足植物生长的生态要求，如铺装场地上及其周边可适当种植落叶乔木为其遮阳；入口、道路、休息设施的对景处可丛植开花灌木或常绿植物、花卉；周边需障景或创造相对安静空间地段可密植乔、灌木，或设置中高绿篱。组团绿地内应尽量选用抗性强、病虫害少的植物种类。

（2）安静休息部分　此部分一般也作老人闲谈、阅读、下棋、打牌及练拳等设施场地，应设在绿地中远离周围道路的地方，内可设桌、椅、座凳及棚架、亭、廊建筑作为休息设施，亦可设小型雕塑及布置大型盆景等供人静赏。

（3）游戏活动部分　此部分应设在远离住宅的地段，在组团绿地中可分别设幼儿和少年儿童的活动场地，以供进行游戏性活动和体育性活动，其内可选设沙坑、滑梯、攀爬等游戏设施，还可安排打乒乓球的球台等。

三、　公建设施绿地的规划设计

在居住区或居住小区里，公共建筑和公用设施用地内附属的绿地，是由各单位使用、管理并按其功能需要进行布置的，这些绿地在改善和美化居住环境，以及丰富文化生活等方面发挥着积极的作用。

居住区或居住小区内的单位附属绿地与城市单位附属绿地有不少共同之处，只是规模相对较小，类型相对较少，绿化设计时应结合四周环境及建筑设施的具体用途和要求进行布置。

关于居住区或居住小区内单位附属绿地的规划设计，可参阅本书第 5 章 5.3 的有关内容，在此不再赘述，现在简单介绍一下有关会所及会所绿地设计的几个问题。

1. 会所的含义　如今国内新建的居住区或居住小区内，大多都设置了会所。何谓会所？

“会所”一词来自香港，它是指居住区内居民进行文、体、休闲等活动及聚会之场所，其功能相当于我们所熟知的俱乐部。

2. 会所绿地的主要内容 会所一般都附设有游泳池、网球场等室外活动场所，会所绿地主要是指这些室外活动场所的绿化布置。

3. 会所绿地设计

（1）会所绿地的设计原则 会所绿地作为居住区绿化水平和档次的标志，其绿化布局应体现“美观、新颖、舒适”的设计原则，并着重强调绿化景观空间的塑造。

（2）会所绿地设计实例分析 某大型居住区会所的绿化设计方案，会所前绿地采用规则式环状、点状配置方式，从而与半椭圆形铺装广场协调统一，明快流畅，富有时代感。风格独特的亭、廊、花架与游泳池、人工湖相互穿插，有机地融为一体；游泳池、人工湖周围的植物配置层次丰富、错落有致，以油棕、海枣、椰树为主的棕榈科植物营造出浓郁的亚热带氛围（彩图10、彩图11）。

四、 宅旁绿地的规划设计

宅旁绿地的主要功能是美化生活环境，阻挡外界视线、噪声和灰尘，为居民创造一个安静、舒适、卫生的生活环境，其绿地布置应与住宅的类型、层数、间距及组合形式密切配合，既要注意整体风格的协调，又要保持各幢住宅之间的绿化特色。

宅旁绿化的重点在宅前，包括住户小院（高层住宅一般不设）、宅间活动场地、住宅建筑本身的绿化等，它在居住区绿地内总面积最大，又是居民最经常使用的绿地类型。

1. 住户小院的绿化

（1）底层住户小院 低层或多层住宅，一般在宅前自墙面向外留出 3 m 距离的空地，以给底层每户安排一专用小院，可用绿篱或花墙、栏栅（图 5-31）围合起来。小院外围绿化作

图 5-31 底层住户小院

统一规划，内部则由每家自己栽花种草，布置方式和植物品种则随住户喜好，但由于面积较小，宜采取简洁的布置方式，植物以盆栽为主。

（2）独户庭院　别墅庭院是独户庭院的代表形式，院内应根据住户的喜好进行绿化、美化。由于庭院面积相对较大，可在院内设小水池、草坪、花坛、山石，搭花架缠绕藤萝，种植观赏花木或果树，以形成较为完整的绿地格局（图 5-32）。

图 5-32　独户庭院绿化

2. 宅间活动场地的绿化　宅间活动场地属半公共空间，主要为幼儿活动和老人休息之用，其绿化的好坏，直接影响到居民的日常生活。宅间活动场地的绿化类型主要有：

（1）树林型　它是以高大乔木为主的一种比较简单、粗放的绿化形式，对调节小气候的作用较大，大多为开放式。居民在树下活动的面积大，但由于缺乏灌木和花草搭配，因而显得较为单调。高大乔木与住宅墙面的距离应在 5～8 m 或更大，以避开铺设地下管线的地方，并便于采光和通风，避免树上的病虫害侵入室内。

（2）游园型　当宅间活动场地较宽时（一般在 30 m 以上），可在其中开辟园林小径，设置小型游戏和休息园地，并组合配置层次、色彩都比较丰富的乔木和花灌木。它是一种宅间活动场地绿化的理想类型，但所需资金较大。

（3）棚架型　它是一种效果独特的宅间活动场地绿化类型，以棚架绿化为主，其植物多选用紫藤、炮仗花、珊瑚藤等观赏价值高的攀缘植物。

（4）草坪型　它以草坪绿化为主，在草坪的边缘或某一处种植一些乔木或花灌木，形成疏朗、通透的景观效果。

3. 住宅建筑本身的绿化　住宅建筑本身的绿化包括架空层、屋基、窗台、阳台、墙面、屋顶绿化等几个方面，是宅旁绿化的重要组成部分，它必须与整个宅旁绿化和建筑的风格相协调。

（1）架空层绿化（图 5-33）　在近些年新建的居住区中，常将部分住宅的首层架空形成架空层，并通过绿化向架空层的渗透，以形成半开放的绿化休闲活动区。这种半开放的空间与周围较开放的室外绿化空间形成鲜明对比，增加了园林空间的多重性和可变性，既为居民提供了可遮风挡雨的活动场所，也使居住环境更富有透气感。

图 5-33　架空层绿化

架空层的绿化设计与一般游憩活动绿地的设计方法类似，但由于环境较为阴暗且受层高所限，在植物品种的选择方面应以耐阴的小乔木、灌木和地被植物为主，园林建筑、假山等一般也不予以考虑，只是适当布置一些与整个绿化环境相协调的景石、园林建筑小品等。

（2）屋基绿化　屋基绿化是指墙基、墙角、窗前和入口等围绕住宅周围的基础栽植。

① 墙基绿化　使建筑物与地面之间增添一点绿色，一般多选用灌木作规则式配植，亦可种上爬墙虎、络石等攀缘植物将墙面（主要是山墙面）进行垂直绿化。

② 墙角绿化　墙角种小乔木、竹或灌木丛，以形成墙角的“绿柱”“绿球”，可打破建筑线条的生硬感觉。

③ 窗前绿化　窗前绿化对于室内采光、通风，防止噪声、视线干扰等方面起着相当重要的作用。其配置方法也是多种多样的，如“移竹当窗”手法的运用，竹枝与竹叶的形态常被喻为清雅、刚健、潇洒，宜种于居室外，特别适合于书房的窗前；又如有的在距窗前 1～2 m 处种一排花灌木，高度遮挡窗户的一小半，形成一条窄的绿带，既不影响采光，又可防止视

线干扰，开花时节还能形成五彩缤纷的效果；再如有的窗前设花坛、花池，使路上行人不致临窗而过。

④ 入口绿化（图 5-34） 在住宅入口处，多与台阶、花台、花架等相结合进行绿化配置，以形成各住宅入口的标志，也作为室外进入室内的过渡，有利于消除眼睛的光感差，或兼作“门厅”之用。

（3）窗台、阳台绿化（图 5-35） 窗台、阳台绿化是人们在楼层室外与外界自然接触的媒介，这不仅能使室内获得良好景观，而且也丰富了建筑立面造型并美化了城市景观。阳台有凸、凹、半凸半凹三种形式，所得到的日照及通风情况不同，也形成了不同的小气候，这对于选择植物有一定的影响，要根据具体情况选择不同习性的植物。栽种植物的部位有三种：一是阳台板面，根据阳台面积的大小，选择植株的大小，但一般植物可稍高些，用阔叶植物从室内观看效果更好，阳台的绿化可以形成小“庭院”的效果；二是置于阳台拦板上部，可摆设盆花或设槽栽植，此处不宜植太高的花卉，因为这有可能影响室内的通风，也会因放置不牢固发生安全问题，这里设置花卉可成点状、线状；三是沿阳台板向上一层阳台成攀缘状种植绿化，或在上一层板下悬吊植物花盆成“空中”绿化，这种绿化能形成点、线，甚至面的绿化形态，无论从室内还是从室外看都富有情趣，但要注意不要满植，以免植物封闭了阳台。

图 5-34 入口绿化

图 5-35 阳台绿化

窗台绿化一般用盆栽的形式以便管理和更换，并要考虑置盆的安全问题，另外窗台处日照较多，且有墙面反射热对花卉的灼烤，故应选择喜阳耐旱的植物。

无论是阳台还是窗台绿化都要选择叶片茂盛、花美色艳的植物，才能使其在空中引人注目；另外还要使花卉与墙面及窗户的颜色、质感形成对比，相互衬托。

（4）墙面绿化和屋顶绿化（图 5-36） 在城市用地十分紧张的今天，进行墙面和屋顶的绿化，即垂直绿化，无疑是一条增加城市绿化量的有效途径。墙面绿化和屋顶绿化不仅能美化环境、净化空气、改善局部小气候，还能丰富城市的俯视景观和立面景观。屋顶绿化的内容详见第7章。

（5）屋檐女儿墙绿化（图5-37） 屋檐女儿墙的绿化多运用于沿街建筑物屋顶外檐处。平屋顶建筑的屋顶，檐口处理通常采用挑檐和建女儿墙两种做法。屋顶檐口处建女儿墙一是出于建筑立面艺术造型的需要，同时也起到屋顶护身栏杆的安全作用。沿屋檐女儿墙建花池既不破坏屋顶防水层，又不增加屋顶楼板的荷重，管理浇水养护均十分方便，既可在楼下观赏垂落的绿色植物，又可在屋顶上观看条形花带。

图5-36 墙面绿化

图5-37 屋檐绿化

五、 道路绿地的规划设计

居住区道路绿化与城市街道绿化有不少共同之处，但是居住区内的道路，由于交通、人流量不大，所以宽度较窄、类型也较少，行道树可选中小乔木，只要分枝点在2 m以上就可以了。除居住区内干道较宽，设车行道与人行道外，一般人行、车行两道合在一起而不单分。根据功能要求和居住区规模的大小，可把居住区道路分为三类，绿化布置因道路情况不同而各有变化。

1. 居住区主干道 居住区主干道是联系居住区内外的主要通道，除了人行外，有的还通行公共汽车。在道路交叉口及转弯处的绿化不要影响行驶车辆的视线，街道树要考虑行人的遮阳及不妨碍车辆的运行。道路与居住建筑之间可考虑利用绿化防尘和阻挡噪声，在公共汽车的停靠站点，可考虑乘客候车时遮阳的要求。

2. 居住区次干道 居住区次干道是联系住宅组团之间的道路，行驶的车辆虽较主干道少，但绿化布置时，仍要考虑交通的要求。当道路与居住建筑距离较近时，要注意防尘隔声；次干道还应满足救护、消防、运货、清除垃圾及搬运家具等车辆的通行要求，当车道为尽端式道路时，绿化还需与回车场地结合，使活动空间自然优美。

3. 住宅小路 居住区住宅小路是联系各住户或各居住单元门前的小路，主要供人行。绿化布置时，道路两侧的种植宜适当后退，以便必要时急救车和搬运车等可驶入住宅。有的步行道路及交叉口可适当放宽，并与休息活动场地结合。路旁植树不必都按行道树的方式排列种植，可以断续、成丛地灵活配置，与宅旁绿地、公共绿地布置配合起来，以形成一个相互关联的整体。

实　训

Ⅰ. 居住区组团绿地设计

一、实训目的

掌握居住区组团绿地设计的原则与方法。

二、实训内容

选择一个居住区组团绿地做绿化模拟设计或真题设计。

三、实训时间安排

4～6学时，各学校根据本校学时自行安排。

四、实训材料

卷尺、测量仪器、图纸、绘图工具等。

五、实训步骤

1. 现场踏勘，了解情况：到设计现场实地踏勘，熟悉设计环境，并了解居住区绿地的性质、功能、规模及其对规划设计的要求等情况，作为绿化设计的指导和依据。

2. 搜集基础图纸资料：在座谈了解过程中，注意搜集建设单位总体布局平面图、管道图等基础图纸资料。若建设单位没有图纸资料，可实地测量，室内绘制。

3. 描绘、放大基础图纸：若建设单位提供的基础图纸比例太小，可按1∶200或1∶500的比例放大分幅，或将实测的草图按此比例绘制，作为绿化设计的底图。

4. 规划设计，绘出铅笔图，送建设单位审定，征求意见，修改定稿。

5. 按制图规范，完成墨线图，晒蓝图或复印，做苗木统计和预算方案。作为设计成果，评定成绩，或交建设单位施工。

六、实训成果

1. 总体规划图：比例1∶200～1∶300。

2. 绿化设计图（含彩色平面图）：比例同总体规划图（若局部绿地，1、2项可提供CAD设计图）。

3. 局部透视或鸟瞰图。

4. 设计说明书，包括景名、功能分区及种植设计景观特征描述。

5. 植物名录及其他材料统计表。

Ⅱ. 居住区绿地总体规划设计

一、实训目的

掌握居住区绿地总体规划设计的原则与方法。

二、实训内容

选择一个居住区绿地做绿化模拟设计或真题设计。

三、实训时间安排

6～8 学时，各学校根据本校学时自行安排。

四、实训材料

卷尺、测量仪器、图纸、绘图工具等。

五、实训要求

1. 立意新颖，格调高雅，具有时代气息，与居住区环境协调统一。

2. 根据绿地性质、功能、场地形状和大小，因地制宜地确定绿地形式和内容设施，以体现多种功能，并突出主要功能。

3. 以植物绿化、美化为主，适当运用其他造景要素。

4. 道路广场进行平面布局，园林建筑小品仅设计平面图。

5. 植物选择配置应乔、灌、花、草结合，常绿、落叶结合，以乡土树种为主。植物种类数量应适当，并能正确运用种植类型，符合构图规律，造景手法丰富，注意色彩、层次变化，能与道路、建筑相和谐，空间效果较好。

6. 图面表现能力：按要求完成设计图纸，并能满足施工要求；图面构图合理，清洁美观；线条流畅，墨色均匀；图例、比例、指北针、设计说明、文字和尺寸标注、图幅等要素齐全，且符合制图规范。

六、实训成果

1. 总体规划图：比例 1∶200 或 1∶500。

2. 绿化设计图（含彩色平面图）：比例同总体规划图（若局部绿地，1、2 项可提供 CAD 设计图）。

3. 局部透视或鸟瞰图。

4. 设计说明书，其中包括景名、功能分区及种植设计景观特征描述。

5. 植物名录及其他材料统计表。

第6章 单位附属绿地规划设计

本章知识点

1. 幼儿园、中小学、大专院校的绿化规划设计原则及设计要点。
2. 医院机构绿地的组成、功能及设计要点。
3. 工矿企业绿地的组成、功能及设计要点。
4. 机关事业单位绿地的组成、功能及设计要点。
5. 宾馆酒店绿地的组成、功能及设计要点。

本章学习目标

1. 掌握各类单位附属绿地的组成、功能及原则和设计要点。
2. 能够独立完成各类单位附属绿地的规划设计方案。

人们的生活、学习与工作都离不开性质各异、规模不等的单位，如托儿所、幼儿园、学校、工厂、医疗单位、机关单位、宾馆饭店等，单位附属绿地就是由各个单位使用、管理，并按其功能需要进行布置的一种绿地类型。这种绿地在改善局部小气候、塑造单位形象、美化工作环境、创造交往空间等方面都发挥着积极的作用（彩图14）。

6.1 幼儿园绿地规划设计

儿童精力旺盛，活泼好动，故托儿所、幼儿园的绿地规划设计要求以开畅、通透、明快为基调，形式上讲求自由活泼。

幼儿园绿地规划一般有以下原则：

（1）布局正规的幼儿园一般包括室内活动场地和室外活动场地两部分，根据活动要求，室外活动场地又分为公共活动场地、自然科学等用地和生活杂务用地（图6-1）。

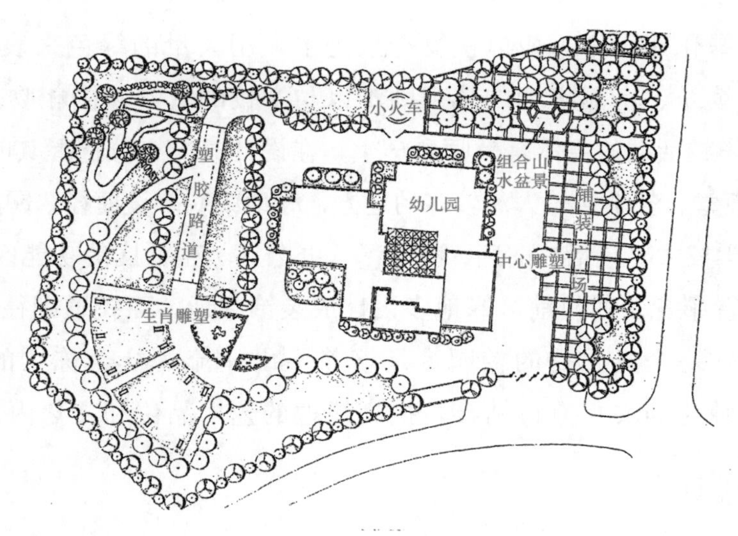

图 6-1　幼儿园平面布置示意图

（2）公共活动场地是儿童游戏活动场地，也是幼儿园重点绿化区。该区绿化应根据场地大小，结合各种游戏活动器械的布置，适当设置小亭、花架、涉水池、沙坑。在活动器械附近，以遮阳的落叶乔木为主，角隅处适当点缀花灌木，场地应开阔通畅，不能影响儿童活动。

（3）菜园、果园及小动物饲养地，是培养儿童热爱劳动、热爱科学的基地。有条件的幼儿园可将其设置在全园一角，并用绿篱隔离，里面种植少量果树，油料、药用等经济植物，或饲养少量家畜家禽。

（4）整个室外活动场地，应尽量铺设耐践踏的草坪，在周围种植成行的乔灌木，以形成浓密的防护带，起防风、防尘和隔离噪声作用。

（5）幼儿园绿地植物的选择，要考虑儿童的心理特点和身心健康，要选择形态优美、色彩鲜艳、适应性强、便于管理的植物，禁用有飞毛、毒、刺及引起过敏的植物，如花椒、黄刺玫、漆树、凤尾兰等，同时建筑周围应注意通风采光，5 m 内不能植高大乔木。

6.2　学校绿地规划设计

众所周知，人与环境是相互作用的，“人创造了环境，而环境又改变了人”。实践证明，融生态美、艺术美、科学美和社会内容美于一体的校园绿化环境，对师生具有凝聚、激励和导向作用，使师生对学校产生一种归属感、责任感和自豪感，激发学生奋发向上、孜孜求学、爱国爱校的精神，引导师生的思想行为向健康、文明的方向发展，同时又约束了不良的行为习惯和倾向，这都有利于形成优良的品德和正确的人生观。

学校绿化设计应遵循以下原则：

（1）绿色原则　为师生创造一种雅致、幽静、清新的学习和生活环境是学校绿化的先决条件，因此，在学校绿化建设中，应以植物造景为主，用大量的绿色来表现校园的雅静和勃勃生机，而过分色彩缤纷、富丽斑斓的景观则难以与学校的教学氛围相吻合。

（2）行为原则　学校活动的主体是教师和学生，在设计时应充分把握其时间性、群体性的行为规律。如大礼堂、饭堂、教学楼等人流较多的地方，绿地中应多设捷径，园路也应适当宽些。

（3）功能原则　学校主要包括校前区、教学区、办公区、生活区等功能区，设计时应根据各功能区的不同特点进行布置。如校前区绿地多设计成装饰绿地，而校道则往往布置成林荫道。

（4）美学原则　“一个光秃秃的校园，是培养不出一流的社会栋梁的”。校园绿化应该在绿化的基础上，将绿化与文化有机结合，提高绿地的艺术品位和文化内涵。

一、　中小学绿地设计

中小学绿地设计示例见图 6-2 ～图 6-4。

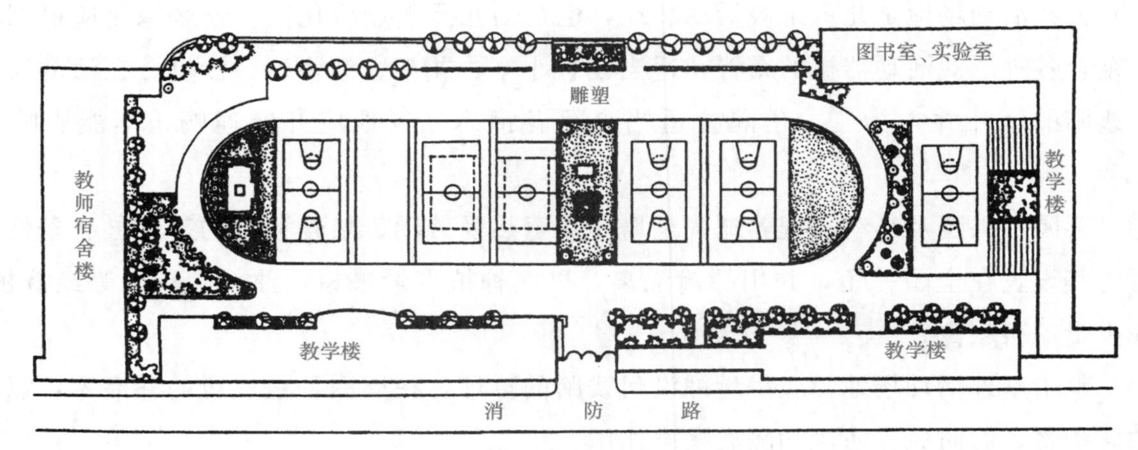

a. 总平面图

b. 雕塑——“知识的魅力”

图 6-2　湖北黄石八中校园绿地规划示意图

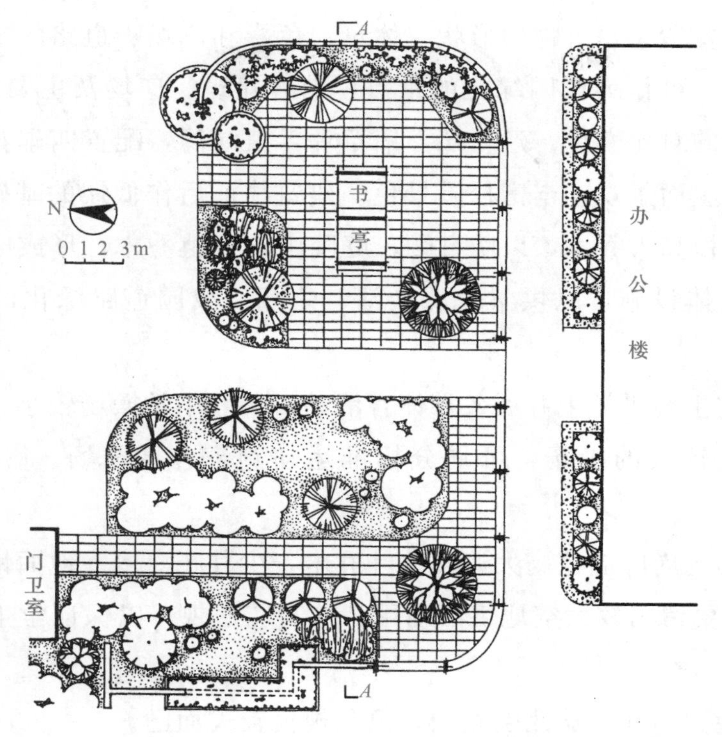

图 6-3　湖北十堰二汽一中办公楼前绿化

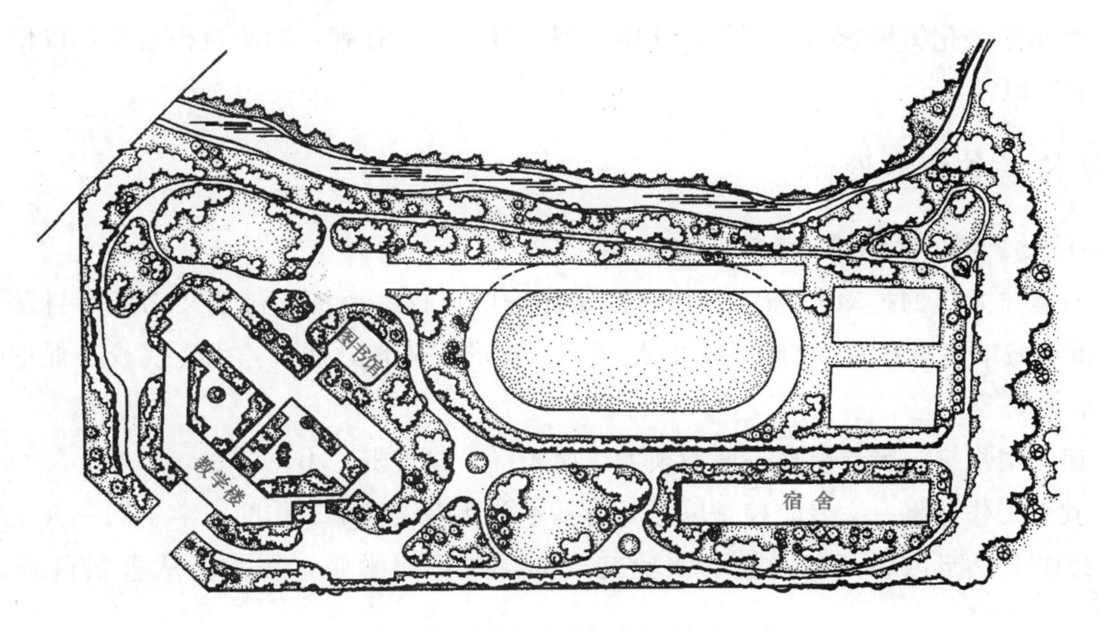

图 6-4　深圳龙华小学绿化规划平面图

1. 中小学用地　分为建筑用地（包括办公楼、教学楼、实验楼、广场道路及生活杂务场院）、体育场地和自然科学实验用地。

2. 中小学建筑用地绿化　往往沿道路两侧、广场、建筑周边和围墙边呈条带状分布，以建筑为主体，绿化相衬托、美化。因此绿化设计既要考虑建筑物的使用功能，如通风采光、遮阳、交通集散，又要考虑建筑物的形状、体量、色彩和广场、道路的空间大小。大门出入口、建筑门厅及庭院，可作为校园绿化的重点，结合建筑、广场及主要道路进行绿化布置，并应注意色彩、层次的对比变化，建花坛，铺草坪，植绿篱，配置四季花木，以衬托大门及建筑物入口空间和正立面景观，丰富校园景色。建筑物前后作低矮的基础栽植，5 m内不植高大乔木；两山墙外植高大乔木，以防日晒；庭院中也可植乔木，形成庭荫环境，并设置乒乓球台、阅报栏等文体设施，以供学生课余活动之用。校园道路绿化，以遮阳为主，种植乔灌木。

3. 体育场地 它主要供学生开展各种体育活动。一般小学操场较小，或以楼前后的庭院代之；中学单独设立较大的操场，可划分标准运动跑道、足球场、篮球场及其他体育活动用地。

4. 运动场 运动场周围应植高大遮阳落叶乔木，少种花灌木。地面铺草坪（除道路外），尽量不硬化。运动场要留出较大空地供活动用，空间应通视，以保证学生安全和体育比赛的进行。

5. 自然科学实验园 其与幼儿园相同，只是规模较大而已。

6. 学校周围 学校周围应沿围墙植绿篱或乔灌木林带，与外界环境相对隔离，以避免相互干扰。

7. 中小学绿化树种选择 其与幼儿园相似，且树木应挂牌，标明树种名称，以便于学生学习科学知识。

二、 大专院校绿地设计

（一）大专院校的特点

1. 对城市发展的推动作用 大专院校是促进城市技术经济、科学文化繁荣与发展的园地，是带动城市高科技发展的动力，也是科教兴国的主阵地；而且，大专院校还促进了城市文化生活的繁荣。

2. 面积与规模 大专院校一般规模大、面积广、建筑密度小。

3. 教学工作特点 大专院校是以课时为基本单元组织教学工作的，学生们一天之中要多次往返穿梭于校园内各处的教室、实验室之间，匆忙而紧张，是一个从事繁重脑力劳动的群体。

4. 学生特点 大专院校的学生正处在青年时代，其人生观和世界观处于树立和形成时期，各方面逐步走向成熟。他们精力旺盛，朝气蓬勃，思想活跃，开放活泼，可塑性强，又有独立的个人见解，掌握一定的科学知识，具有较高的文化修养。他们需要良好的学习、运动环境和高品位的娱乐交往空间，从而获得德、智、体、美、劳的全面发展。

（二）大专院校绿地的组成（图 6-5、图 6-6）

1. 教学科研区绿地　教学科研区是学校的主体，包括教学楼、实验楼、图书馆以及行政

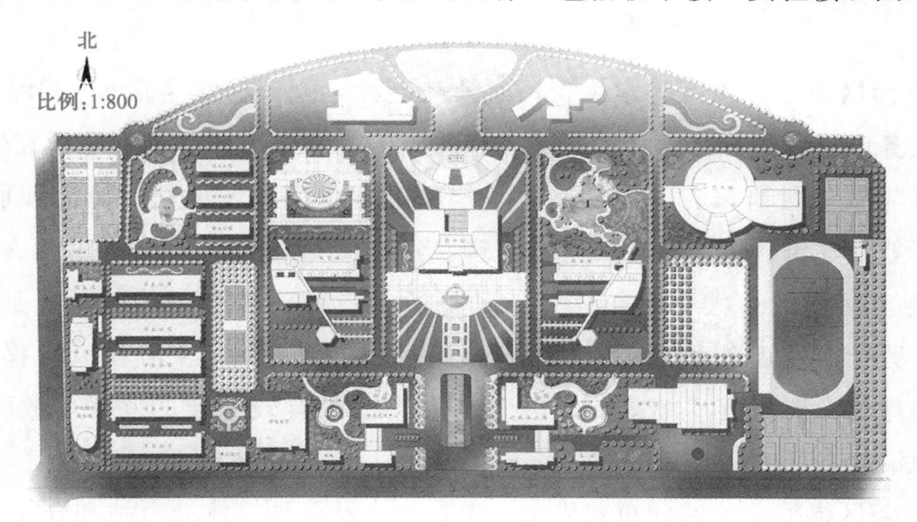

图 6-5　许昌学院东区绿地规划平面图

a

b

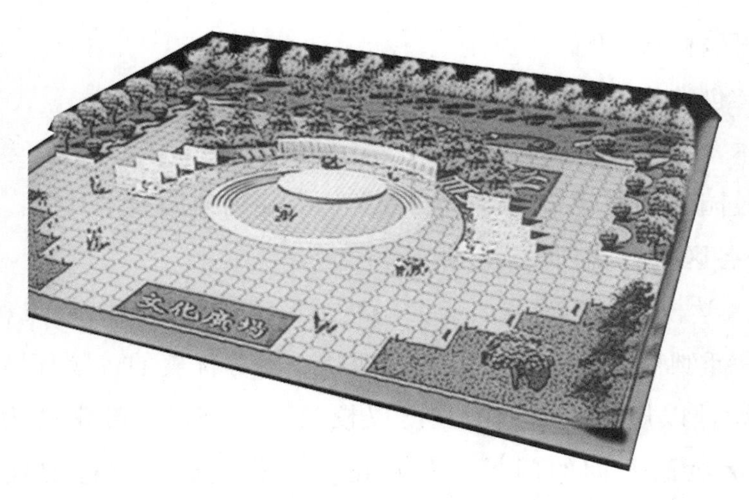

c

图 6-6　许昌学院东区绿地规划效果图

办公楼等建筑，该区也常与学校大门主出入口综合布置，以体现学校的面貌和特色。教学科研区要保持安静的学习与研究环境，其绿地多沿建筑周围、道路两侧呈条带状或团块状分布。

2. 学生生活区绿地　该区为学生生活、活动区域，分布有学生宿舍、学生食堂、浴室、商店等生活服务设施及部分体育活动器械，有的学校将学生体育活动中心设在学生生活区内或附近。该区与教学科研区、体育活动区、校园绿化景区、城市交通及商业服务有密切联系，其绿地一般沿建筑、道路分布，比较零碎、分散。

3. 体育活动区绿地　大专院校体育活动场所是校园的重要组成部分，是培养学生德、智、体、美、劳全面发展的重要设施，其内容包括大型体育场、馆和风雨操场，游泳池、馆，以及各类球场及器械运动场等。该区与学生生活区有较方便的联系，故除足球场草坪外，通常绿地沿道路两侧和场馆周边呈条带状分布。

4. 后勤服务区绿地　该区分布着供水、电、热力及各种气体动力站和仓库、维修车间等设施，占地面积大，管线设施多，所以它既要有便捷的对外交通联系，又要离教学科研区较远，以避免干扰，其绿地也是沿道路两侧及建筑场院周边呈条带状分布。

5. 教工生活区绿地　该区为教工生活、居住区域，区内主要是居住建筑和道路，一般单独布置于校园一隅，以求安静、清幽，其绿地分布同居住区。

6. 校园道路绿地　校园道路用以分隔各功能区，且具交通运输功能。校园道路绿地位于道路两侧，除行道树外，道路外侧绿地与相邻的功能区绿地相融合。

7. 休息游览区绿地　其为在校园的重要地段设置的集中绿化区或景区，质高境幽，以创造优美的校园环境，供学生休息散步、自学、交往。该区绿地多呈团片状分布，是校园绿化的重点部位。

（三）大专院校园林绿地设计的原则

（1）以人为本，创造良好的校园人文环境。

（2）以自然为本，创造良好的校园生态环境。

（3）把美融入校园，创造符合大专院校高文化内涵的校园艺术环境。

（四）大专院校各区绿地规划设计要点

1. 校前区绿化　学校大门的绿化要与大门建筑形式相协调，以装饰观赏为主，衬托大门及立体建筑，突出庄重典雅、朴素大方、简洁明快、安静优美的校园环境。

学校大门绿化设计以规则式绿地为主，以校门、办公楼或教学楼为轴线，大门外使用常绿花灌木以形成活泼而开朗的门景，两侧花墙用藤本植物进行配置。在学校四周围墙处，可选用常绿乔灌木自然式带状布置，或以速生树种形成校园外围林带。大门外面的绿化要与街景一致，但又要体现学校特色。大门内，在轴线上布置广场、花坛、水池 、喷泉、雕塑和主干道；轴线两侧对称布置装饰或休息性绿地；在开阔的草地上种植树丛，点缀花灌木，以期其自然活泼，或植草坪及整形修剪的绿篱、花灌木，以使其低矮开朗，富有图案装饰效果；在主干道两侧植高大挺拔的行道树，外侧适当种植绿篱、花灌木，以形成开阔的林荫大道。

学校大门绿化要与教学科研区衔接过渡，为体现庄重效果，常绿树应占较大比例。

2. 教学科研区绿化 教学科研区绿地主要是满足全校师生教学、科研的需要，故不但能提供安静优美的环境，也为学生创造课间进行适当活动的绿色室外空间。教学科研主楼前的广场设计，以大面积铺装为主，并结合花坛、草坪，布置喷泉、雕塑、花架、园灯等园林小品，以体现简洁、开阔的景观特色（有的学校该广场就是校前区的一部分）。

（1）教学楼周围的基础绿带，在不影响楼内通风采光的条件下，可多种植落叶乔灌木。为满足学生休息、集会、交流等活动的需要，教学楼之间的广场空间应注意体现其开放性、综合性的特点，并应具有良好的尺度和景观，常以乔木为主，花灌木点缀。绿地布局平面上要注意其图案构成和线型设计，以丰富的植物及色彩，形成适合师生在楼上俯视的鸟瞰画面；立面要与建筑主体相协调，并衬托美化建筑，从而使绿地成为该区空间的休闲主体和景观的重要组成部分。

（2）大礼堂是集会的场所，正面入口前应设置集散广场，绿化同校前区，因其空间较小，故内容相应简单。礼堂周围基础栽植以绿篱和装饰树种为主。礼堂外围可根据道路和场地大小，布置草坪、树林或花坛，以便人流集散（图 6-7）。

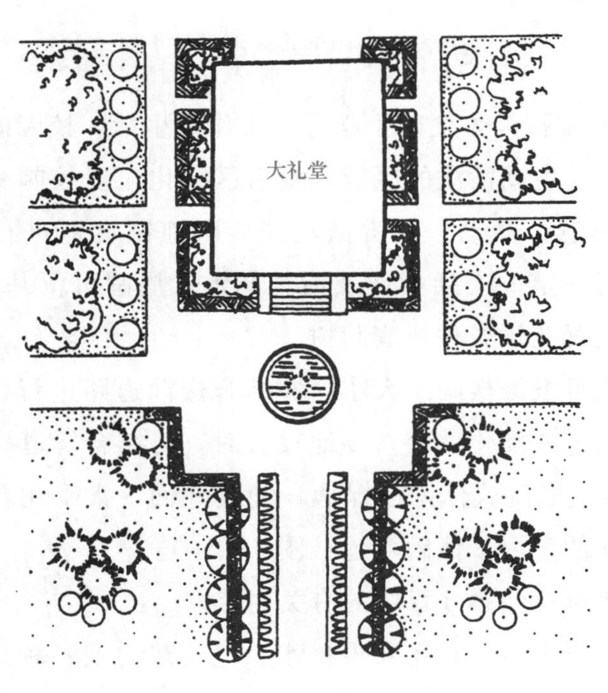

图 6-7　大学礼堂绿化设计

（3）实验楼的绿化同教学楼，还要根据不同实验室的特殊要求，在选择树种时，综合考虑防火、防爆及保持空气洁净等因素。

(4) 图书馆是图书资料的储存之处，为师生教学、科学活动服务，也是学校标志性建筑，其周围的布局与绿化同大礼堂（图 6-8）。

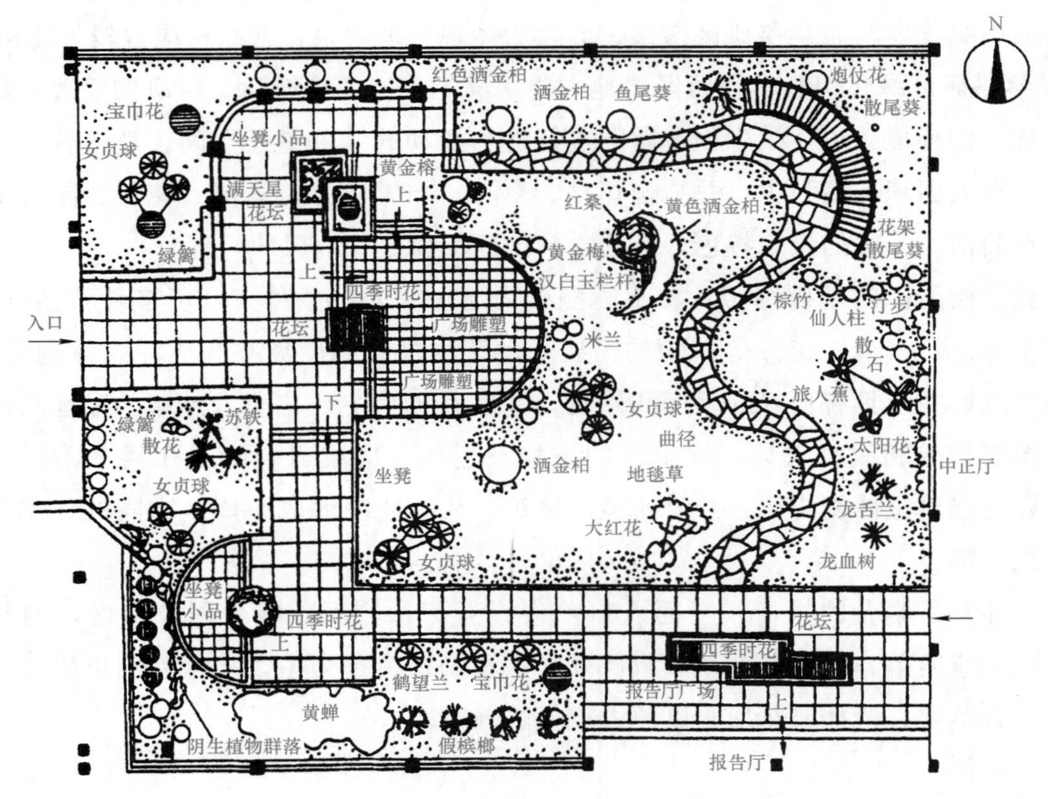

图 6-8 海南大学图书馆绿地设计平面示意图

3. 生活区绿化 大专院校为方便师生学习、工作和生活，校园内设置有生活区和各种服务设施，该区是丰富多彩、生动活泼的区域。生活区绿化应以校园绿化基调为前提，应根据场地大小，兼顾交通、休息、活动、观赏诸功能，因地制宜地进行设计。食堂、浴室、商店、银行、邮局前要留有一定的交通集散及活动场地，周围可留基础绿带，种植花草树木；活动场地中心或周边可设置花坛或种植庭荫树。

(1) 学生宿舍区绿化可根据楼间距大小，并结合楼前道路进行设计。楼间距较小时，在楼梯口之间只进行基础栽植或硬化铺装；场地较大时，可结合行道树以形成封闭式的观赏性绿地（图 6-9），或布置成庭院式休闲性绿地，铺装地面，常采用花坛、花架、基础绿带和庭荫树池结合以形成良好的学习、休闲场地（图 6-10）。

(2) 教工生活区绿化可参阅第 5 章中的有关内容。

(3) 后勤服务区绿化同生活区，还要根据水、电、热力及各种气体动力站、仓库、维修车间等管线和设施的特殊要求，在选择配置树种时，应综合考虑防火、防爆等因素。

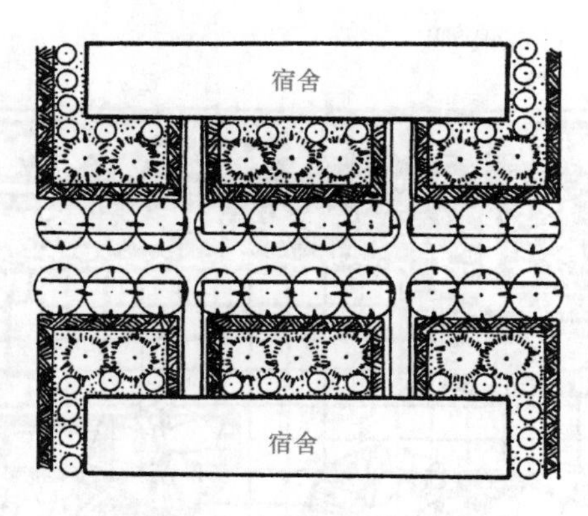

图 6-9 宿舍楼区封闭式绿化

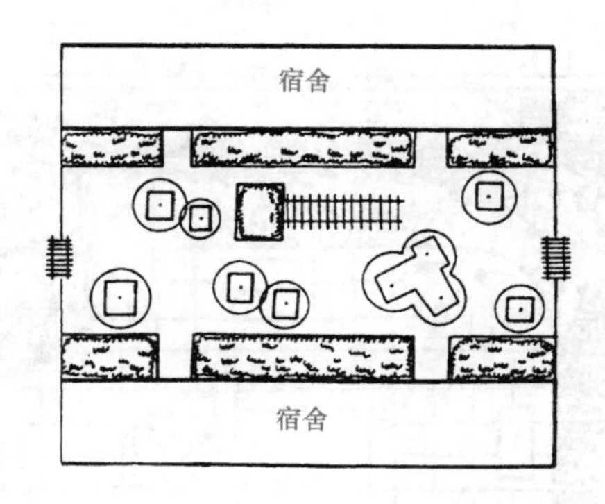

图 6-10 宿舍楼区庭院式绿化

4. 体育活动区绿化 体育活动区应在场地四周栽植高大乔木，下层配置耐阴的花灌木，形成一定层次和密度的绿荫，可有效地遮挡夏季阳光的照射和冬季寒风的侵袭，减弱噪声对外界的干扰。

为保证运动员及其他人员的安全，运动场四周可设围栏，并在适当之处设置座凳，供人们观看比赛，设座凳处可植乔木遮阳。

室外运动场的绿化不能影响体育活动和比赛，以及观众的通视，应严格按照体育场地及设施的有关规范进行。

体育馆建筑周围应因地制宜地进行基础绿带绿化。

5. 道路绿化 校园道路两侧行道树应以落叶乔木为主，以构成道路绿地的主体和骨架，以期浓荫覆盖，在行道树外侧植草坪或点缀花灌木，以形成色彩、层次丰富的道路侧旁景观。

校园道路绿化可参阅第 4 章交通绿地中有关内容。

6. 休息游览绿地 大专院校一般面积较大，在校园的重要地段可设置花园式或游园式绿地，以供师生休闲、观赏、游览和读书。另外，大专院校中的花圃、苗圃、气象观测站等科学实验园地，以及植物园、树木园亦可以园林形式布置成休息游览绿地。

休息游览绿地规划设计的构图形式、内容及设施，要根据场地的地形地势、周围道路、建筑等综合考虑，具体设计可参阅本章工厂小游园设计的有关内容（图 6-11）。

（五）设计范例分析

河南大学新校区环境艺术规划设计（图 6-12）

设计单位：河南农业大学风景园林规划设计院

1. 场地的概况 河南大学（简称河大）新校区地处开封市西郊，开封市经济开发区之北，临金明大道，北至北环城路，东接规划中的夷山大街，南通金耀路，新校区用地面积 122.7 hm^2，环境规划面积约 50 hm^2，其中水体的面积约 4.2 hm^2。校区原为耕地，现多杂草，基本上没有树木生长。

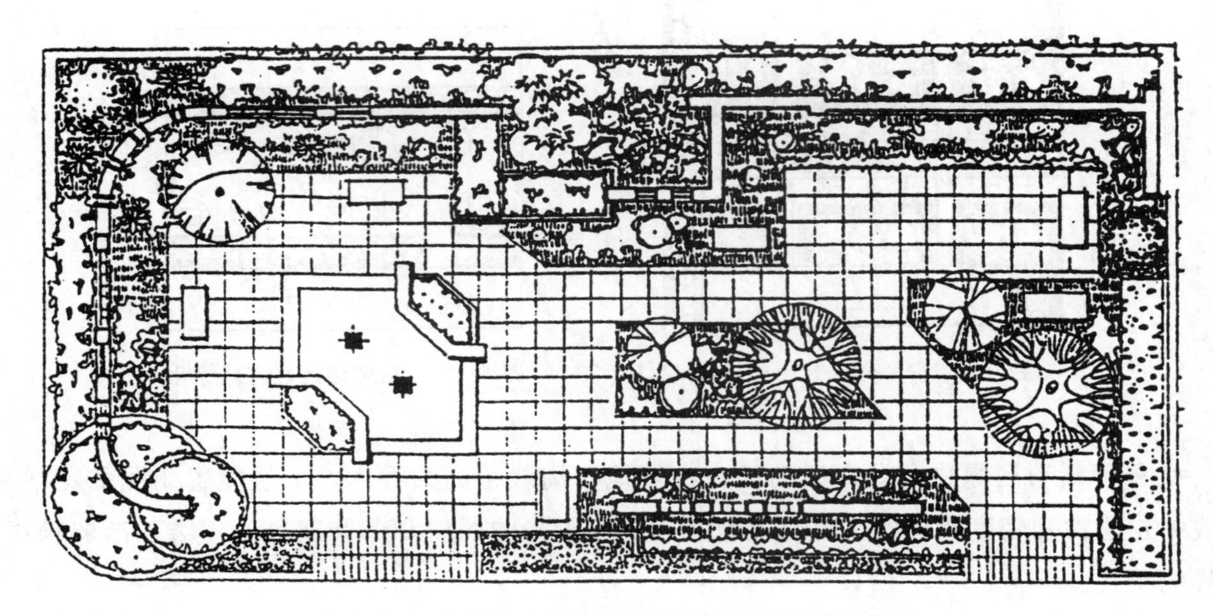

图 6-11　多样统一的校园休息游览绿地平面示意图

2. 设计理念及指导思想

（1）传承历史文脉　河南大学新校区地处七朝古都开封（汴京），有着数千年的地域文化传统，人文荟萃，“清明上河图”世人仰慕，龙亭、铁塔古貌犹存，菊花名闻天下，在设计中必须充分把握并体现这些历史文脉。

（2）体现场所精神　河南大学具有近百年的历史，以“明德、亲民、止于至善”的校训孕育出了一代代精英，形成自身深厚的校园文化底蕴，新校区规划设计中在情感文脉上应与老校区互相呼应。

（3）突出时代特色　深刻理解同济大学建筑研究设计院前期规划的创意与理念，配合总体布局和建筑形式，并在环境规划设计中加以延伸和强化。

（4）尊重场地特征　河南大学新校区地处黄泛故道区，土壤含沙量较大、微盐碱的特点对环境绿化有重大影响。

（5）突出“育人”氛围　以富于情感特质的场所来实现环境与人的互动，实现环境对师生的美育和艺术功能，做到山水明德，花木移性；诗意景观，人文绿地；静赏如画，动观似乐；绿团锦簇，水意朦胧。

3. 景观构思及园区划分　结合前期规划及对环境空间的详细分析，本环境规划方案将河南大学新校区景观环境提炼为“一轴一带、一环三岛”的空间结构。一轴代表河大“历史—现在—未来”的时空轴线；一带是体现“山水明德，花木移性”设计理念的滨湖景观带；一环则为连通校园内部的道路功能环；三岛是体现河大精神的情感注入点。根据功能需要及场所景观要求，将景观空间划分为 20 个园区，含慧湖八景（松骨画境园区、荷清远致园区、

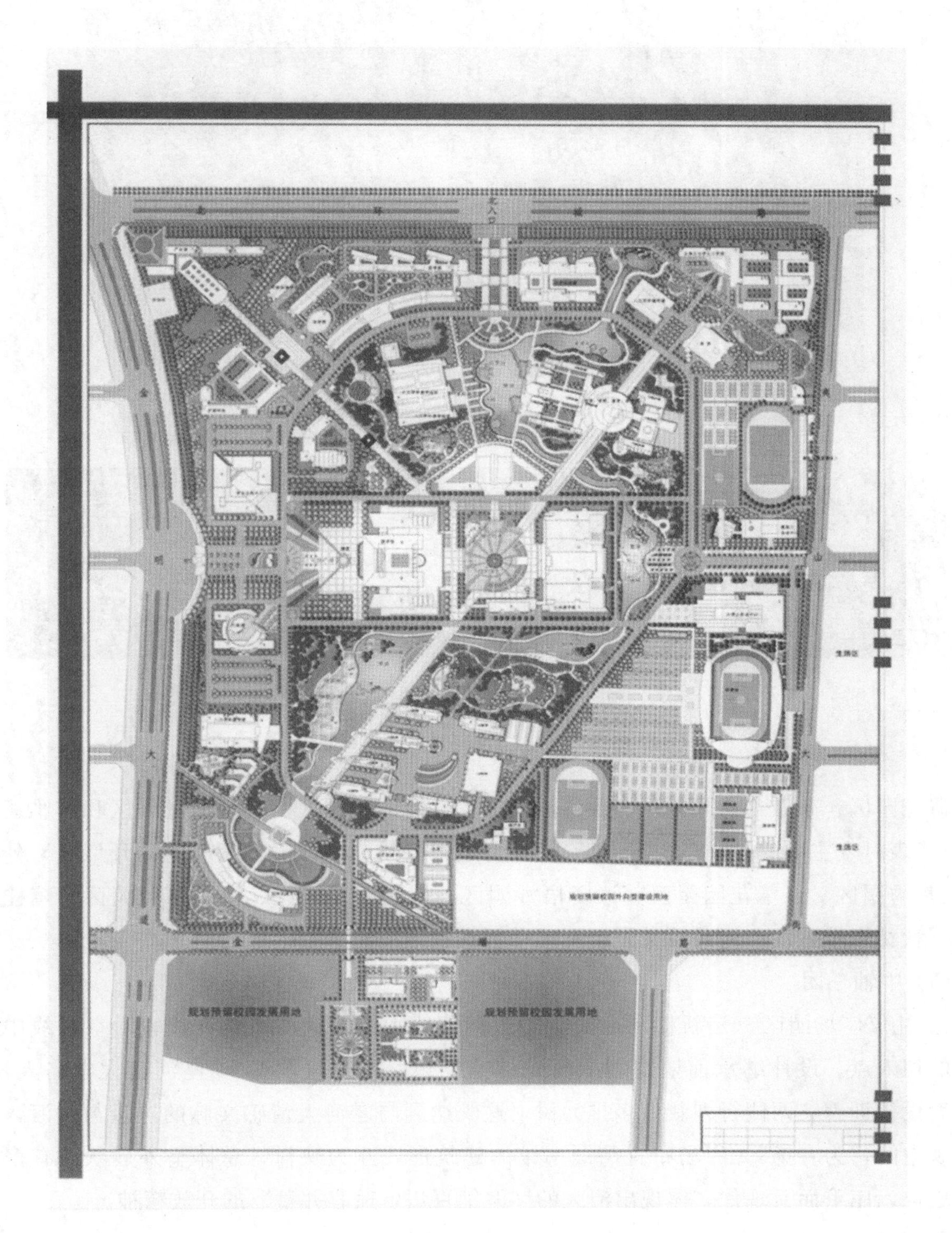

a. 绿地规划平面示意图

b. 绿地规划效果图

c. 绿地规划局部效果图

图 6－12　河南大学新校区绿地规划图

百年诗廊园区、菊傲书意园区、梅香诗韵园区、竹绿词香园区、碧水澄月园区和博雅通览园区）；代表时空主题的中轴三团（广场），及营造田园景观和安静休闲空间的环（路）外九园（玉兰集秀园区、百草花园园区、读贤悟妙园区、博学明辨园区、慎思笃行园区、蕉桂馨香园区、秋林枫致园区、评菊品文园区及运动健身园区）。

（1）中轴三团

① 礼仪广场园区　是新校区迎宾、集散和情感承接过渡的广场，代表时空轴线中“历史”的切入点。设计继承前期规划欲扬先抑的思想，入大门设置 10 座河南大学名人塑像，塑像后设校训碑，两侧行列栽植多排大树，这既达到与老河大情感文脉的连接与过渡，又实现景观空间，为“扬”。广场布置与图书馆的建筑形式互为映衬，总体呈外展状，有聚天地之灵之势，庄重而又现代，体现出河大的“海纳百川，兼容并蓄”的开放精神。

② 惜时广场园区　位于校区中心，是东西轴线与“Y”字形步行道的交会点，代表时空轴线中“现在的切入点”，为下一层式集散、休闲广场，在保证其他交通功能的前提下，布置休闲设施。广场上新校区的标志性景观建筑钟塔与老校区铁塔交相辉映，寓意“惜时如金，只争朝夕，把握现在”。

③ 智泉广场园区　是代表时空轴线中“未来”的切入点，以“泉之涌，水之溅”寓意河大美好未来。

（2）慧湖八景

① 松骨画境园区　位于慧湖之源头，在湖的最北处设一假山跌水，如自然之水源，周围多植松，石、松、泉相映，形成文人情趣的景观空间。

② 荷清远致园区　以荷花为主景，有两个观景平台伸入湖中，均名凌波台，为一雅致清爽的夏日风情园。

③ 百年诗廊园区　正对校区北入口，为校区北部的一处主要景观园，其主题景观为一大型滨水长廊，长廊内饰以书画雕刻，以展示河南大学的百年历程。它是了解河大、体验河大的一处窗口，也是广大师生“爱我河大、辉煌河大”的教育基地。

④ 菊傲书意园区　位于人文学科教学组园之南，以开封市名誉天下的菊花为主要造景植物形成菊园。园内有墨意轩，轩前设小广场，广场地面上布置草书的点、横、撇、捺笔画小品，极富情趣，且可激起师生对中国书法艺术的热爱。

⑤ 梅香诗韵园区　位于经贸、管理、教育、教学楼之南，为观冬景的梅园。其以高洁、凌寒的梅花为主调树种，缓坡草地上的梅林之内设一文化景壁，景壁以仿木的方条形柱梁为架，上悬数副刻有古人名诗的匾，烘托出浓郁的文化气息。

⑥ 竹绿词香园区　在15号楼北与河道之间的绿地内，规划竹绿词香园区，植竹成林，竹影横斜，竹词闻香，为师生提供一处安静的读书休闲空间，也是一明德移性之佳处。

⑦ 碧水澄月园区　位于行政楼之东，为前期规划的沙滩休闲区。设计为小桥流水景观，园区内的湖面用桥、亭等建筑小品加以组织分割，以形成不同视觉意象的园林空间，总体风格与开封市古朴庄重的城市性格相协调，以期达到对地域文脉的把握和切入。湖内设一桥、一榭、三亭，湖东岸为休闲沙滩，与周围丛林绿树相结合，构筑出诗意朦胧的园林意境。本处同时又为校园南部的休闲中心。

⑧ 博雅通览园区　位于国际交流中心东北方向。其为欧式园林景观，以体现“兼容并蓄，海纳百川”的精神。

（3）环外九园　沿校园环路外侧布置有慎思笃行园区、博学明辨园区、读贤悟妙园区、玉兰集秀园区、百草花园园区、蕉桂馨香园区、秋林枫致园区、评菊品文园区和运动健身园区。这些园区以田园景观为主，以自然风景林为基础，尽量不饰雕琢，只点缀少量休息小品，以形成绿意葱茏的安静休憩场所。它们或以特色植物景观成景，如玉兰集秀（玉兰喻白衣天使）、百草花园（草者，药也）、秋林枫致、蕉桂馨香，或营造小型读书、休闲、富于生活情趣且有励学内涵的空间，如博学明辨园区、慎思笃行园区、读贤悟妙园区（博学之，审问之，慎思之，明辨之，笃行之——《中庸》），特色各具，情趣各异。

4. 种植设计是环境设计的核心　考虑到这里夏季炎热多雨，冬季冷旱多风，土壤含沙量较大，不宜保水保肥，土壤微盐碱，故以“落叶灌木为辅，适当点缀花卉地被”为准则，同时，选择有一定抗盐碱能力的树木种类。

植物配置模拟自然植被群落的特征，以形成乔木、灌木、草坪、地被、花卉多物种的多层群落，群落内部注意种间的互生共生关系，并注意搭配的科学性，以增强人工植被群落的稳定性、美观性、抗虫抗病性等。

在满足校园景观的生态功能、造景功能的同时，力争做到速生树种和长寿树种的共同运用，既可在短期内形成优美的校园环境，又可随着时间的推移，形成新河大未来的校园风貌。关注近水植物的应用，在湖滨景观带内，选用适宜开封近水生长的植物种类，如垂柳、水杉、乌桕、枫杨、棕榈、鸡爪槭、棣棠等，以形成地方特色的近水植被；多选择富于文人性格、文化品位的树种，大量应用松、竹、梅、荷、菊、桂等，以形成人文浓郁的自然环境。

5. 结语　山水明德，花木移性，人文景观，水意空间，美兮育我。

6.3　医疗机构绿地规划设计

一、　医疗机构的类型及其绿地组成

1. 医疗机构的类型

（1）综合性医院　该类医院一般设有内、外等各科的门诊部和住院部，医科门类较齐全，可治疗各种疾病。

（2）专科医院　这类医院是设某一科或几个相关科的医院，医科门类较单一，专治某种或几种疾病。如妇产医院、儿童医院、口腔医院、结核病医院、传染病医院和精神病医院等。传染病医院及需要隔离的医院一般设在城市郊区（图 6-13）。

（3）小型卫生院、所　指设有内、外各科门诊的卫生院、卫生所和诊所。

（4）休、疗养院　指用于恢复工作疲劳，增进身心健康，预防疾病或治疗各种慢性病的休养院、疗养院。

2. 医院机构绿地的组成　综合性医院是由各个使用要求不同的部分组成的，在进行总体布局时，应按各部分功能要求进行。综合性医院的平面布局分为医务区和总务区，医务区又分为门诊部、住院部和辅助医疗等几部分。其绿地组成为：

（1）门诊部绿地　门诊部是接纳各种病人，对病情进行初步诊断，确定进一步是门诊治疗还是住院治疗的地方，同时也进行疾病防治和卫生保健工作。门诊部的位置，既要便于患者就诊（往往面临街道设置），又要保证诊断、治疗所需要的卫生和安静的条件，故门诊部建筑要退后道路红线 10～25 m 的距离。门诊楼由于靠近医院大门，空间有限，人流集中，

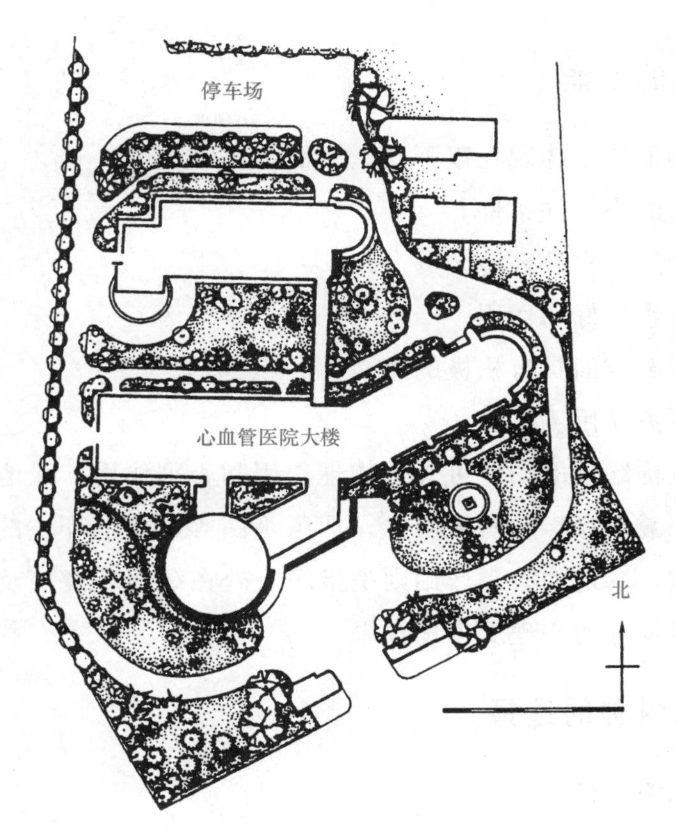

图 6-13　深圳孙逸仙心血管医院绿化设计平面图

加之大门内外的交通缓冲地带和集散广场等，其绿地较分散，在大门两侧、围墙内外、建筑周围多呈条带状分布。

(2) 住院部绿地　住院部是病人住院治疗的地方，主要是病房，为医院的重要组成部分，并有单独的出入口。住院部为保障良好的医疗环境，尽可能避免一切外来干扰或刺激(如臭味、噪声等)，以创造安静、卫生、舒适的治疗和休养环境，其位置在总体布局时，往往位于医院中部。住院部与门诊部及其他建筑围合以形成较大的内部庭院，因而住院部绿地空间相对较大，多呈团块状和条带状分布于住院楼前及周围。

(3) 其他部分绿地　医院的辅助医疗部分，主要由手术室、药房、X 光室、理疗室和化验室等组成。大型医院各门诊部和住院部的布置，中小型医院亦适用。

医院的行政管理部门主要是对全院的业务、行政和总务进行管理，有的设在门诊楼内，有的则单独设在一幢楼内。

医院的总务部门属于供应和服务性质的部门，包括食堂、锅炉房、洗衣房、制药间、药库、车库及杂务用房和场院。总务部门与医务部门既有联系，又要隔离，一般单独设在医院中后部较偏僻的一角。

此外，还有病理解剖室和太平间，一般单独布置，并与街道和其他相邻部分保持较远距离，进行隔离。医院其他部分单独设置的，建筑周围应有一定的绿化带。

二、 医疗机构绿地的功能

医疗机构绿地的功能集中体现在以下几个方面：

(1) 改善医疗机构的小气候条件。

(2) 为病人创造良好的户外环境。

(3) 对病人心理产生良好的作用。

(4) 在医疗卫生保健方面具有积极的意义。

(5) 起卫生防护隔离作用。

综上所述，医疗机构绿地的功能可分为物理作用和心理作用。绿地的物理作用是指通过调节气候、净化空气、减弱噪声、防风防尘、抑菌杀菌等，调节环境的物理性质，使环境处于良性的、宜人的状态。绿地的心理作用则是指病人处在绿地环境中及其对感官的刺激所产生宁静、安逸、愉悦等良好的心理反应和效果。

三、 医疗机构绿地树种的选择

(1) 选择杀菌力强的树种。

(2) 选择经济类树种。

四、 医疗机构绿地规划设计要点

1. 综合性医院绿地设计（彩图 14）

(1) 门诊部绿化设计　门诊部靠近医院主要出入口与城市街道相临，是城市街道与医院的结合部，人流比较集中，在大门内外、门诊楼前要留出一定的交通缓冲地带和集散广场。医院大门至门诊楼之间的空间应进行绿化，不仅起到卫生防护隔离作用，还有衬托、美化门诊楼和市容街景的作用，以体现医院的精神面貌、管理水平和城市文明程度。因此，根据医院条件和场地大小，因地制宜地进行绿化设计，以美化装饰为主。

① 入口广场的绿化　综合性医院入口广场一般较大，在不影响人流、车辆交通的条件下，广场可设置装饰性的花坛、花台和草坪，有条件的还可设置水池、喷泉和主题雕塑等，以形成开朗、明快的格调。尤其是喷泉，可增加空气湿度，促进空气中负离子的形成，有益于人们的健康。喷泉与雕塑、假山的组合，加之彩灯、音乐配合，可形成不同的景观效果。

② 广场周围的布置　可栽植整形绿篱、草坪、花开四季的花灌木，节日期间，也可用一、二年生花卉做重点美化装饰，或结合停车场栽植高大遮阳乔木。医院的临街围墙以通透式为主，使医院内外绿地交相辉映，围墙与大门形式应协调一致，宜简洁、美观、大方、色调淡雅。若空间有限，围墙内可结合广场周边作条带状基础栽植。

③ 门诊楼周围绿化　门诊楼建筑周围的基础绿带的风格应与建筑风格协调一致，以美化

衬托建筑形象。门诊楼前绿化应以草坪、绿篱及低矮的花灌木为主，乔木应在距建筑 5 m 以外栽植，以免影响室内通风、采光及日照。门诊楼后常因建筑物遮挡，形成阴面，光照不足，故要注意耐阴植物的选择配置，以保证良好的绿化效果，如天目琼花、金丝桃、珍珠梅、金银木、绣线菊、海桐、大叶黄杨、丁香等，以及玉簪、紫萼、书带草、麦冬、白三叶、冷绿型混播草坪等宿根花卉和草坪。

在门诊楼与其他建筑之间应保持 20 m 的间距栽植乔灌木，以起一定的绿化、美化和卫生隔离效果。

(2) 住院部绿化设计　住院部位于门诊部后、医院中部较安静地段。住院部庭院要精心布置，应根据场地大小、地形地势、周围环境等情况，确定绿地形式和内容，并结合道路、建筑进行绿化设计，以创造安静优美的环境，供病人室外活动及疗养。

住院部周围小型场地在绿化布局时一般采用规则式构图，绿地中设置整形广场，广场内以花坛、水池、喷泉、雕塑等作中心景观，周边放置座椅、桌凳、亭廊花架等休息设施。广场、小径尽量平缓，并采用无障碍设计，硬质铺装，以利于病人出行活动。绿地中植草坪、绿篱、花灌木及少量遮阳乔木。这种小型场地，环境清洁优美，可供病人坐息、赏景、活动兼作日光浴场，也是亲属探视病人的室外接待处（图 6-14)。住院部周围有较大面积的绿化场地时，可采用自然式的布局手法，利用原地形和水体，稍加改造成平地或微起伏的缓坡岗阜和蜿蜒曲折的湖池、园路，并点缀园林建筑小品，配置花草树木，以形成优美的自然式庭园（图 6-15)。

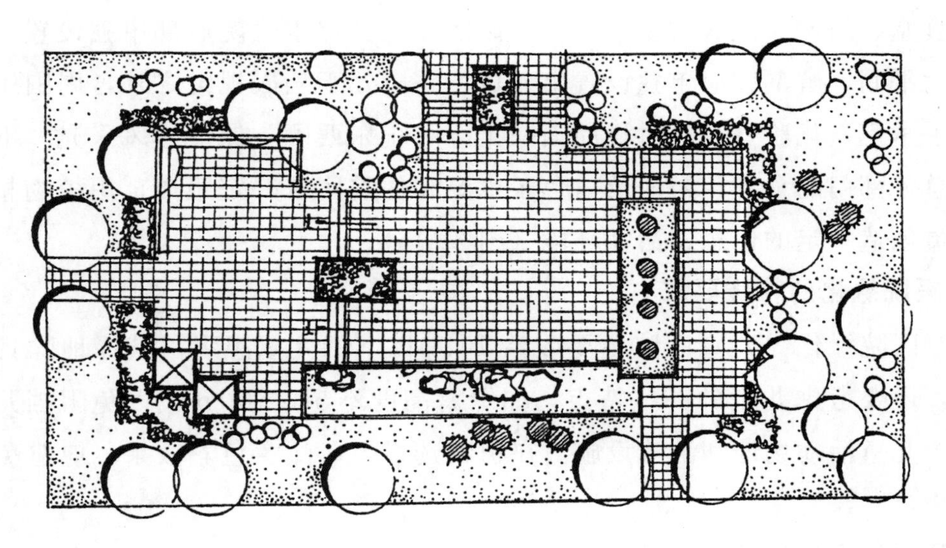

图 6-14　某医院休息绿地（规则式）

有时，根据医疗需要在较大的绿地中布置一些辅助医疗地段，如日光浴场、空气浴场、树林氧吧、体育活动场等，以树丛、树群相对隔离，形成相对独立的林中空间，场地以草坪为主，或做嵌草砖地面。在场地内适当位置设置座椅、凳、花架等休息设施。为避免交叉感

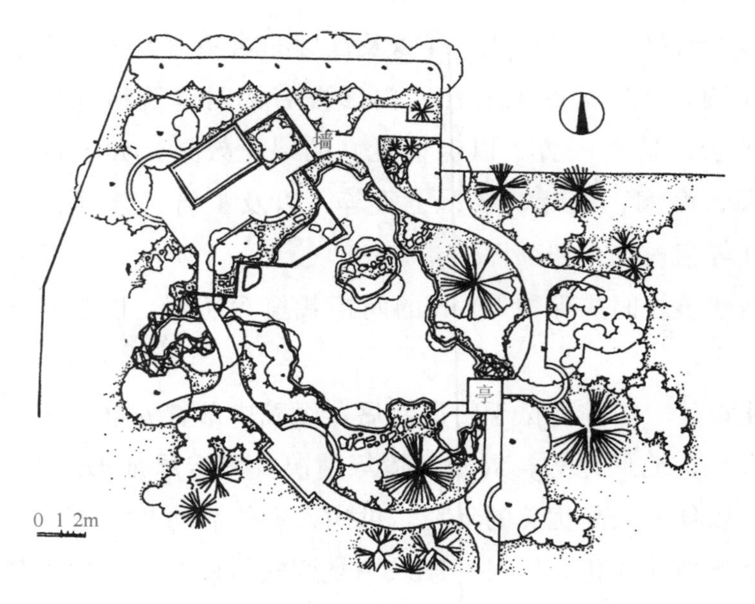

图 6-15　某疗养院休息绿地（自然式）

染，应为普通病人和传染病人设置不同的活动绿地，并在绿地之间栽植一定宽度的以常绿及杀菌力强的树种为主的隔离带。

一般病房与传染病房也要留有 30 m 的空间地段，并以植物进行隔离。

总之，住院部植物配置要有丰富的色彩和明显的季相变化，以使长期住院的病人能感受到自然界季节的交替，起到调节情绪、提高疗效的作用。常绿树与花灌木应各占 30%左右。

（3）其他区域绿化设计　其他区域包括辅助医疗的药库、制剂室、解剖室、太平间等，总务部门的食堂、浴室、洗衣房及宿舍区，该区域往往位于医院后部单独设置，绿化要强化隔离作用。太平间、解剖室应单独设置出入口，并应处于病人视野之外，周围用常绿乔灌木密植隔离。手术室、化验室、放射科周围绿化应防止东西晒，保证通风采光，不能植有绒毛飞絮植物。总务部门的食堂、浴池及宿舍区也要和住院区有一定距离，用植物相对隔离，以便为医务人员创造一定的休息、活动环境（图 6-16）。

2. 专科医院绿化的特殊要求

（1）儿童医院绿化　儿童医院主要收治 14 岁以下的儿童患者。其绿地除具有综合性医院的功能外，还要考虑儿童的一些特点，如绿篱高度不超过80 cm，以免阻挡儿童视线，绿地中适当设置儿童活动场地和游戏设施。在植物选择上，注意色彩效果，应避免选择对儿童有伤害的植物。

儿童医院绿地中设计的儿童活动场地、设施、装饰图案和园林小品，其形式、色彩、尺度都要符合儿童的心理和需要，富有童心和童趣，要以优美的布局形式和绿化环境，创造活泼、轻松的气氛，以减弱病儿对医院和疾病的心理压力。

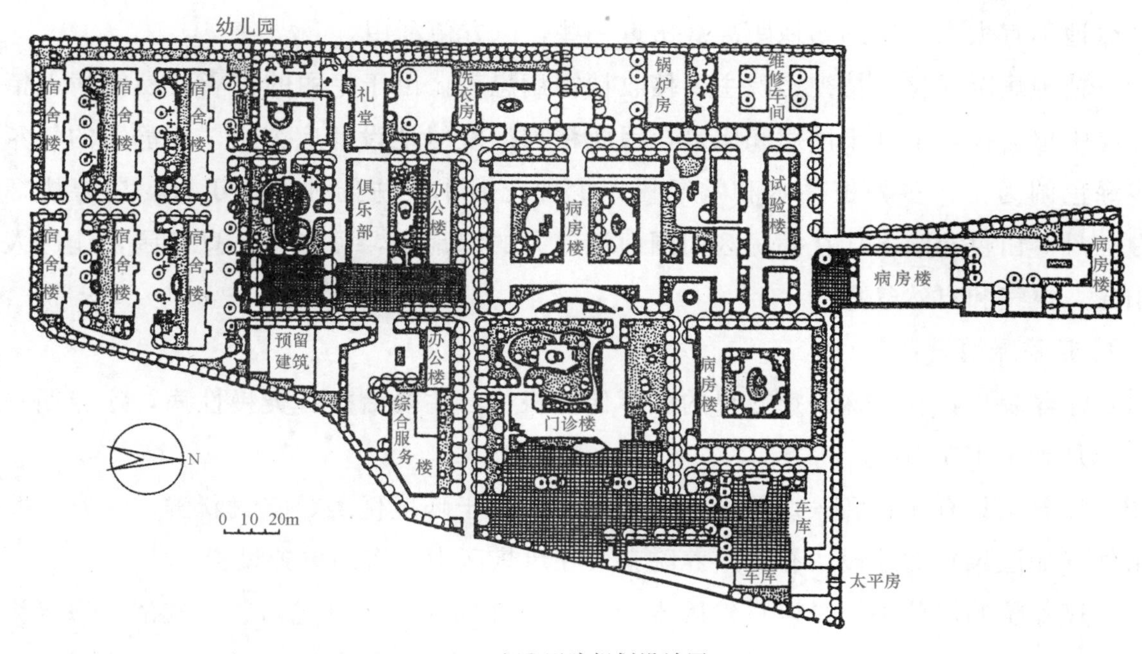

a. 二六〇医院规划设计图

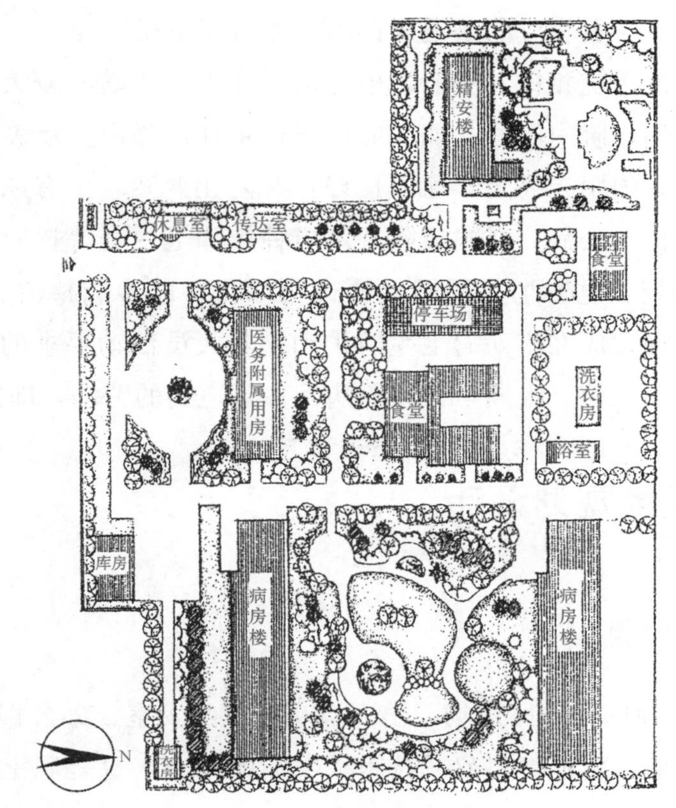

b. 天津安宁医院绿地设计图

图 6-16　医院环境设计平面图

（2）传染病院绿化　传染病院收治各种急性传染病的患者，故更应突出绿地防护隔离作用。防护林带要宽于一般医院，同时常绿树的比例要更大，使冬季也具有防护作用。不同病区之间也要相互隔离，避免交叉感染。由于病人活动能力小，以散步、下棋、聊天为主，故各病区绿地不宜太大，休息场地距离病房近一些，以方便利用。

（3）精神病院绿化　精神病院主要接收精神病患者。由于艳丽的色彩容易使病人精神兴奋，神经中枢失控，不利于治病和康复，因此精神病院绿地设计应突出“宁静”的气氛，以白色、绿色调为主，多种植乔木和常绿树，少种花灌木，并选种如白丁香、白碧桃、白月季、白牡丹等白色花灌木。在病房区周围面积较大的绿地中，可布置休息庭园，让病人在此感受阳光、空气和自然气息。

3. 疗养院绿地设计

（1）疗养院是具有特殊治疗效果的医疗保健机构，主要治疗各类慢性病，疗养期一般较长，一个月到半年左右。

（2）疗养院具有休息和医疗保健双重作用，多设于环境优美、空气新鲜，并有一些特殊治疗条件（如温泉）的地段，有的疗养院就设在风景区中，有的单独设置。

（3）疗养院的疗养手段是以自然因素为主，如气候疗法（日光浴、空气浴、海水浴、沙浴等），矿泉疗、泥疗、理疗等。因此，在进行环境和绿化设计时，应结合各种疗养法如日光浴、空气浴、森林浴，布置相应的场地和设施，并与环境相融合。

（4）疗养院与综合性医院相比，一般规模与面积较大，尤其有较大的绿化区，因此更应注意发挥绿地的功能作用，院内不同功能区应以绿化带加以隔离。疗养院内树木花草的布置要衬托美化建筑，使建筑内阳光充足，通风良好，并防止西晒，留有风景透视线，以供病人在室内远眺观景。为了保持安静，在建筑附近不应种植如毛白杨等树叶声大的树木。疗养院内的露天运动场地、舞场、电影场等周围也要进行绿化，以形成整洁、美观、大方、安详、清新的环境。疗养院内绿化应在不妨碍卫生防护和疗养人员活动要求的前提下，注意结合生产，如开辟苗圃、花圃、菜地、果园，让疗养病人参加适当的劳动，即园艺疗法。

6.4　工矿企业绿地规划设计

一、工矿企业绿地的组成

1. 厂前区绿地　厂前区由道路广场、出入口、门卫收发室、办公楼、科研实验楼、食堂等组成，它既是全厂行政、生产、科研、技术、生活的中心，也是职工活动和上下班集散的中心，还是连接市区与厂区的纽带。厂前区绿地为广场绿地、建筑周围绿地等，厂前区面貌体现了工厂的形象和特色。

2. 生产区绿地　生产区分布着车间、道路、各种生产装置和管线，是工厂的核心，也是工人生产劳动的区域。生产区绿地分布比较零碎，多呈条带状和团片状分布在道路两侧或车间周围。

3. 仓库区绿地 该区是原料和产品堆放、保管和储运区域，分布着仓库和露天堆场，绿地与生产区基本相同，多为边角地带（为保证生产，绿化不可能占据较多的用地）。

4. 绿化美化地段 包括厂区周围的防护林带，厂内的小游园、花园等。

工厂绿化既要重视厂前区和厂内绿化美化地段，提高园林艺术水平，体现绿化美化和游憩观赏功能，也不能忽视生产区和仓库区绿化，应以改善和保护环境为主，兼顾美化、观赏功能（图 6-17、图 6-18）。

图 6-17 广州某工厂环境效果图

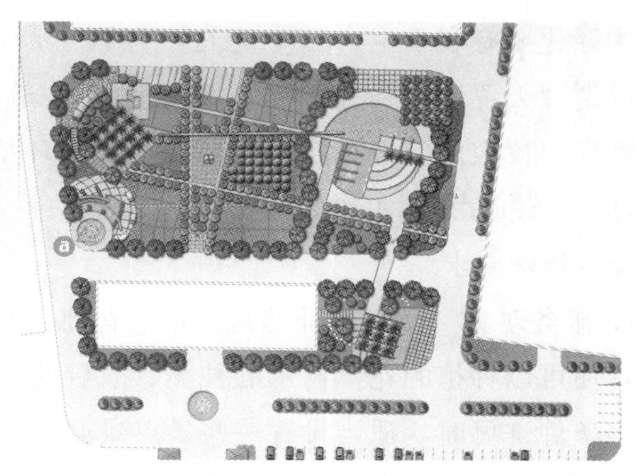

图 6-18 广州某工厂景观设计方案总平面图

二、 工矿企业绿地的功能

（1）保护生态环境，保障职工健康。

（2）社会文明进步的标志，企业形象的硬件。

（3）创造物质财富，体现经济效益。

三、 工矿企业绿地环境条件的特殊性

工矿企业绿地与其他园林绿地相比，环境条件有其相同的一面，也有其特殊的一面。认识工矿企业绿地环境条件的特殊性，有助于正确选择绿化植物，合理进行规划设计，以满足功能和服务对象的需要。

1. 环境恶劣 工矿企业企业在生产过程中常常排放、逸出各种有害于人体健康和植物生长的气体、粉尘、烟尘和其他物质，使空气、水、土壤得到不同程度的污染。虽然人们采取各种环保措施进行治理，但由于经济条件、科学技术和管理水平的限制，污染还不能完全杜绝。另外，工业用地因工程建设及生产过程中材料堆放、废物的排放，使土壤结构、化学性能和肥力都较差，因而工矿企业绿地的气候、土壤等环境条件，对植物生长发育是不利的，在有些污染性大的厂矿甚至是恶劣的，这也相应增加了绿化的难度。故应根据不同类型、不同性质的工

矿企业，慎重选择那些适应性强、抗性强、能耐恶劣环境的花草树木，并采取措施加强管理和保护，这是工矿企业绿化成败的关键环节，否则会出现植物死亡、事倍功半的结果。

2. 用地紧张　工矿企业内建筑密度大，道路、管线及各种设施纵横交错，尤其是城镇中小型工厂绿化用地往往很少。因此，工矿企业绿化要“见缝插绿”“寸土必争”，灵活运用，以争取较多的绿化用地，如在水泥地上砌台栽花，挖坑植树，墙边栽植攀缘植物垂直绿化，开辟屋顶花园空中绿化等。

3. 保证生产安全　工矿企业的中心任务是发展生产，为社会提供质优量多的产品，工矿企业的绿化要有利于生产正常运行，有利于产品质量提高。工矿企业内地上、地下管线密布，可谓“天罗地网”，建筑物、构筑物、铁道、道路交叉如织，其内外运输繁忙，有些精密仪器厂、仪表厂、电子厂的设备和产品对环境质量有较高的要求，因此工矿企业绿化首先要处理好与建筑物、构筑物、道路、管线的关系，保证生产运行的安全，还要满足设备和产品对环境的特殊要求。

4. 服务对象　工矿企业绿地是职工休息的场所，面积小、使用时间短，加之环境条件的限制，使可以种植的花草树木的种类、数量受到限制。故应在有限的绿地中，以绿化美化为主，当条件许可时，适当设置一些景点景区、建筑小品和休息设施。工矿企业绿化必须围绕有利于职工工作、休息和身心健康，有利于创造优美的厂区环境来进行，如利用厂内山丘水塘，置水榭，建花架，植花木，以形成小游园；或设水池、喷泉，种荷花、睡莲，点缀雕塑，相映成趣。道路两旁种植行道树，建筑周边绿地规则式种植整形的绿篱、花灌木，铺草坪，以形成简洁明快，通透而有层次的绿地。

四、工矿企业绿地的设计原则

工矿企业绿化关系到全厂各区、各车间内外生产环境和厂区容貌的好坏，在规划设计时应遵循以下几项基本原则：

1. 工矿企业绿化应体现各自的特色和风格　工矿企业绿化是以厂内建筑为主体的环境净化、绿化和美化，要体现本厂绿化的特色和风格，充分发挥绿化的整体效果，以植物与工厂特有建筑的形态、体量、色彩相衬托、对比、协调，以形成别具一格的工业景观（远观）和独特优美的厂区环境（近观）。如电厂高耸入云的烟囱和造型优美的双曲线冷却塔；纺织厂锯齿形天窗的生产车间；炼油厂、化工厂的烟囱，各种反应塔，银白色的贮油罐；纵横交错的管道等，这些建筑物、装置与花草树木形成形态、轮廓和色彩的对比变化，刚柔相济，从而体现各个工厂的特点和风格。

同时，工矿企业绿化还应根据本厂的实际，在植物的选择配置、绿地的形式和内容、布置风格和意境等方面，应体现出厂区宽敞明朗、洁净清新、整齐一律、宏伟壮观、简洁明快的时代气息和精神风貌。

2. 为生产服务，为职工服务 为生产服务，就要充分了解工矿企业及其车间、仓库、料场等区域的特点，综合考虑生产工艺流程、防火、防爆、通风、采光以及产品对环境的要求，使绿化服从或满足这些要求，有利于生产和安全。为职工服务，就要创造有利于职工劳动、工作和休息的环境，有益于工人的身体健康，尤其是生产区和仓库区占地面积大，又是职工生产劳动的场所，绿化的好坏将直接影响厂容厂貌和工人的身体健康，故应作为工矿企业绿化的重点之一。因此应根据实际情况，从树种选择、布置形式，到栽植管理上多下工夫，以充分发挥绿化在净化空气、美化环境、消除疲劳、振奋精神、增进健康等方面的作用。

3. 合理布局，联合系统 工矿企业绿化要纳入厂区总体规划中，在工厂建筑、道路、管线等总体布局时，要把绿化结合进去，做到全面规划，合理布局，形成点线面相结合的厂区园林绿地系统。点的绿化是厂前区和游憩性游园，线的绿化是厂内道路、铁路、河渠及防护林带，面就是车间、仓库、料场等生产性建筑、场地的周边绿化。应努力做到从厂前区到生产区、仓库、作业场、料场，到处是绿树红花青草，让工厂掩映在绿荫丛中，同时也要使厂区绿化与市区街道绿化联系衔接，过渡自然。

4. 增加绿地面积，提高绿地率 工矿企业绿地面积的大小，将直接影响到绿化的功能和厂区景观。各类工矿企业为保证文明生产和环境质量，必须有一定的绿地率：重工业20%，化学工业20%～25%，轻纺工业40%～45%，精密仪器工业50%，其他工业25%。据调查，大多数工矿企业绿化用地不足，特别是位于旧城区的工厂绿化用地远远低于上述指标，而一些工厂增加绿地面积的潜力还相当大，只是因资金紧张或领导重视不够而已，因此要想方设法通过多种途径、多种形式增加绿地面积，提高绿地率、绿视率和绿量。

现在世界上许多国家都注重工矿企业绿化美化，如美国把工矿企业绿化称为“产业公园”。日本土地资源紧缺，20世纪60年代，工矿企业绿地率仅为3%，后来要求新建厂要达到20%的绿地率，实际上许多工厂已超过这一指标，有的高达40%左右。一些工厂绿树成荫，芳草萋萋，不仅技术先进，产品质量高，而且以环境优美而闻名。

五、工矿企业绿地绿化树种选择的原则

1. 识地识树，适地适树 识地识树就是要对拟绿化的工矿企业绿地的环境条件有清晰的认识和了解，包括温度、湿度、光照等气候条件和土层厚度、土壤结构和肥力、pH等土壤条件，也要对各种园林植物的生物学和生态学特征了如指掌。适地适树就是根据绿化地段的环境条件选择园林植物，使环境适合植物生长，也使植物能适应栽植地环境。在识地识树前提下选择树木花草，则成活率高，生长茁壮，抗性和耐性就强，绿化效果好。

2. 注意防污植物的选择 工矿企业是污染源，故要在调查研究和测定的基础上，选择防污能力较强的植物，以尽快取得良好的绿化效果，避免失败和浪费，发挥工矿企业绿地改善和保护环境的功能。

3. 生产工艺的要求 不同工厂、车间、仓库、料场，其生产工艺流程和产品质量对环境的要求也不同，如空气洁净程度、防火、防爆等。因此，选择绿化植物时，要充分了解和考虑这些对环境条件的限制因素。

4. 易于繁殖，便于管理 工矿企业绿化管理人员有限，为省工节支，宜选择繁殖、栽培容易和管理粗放的树种，尤其要注意选择乡土树种。装饰美化厂容，要选择那些繁衍能力强的多年生宿根花卉。

六、工矿企业绿地各组成部分的设计

1. 厂前区绿地设计 厂前区的绿化要美观、整齐、大方、开朗、明快，给人以深刻印象，还要方便车辆通行和人流集散。绿地设置应与广场、道路、周围建筑及有关设施（光荣榜、画廊、阅报栏、黑板报、宣传牌等）相协调，一般多采用规则式或混合式。植物配置要和建筑立面、形体、色彩相协调，与城市道路相联系，种植类型多用对植和行列式。因地制宜地设置林荫道、行道树、绿篱、花坛、草坪、喷泉、水池、假山、雕塑等。入口处的布置要富于装饰性和观赏性，强调入口空间。建筑周围的绿化还要处理好空间艺术效果、通风采光、各种管线的关系。广场周边、道路两侧的行道树宜选用冠大荫浓、耐修剪、生长快的乔木或用树姿优美、高大雄伟的常绿乔木，以形成外围景观或林荫道。花坛、草坪及建筑周围的基础绿带或用修剪整齐的常绿绿篱围边，点缀色彩鲜艳的花灌木、宿根花卉，或植草坪，用低矮的色叶灌木形成模纹图案。

如用地宽余，厂前区绿化还可与小游园的布置相结合，设置山泉水池、建筑小品、园路小径，放置园灯、凳椅，栽植观赏花木和草坪，以形成恬静、清洁、舒适、优美的环境。这不但为职工工余班后休息、散步、谈心、娱乐提供场所，也体现了厂区面貌，成为城市景观的有机组成部分。

为丰富冬季景色，体现雄伟壮观的效果，厂前区绿化的常绿树种应有较大的比例，一般为30%～50%。

2. 生产区绿地设计 工厂生产车间周围的绿化比较复杂，绿地大小差异较大，多为条带状。由于车间生产特点不同，故绿地也不一样。有的车间对周围环境产生不良影响和严重污染，如散发有害气体、烟尘、噪声等；有的车间则对周围环境有一定的要求，如空气洁净程度、防火、防爆、降温、湿度、安静等，因此生产车间周围的绿化要根据生产特点，职工视觉、心理和情绪特点，为车间创造生产所需要的环境条件，并防止和减轻车间污染物对周围环境的影响和危害，满足车间生产安全、检修、运输等方面对环境的要求，为工人提供良好的工作短暂休息用地。

一般情况下，车间周围的绿地设计，首先要考虑有利于生产和室内的通风采光，距车间6～8 m内不宜栽植高大乔木；其次，要把车间出入口两侧绿地作为重点绿化美化地段，这是由于各类车间生产性质和特点不同，因此必须根据车间具体情况因地制宜地进行绿化设计（表 6-1）。

表 6-1 各类生产车间周围绿化特点及设计要点

车间类型	绿化特点	设计要点
1. 精密仪器车间、食品车间、医药卫生车间、供水车间	对空气质量要求较高	以栽植藤本、常绿树木为主，铺设大块草坪，选用无飞絮、种毛、落果及不易掉叶的乔灌木和杀菌能力强的树种
2. 化工车间、粉尘车间	有利于有害气体、粉尘的扩散、稀释或吸附，起隔离、分区、遮蔽作用	栽植抗污、吸污、滞尘能力强的树种，以草坪、乔灌木形成一定空间和立体层次的屏障
3. 恒温车间、高温车间	有利于改善和调节小气候环境	以草坪、地被植物、乔灌木混交，形成自然式绿地。以常绿树种为主，花灌木为辅，可配置园林小品
4. 噪声车间	有利于减弱噪声	选择枝叶茂密、分枝低、叶面积大的乔灌木，以常绿落叶树木组成复层混交林带
5. 易燃易爆车间	有利于防火、防爆	栽植防火树种，以草坪和乔木为主，不栽或少栽花灌木，以利可燃气体稀释、扩散，并留出消防通道和场地
6. 露天作业区	起隔声、分区、遮阳作用	栽植大树冠的乔木混交林带
7. 工艺美术车间	创造美好的环境	栽植姿态优美、色彩丰富的树木花草，配置水池、喷泉、假山、雕塑等园林小品，铺设园路小径
8. 暗室作业车间	形成幽静、庇荫的环境	搭荫棚，或栽植枝叶茂密的乔木，以常绿乔灌木为主

3. 仓库、堆物场绿地设计 仓库区的绿化设计，要考虑消防、交通运输和装卸方便等要求，应选用防火树种，禁用易燃树种，疏植高大乔木，间距 7～10 m，绿化布置宜简洁。在仓库周围留出 5～7 m 宽的消防通道。

装有易燃物的贮罐，周围应以草坪为主，防护堤内不种植物。

露天堆物场绿化，应在不影响物品堆放、车辆进出、装卸条件下，周边栽植高大、防火、隔尘效果好的落叶阔叶树，以利夏季工人遮阳休息，而且可对其外围加以隔离。

4. 厂内道路、铁路绿化

(1) 厂内道路绿化　厂区道路是工厂组织生产、原材料及成品运输、企业管理、生活服务的重要通道，是厂区的动脉。满足生产要求，保证厂内交通运输的畅通和职工安全既是厂区道路规划的第一要求，也是厂区道路绿化的基本要求。

道路两侧通常以等距行列式各栽植 1～2 行乔木作行道树，如路较窄，也可在其一侧栽植行道树，南北向道路可栽在路西侧，东西向道路可栽在路南侧，以利遮阳。行道树株距视树种大小而定，以 5～8 m 为宜。大乔木定干高度不低于 3 m，中小乔木定干高度不低于 2.5 m。为了保证行车、行人和生产安全，厂内道路交叉口、转弯处要留出一定安全视距的通透区域，还要保证树木与建筑物、构筑物、道路和地上地下管线的最小间距。有的工厂，如石油化工厂，厂内道路常与管廊相交或平行，道路的绿化要与管廊位置及形式结合起来考虑，因地制宜地选用乔灌木、绿篱和攀缘植物，合理配置，以取得良好的绿化效果。

大型工厂道路有足够宽度时，可增加园林小品，布置成花园式林荫道。绿化设计时，要充分发挥植物的形体美和色彩美，在道路两侧有层次地布置乔灌花草，以形成层次分明、色彩丰富、多功能的绿色长廊。

(2) 厂内铁路绿化　在钢铁、石油、化工、煤炭、重型机械等大型厂矿内除一般道路外，还有铁路专用线，厂内铁路两侧也需要绿化。

铁路绿化有利于减弱噪声，保持水土，稳固路基，还可以通过栽植，形成绿篱、绿墙，组织人流，防止行人乱穿越铁路而发生交通事故。

厂内铁路绿化设计时，植物离标准轨外轨的最小距离为 8 m，离轻便窄轨不小于 5 m；前排密植灌木，以起隔离作用，中后排再种乔木；铁路与道路交叉口处，每边至少留出 20 m 的地方，不能种植高于 1 m 的植物；铁路弯道内侧至少留出 200 m 视距，在此范围内不能种植阻挡视线的乔灌木；铁路边装卸原料、成品的场地，可在周边大株距栽植一些乔木，但不种灌木，以保证装卸作业的进行。

5. 工厂小游园设计

(1) 小游园的功能及要求　根据各厂的具体情况和特点，在工矿企业内因地制宜地开辟建设小游园，运用园林艺术手法，布置园路、广场、水池、假山及建筑小品，栽植花草树木，组成优美的环境，既美化了厂容厂貌，又是厂内职工开展业余文化体育娱乐活动的良好场所，有利于职工工余休息、谈心、观赏、消除疲劳，深受广大职工欢迎（图 6-19～图 6-21）。

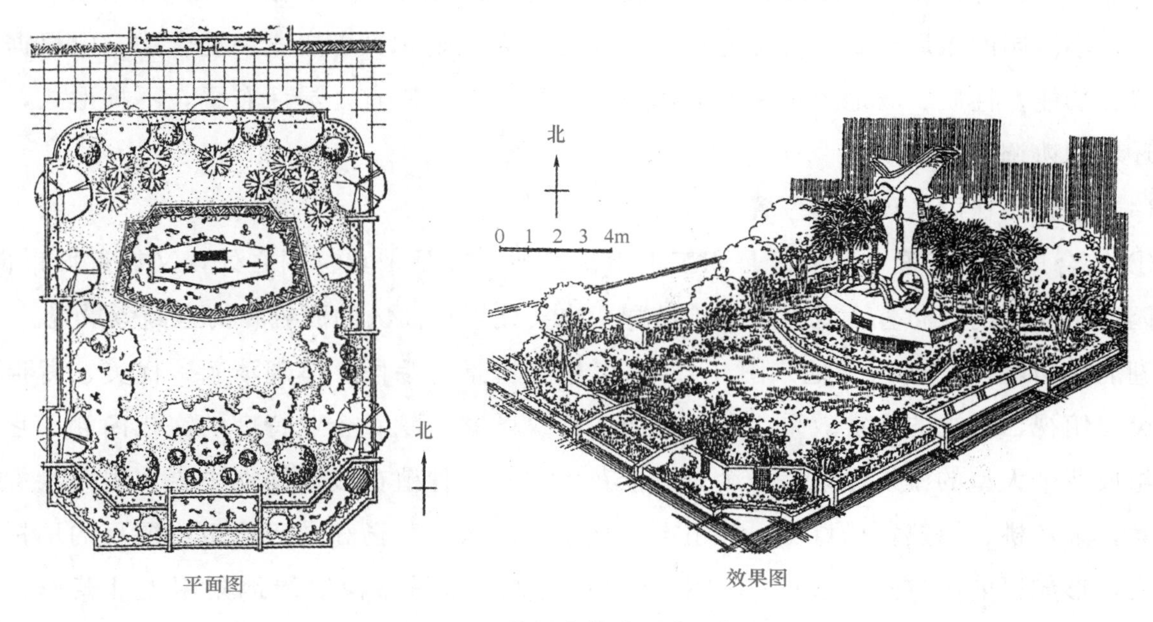

图 6-19　黄石市橡胶厂中心绿地

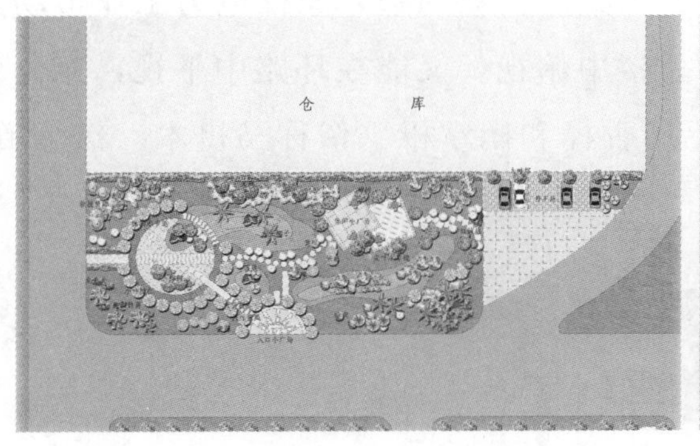

图 6-20　东莞某厂中心绿地平面图

图 6-21　东莞某厂中心绿地效果图

厂内休息性小游园面积一般不大，要精心布置，小巧玲珑，并结合本厂特点，设置与工厂建筑物、构筑物相和谐的标志性雕塑或建筑小品，以形成不同于城市公园、街道、居住小区游园的格调和风貌。

（2）小游园的内容

① 以植物绿化美化为主，植物配置应以乔灌花草结合，常绿树种与落叶树种结合，种植类型既可是树林、树群、树丛，也可是花坛、行列式，草坪铺底，或绿篱围边，以期有层次色彩变化。

② 出入口、园路和集散广场：根据游园规模大小，结合厂区道路、车间入口，可设置若干个出入口和园路相连，并在绿地中结合园路、出入口设置休息、集散广场。

③ 建筑小品：根据游园的大小和经济条件，可适当设置一些建筑小品，如亭廊花架、宣

传栏、雕塑、园灯、座椅、水池、喷泉、假山、置石、厕所及管理用房等服务设施。

（3）小游园的布局形式　游园的布局形式可分为规则式、自然式和混合式，应根据其所在位置、功能、性质、场地形状、地势及职工爱好，因地制宜，灵活布置，不拘形式，并与周围环境相协调。

（4）小游园在厂区设置的位置

① 结合厂前区布置　厂前区是职工上下班场所，也是来宾首到之处，又靠近城市街道，小游园应结合厂前区布置，既方便职工游憩，也美化了厂前区的面貌和街道侧旁景观。

湖北汉川电厂厂前区绿地（图 6-22）以植物造景为手段，体现清新、优美、高雅的格调，突出俯视、平视的观赏效果，并以美丽的模纹图案，赋予企业特有的文化内涵。它采用植物组成两个大型的模纹绿地，一个是以桂花为主景，种植在坡形绿地中央，用大叶黄杨组成图案，金丝桃、锦熟黄杨点缀，片植丰花月季，以雀舌黄杨和白矾石组成醒目的厂标，草坪铺底，形成厂前区空间环境的构图中心和视线焦点；另一模纹绿地则用大叶黄杨、海桐球、丰花月季、雀舌黄杨、红叶小檗、美女樱等组成火与电的图案，一圈圈的雀舌黄杨象征磁力线，大叶黄杨组成两个扭动的轴，三个火样的图案烘托在周边，象征电力工业带动其他工业的发展。整个图案新颖别致，既可从生产办公楼中俯视，又能在环路中平视，充分体现了汉川电厂绿化的节奏感和韵律美。主干道绿化用香樟和鹅掌楸（俗称马褂木）作行道树，

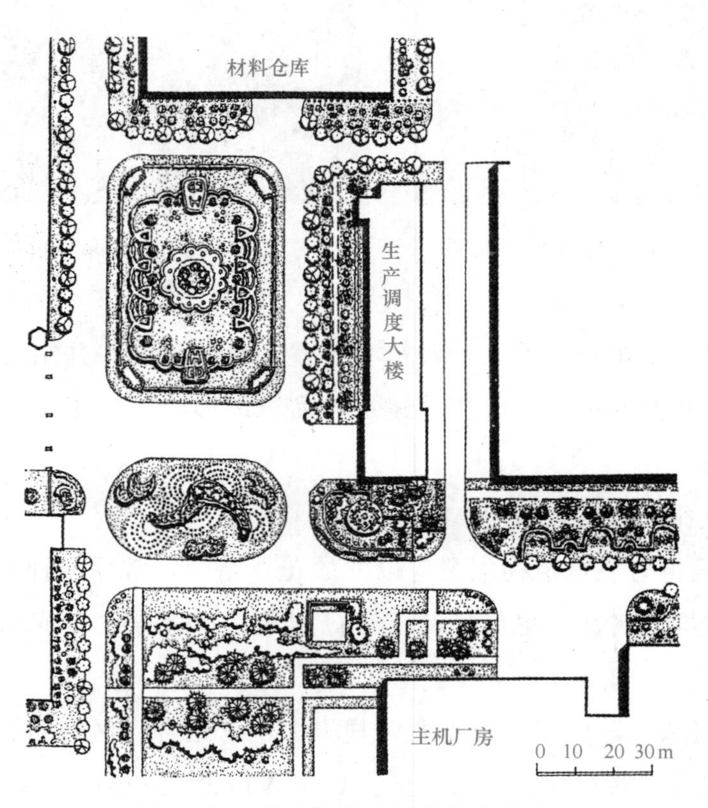

图 6-22　湖北汉川电厂厂前区绿地

蚊母球和大叶黄杨绿篱与之相配，形成点线面结合的布局形式，秋天叶形优美的鹅掌楸变黄，在浓绿色的香樟衬托下，色彩鲜明，富有诗情画意。自然式树丛设在周边绿地上，遮挡不美观之处，并作为背景围合成完整的厂前区绿色空间。以雪松、樱花、白玉兰、红叶李、迎春、凌霄、杜鹃、月季等，形成丰富多彩的、多层次的、季相明显的绿化环境。绿树、鲜花、茵草、景墙、置石、花坛，使单调而呆板的工厂环境富有活力和艺术魅力。

② 结合厂内水体布置　工厂内若有天然池塘、河道等水体，更是布置游园的好地方，其既可丰富游园的景观，又可增加休息活动的内容，同时也改善了厂内水体的环境质量，可谓一举多得。如南京江南光学仪器厂（图 6-23），将一个几乎成为垃圾场的小臭水塘进行疏浚治理，并修园路、铺草坪、种花木、置花架、堆假山、建水池，池内设喷泉，使之成为职工喜爱的游园。

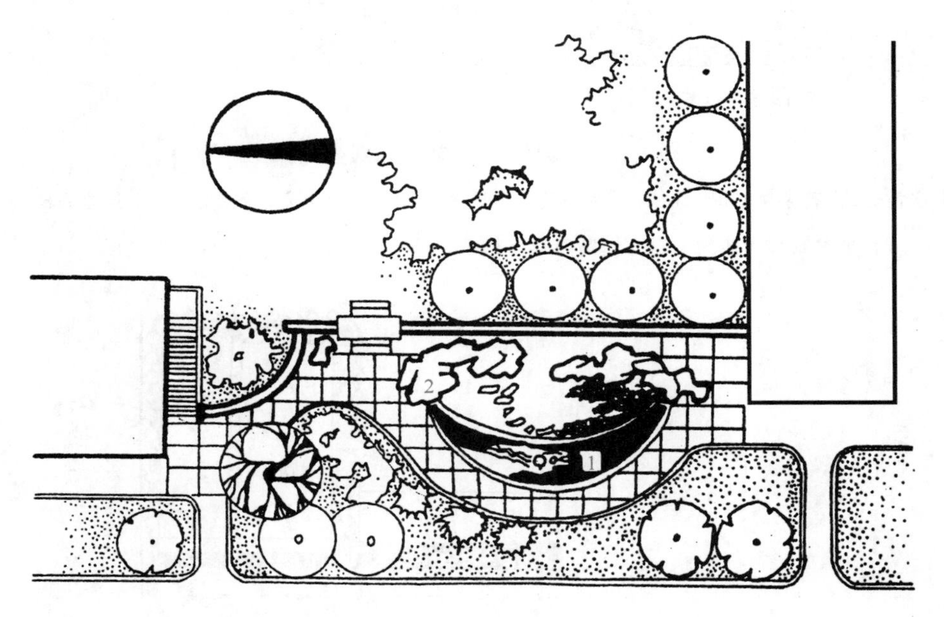

图 6-23　南京江南光学仪器厂路旁小景平面图

1—水池、仙鹤雕塑；2—假山

③ 在车间附近布置　车间附近是工人工余休息之处，可根据本车间工人爱好，布置成各有特色的小游园，并结合厂区道路和车间出入口，创造出优美的园林景观，使职工在花园化的工厂中工作和休息。如广州石油化工总厂由工人自己动手，在各车间附近建造游园，遍及全厂达 20 多处，各具风格，丰富多彩。

④ 结合公共福利设施、人防工程布置　小游园若与俱乐部、阅览室、食堂、人防工程相结合布置，则能更好地发挥各自的作用。根据人防工程上土层厚度选择植物，土厚 2 m 以上可种大乔木，1.5～2 m 厚可种小乔木或大灌木，0.5～1.5 m 厚可种灌木、竹子，0.3～0.5 m 厚可栽植地被植物和草坪，人防设施出入口附近不能种植有刺或蔓生伏地植物。如南京江南

光学仪器厂的小游园与俱乐部结合，使之成为职工业余文化活动的中心；苏州化工厂在行政楼和职工食堂之间布置花园，使之成为职工饭后散步、休息之处；珠江电厂和黄石市王家里水厂绿地如图 6-24 和图 6-25 所示。

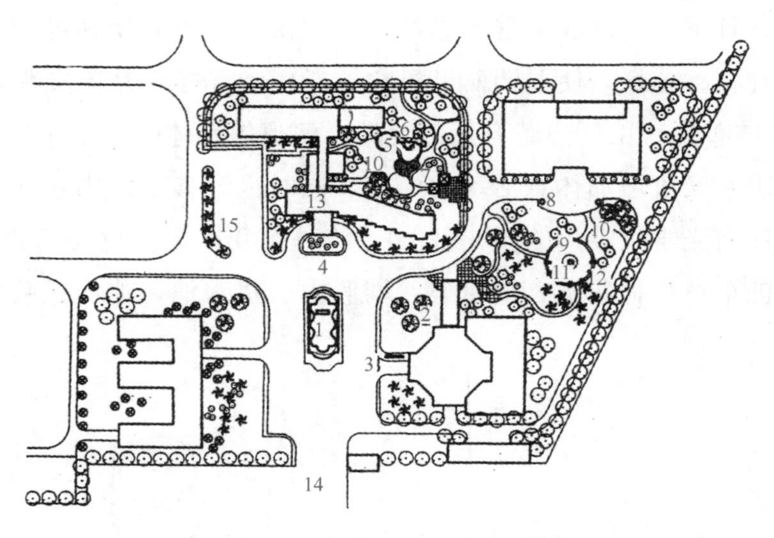

图 6-24　珠江电厂绿化规划平面图

1—喷水池；2—花架廊；3—宣传栏；4—景石小景；5—水池；6—英石假山；7—双连亭；8—花钵；9—平台；10—座凳；11—雕塑；12—构架；13—办公楼；14—大门；15—停车场

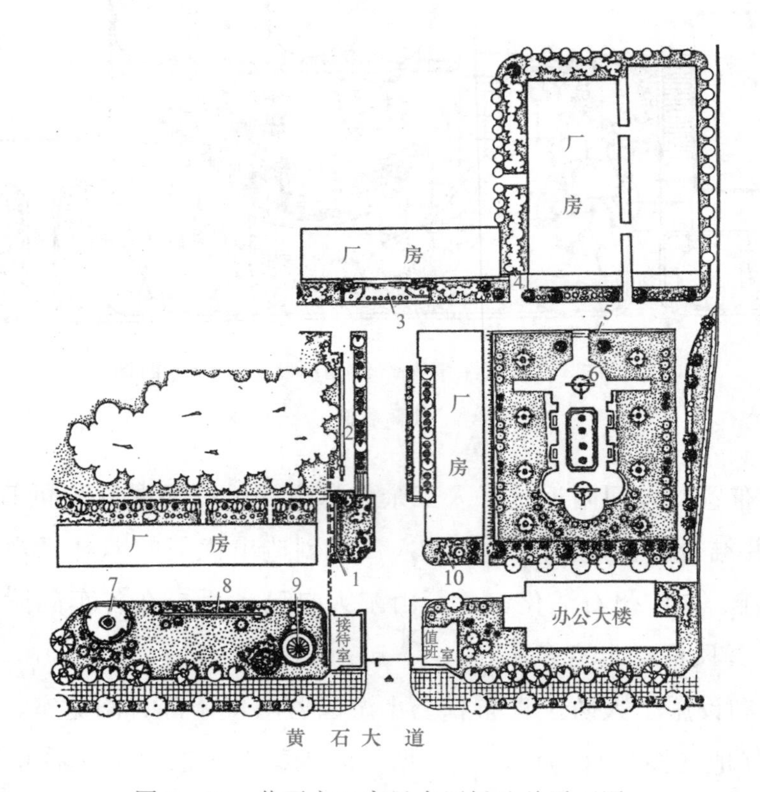

图 6-25　黄石市王家里水厂绿地总平面图

1—装饰影壁；2—宣传橱窗；3—山石壁画主景；4—装饰景门；5—装饰景墙；6—排气孔小品；7—污水池改造景点之一；8—装饰博古景架；9—污水池改造景点之二；10—叠石景点

6. 工厂防护林带设计 工厂防护林带的主要作用是滤滞粉尘、净化空气、吸收有毒气体、减轻污染、保护并改善厂区乃至城市环境。首先要根据污染因素、污染程度和绿化条件，综合考虑，以确定林带的条数、宽度和位置。

通常，在工厂上风方向设置防护林带可防止风沙侵袭及邻近企业污染，在下风方向设置防护林带必须根据有害物排放、降落和扩散的特点选择适当的位置和种植类型。一般情况下，污物排出并不立即降落，故在厂房附近地段不必设置林带，而将其设在污物开始密集降落和受影响的地段内。防护林带内，不宜布置散步休息的小道、广场，在横穿林带的道路两侧加以重点绿化隔离。

烟尘和有害气体的扩散与其排出量、风速、风向、垂直温差、气压、污染源的距离及排出高度有关，因此设置防护林带也要综合考虑这些因素，才能使其发挥较大的卫生防护效果。

防护林带应选择生长健壮、病虫害少、抗污染性强、树体高大、枝叶茂密、根系发达的树种。在树种搭配上，要常绿树与落叶树相结合，乔、灌木相结合，阳性树与耐阴树相结合，速生树与慢生树相结合，净化与绿化相结合。

6.5 机关单位绿地规划设计

一、机关单位绿地的组成

机关单位绿地主要包括：入口处绿地、办公楼前绿地（主要建筑物前）、附属建筑旁绿地、庭院休息绿地（小游园）、道路绿地等。

二、大门入口处绿地

大门入口处是单位形象的缩影，入口处绿地也是单位绿化的重点之一。绿地的形式、色彩和风格要与入口空间、大门建筑统一协调，设计时应充分考虑，以形成机关单位的特色及风格。一般大门外两侧采用规则式种植，以树冠规整、耐修剪的常绿树种为主，以便与大门形成强烈对比；或对植于大门两侧，衬托大门建筑，强调入口空间，在入口对景位置可设计成花坛、喷泉、假山、雕塑、树丛、树坛及影壁等（图 6-26）。

大门外两侧绿地，应由规则式过渡到自然式，并与街道绿地中人行道绿化带结合。入口处及临街的围墙要通透，也可用攀缘植物绿化。

三、办公楼绿地

办公楼绿地可分为楼前装饰性绿地（此绿地有时与大门内广场绿地合二为一）、办公楼

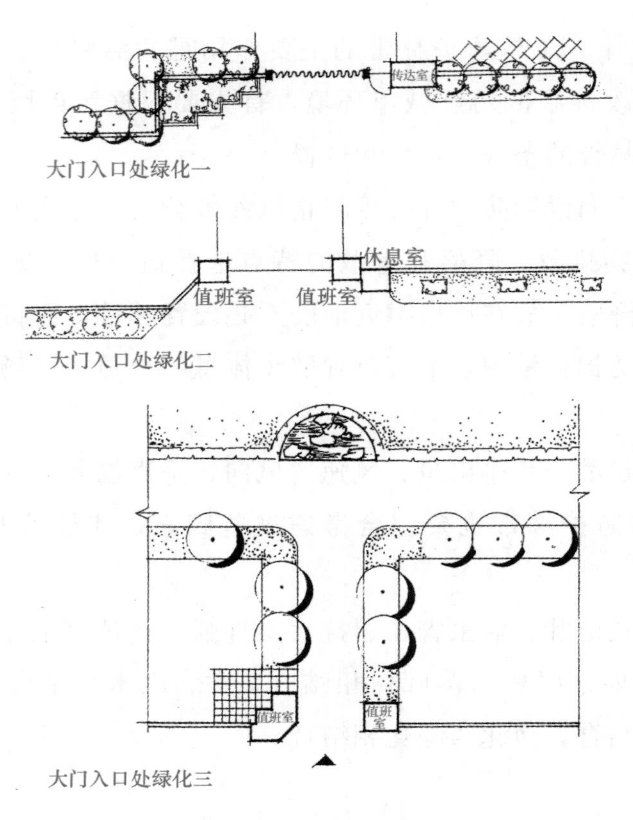

图 6-26　大门入口处绿化的不同形式

入口处绿地及楼周围基础绿地。

大门入口至办公楼前，根据空间和场地大小往往规划成广场供人流交通集散和停车，绿地位于广场两侧。若空间较大，也可在楼前设置装饰性绿地，两侧为集散和停车广场。大楼前的广场在满足人流、交通、停车等功能的条件下，可设置喷泉、假山、雕塑、花坛、树坛等作为入口的对景，两侧可布置绿地。办公楼前绿地以规则式、封闭型为主，可以草坪铺底，绿篱围边，点缀常绿树和花灌木，低矮开敞；或做成模纹图案，富有装饰效果。办公楼前广场两侧绿地应视场地大小而定，场地小宜设计成封闭型绿地以起绿化美化作用，场地大可建成开放型绿地，兼休息功能（图 6-27）。

办公楼入口处绿地，一般结合台阶设花台或花坛，并用球形或尖塔形的常绿树或耐修剪的花灌木，对植于入口两侧，或用盆栽的苏铁、棕榈、南洋杉、鱼尾葵等摆放于大门两侧。

办公楼周围基础绿带位于楼与道路之间，多呈条带状，如此既美化衬托建筑，又进行隔离，以保证室内安静，以及办公楼与楼前绿地的衔接过渡。绿化设计应简洁明快，以绿篱围边，草坪铺底，栽植常绿树与花灌木，从而做到低矮、开敞、整齐，富有装饰性。在建筑物的背阴面，要选择耐阴植物。为保证室内通风采光，高大乔木可栽植在距建筑物 5 m 之外，为防日晒，也可于建筑两山墙处结合行道树栽植高大乔木。

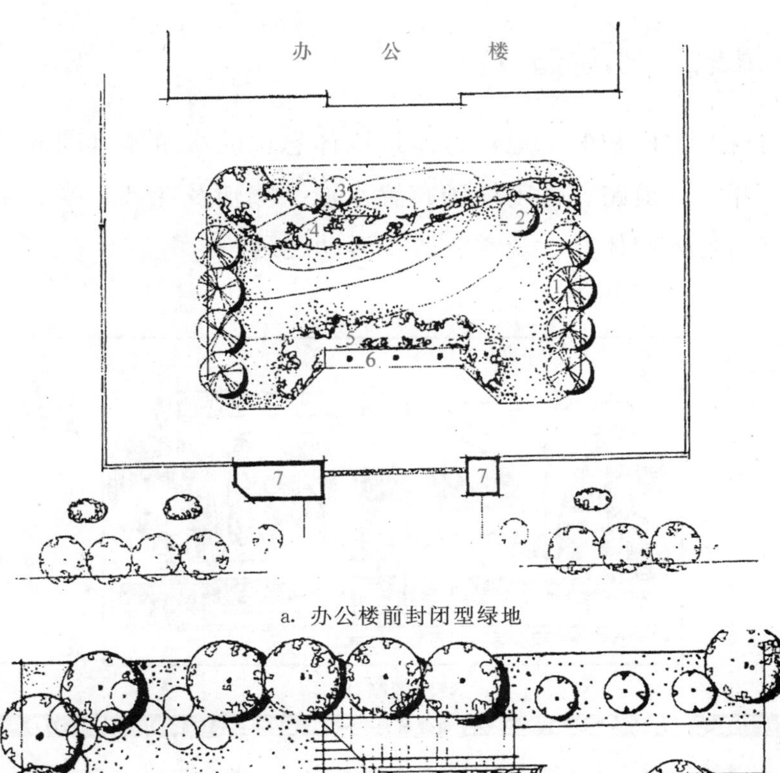

a. 办公楼前封闭型绿地

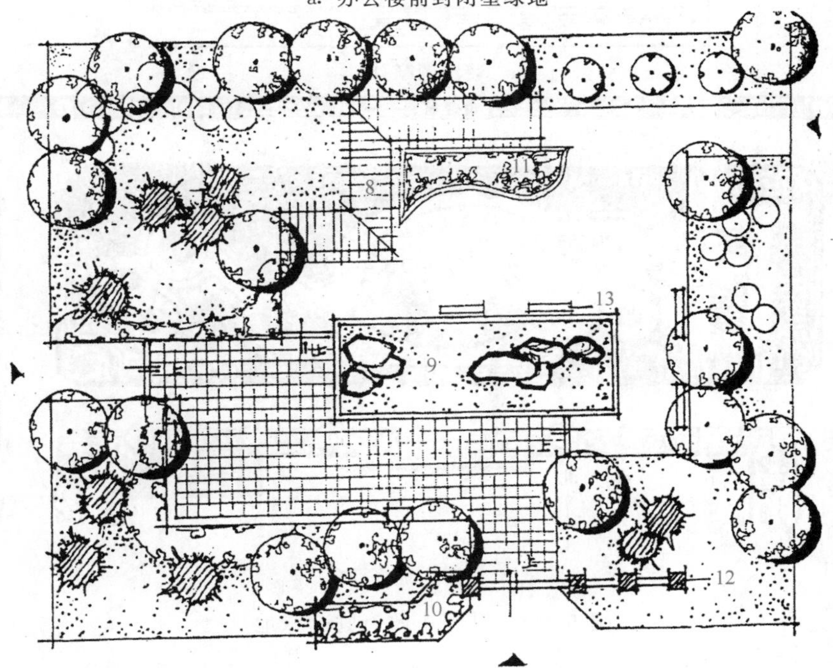

b. 办公楼前开放型绿地

图 6-27 办公楼前绿地的不同形式

1—合欢；2—红叶李；3—黄刺玫；4—金叶女贞；5—宿根花卉；6—旗杆台；7—传达室；8—花架；9—山石池；10、11—花池；12—花钵；13—座凳

四、 庭园式休息绿地（小游园）

如果机关单位内有较大面积的绿地，可设计成休息性的小游园（图 6-28）。游园中以植物绿化、美化为主，并结合道路、休闲广场布置水池、雕塑及花架、亭、桌椅凳等园林建筑小品和休息设施，以满足人们休息、观赏、散步活动之用。

a. 装饰圆亭外景

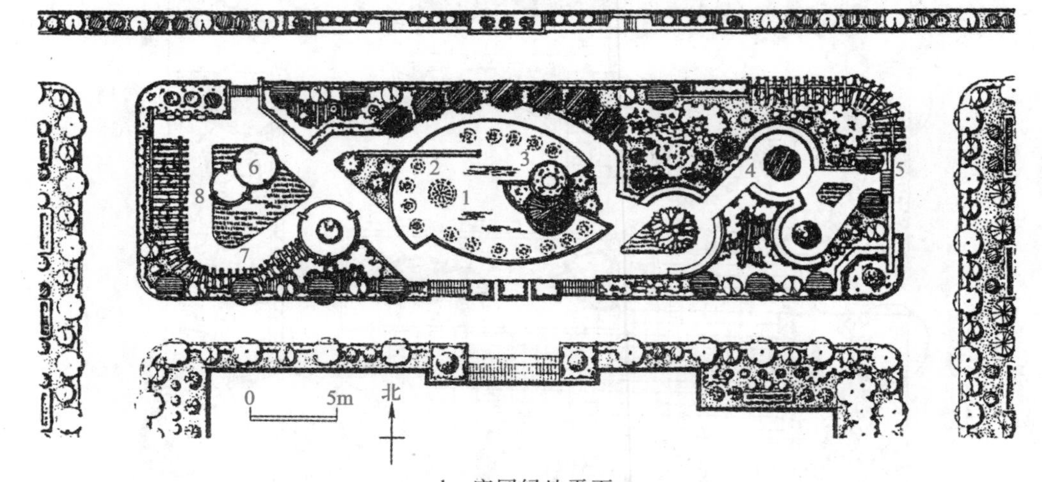

b. 庭园绿地平面

图 6-28 鄂州市政府庭园绿地

1—喷泉水池；2—壁水景墙；3—雕塑小品；4—休息岛；5—花架景墙；

6—三圆亭；7—单柱花架；8—双柱花架

五、 附属建筑绿地

附属建筑绿地指食堂、锅炉房、供变电室、车库、仓库、杂物堆放等建筑及围墙内的绿地。这些地方的绿化首先要满足使用功能，如堆放煤和煤渣及垃圾、车辆停放、人流交通、供变电要求等。其次要对杂乱的、不卫生、不美观之处进行遮蔽处理，用植物形成隔离带，阻挡视线，起卫生防护隔离和美化作用。

六、 道路绿地

道路绿地也是机关单位绿化的重点，它贯穿于机关单位各组成部分之间，起着交通、空间和景观的联系和分隔作用。道路绿化应根据道路及绿地宽度，可采用行道树及绿化带种植方式。机关单位道路较窄，建筑物之间空间较小，行道树应选择观赏性较强、分枝点较低、树冠较小的中小乔木，株距 3～5 m。同时，也要处理好与各种管线之间的关系，行道树种不宜繁杂。

6.6 宾馆饭店绿地规划设计

一、 宾馆饭店的组成

一般宾馆饭店由客房、公共行政办公及后勤服务三部分组成。

客房部分是为顾客提供住宿服务的地方，体现宾馆饭店的主要功能，是宾馆饭店的主体建筑，一般临街设置。

公共部分是为住宿的客人提供餐饮、会议、商务、娱乐、健身等服务之处，多由门厅、会议厅、餐厅、商务中心、商店、康乐设施等组成。

行政办公及后勤服务包括行政办公及员工生活、后勤服务、机房与工程维修等附属建筑或用房。

二、 宾馆饭店绿地的特点

宾馆饭店绿地又称为公共建筑庭园绿地。在进行庭园绿化时，要根据服务对象的层次，满足各类庭园性质和功能的要求，植物造景尽量做到形式多样、丰富多彩、突出特色；在格调上要与建筑物和环境的性质、风格协调，并与庭园绿化总体布局相一致。

三、 宾馆饭店绿地的分类

宾馆饭店绿地根据庭园在建筑中所处的位置及其使用功能划分为前庭、中庭（内庭）和后庭。

1. 前庭 其位于宾馆饭店主体建筑前，面临道路，供人、车出入，也是建筑物与城市道路之间的空间及交通缓冲地带。一般前庭较宽敞，其总体规划要综合考虑交通集散、绿化美化建筑和空间等功能，应根据场地大小，布置广场、停车场、喷泉、水池、雕塑、山石、花坛、树坛等，采用规则式构图，以示其严整堂皇，雄伟壮观；也可采用自然式布局，自由活泼，富有生机和野趣。绿地中可用平坦的草坪铺底，修剪整齐的绿篱围边，并点缀球形和尖塔形的常绿树木和低矮、耐修剪的花灌木。以山丘、水石、汀桥、植物等要素有机组合，又利用挖池的土堆山，形成岗阜，做前庭主景和屏障，起观赏和隔离作用，又构成清幽、雅致的现代宾馆之园景（图 6-29）。

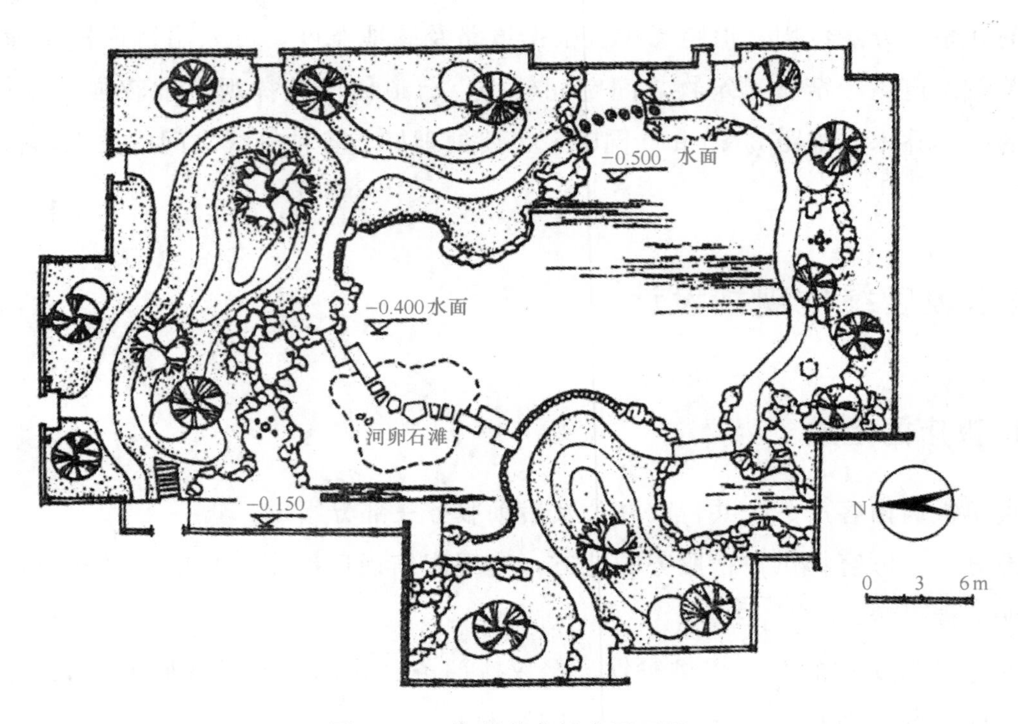

图 6-29 杭州黄龙饭店平面图

2. 中庭 中庭又称内庭。宾馆饭店的高层建筑，为了满足各种使用功能，活跃建筑内的环境气氛，常将建筑内部的局部抽空以形成玻璃屋顶的大厅；或在建筑底层门厅部分形成功能多样、景观变化丰富的共享空间。内庭的绿化造景部分往往位于门厅内后墙壁前，正对大厅入口，或位于楼梯口两侧的角隅处。内庭布置宜少而精、自由灵活，或半席园地，清池一口，清流滴润，笋石点点；或对壁景窗一扇芭蕉，回廊转角数株棕竹，会客大厅盈盈涌泉，茶座栏下游鱼娓娓，景架壁上巧悬气兰，步廊两侧顽石相伴……内庭绿化造景，宜将自然气息引入室内，使之富有生趣。

3. 后庭 后庭位于主体建筑楼后，或是由不同建筑围合的庭院，空间相对较大。其绿化造景除满足各建筑物之间的交通联系等使用功能外，可以植物绿化、美化为主，综合运用各种造景要素，规划设计成具休息观赏功能、自然活泼、开放性的小游园，故既可运用传统造园手法，设计具有中国古典园林意境和风格的游园，也可运用现代景观设计手法，创造富有当前时代气息和风格的游园。根据场地大小，繁简皆宜。地势平坦或微起伏，园中可挖池堆山，池边、道旁及坡地上堆砌置石，营造蜿蜒曲折园路和小型休闲广场，周围置桌凳椅等休息设施。植物配置应疏密有致、高低错落，以形成优美、清新、幽静的庭园环境。庭园绿化一般都是在较小的范围内进行，因而要充分利用可绿化的空间，以增加庭园的绿量，并运用多种植物来形成生物多样性的景观环境。如利用攀缘的藤本植物在围栏、墙面及花架上进行垂直绿化，形成绿色走廊；用耐阴的草坪、宿根花卉等地被植物覆盖树池、林下、道旁，使庭园充满绿意；或在建筑角隅处、围墙边栽植花灌木，使庭园生机盎然（图 6-30）。

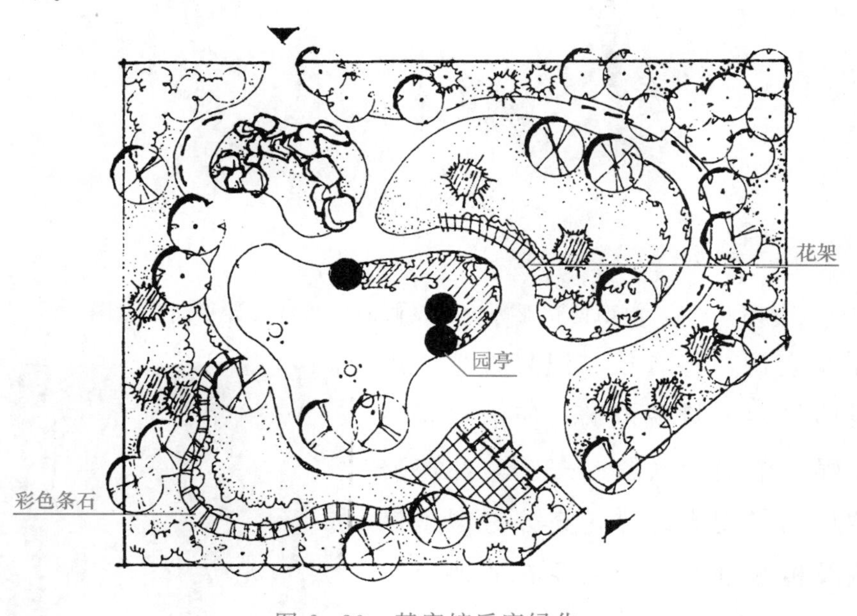

图 6-30　某宾馆后庭绿化

四、 宾馆饭店绿地设计范例分析

博鳌亚洲论坛度假酒店景观设计

博鳌位于海南省，地处海口市与三亚之间，距琼海 30 km，是万泉河、龙滚江及九曲江汇合并入海之处，具有山、河、湖、海融为一体的特色，与世界著名的旅游胜地澳大利亚的黄金海岸和墨西哥的坎昆有极相似的地理特征。亚洲论坛作为中国定期举行的国际活动，其重要性自然也反映在论坛会议中心、酒店的景观设计之中。意格环境设计通过与澳大利亚 DBI 事务所、北京市建筑设计院等设计单位的协调与配合，为中远三林置业集团所投资开发的亚洲论坛会议中心、酒店及配套的高尔夫球场、别墅区提供景观设计与现场服务（图 6-31）。在充分了解当地气候、地质、水文情况及环境特征的前提下，论坛会议中心、酒店及配套的高尔夫球场、别墅区的景观均实现了建筑与周边环境的协调与统一，并为其长期良好的运营创造了有利的条件。

景观设计师通过造景的手法，将博鳌美丽的山水风光引入室内，使室内外景观融为一体，为在酒店和别墅度假的消费者创造怡人的休息空间和新鲜的度假体验（图 6-32）。通过对当地民俗及民居建造手法的吸收与再创造，并充分考虑利用本土的材料，采用了许多新颖的处理手法（图 6-33、图 6-34）。同时，还将石雕等手工艺作品有机地融入到酒店的环境之中，配以加强气氛的灯光设计，使民族工艺焕发出新的生命力。设计师依据海南的气候特征

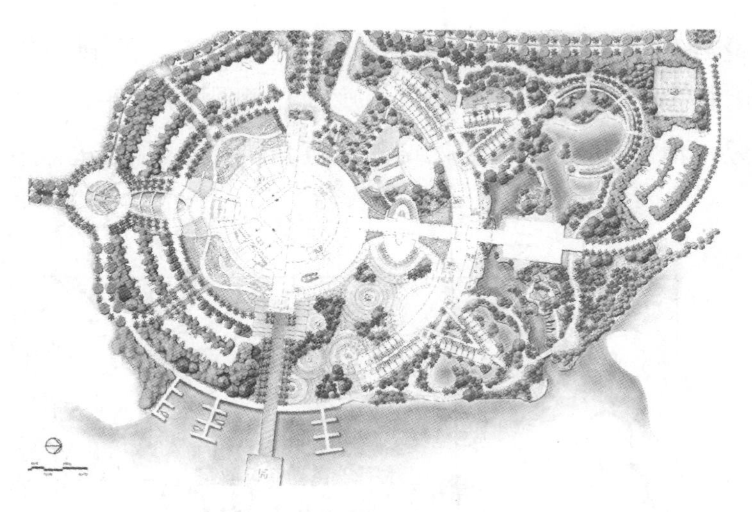

图 6-31 海南博鳌亚洲论坛度假酒店景观设计平面示意图

及博鳌现有的温泉资源，将餐饮、温泉按摩、理疗及水中娱乐设施等纳入景观范畴，使消费者在消费中娱乐，在娱乐中消费（图 6-35）。在博鳌东屿岛高尔夫球场的景观设计中，充分考虑了该基地的地形地貌及植被现状，利用原有的地形起伏，在工程量最小的情况下创造出引人入胜的高尔夫球场景观（图 6-36）。

图 6-32 海南博鳌太阳城棕榈岛别墅景观

现代景观设计在休闲度假酒店的策划与设计建造过程及将来的运营中，均扮演着重要的角色。它既与中国讲究建筑与自然统一的传统价值观一脉相承，又适应了当代旅游逐渐成为国民经济发展支柱产业的趋势，景观设计将通过其提升休闲度假设施的品质与价值的独特地位而越发引起世人的重视。

图 6-33 海南博鳌东屿岛景观（一）

图 6-34 海南博鳌东屿岛景观（二）

图 6-35　海南博鳌太阳城棕榈岛景观　　　图 6-36　海南博鳌东屿岛高尔夫球场景观

实　训

Ⅰ. 单位附属绿地调查分析

一、实训目的

通过对各类单位绿地的调查分析，增强学生的感性认识，为进行单位绿地设计奠定坚实基础。

二、调查对象选择

选择学校所在城市的单位附属绿地做实地调查分析，建议根据单位绿地类型分组进行。

三、提交成果

各类单位绿地的调查分析报告。

四、学生实训习作（图 6-37～图 6-40）

Ⅱ. 单位附属绿地规划设计

一、实训目的

通过规划设计基本技能的训练，培养学生的规划设计能力、艺术创新能力和理论知识的综合运用能力，从而掌握单位附属绿地规划设计的方法和要求，为从事专业技术工作奠定坚实基础。

二、设计对象选择

选择一个单位附属绿地做绿化模拟设计或真题设计，学校、医院、厂矿、机关、宾馆饭店均可。根据单位大小，可做局部绿地设计，也可做整体设计。

三、规划设计工作步骤

1. 现场踏勘，了解情况：到设计现场实地踏勘，熟悉设计环境，并座谈了解建设单位绿地的性质、功能、规模及其对规划设计的要求等情况，作为绿化设计的指导和依据。

2. 搜集基础图纸资料：在座谈了解过程中，注意搜集建设单位总体布局平面图、管道图

图6-37　广州白天鹅宾馆景点（架空层）绿地分析

等基础图纸资料。若建设单位没有图纸资料，可实地测量，室内绘制。

3. 描绘、放大基础图纸：若建设单位提供的基础图纸比例太小，可按1∶200～1∶300的比例放大分幅，或将实测的草图按此比例绘制，作为绿化设计的底图。

4. 规划设计，绘出铅笔图，送建设单位审定，征求意见，修改定稿。

5. 按制图规范，完成墨线图，晒蓝图或复印，做苗木统计和预算方案。作为设计成果，评定成绩，或交建设单位施工。

四、规划设计要求

1. 立意新颖，格调高雅，具有时代气息，与单位环境协调统一。

2. 根据绿地性质、功能、场地形状和大小，因地制宜地确定绿地形式和内容设施。体现多种功能，突出主要功能。

图 6-38　广东工业大学(龙洞校区)校园绿地分析

图 6-39 广州钢铁集团绿化设计总评

图 6-40 广州市政府植物景观配置优劣分析

3. 以植物绿化、美化为主，适当运用其他造景要素。

4. 道路广场进行平面布局、竖向设计和铺装设计，园林建筑小品仅设计平面和简单立面。

5. 植物选择配置应乔、灌、花、草结合，常绿、落叶结合，并以乡土树种为主，植物种类、数量应适当。正确运用种植类型，符合构图规律，造景手法丰富，注意色彩、层次的变化，并能与道路、建筑相协调，空间效果较好。

6. 图面表现能力：设计图种类齐全，能满足施工要求；图面构图合理，清洁美观；线条流畅，墨色均匀；图例、比例、指北针、设计说明、文字和尺寸标注、图幅等要素齐全，且符合制图规范。

五、设计成果

1. 总体规划图 ：比例 1∶200～1∶300，1～2 号图（图中进行道路、广场、园林建筑小品等规划布局，并标注尺寸及竖向设计高程）。

2. 绿化设计图（含彩色平面图）：比例、图幅同总体规划图（若局部绿地，1、2 项可提供 CAD 设计图）。

3. 厂前区、校前区、前庭、小游园或整体鸟瞰图（或彩色图）。

4. 绿地中园路、广场铺装或水池构造的施工设计图（比例自定）。

5. 设计说明书，包括小游园园名、景名、功能分区及种植设计景观的特征描述。

6. 植物名录及其他材料统计表。

7. 绿化工程预算方案。

第7章 屋顶花园设计

本章知识点

1. 屋顶花园的概念及发展历程；
2. 屋顶花园的特征与功能；
3. 屋顶花园的设计与营造。

本章学习目标

掌握屋顶花园的设计要点。

随着人们生活水平的提高，人们对工作和居住环境提出了更高的要求。屋顶被称为城市建筑的“第五面”，营造屋顶花园可以丰富城市的绿化景观，提高城市的生态效益，增加城市的绿化容量，健全城市的生态系统。本节内容涉及有关生态环境工程、造园艺术、园林植物及建筑构造与结构等工程学科。

7.1 屋顶花园概述

一、 屋顶花园的概念

科学技术和现代建筑发展的趋势之一，就是要求建筑与自然环境的协调，把更多的绿化空间引入建筑空间，为人们创造别具特色的活动空间。当今建筑和风景园林科学技术飞速发展的形势，为营造屋顶花园创造了有利条件。

屋顶花园是一种不与自然大地相连接、位于建筑物顶部空间的绿化形式，它的种植土一般是人工合成堆筑。屋顶花园还可以广泛理解为在各类古今建筑物、构筑物、城墙、桥梁（立交桥）等的屋顶、露台、天台、阳台或大型人工假山山体上进行造园，种植树木花草。它与露地造园和植物种植的最大区别就在于屋顶花园是把露地造园和植物种植等园林工程搬到建筑物或构筑物之上。

二、 屋顶花园的发展历程

屋顶花园的出现，最早可以追溯到公元前 2000 年左右，在古代幼发拉底河下游地区（即现在的伊拉克）的古代苏美尔人最古老的名城之一——乌尔（Ur）城，曾建造了雄伟的亚述古庙塔，或称“大庙塔”，就是被后人称为屋顶花园的发源地。亚述古庙塔主要是一个大型的宗教建筑，其次才是用于美化的“花园”，它包括层层叠进并种有植物的花台、台阶和顶部的一座庙宇。因为塔身上仅有一些植物而且又不是种在“顶”上，所以花园式的亚述古庙塔并不是真正的屋顶花园。

被人们称为真正屋顶花园的是在亚述古庙塔以后 1 500 余年才出现的世界七大奇迹之一——“古巴比伦空中花园”（图 7-1）。公元前 604—前 562 年，新巴比伦国王尼布甲尼撒二世为他的王妃建造了“空中花园”，以解除王妃的思乡之苦。所谓的“空中花园”，就是在平原地带的巴比伦堆筑土山，并用石柱、石板、砖块、铅饼等垒起每边长 125 m、高达 25 m 的台子，在台上层层建造宫室，处处种花草树木。为了使各层之间不渗水，就在种植花木的土层下，先铺设石板，在浸透柏油的柳条垫上，再铺两层砖和一层铅饼，最后盖上厚 4～5 m 的腐殖土，这样不仅可以种植一般花草灌木，还可以种植较高大的乔木；并动用人力将河水引上屋顶花园，除供花木浇灌之外，还可形成屋顶溪流和人工瀑布。“空中花园”实际上是一个建造在人造土石林之上，具有居住、游乐功能的园林式建筑体，这是世界园林史上第一个悬离地面的花园。

图 7-1　世界七大奇迹之一——“古巴比伦空中花园”

在我国古代建筑屋顶上大面积种植花木营造花园的尚不多见。据《古今图书集成》记载，古代南京古城墙上曾栽种过树木。距今500年前，明代建造的山海关长城上栽种了成排的松柏树（见《中国古代建筑技术史》）。另外，公元1526年明嘉靖年间建造的上海豫园中的大假山上及快楼前均栽种了较大的乔木。

我国古代建筑多采用坡屋顶形式和木构架的结构承重，而坡屋顶上不易营造屋顶花园，木结构也难以承受绿化种植土的重量，况且木材较易腐烂，这可能是我国至今尚未发现较有规模的屋顶花园遗迹的主要原因。而古希腊、古罗马在几千年前使用的建筑材料多为石料，石料建造屋顶多采用拱券式，这就为要承受较大荷载的屋顶造园提供了有利条件。

美国加利福尼亚州奥克兰市于1959年在凯泽中心的屋顶上，建成面积达1.2 hm^2 的屋顶花园（图7-2），被人们认为是可与古巴比伦"空中花园"相媲美的现代屋顶花园。这座屋顶花园的设计，既考虑到屋顶结构负荷、土层深度和植物选择、园林用水等技术问题，也考虑到高空强风以及毗邻高层建筑的俯视效果等技术和艺术的要求，在屋顶花园营造技术上取得了重大突破。

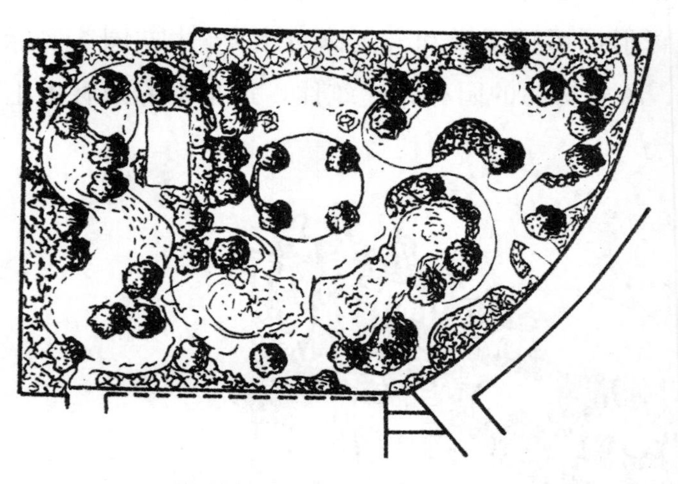

a. 平面图

b. 实景照片

图7-2 凯泽中心屋顶花园

对于荷重问题，凯泽中心屋顶花园采取了以下方法解决：

(1) 园内构筑物全部采用轻质混凝土；

(2) 乔木定点于承重柱所在的位置上；

(3) 种植土中所需的沙用粉碎多孔页岩代替；

(4) 种植土厚度控制在最低限度，草皮等低矮地被植物土深度为16 cm，乔木土深度为76 cm，两者之间以斜坡过渡。

加拿大不列颠哥伦比亚温哥华凯泽资源有限公司于1977年在公司新总部18层楼顶

上建成一座屋顶花园，面积 430 m^2。以前的屋顶花园都是位于多层建筑的顶部，而这一屋顶花园则修建在高层建筑的顶部。它继承了过去屋顶花园的传统，又在研制新材料和减轻屋顶荷载等方面取得了新的经验，屋顶花园由于荷载减轻、造价降低，因而得以推广。

日本正兴起让建筑物“头顶花园，身披绿装”的屋顶花园热。由于东京是世界上人口最密集的城市之一，空间狭小，人们开展了绿化“钢铁”和“水泥”的活动，东京城市建设管理部门规定兴建大型建筑设施必须有相当的绿化面积，并采取提供低息贷款的方式鼓励修建屋顶花园。东京赤坂大型综合设施“阿克海姿”建筑群，其屋顶建成了数千平方米的屋顶花园，乔灌木错落有致，假山流水别有风情。

三、 我国屋顶花园的发展概况

1949 年以前，在上海、广州等口岸城市，个别小洋楼屋顶平台上，种植些花草，摆放些盆花等均为在原有平顶露台上进行，不是按建楼的规划设计修建的屋顶花园。我国自 20 世纪 60 年代才开始研究屋顶花园和屋顶绿化的建造技术。随着旅游事业的大发展，全国各地大量修建旅游宾馆、旅游饭店，另外为了改善城市生态环境，增加城镇的人均绿地面积等，屋顶花园才真正进入城市的建设规划设计和建造范围。

与西方发达国家相比，我国早期的屋顶花园和绿化，由于受到基建投资、建造技术和材料等的影响，仅在南方个别省市和地区原有建筑物的屋顶平台上改建成屋顶花园，开展较早的城市有广州、重庆、成都、上海、深圳、武汉、北京等。随着时代的发展，在我国各地成批地出现了各具特色的屋顶花园，如：广州东方宾馆的屋顶花园（20 世纪 70 年代建成，是我国第一个大型屋顶花园）、广州中国大酒店屋顶花园（图 7-3）、北京望京小区屋顶花园、上海华庭宾馆屋顶花园、重庆泉外楼屋顶花园、重庆沙坪大酒家屋顶花园、成都宾馆屋顶花园、北京长城饭店屋顶花园、北京首都宾馆屋顶花园、武汉老通城屋顶花园等。上海华庭宾馆主楼前裙楼屋顶上，兴建了具有中西风格的大型屋顶花园；1991 年开业的北京首都宾馆在第 16 层和第 18 层屋顶上均建造了精美的屋顶小花园。步入 21 世纪，北京、上海、杭州、深圳、广州、青岛等城市相继开展了大规模的“屋顶花园”营建工作，从空中俯瞰这些城市，建筑的屋顶就像绿色的海浪一样起伏跌宕，甚为美观。

小桥卧波：小桥与流水，一静一动，平添无限生机

屋顶小亭：琉璃黄瓦，在绿丛中熠熠生辉

假山瀑布：尽端的瀑布，宛若天开

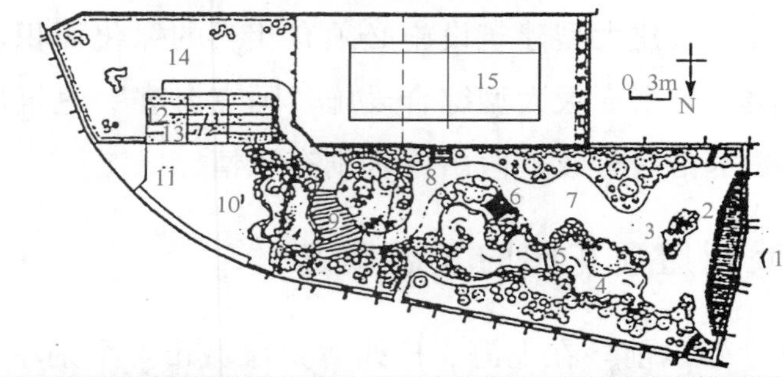

屋顶园林景观：屋顶上树木林立，一派热带风情

花园鸟瞰：花园中央开敞，小中见大

榄核型花架：花架别具一格，是室内向屋顶花园的过渡

图 7-3　广州中国大酒店的屋顶花园

1—入口；2—榄核形花架廊；3—花坛；4—水池；5—小拱桥；6—休息亭；7—斩假石地面；8—塑竹花架；9—平台；10—塑石山瀑布；11—机房顶铺人工草皮；12—黑卵石；13—白卵石；14—草坪；15—网球场

7.2　屋顶花园的特征与功能

一、 屋顶花园的特征

屋顶花园是一种特殊的园林形式。在屋顶上造园，一切造园要素都受支撑它的屋顶结构的限制，不能像在地面上那样随心所欲地运用挖湖堆山、地形改造等手段。但是，屋顶花园毕竟是人们将地面上的“园”升到屋顶上来的，它与露地造园既有共同之处又有区别。从造园手法的运用上，既可运用一般的园林构景手法，创造优美的绿色环境，同时，又受到居高临下、场地狭小、四面（或三面、两面）围绕建筑墙壁等限制。

屋顶花园是完全建在人工“地基”——屋顶楼板上，屋顶花园的植物必须种植在人工合成土壤上，而合成的种植土和大地之间则被建筑物隔绝，植物生长的基本要素——水的供应受到限制。在地面上生长良好的花木，移植到屋顶花园上就可能影响它的生存。屋顶花园植物生长的好坏将直接影响屋顶花园的效果，因而也增加了它的建造难度和困难。建筑物的承载能力受限于屋顶花园下的梁柱板和基础、地基的承载力，由于建筑结构承载力直接影响房屋造价的高低，因此屋顶上的每平方米的允许荷载均受到限制，故种植土的厚度、重量就必须控制在承载力允许的范围内。显而易见，屋顶绿化的种植土形成的栽植环境对树木花卉生长发育所需的理想条件相差甚远；另外，为了减轻屋顶花园传给建筑结构的荷载，对于较大的荷重和造园设施，如高大的乔木种植池台、假山、雕塑、水池等应尽量放置在承重大梁、墙、柱之上，并注意合理分散荷重，应避免将荷重布置在梁间的楼板上。屋顶花园上建造园林建筑如亭、廊、花架及园林小品等，因受到屋顶结构体系、主次梁及承重墙柱位置的限制，故必须在满足房屋结构安全的前提下，进行布点和建造。

屋顶造园的有利因素有：屋顶花园高于周围地面，气流通畅清新，污染少，空气浑浊度低；屋顶位置高，较少被其他建筑物所遮挡，因此接受日照时间长；屋顶一般与周围环境相分隔，出入口与建筑相连，没有交通车辆干扰，很少形成大量人流，既清静又安全。

二、 屋顶花园的功能

1. 改善气候环境，避免城市热岛效应　屋顶花园的建造，有效地增加了城市的绿化面积；绿色植物蒸腾水分吸收热量，冷却、净化大气，改善气候环境，从而避免了城市热岛效应的发生。

2. 空间的利用与渗透　将普通的未被使用的屋顶区域设计为屋顶花园，尤其是作为公共娱乐和运动建筑的屋顶，不仅可以充分利用宝贵的城市空间，同时也降低了购买土地的费用。

屋顶花园的建造，使人们更加接近绿色环境。一般屋顶花园都与居室、起居室、办公室相连，故比室外花园更靠近生活。屋顶花园的发展趋势是将屋顶花园引入室内，使绿色空间向建筑室内空间渗透。

3. 延长屋顶的使用寿命　裸露屋顶在夏天高温时可以达到100 ℃以上，而夜间降至20 ℃以下，这就意味着防水层材料、连接处和其他材料都处于极度疲劳的状态。而屋顶花园由于具有蒸发、阴凉和大气循环的冷却效应，故能够保护防水层不受气候、紫外线以及其他损害，这样可以大大延长建筑的使用寿命。

4. 改善屋顶眩光，丰富城市景观　随着城市高层、超高层建筑的兴建，更多的人将工作与生活在城市高空，不可避免地要经常俯视楼下的景物，除露地绿化带外，主要是道路、硬质铺装场地和底层建筑物的屋顶。建筑屋顶的表面材料在强烈的太阳光照射下反射出的刺目的眩光将损害人的视力，屋顶花园的建造不仅减少了眩光对人们视力的损害，而且美化了城市的景观。

5. 降低噪声　屋顶花园至少可以减少 3 dB 噪声，同时隔绝噪声效能达到 8 dB，这对于那些位于机场附近或有喧闹的迪斯科舞厅和大型设备的建筑来说最为有效。

6. 动物栖息的大自然　屋顶花园很少被打扰，环境优美，益虫可以找到一方生存的净土，鸟儿也可以找到一片栖息地，布满屋顶花园的城市就是在都市里建立了适合动物栖息的自然环境。

7.3 屋顶花园的设计与营造

一、屋顶花园的设计原则

屋顶花园的规划设计，应综合满足使用功能、绿化效益、园林艺术美和经济安全等多方面的要求。在城市建设特别是建筑工程设计中，长期以来遵循“适用、经济、在可能条件下注意美观”的设计指导原则，这个指导思想对于屋顶花园（绿化）的规划设计，不一定完全适合，但结合屋顶造园的设计可按“实用、精美、安全”的设计原则，指导屋顶花园（绿化）的规划设计工作。

屋顶花园（绿化）的设计和建造应因地制宜、因“顶”制宜，要巧妙地利用主体建筑物的屋顶（彩图 15）、平台、阳台、窗台、檐口、女儿墙和墙面等开辟绿化场地，并使这些绿化具有园林艺术的感染力，既源于露地造园，又有别于露地；充分运用植物、微地形、水体和园林小品等造园要素组织屋顶花园的空间，采取借景、组景、点景、障景等造园技法创造出不同使用功能和性质的屋顶花园环境。要发挥屋顶花园位势居高临下、视点高、视域宽广等特点，对屋顶花园内外各种景物则应“嘉则收之”“俗则屏之”。与露地造园一样，屋顶上也可以有起伏的微地形形成植物种植区，配置适宜的叠石、喷泉、水浅池；小巧精美的小桥亭廊及动人的石雕等，还可运用我国古典园林造园技法，体现出别具特色的地方韵味。

由于屋顶花园的空间布局受建筑固有平面的限制，屋顶平面多为规则、狭窄且面积较小的平面，屋顶上的景物和植物选配又受到建筑结构承重的制约，因此屋顶花园与露地造园相比，其设计复杂，又关系到相关工种的配合。园林设计、建筑设计、建筑构造、建筑结构和水电等工种配合的协调是屋顶花园成败的关键，由此可见，屋顶花园的规划设计是一项难度大、限制多的园林规划设计项目。

1. “实用” 是屋顶花园的造园目的　建造屋顶花园的目的是，改善城市的生态环境，为人们提供良好的生活和休息场所。衡量一座屋顶花园的好坏，除满足不同的使用要求外，绿化覆盖率必须保证在50%以上。只有保证了一定数量的精品植物，才能发挥绿化的生态效益、环境效益和经济效益。在某种意义上讲，屋顶花园上的种植物的多少，是屋顶花园“适用”的先决条件。

2. “精美” 是屋顶花园的特色　屋顶花园要为人们提供优美的游憩环境，因此它应比露地花园建造得更精美。屋顶花园的景物配置、植物选择均应是当地的精品，并精心设计植物造景的特色。由于场地窄小，道路迂回，屋顶上的游人路线、建筑小品的位置和尺度，更应仔细推敲，既要与主体建筑物及周围大环境保持协调一致，又要有独特的园林风格。因此，屋顶花园的“美观”应放在屋顶造园设计与建造的重要位置，不仅在设计时，而且在施工管理和材料上均应处处精心。如上海某星级大型旅游宾馆在主体建筑前裙楼顶上与建筑同步规划设计、施工屋顶花园，其总体规划、景物、园林小品及自然式种植池等，布置合理，安排得当，但在施工中未按设计要求将种植土填至相应标高，建成后种植物均似陷入种植池内，不能显示地被花卉的造景美，给人以工程尚未完成之感。这一现状说明仅有好的总体构思和规划设计是不够的；另外，植物的品种和种植也显得杂乱无章，该宾馆的园林部门准备全面整治种植池及花卉灌木品种，以期形成精美的景观，吸引更多的旅游者光临。

3. “安全” 是屋顶花园的保证 在露地造园中，“安全”本不是突出问题，但屋顶花园是将露地的花园搬到建筑物的屋顶上，屋顶花园能否建造的先决条件是：建筑物是否能安全地承受屋顶花园所加的荷重。这里所指的“安全”包括结构承重和屋顶防水构造的安全使用，以及屋顶四周的防护栏杆的安全等，如果屋顶花园所附加的荷重，超过建筑物的结构构件——板、梁、柱墙、地基基础等的承受能力，则将影响房屋的正常使用和安全，那么此幢建筑物的屋顶上就不能建造或改建、增建屋顶花园。否则，必须先层层加固各有关结构构件，直至建筑物相关构件的结构强度达到要求。这种需对整幢建筑物进行全面加固的情况，在经济上和工期上是不合算的，一般应避免这类加固工程。

建造屋顶花园虽然有保护屋顶防水层的作用，但是屋顶花园的造园过程是在已完成的屋顶防水层上进行，在极为薄弱的屋顶防水层上进行园林小品土木工程施工和经常的耕种作业，极易造成破坏，使屋顶漏水，引起极大的经济损失，并影响屋顶花园的信誉，以致成为建造屋顶花园的社会阻力。这一点应引起屋顶花园设计、施工和管理人员的足够重视。

屋顶花园另一方面的安全问题是屋顶四周的防护。屋顶上建造花园必须设有牢固的防护措施，以防人物落下伤人。屋顶女儿墙虽可以起到栏杆作用，但必须超过 105 cm 才可保证人身安全，如若不足则应加高，并按结构计算校核其悬臂强度。为了在女儿墙上建造种植池增加绿化带，可结合女儿墙修建砖石或混凝土条形种植池。值得注意的是，花池、花斗会产生倾覆作用，在对女儿墙体验算时应考虑增加倾覆荷载；屋顶花园四周使用漏空铁栏杆时，游人可扶栏观景，因此必须考虑人对栏杆产生的水平推力。

二、 屋顶花园的分类

（1）按使用要求区分 公共游憩性屋顶花园、赢利性屋顶花园、家庭式屋顶花园以及绿化、科研生产为目的的屋顶花园。

（2）按绿化形式区分 成片状种植区（地毯式、自由式、苗圃式）、分散和周边式屋顶花园、庭院式屋顶花园。

（3）按屋顶花园的位置区分 单层、多层建筑屋顶花园，高层建筑屋顶花园，空间开敞程度（开敞式、半开敞式、封闭式）屋顶花园。

（4）室内屋顶花园。

三、屋顶花园的构造和要求

屋顶花园一般种植层的构造、剖面分层是：植物层、人工种植土层、过滤层、排水层、防水层、保温隔热层和结构承重层等（图 7-4）。

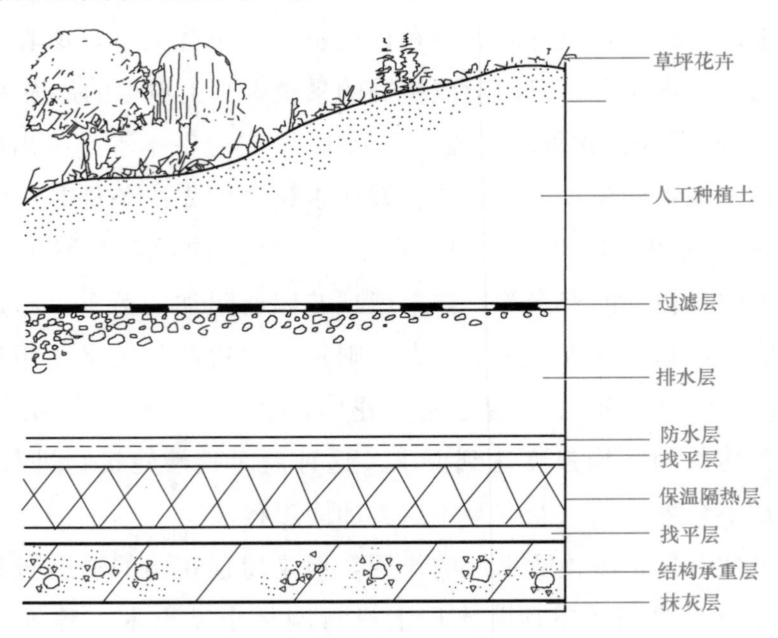

图 7-4　屋顶花园构造剖面

1. 种植土　为减轻屋顶的附加荷重，种植土常选用经过人工配置的既含有植物生长必需的各类元素，又比露地耕土质量密度小的种植土。

国内外用于屋顶花园的种植土种类很多，如日本采用的人工轻质土壤，其土壤与轻骨料（蛭石、珍珠岩、煤渣和泥炭等）的体积比为 3∶1，它的质量密度约为 1 400 kg/m^3，根据不同植物的种植要求，轻质土壤的厚度为 15～150 cm。英国和美国均采用轻质混合人工种植土，主要成分是：砂土、腐殖土、人工轻质材料。其质量密度为 1 000～1 600 kg/m^3。混合土的厚度一般不得少于 15 cm。

北京长城饭店的屋顶花园，在施工过程中对屋顶花园设计所采用的植物材料、基质材料和部分防水构造等均结合北京具体情况作了修改，种植基质土是采用我国东北林区的腐殖草炭土和砂土、蛭石配制而成，其中草炭土占 70%，蛭石占 20%，砂土占 10%，质量密度为 180 kg/m^3。种植层的厚度为 30～105 cm。新北京饭店贵宾楼屋顶花园是采用本地腐殖草炭土和砂壤土混合的人工基质，质量密度 1 200～1 400 kg/m^3，厚度为 20～70 cm。

2. 过滤层　过滤层的材料种类很多。美国 1959 年在加利福尼亚州建造的凯泽中心屋顶花园，过滤层采用30 mm 厚的稻草；1962 年美国建造的另一个屋顶花园，则采用玻璃纤维布做过滤层。日本也有用50 mm厚的粗砂做屋顶过滤层的。北京长城饭店和新北京饭店屋顶花园，过滤层选用玻璃化纤布，这种材料既能渗漏水分，又能隔绝种植土中的细小颗粒，而且耐腐蚀、易施工，造价也便宜。

3. 排水层 屋顶花园的排水层设在防水层之上，过滤层之下。屋顶花园种植土积水和渗水可通过排水层有组织地排出屋顶。通常的做法是在过滤层下用100～200 mm厚的轻质骨料材料铺成排水层，骨料可用砾石、焦渣和陶粒等。屋顶种植土的下渗水和雨水可通过排水层排入暗沟或管网，此排水系统可与屋顶雨水管道统一考虑，它应有较大的管径，以利于清除堵塞。在排水层骨料选择上要尽量采用轻质材料，以减轻屋顶自重，并能起到一定的屋顶保温作用。美国加利福尼亚州太平洋电信大楼屋顶花园采用陶粒做排水层；北京长城饭店屋顶花园采用200 mm厚的砾石做排水层；也有采用50 mm厚的焦渣做排水层的。新北京饭店贵宾楼屋顶花园选用200 mm厚的陶粒做排水层（图7-5），而北京望京小区采用千束彩排水系统也取得了良好的效果（图7-6）。

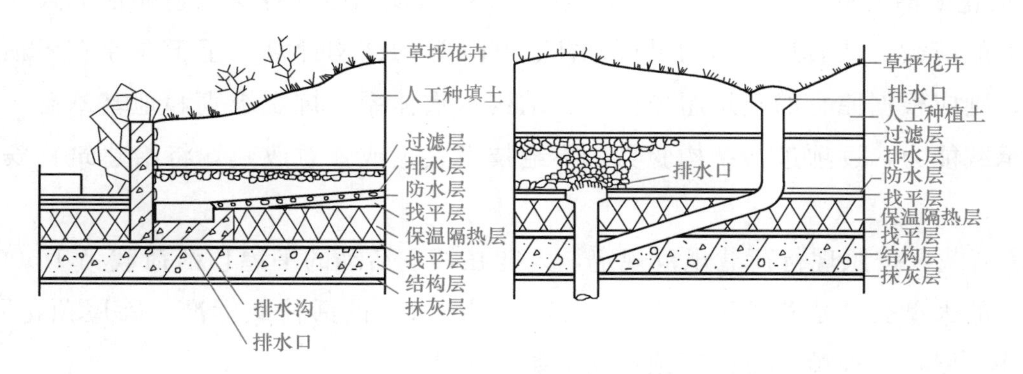

图7-5 屋顶花园排水构造

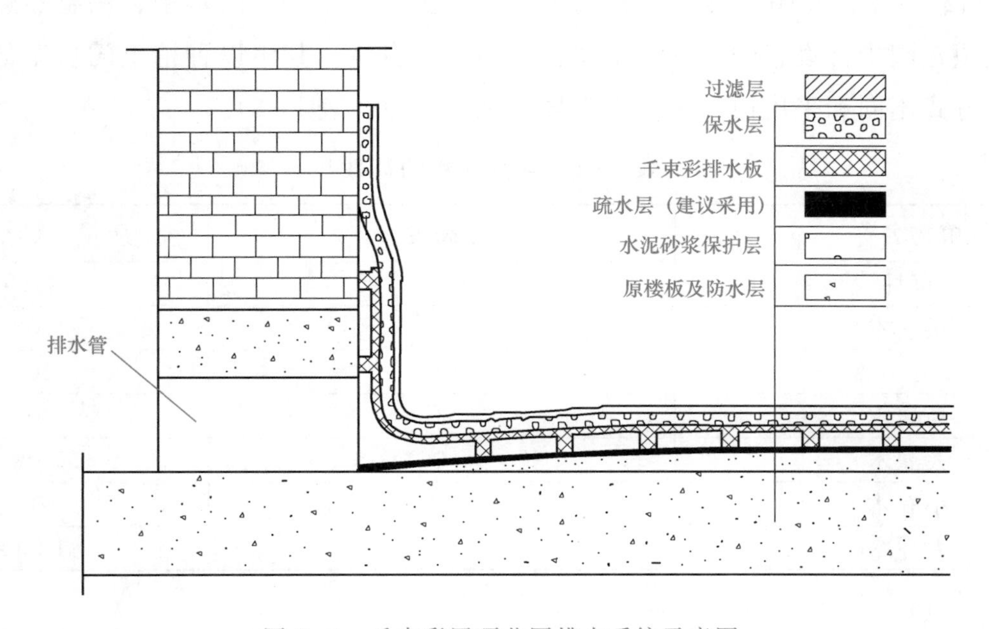

图7-6 千束彩屋顶花园排水系统示意图

4. 防水层 屋顶花园防水处理成败与否将直接影响建筑物的正常使用。屋顶防水处理一旦失败，则必须将防水层以上的排水层、过滤层、种植土、各类植物和园林小品等全部取出，才能彻底发现漏水的原因和部位。因此，建造屋顶花园应确保防水层的防水质量。

传统屋面防水材料多用油毡，油毡暴露在大气中，因气温交替变化会使油毡本身、油毡之间及与砂浆垫层之间的黏接发生错动以至拉断；油毡与沥青本身也会老化，失去弹性，从而降低防水效果。而屋顶花园上的屋顶上有人群活动，除防雨、防雪外，灌溉用水和人工水池用水较多，排水系统又易堵塞，因而要有更牢靠的防水处理措施，最好采用新型防水材料。

另外，应确保防水层的施工质量，无论采用哪种防水材料，现场施工操作质量好坏是直接关系到屋顶花园成败的关键。因此，施工必须制定严格的操作规程，认真处理好材料与结构楼盖上水泥找平层的黏接及防水层本身的接缝，特别是平面高低变化处、转角及阴阳角的局部处理。

5. 屋顶花园的荷载 对于新建屋顶花园，需按屋顶花园的各层构造做法和设施，计算出单位面积上的荷载，然后进行结构梁板、柱、基础等的结构计算。至于在原有屋顶上改建的屋顶花园，则应根据原有的建筑屋顶构造、结构承重体系、抗震级别和地基基础、墙柱及梁板构件的承载能力，逐项进行结构验算，不经技术鉴定或任意改建，将给建筑物安全使用带来隐患。

(1) 活荷载 按照现行荷载规范规定，人能在其上活动的平屋顶活荷载为 1 500 kN/m^2；供集体活动的大型公共建筑可采用 2 500～3 500 kN/m^2 的活荷载标准。除屋顶花园的走道、休息场地外，屋顶上种植区可按屋顶活荷载数值取用。

(2) 静荷载 屋顶花园的静荷载包括植物种植土、排水层、防水层、保温隔热层、构件等自重及屋顶花园中常设置的山石、水体、廊架等的自重，其中以种植土的自重最大，其值随植物种植方式不同和采用何种种植土而异（见表 7－1、表 7－2）。

表 7－1 各种植物的荷载

植物名称	最大高度/m	质量/（kg/m^2）
草坪	—	51
矮灌木	1	102
1～1.5 m 灌木	1.5	204
高灌木	3	306
大灌木	6	408
小乔木	10	612
大乔木	15	1 530

表 7-2　种植土及排水层的荷载

分层	材　料	1 cm 基质层质量/（kg/m²）
种植土	土2/3，泥炭 1/3	153
	土1/2，泡沫物 1/2	122.4
	纯泥炭	71.4
	重园艺土	183.6
	混合肥效土	122.4
排水层	砂砾	193.8
	浮石砾	122.4
	泡沫熔岩砾	122.4
	石英砂	204
	泡沫材料排水板	51～61.2
	膨胀土	40.8

此外，高大沉重的乔木、假山、雕塑等，应位于受力的承重墙或相应的柱头上，并注意合理分散布置，以减轻花园重量。

6. 绿化种植设计

（1）土壤深度　各类植物生长的最低土壤深度如图 7-7 所示。

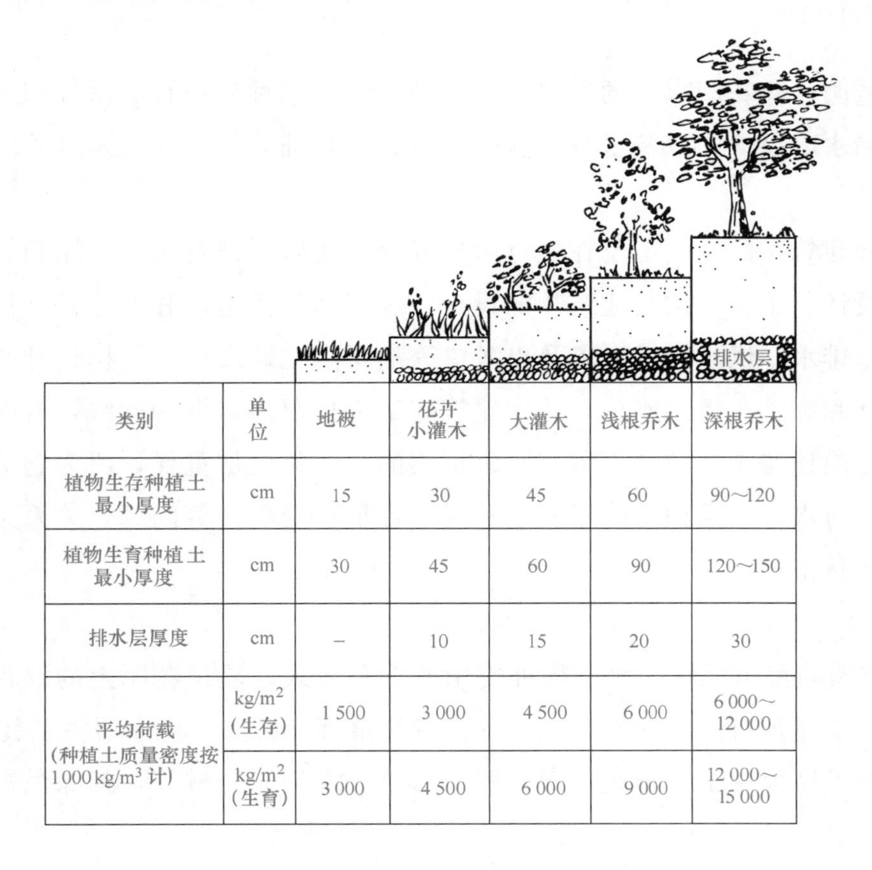

类别	单位	地被	花卉小灌木	大灌木	浅根乔木	深根乔木
植物生存种植土最小厚度	cm	15	30	45	60	90～120
植物生育种植土最小厚度	cm	30	45	60	90	120～150
排水层厚度	cm	–	10	15	20	30
平均荷载（种植土质量密度按 1000 kg/m³ 计）	kg/m²（生存）	1 500	3 000	4 500	6 000	6 000～12 000
	kg/m²（生育）	3 000	4 500	6 000	9 000	12 000～15 000

图 7-7　屋顶花园种植区植物生长的土层厚度与荷载值

（2）种植类型

① 乔木　有自然型或修剪型，栽种于木箱或其他种植槽中的移植乔木，以及就地培植的乔木。

② 灌木　有片植的灌木丛、修剪型的灌木绿篱和移植灌木丛。

③ 攀缘植物　有靠墙的或吸附墙壁的攀缘植物、绕树干的缠绕植物、下垂植物和由缠绕植物结成的门圈、花环等。

④ 草皮　有修剪草坪、自然生长的草皮、开花的自然生长的草皮。

⑤ 观花及观叶草本植物　有花坛、地毯状花带、混合式花圃。各种形状的观花或观叶的植物群、高株形的花丛、盆景等。

（3）种植要点　屋顶造园土层较薄而风力又比地面大，易造成植物的“风倒”现象，故应选取适应性强、植株矮小、树冠紧凑、抗风不易倒伏的植物。由于大风对栽培土有一定的风蚀作用，所以绿化栽植最好选取在背风处，至少不要位于风口或有很强穿堂风的地方。

屋顶造园的日照要考虑周围建筑物对植物的遮挡，在阴影区应配置耐阴或阴生植物，还要注意防止由于建筑物对于阳光的反射和聚光使植物局部被灼伤现象的发生，最好选择耐寒、耐旱、养护管理方便的植物。

四、 屋顶花园的园林工程

在屋顶上造园，除花园以下的土建工程之外，还包括种植设计、微地形种植区设计、屋顶防水、排水和水电设计，以及水景、假山置石、园林铺装、座椅、园灯等园林工程和园林建筑与小品等。

园林工程和建筑小品，一般是在建筑屋顶工程完成后再进行施工。屋顶花园的园林工程和建筑小品的设计、施工必须与建筑物的设计、施工密切配合，相互合作。因为，屋顶花园的承重、防水、排水、供水、供电以及出入口等都要由建筑设计、结构设计和房屋设备等工种在建筑物设计和施工中得到确认，并在建筑施工中预留出水电等管线，若在原有建筑物屋顶上改建或扩建屋顶花园，园林工程与旧建筑物的关系就更加重要，因为它关系到旧建筑物的结构、管线、防水等一系列的使用安全和截面容量承受能力等问题，关系到是否允许在屋顶上进行各项园林工程。

1. 种植工程

（1）屋顶花园的种植工程　无论哪种使用要求和形式，屋顶花园上的绿色植物都应是主体。也就是说，在屋顶有限的面积和空间内，各类草坪、花卉、树木所占的比例应有50%～70%，当然，如果屋顶用于农副业生产，种植瓜菜、水果、药材等，其绿色覆盖率将超过此比值。

（2）种植区的形式　屋顶花园既然要保持一定数量的种植物，就必须在屋顶上建造使各类植物赖以生长的种植区。只在屋顶上摆放几盆花，不能达到屋顶花园的理想环境和效果，因此运用各种材料修建形状各异、深浅不同的种植区（池）也是屋顶花园的一项重要工程。

① 花池（花坛、花台）　常见的花池有方形、长方形、圆形、菱形、梅花形等。采用哪种图形，应根据屋顶具体环境和场地选用。池壁高度要根据种植物品种而定，地被只需 15～30 cm 的种植土即可生长；大型乔木需 90 cm 以上的种植土，则其种植池也就相对要高些，才能保证树木的正常生长发育。另外，种植池的高矮与屋顶承重能力有关，高大的种植池（坛、台）必须与屋顶承重结构的柱、梁的位置相结合，不得在屋顶上任意摆放。

花池（花坛、花台）的材料应选用有装饰效果的饰面和坚固防水的池体。最常用的是普通黏土砖砌墙体，也可用空心砖横向砌筑以利于植物生长，为了防水也可用 60～100 mm 厚的混凝土做花池、花坛、花台的池壁，较大型的花坛、花台有时为了造型的需要做成悬挑式台池，这就需要使用钢筋混凝土结构。花池饰面最简单的是用水泥砂浆抹面或水刷石，要求高的多采用贴面砖、石板或花岗岩、大理石等。无论用哪种饰面，都应在设计和施工中采用有效措施防止面层脱落；另外，还要防止池壁泛碱现象，这是因为日常生活的自来水中的碱质会随浇灌渗透到池壁表面而影响美观。防止的方法是，在花池（花坛、花台）内壁抹一层防水砂浆，既可防水又可防止碱质外洇。当然最有效的防止泛碱现象的措施是解决浇灌水质碱性问题。

② 自然式种植区　大型屋顶花园，特别是与建筑物同步建造的屋顶花园多采用自然式种植池。这种种植形式与花池（花坛、花台）种植相比有较多的优点：首先，它可以产生较大范围的绿化效果，种植区内可根据地被植物、花灌木、乔木的品种和形态，形成一定的绿色生态群落，这是屋顶上最受欢迎的造景；其次，可利用种植区不同种植物需求、种植土深度的不同，使屋顶出现局部的微地形变化以增加屋顶造景层次，微地形既适合种植的要求，又便于屋顶排水；最后，自然式种植区与园路结合，可使中国造园基本特点得以体现。中国传统园林是以自由、变化、曲折为特点，曲折的园路与有变化起伏的地形可以延长游览路线，达到步移景异的造景效果。

(3) 种植区的构造层　种植区的构造层是屋顶园林工程中的重要组成部分，它不仅占地面积大，工程量大，而且关系到屋顶花园主景——植物的生长。为了使屋顶上的各类地被植物、花卉和树木能健壮生长，在种植区的构造做法上要保证植物生存发育的必要条件（图 7-8）。

屋顶种植区与露地相比较，主要的区别是种植条件的变化。自然界的植物，由于物竞天择的作用，生长在适宜其生长的土壤、气候中，过多的水量会通过土壤自然下渗到下层土中储存备用，因此不用考虑土壤厚薄、给水排水等问题。而屋顶种植区要尽可能地模拟自然土的生态环境，但又受到屋顶承重、排水、防水等条件的限制，国内外建造屋顶花园种植区的经验和实践表明，可在下列三方面进行处理。

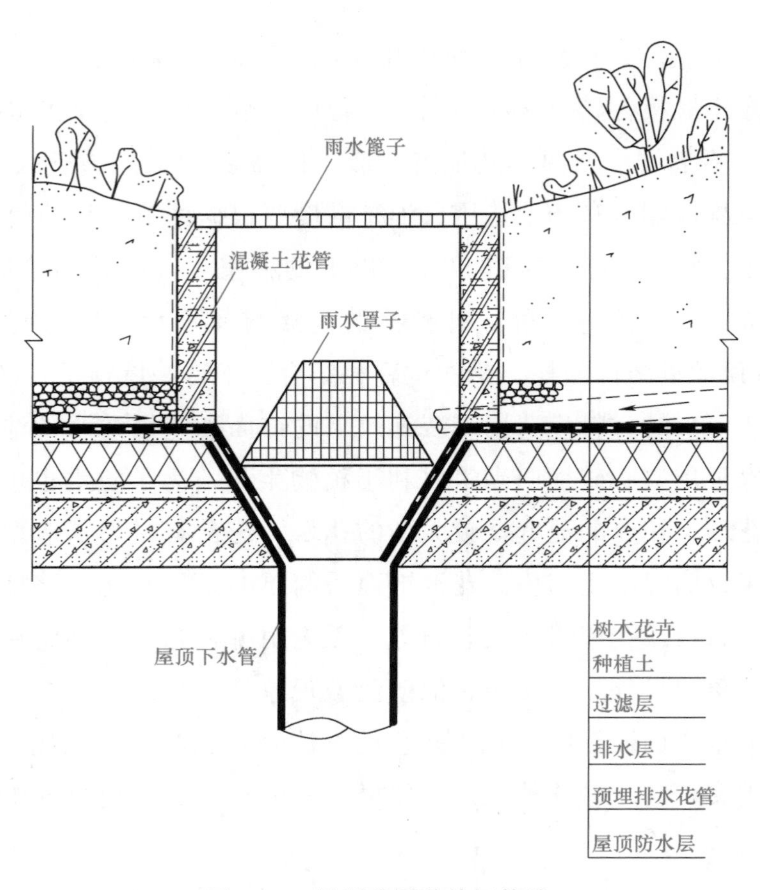

图 7-8 屋顶花园种植区构造

① 采用人工合成种植土代替露地耕土 屋顶种植区采用人工合成种植土不仅可大大减轻屋顶荷重，而且可根据各类植物生长的需要配制养分充足、酸碱性适合的种植土，结合种植区的微地形处理，考虑地被植物、花灌木、乔木的生存、发育需要和植株的大小，确定种植区不同位置的土层厚度，既要满足各类植物生长发育需要的条件，又不应给屋顶增加过多的荷载。

② 设置过滤层以防止种植土随浇灌水和雨水而流失 人工种植土是用多种材料——耕土、砂土、林区腐殖土、泥炭土和蛭石、珍珠岩、锯末、灰渣等混合而成的。如果人工合成土中的细小颗粒随水流失，不仅影响了土的成分和养料，而且会堵塞建筑屋顶的排水系统，甚至影响到整幢建筑物下水道的畅通，因此必须在种植土的底部设置一道防止细小颗粒流失的过滤层。

③ 设置排水层 在人工合成土、过滤层之下设置排水、储水和通气层，以利于植物生长。设置排水层的目的，首先是为了改善屋顶人工合成土壤的通气状况，其次是储存多余水以备用。植物主要是依靠根系吸水，在土壤含水适量而又透气的情况下，植物根系就比较发达；在含水量饱和的土壤中植物根就较少。影响根系吸水的外界条件主要是土壤含水量、土壤温度和土壤的通气状况。土中除固体颗粒之外，水分和空气都存在于土壤的空隙之中，如

果土壤中含水量增大，则其相对的空气空隙便会减少，而土壤中空气是各类植物根系吸收作用和微生物生命活动所需氧气的来源，也是土壤矿物质进一步风化以及有机物转化释放出养分的重要条件。土壤的通气状况不仅直接影响植物根部与微生物的呼吸过程，同时还影响土壤溶液中各种元素的存在状况。当土壤通气良好时，大多数元素处于可以被植物吸收的状态；而当通气差时，一些元素则以毒质状态存在，从而抑制植物的正常生理活动。因此，屋顶花园种植区的排水层不是可有可无的构造层，有关资料和屋顶花园建造经验表明，只有种植区内设置排水层才能使各类植物健壮地生长发育，缺少此层做法的植物生长均受到一定的影响。图 7-9～图 7-11 为国内外常用的种植区构造做法。

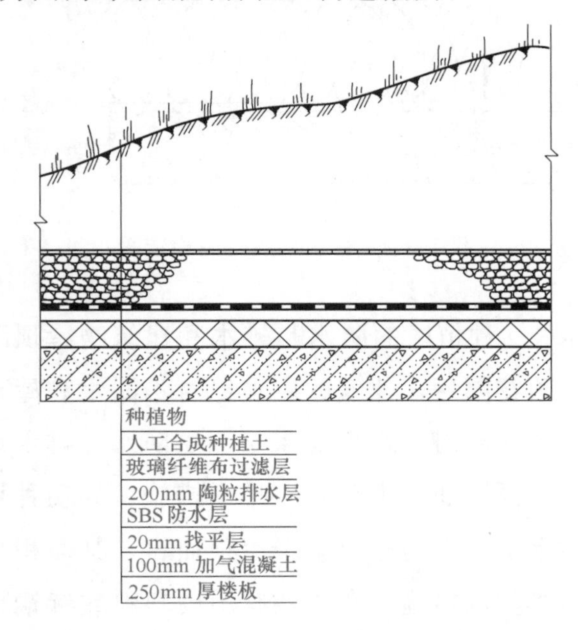

图 7-9　北京丽京花园别墅屋顶花园构造图

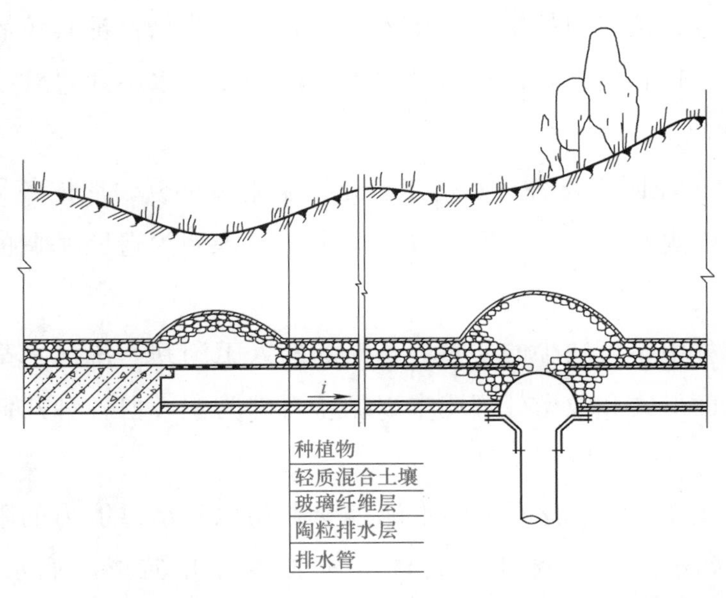

图 7-10　美国加利福尼亚州太平洋电信大楼屋顶花园构造图

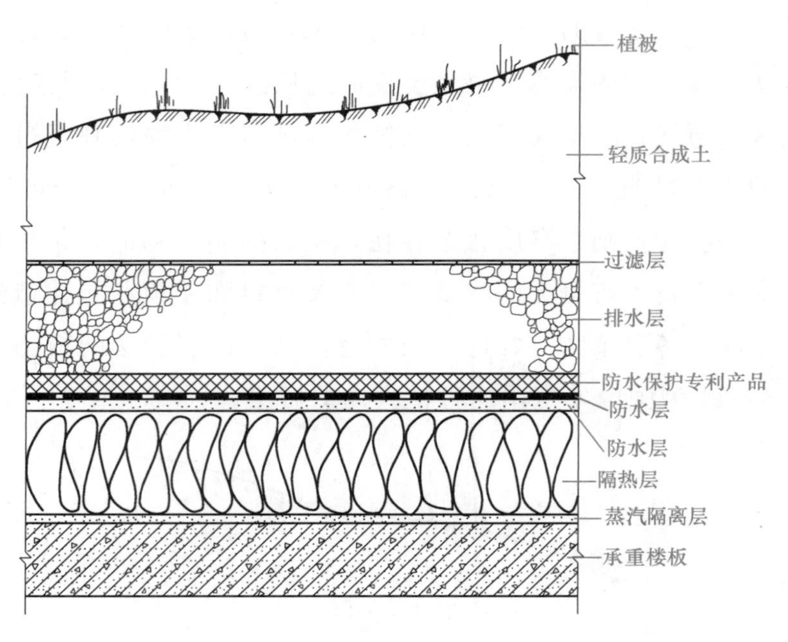

图 7-11　德国屋顶花园构造图

(4) 种植区的防水与排水　种植区的防水与排水和建筑物屋顶防水和排水是一个问题的两个方面。为了确保修建屋顶花园后，建筑的屋顶绝对不漏水和屋顶下水道畅通无阻，在一些重要建筑物的屋顶建造屋顶花园时可以考虑采用双层防水、排水系统外，在屋顶花园的种植区和水体（水池、喷泉等）再增加一道防水、排水措施。如在种植区（池）范围内的排水层下，做一层独立封闭的防水层，因为相对整个屋顶而言，其面积是小的，因此除常用的卷材防水外，可以采用一些高级防水措施。在国外有用硬塑料或紫铜板做防水层的实例，这就保证了屋顶的漏源不出问题。种植池、种植区的排水是通过排水层下的排水花管或排水沟汇集到排水口，最后通过建筑屋顶的雨水管排入下水管道。北京首都宾馆屋顶花园种植区的排水出口与屋顶园路排水口相结合，使种植区排水层内的多余水不通过管线即可直接排入屋顶的下水管道。

2. 水体工程　屋顶花园中，各种水体工程是重要组成部分。形体各异的水池、叠水和喷泉为屋顶有限空间提供观赏景物，特别是以中国古典山水园为造园基调的屋顶花园，水体更是常用的造景手法。

水是中国古代园林中不可缺少的要素，从浩瀚的人工湖到一泓池水都可以成为园林构图的重要组成部分。水面形式和池岸处理基本以循于自然为主，但各种几何形的小型水池也常采用。

(1) 水池（图 7-12）　屋顶花园中的水池因受到场地和承重能力的限制，多建造成浅矮小型观赏池。其形状随造园基调可建成自由式或各种几何形，池水深度一般为 300～500 mm，它主要受限于屋顶承载能力，如果房屋结构承重容许，也可以修建更深的水池以适应流动水体变化和养鱼等需要。水池材料最好采用钢筋混凝土的池底和池壁，如果采用砖砌水池则必须处理好由于屋顶温度变化使水池产生的温度裂缝。在我国南方常年无结冰问题，只要池内不撤水，池底池壁经常处于水体养护之下，水池就不易出现裂缝；但我国北方各省屋顶水池冬季必须撤水，水池极易冻裂，因此即使采用钢筋混凝土建造，在冬季撤水后，也应用稻草等防寒材料保护过冬。为了防止屋顶水池漏水，可采用在水池内壁临时铺垫一层塑料布的简易方法，特别在北方屋顶水池可以每年春铺冬撤，这是一种经济实用的方法。用一定厚度的塑料布建水池，在国内外的园林花卉展览会上也是常采用的方法，这种临时水池施工方便，成效快，受到使用单位的欢迎。

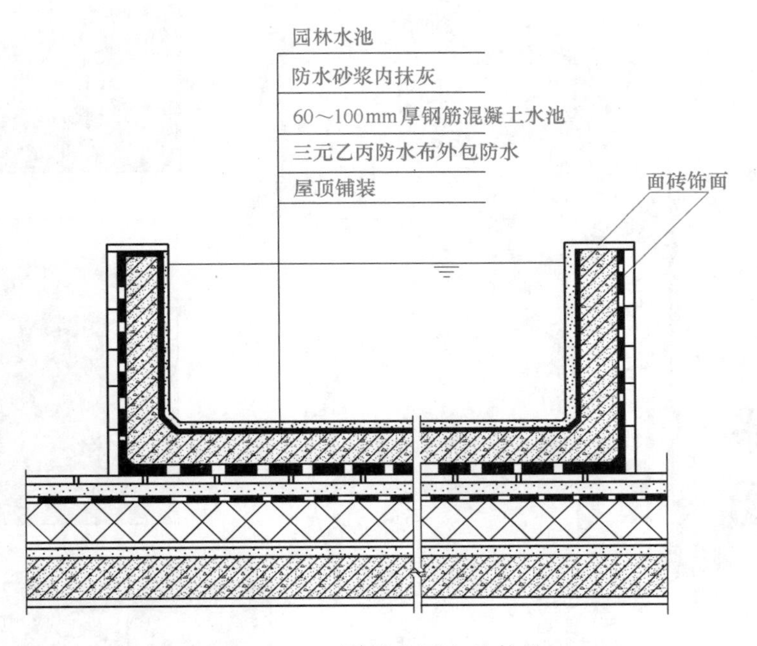

图 7-12　屋顶花园水池构造

为了保持屋顶水池水质清洁，水池底可用水泥抹面、马赛克或面砖饰面。而池壁除内侧可随池底进行饰面外，其池壁外侧应进行重点装饰，常采用贴面砖或石料等高级材料饰面。如果是自然形水池，也可采用高矮错落的小型湖石装饰池壁，这种做法更能体现中国古典自然山水园的特色，增加园林景观气氛。如广州白天鹅宾馆室内花园水池、香港太古城天台花园自然水池、首都宾馆 16 层屋顶水池、长沙中山公园屋顶水池等，其屋顶水池的水体积较小，为保证水质洁净一般均采用循环水系统，既可节约用水，又可经常保持水质清澈。水池入水及排水口要选位适当，并配合池底坡度以利于池底的清理和排水。

(2) 园林小品叠水和假山叠水　屋顶花园中结合水体工程建造园林小品叠水和假山叠水在国内外均有实例。如在华盛顿水门饭店屋顶花园上建造圆形盛水盘，利用楼层高差形成多层次叠水景观；深圳信息中心大厦为一座阶梯形体的镜面玻璃现代化大楼，主楼前 4 层阶梯露台上的屋顶花园里，采用塑树桩支撑的长方形水体的自然落差形成自上而下的叠水，水体经过4层叠落入底层庭院水池；又如杭州黄龙宾馆屋顶花园上圆形水盘叠泉水，系从屋顶经底层庭院假山石流入楼前自然水池；广州白天鹅宾馆室内屋顶花园内建造的“故乡水”景点，在室内大型假山上的飞流瀑布直落庭内水池里，形成宾馆大堂的主景（图7-13）。

图7-13　广州白天鹅宾馆室内屋顶花园内建造的“故乡水”景点

常州建材大厦屋顶花园结合建筑墙体装饰，在门旁墙角建造假山叠水也为成功佳作。在屋顶上建造大型塑石叠水以香港艺术中心前天台花园的水景最为壮观，其空心塑石高 7～8 m，占地近数百平方米，模拟自然山石叠水，其形态气势在超级商业城中实为罕见。

(3) 屋顶花园上的喷泉　近年来在城市园林中喷泉的兴建方兴未艾，各种类型、规模的喷泉如雨后春笋，不仅在公园、街心和楼前广场，在屋顶花园和室内花园中也成为景观中心。特别是各类多喷头的组合型时控、音控喷泉，采用电子计算机控制，能组合成千姿百态、多彩的水景艺术效果，是园林小品中深受广大群众欢迎的观景点。屋顶花园上多选用小型独立式的喷泉，以丰富水体动态景观，如常州建材大厦屋顶花园的蒲公英喷泉、重庆北碚宾馆屋顶喷泉和香港太古城天台花园喷泉等。修建在深圳 53 层国贸大厦进厅大堂内的大型音控喷泉，运用计算机控制花形变化，是国内目前规模较大、效果较佳的室内喷泉。

(4) 屋顶观赏鱼池和水生种植池　为了丰富屋顶花园的景观，也可设置小型观鱼池、观赏热带鱼的玻璃柜和水生观赏植物种植池，既可以独立设置，也可以与屋顶水池结合。应注意的是，无论哪种形式，由于屋顶水池水深受到限制，水过浅时在夏季太阳直射下，池内温度过高将对鱼类和植物造成损害。

3. 假山置石　屋顶花园置石与露地造园的假山工程相比，前者仅作为独立性或附属性的造景布置，只能观不能游，而后者是以造景游览为主要目的。因为屋顶上空间有限，又受到结构承重能力的限制，故不宜在屋顶上兴建大型可观、可游的以土石为主要材料的假山工程。在屋顶花园上仅宜设置以观赏为主、体量较小而分散的精美置石，可采用特置、对置、散置和群置等布置手法，结合屋顶花园的用途、环境和空间，运用山石小品作为点缀园林空间和陪衬建筑、植物的手段。独立式精美置石一般占地面积小，由于它为集中荷重，故其位置应与屋顶结构的梁柱结合。为了减轻荷重，当在屋顶上建造较大型假山置石时，多采用塑假石做法。塑石可用钢丝网水泥砂浆塑成或用玻璃钢成型。如香港艺术中心天台花园上的大型假山叠水即采用钢筋砂浆塑制而成；上海华亭宾馆屋顶花园上的大型置石也是用钢丝网水泥砂浆制成，既取得了较好造景效果，又减轻了屋顶结构的荷重。在小型屋顶花园中，最常采用的是石笋、石峰等置石。

4. 屋顶花园的园路铺装　屋顶花园除植物种植和水体外，工程量较大的是道路和场地铺装。园路铺装是做在屋顶楼板、隔热保温层和防水层之上的面层，面层下的结构和构造做法一般由建筑设计确定，屋顶花园的园路铺装应在不破坏原屋顶防水、排水体系的前提下，结合屋顶花园的特殊要求进行铺装面层的设计和施工。

(1) 园路铺装的作用与要求　屋顶花园的园路是联系各景物的纽带，是全园的脉络，也是整个屋顶花园构成的重要因素。它引导游路、观景、停憩，故应把园路视为整个屋顶花园构图的组成部分，因为它可以具有优美的曲线和丰富多彩路面材料构成的色彩，当俯视屋顶花园整体鸟瞰效果时，由园路和场地组成的图案具有屋顶其他景物所不能代替的直观效果。

园路铺装设计首先应在满足使用的前提下，着重强调它的装饰性，并应与造园的意境相结合，根据所处环境选择构图形式、色彩和材料；铺装面材还应具有柔和的光线色彩以减少反光和刺眼，并与所处地形、植物、山石小品等协调一致。园路还常被作为屋顶排水的通道，因此应注意它的坡度以防止路面和场地积水。此外，由于浇灌屋顶花园上种植物等易造成路面阴湿，故在选择材料时应注意防滑。

(2) 园路铺装做法和材料

① 铺装材料　我国在园林工程中有极为丰富的筑路方法和材料。传统做法是用砖、瓦、石为基本材料组成各种图案形成的园路铺装；现代建筑材料发展除上述材料外，水泥及其制品成为铺装的主体材料。现浇水泥砂浆抹面和现浇水磨石地面是最普通的做法，水磨石地面可根据需要设计成各种彩色图案，它是现代园林中使用极为广泛的地面做法。

预制面材的园路铺装更适合屋顶花园对于精美、色彩和防滑的需要，预制水泥方砖、预制彩色水磨石板、陶瓷锦砖、缸砖和大理石、花岗岩等，均为园路铺装的理想面材，但应综合考虑使用要求、美观和经济等因素来确定。

② 材料与做法组合　屋顶花园园路铺装可采用多种材料，组合成各式花色和图案。

花街卵石铺地，是由基本材料砖、卵石、石板、瓦片等组合而成。其可以组成精美图案，如人字纹、席纹、海棠芝花、万字、冰纹梅花等多种多样的地面铺装。采用大小、色彩不同的卵石组成的园路，在中国古典园林中别具特色，其中雕砖卵石园路又称“石子画”，更为精美。它选用精雕的砖、细磨的瓦和严格挑选的各色卵石拼成内容极为丰富的图案，除可拼凑成民间传统题材的图案外，还可有四季盆景、花鸟鱼虫等，真是琳琅满目、美不胜收，这类园路不仅有使用价值，而且有很高的观赏价值，是我国园林艺术的杰作之一。

嵌草路面可以增加屋顶花园中绿化覆盖面积，特别在较小的屋顶上，应尽量减少过多的硬质道路铺装，采用天然花岗岩、大理石、石板和鹅卵石铺成各式图形，在其块料间留30～50 mm的缝隙，填上种植土种草即可。

在我国古典园林中，园路使用块料路面的极为普遍，300 mm × 300 mm 灰方砖和金砖是主要块材；在现代园林中用水泥制品或石料代替方砖以增加其耐磨性，这种路面若再配以小青砖和卵石，就更能显示出中国园林的特色。

在屋顶花园中的缓坡草坪中点缀少量步石能取得轻松活泼的效果，步石可用自然石料，其块体不宜太小，以两块相邻500～600 mm适合步行为宜。在屋顶水面上适当的位置可用汀步代替小桥，使游人可平水而过，汀步可用较平整的天然料或水泥制品，石墩不宜太小，距离不宜过大，一般数量也不宜过多。

5. 屋顶花园的园林建筑与小品　屋顶花园上的主体是绿色植物，园林建筑与小品仅为园林造景的手法之一，不应使屋顶花园成为园林建筑和小品的展台。

在屋顶花园上建造园林建筑与小品，应以少、小、轻为宜，做到构思新颖，造型灵巧，并结合所处空间环境，营造出得体的有趣布局。建筑形式以有地方特色和乡土风格为宜；建筑体量与尺度要结合环境空间慎重推敲，应避免傻大黑粗的建筑实体和众多的建筑群体出现在窄小的屋顶空间。

(1) 园林建筑　为了丰富屋顶花园上的园林环境，并为游人提供休息和停留场所，建造少量、小型的亭廊是合宜的。这些小型园林建筑虽不能称为屋顶花园的主体，但可以成为屋顶上观景的中心和主景。园林亭廊较适合于屋顶花园上建造，它可独立存在，又可结合成亭廊组合。

(2) 园林小品　屋顶花园上除植物、水体和少量的园林亭廊建筑外，各类园林小品作为屋顶空间环境的点缀，也可发挥增添景效的作用。一个通透的花窗、一组精美的花隔墙、一盏灵巧的园灯和一座构思独特的石雕以及小憩的座椅等，这些屋顶花园中的小品，无论是依附于景物还是相对独立，均应经艺术加工精心琢磨，才能形成剪裁得体、配置得宜、小而不贱、从而不卑、相得益彰的园林景致。运用园林小品把周围和外界的景色组织起来，使屋顶花园的意境更为生动，更富诗情画意，从塑造环境空间的角度出发，巧妙地用于组景，以达到提高整体环境和小品本身鉴赏价值的目的。

总之，理想的屋顶花园，应设计得像平地上的花园一样，有起伏的地形、丰富的树木花草、叠石流水、小桥亭榭，并充分利用各种栽植手段，以体现平屋顶造园的独特风格，并创造出一个新的园林艺术天地。

实　训

屋顶花园设计

一、实训目的

掌握屋顶花园设计的原则与方法。

二、实训内容

选择一个屋顶花园做模拟设计或真题设计。

三、实训时间安排

4～6 学时，各学校根据本校学时自行安排。

四、实训材料

卷尺、测量仪器、图纸、绘图工具等。

五、实训步骤

1. 现场踏勘，了解情况。到设计现场实地踏勘，熟悉设计环境，并了解屋顶花园的性质、功能、规模及其对规划设计的要求等情况，以此作为设计的指导和依据。

2. 搜集基础图纸资料。在了解过程中，注意搜集建设单位总体布局平面图、管道图等基础图纸资料。若建设单位没有图纸资料，可实地测量，室内绘制。

3. 描绘、放大基础图纸。若建设单位提供的基础图纸比例太小，可按 1∶100～1∶200 的比例放大分幅，或将实测的草图按此比例绘制，作为绿化设计的底图。

4. 规划设计，绘出铅笔图，送建设单位审定，征求意见，修改定稿。

5. 按制图规范完成墨线图，晒图或复印，做苗木统计和预算方案，以其作为设计成果，评定成绩，或交建设单位施工。

六、实训成果

1. 总体规划图：比例 1∶100～1∶200。

2. 绿化设计图（含彩色平面图）：比例同总体规划图。

3. 局部透视图。

4. 设计说明书，包括景名、分区功能及种植设计景观特征描述。

5. 植物名录及其他材料统计表。

第8章 公园规划设计

本章知识点

1. 公园的发展历程、规划布局、建筑设计及植物配置。
2. 各类公园规划设计的主要内容与方法。

本章学习目标

掌握各类公园的规划设计要点。

城市公园绿地对美化城市面貌、平衡城市生态环境、调节气候、净化空气等均有积极的作用。无论在国内还是国外，在作为城市基础设施之一的绿地建设中，公园都占有最重要的地位。城市公园的数量与质量既体现了该城市园林绿化的艺术水平，同时也展示了当地社会生活和人民的精神风貌。

公园中风景奇丽的山林、姿态多样的树木、宽阔的草坪、五彩的花卉、新鲜湿润的空气会使市民精神振奋、忘却烦恼、消除疲劳，促进身心健康。公园中各种文化、活动设施又为市民提供了游乐、交流、学习、活动、锻炼身体的场所。公园中大面积的树林、绿地、水面能起到净化空气、减少公害、改善环境的效果，同时还是市民防灾避难的场所。随着城市工业化进程速度的加快，城市人口密度的急剧上升，城市人民对公园的需求越来越迫切，要求也越来越高。

8.1 公园规划设计概述

公园是城市中环境优美的游憩空间，是城市的绿洲，其内容包括了多种功能的公共绿地。下面对我国公园的发展和规划、设计和建设的概况与特点，进行初步探讨。

一、 发展历程

世界造园已有6 000多年的历史，而公园的出现却只是近一二百年的事。

18 世纪 60年代英国工业革命开始后，资本主义迅猛发展，工业盲目建设从而破坏了自然生态；城市人口急剧增加，用地不断扩大，使人们越来越远离自然环境，特别是居住在城市中的工人阶级，生活环境更为恶化。在这样的社会历史条件下，资产阶级对城市也进行了某些改善，把若干私人或专用的园林绿地划作公共使用，或新辟一些公共绿地，称之为公共花园和公园，这样就在资本主义国家城市中首先出现了“公园”。

1840 年鸦片战争后，帝国主义纷纷入侵我国，并开设了租界。殖民者为了满足自己游憩活动的需要，把欧洲的“公园”也引进我国来了。1868 年在上海公共租界建造的“公花园”（现黄浦公园）就是最早的一个，虽然名之为“公”，却有“华人与狗不准入内”的“园规”，这不仅是对中国人民明目张胆的侮辱，同时也说明了当时的“公园”并不“公用”。嗣后，殖民者又陆续在上海建了“虹口公园”、“法国公园”（现复兴公园）、“极斯非尔公园”（现中山公园）等，都是供外国殖民者和“高等华人”散步和打网球、棒球、高尔夫球等活动和休息游乐的场所，其风格主要是英国风景式或法国规则式，具有大片草坪、树林和花坛，极少建筑。这些公园在功能、布局和风格上都反映了外来的特征，对我国公园的发展建设有一定的影响。

1906 年，在无锡由地方乡绅筹资兴建了“锡金公花园”，可以说是我国最早自己兴建公园的雏形，它仿照外国公园，内有土山、树林草地和小亭一座。1911 年扩建后，定名为“城中公园”，当时曾由日本造园家规划监造，种植大量自日本运来的樱花，假山上置有小宝塔等，留下了日本造园的痕迹。

辛亥革命后，孙中山先生下令将广州越秀山辟为公园，当时的一批民主主义者也极力宣传西方“田园城市”思想，倡导筹建公园，于是在一些城市里相继出现了一批公园，如广州的越秀公园、汉口的市府公园（现中山公园）、北平的中央公园（现北京的中山公园）、南京的玄武湖公园、杭州的中山公园、汕头的中山公园等。这些公园大多是在原有风景名胜基础上整理改建的，有的本来就是古典园林，有的是参照欧洲公园的风格扩建、新辟的。直至新中国成立前，我国公园虽然数量少，园容差，但已有了动植物展览、儿童乐园、展览厅、茶馆、弈棋室、照相馆、小卖店、音乐台、运动场等设施，初步具有了一些适于本国活动内容和中洋风格混杂的公园。

由此可见，“公园”是在资本主义社会条件下的产物。我国公园主要是辛亥革命民主思想，如“天下为公”“平等”“博爱”等在城市建设中的反映。新中国成立前，我国城市公园发展缓慢，规划设计基本上停留于模仿阶段。

中华人民共和国成立后，由于国家对人民文化休息活动的关心，对城市园林建设的重视，使公园得到较大的发展，全国城市已扩建、改建和新建了许多公园，使之成为城市居民游憩、社交、锻炼身体、文化娱乐和获取自然信息的重要场所。据 2003 年底统计，全国 250 个城市已有公园1 899个，分布也逐渐普及，一些县城、矿区和边远城市也兴建了公园，游人量增加很快，如上海市1980年的游人量是1949年的31倍，平均每人每年约12次（1950年为0.5次）。公园类型也逐渐增多，有满足人们多种需要的综合公园；有性质比较单一的专类公园，如儿童公园、纪念性公园（陵园）、名胜古迹公园、动物园、植物园、文化公园、森林公园、青年公园、科学公园、体育公园等；还有其他公园绿地，如居住区公园，滨水（海、江、河、湖）绿带、街道游园等。在公园内容和设施方面也不断充实和提高，许多公园设有规模较大的展览室、茶室、纪念馆，有的还有溜冰场、游泳池、划船设施和大型电动玩具、小火车等，以满足不同年龄、不同爱好的游人需要。在规划设计方面，已开始了继承优良传统、创造中国公园风格的探讨，并比较广泛地应用新材料、新结构和新的施工方法。近年来还根据城市生态环境、游人活动要求和使用频率，结合城市园林绿地系统规划，探求适合于我国的城市公园布局体系。

二、 规划布局

公园是城市园林绿地系统的重要组成部分，可分为综合公园、专类公园和其他公园绿地三大类。公园的规划布局要综合体现实用性、艺术性、科学性、经济性。

1. 满足功能， 合理分区 公园的规划布局首先要满足功能要求。公园有多种功能，除调节温度、净化空气、美化环境、供人观赏外，还可使城市居民通过游憩活动和接近大自然，达到消除疲劳、调节精神、增添活力、陶冶情操的目的。

不同类型的公园有不同的功能和不同的内容，所以分区也随之不同。作为城市公园主体的综合公园，应根据多种游憩活动的要求，分为安静休息、文化娱乐、科普教育、儿童活动等区和具有相应的设施。也有附设名胜古迹区、动物展览区、小植物园、体育活动区的，如上海长风公园，分为水上活动区、青少年活动区、大型电动游具区、文娱活动区、安静休息区、花卉苗圃区、办公管理区等。专类公园中的动物园、植物园则应按动植物的生态环境和科普教育的特定要求来分区，如上海植物园展览区大部是按进化系统采取“园中园”方式布置的；而杭州植物园依浙江植物群落和西湖风景的特点，分为观赏植物区、分类植物区、经济植物区、竹类植物区和树木园、山水园，两者各具特点。滨水绿带、街道绿地、居住区公园等，其功能较单一，分区不明显，如湛江海滨公园、上海江西中路街道游园。一般来说，专类公园的功能分区的特性和地方性较强，综合公园则大同小异。

功能分区还要善于结合用地条件和周围环境，把建筑、道路、水体、植物等综合起来组成空间，如公园入口与城市要有合理的关系；人流较集中的露天剧场、展览厅等，宜靠近主要园路；阅览室、陈列室宜环境幽静、另居一隅；亭、廊、榭等点景游憩建筑需选择有景可赏，并能控制和装点风景之处；餐厅、小卖部等服务建筑则要交通方便，但不占主要景观地位；办公管理区宜有专用出入口、处于僻静之地。

2. 园以景胜， 巧于组景 公园以景取胜，由景点和景区构成。景色杂乱无章或是荒芜零散，则不能称为环境优美的游憩空间，因此景观特色和组景是公园规划布局之本，即所谓“园以景胜”。就公园规划设计而言，组景应注意意境的创造，应以自然美为主，辅以人工美，充分利用山石、水体、植物、动物、天象之美，塑造自然景色，并把人工设施和雕琢痕迹融于自然景色之中。其手法除应符合一般造型艺术的基本构图规律，如统一与对比、主体与配体、主调与基调、节奏与韵律、体量与均衡等外，还应空间组织、时间因素、游人动观静观所产生的视觉感受和心理活动诸方面进行综合研究。空间景色还要区分层次，开朗与封闭、外向与内向、季相与日相、对景与借景、分景（包括障景、隔景、渗景）与框景等，以组成各种不同的连续画面，并与各种功能的游憩空间相结合，组成连续的景观展示程序，使之有起景—展景—转景—高潮—转景—结景。游人随着景观的变化而心潮起伏，兴味无穷，如广州越秀公园就是利用越秀山的地形来形成岗峦起伏、景观多变、游赏内容丰富的公园；厦门万石植物园的建筑沿着山势融于岩石湖溪和亚热带植物之中，景色分外优美；马鞍山雨山湖公园远借雨山、佳山；南京玄武湖公园远借雄伟的紫金山，邻借古老的城垣，以上都是组景的佳例。

将公园划分为具有不同特色的景区，即景色分区，是规划布局的重要内容。景色分区一般随功能分区不同而不同，如杭州花港观鱼，鱼池是古迹，可供游赏凭古；大草坪可供集体活动，牡丹园系植物山石造景精华，是观赏花的佳处；密林区是安静休息区；新花港是茗茶坐赏湖色的地方。然而景色分区往往比功能更加细致深入，即同一功能分区中，往往规划多种小景区，使游人“步移景异”，既有统一基调的景色，又有各具特色的景观，使动观静观均适宜，如无锡锡惠公园的安静休息区，内可分为三个小景区：观赏锡惠两山倒影的映山湖水景区，游赏我国传统庭园建筑艺术的愚公谷景区和观赏杜鹃、兰花为主的杜鹃园。

3. 因地制宜，注重选址 公园规划布局应该因地制宜，充分发挥原有地形和植被优势，结合自然，塑造自然。如上海长风公园结合低地和河湾，理水叠山，水以聚为主，以分为辅。山分主峰、次峰，高低错落，相互顾盼，效法自然，形成以铁臂山、银锄湖为主体的江南人工山水园；上海杨浦公园则以土坡绿化，自然地分隔开动物展览区与其他景区的空间，取得了卫生防护和景观的良好效果；广州越秀公园利用山谷低地建游泳池，挖湖，在岗顶建有五羊塑像；杭州动物园顺应自然山势，建造虎山、熊山、鸣禽馆、游禽湖、熊猫岭等，使游人如入禽兽山林。这些公园根据基地条件，进行地形设计和造景，再现自然，胜似自然，兼顾景观的设计方法都是可取的。

因地制宜还体现在根据公园用地大小和周围环境的不同，而采取不同的规划布局方式。大公园可将全园划分为多个景区和“园中园”，如无锡锡惠公园中有寄畅园、愚公谷、杜鹃园、儿童园、动物园、龙光洞等，都是园中园，内容非常丰富；而小公园、小游园则可适当运用多方借景的手法以打破空间的局限性，如桂林伏波公园面积仅 1.1 hm^2，其借景漓江，并利用山体分隔景点，内容多样，使人不觉其小；南昌广场花园位于市中心，面积仅

0.3 hm^2，其将花园分为南苑和北庐两个庭院，院中巧置多样景色，闹中取幽，深受游人欢迎，同时也提高了用地效益。

为了给公园功能和造景提供地形、植被和古迹等先天条件，公园选址就具有战略意义，故在城市绿地系统规划中应予以重视。因公园处在人工环境的城市里，但其造景是以自然美为特征的，故选址时宜选有山有水、低地畦地、植被良好、交通方便、利于管理之处。有些公园，如厦门万石植物公园、马鞍山雨山湖公园、南昌八一公园、武汉中山公园、汕头中山公园等，均在城市中心，对于平衡城市生态环境有着重要作用，故宜完善充实。而专类公园，如动物园、植物园有其特殊要求，除满足以上条件外，还要注意卫生防疫，安全隔离，土壤性质等。杭州动物园选址在西湖风景区，毗邻虎跑，与花港观鱼、烟霞三洞、六和塔等风景点紧密相连，距市中心仅 6 km，园内山峦起伏、丛株茂密，又有一定水源，邻借玉皇山，这种山林基地为动物园建设创造了得天独厚的条件。上海因地势平坦，动物园为了创造动物生态环境要多费人工，投资也将相应增加，景观也不易自然。另外，我国历史悠久，名胜古迹繁多，分布面广，为了有利于名胜古迹的保护和使公园因有名胜古迹而增色，所以使公园与名胜古迹相结合，是很好的方法之一。如南京莫愁湖公园，历史上是金陵名胜之一，新中国成立前已辟为公园，1949 年后又进行了修复、改建、扩充，现已成为颇具特色的游憩场所；20 世纪 50 年代末新建的常州红梅公园，采取将文物古迹组成景区，其中有北宋的文笔塔，晋代的玄妙观、红梅阁，并借景唐代的天宁寺，使得初建不久的公园别具特色。

4. 组织导游，路成系统 园路的功能主要是作为导游观赏之用，其次才是供管理运输和人流集散，因此绝大多数的园路都可联系公园各景区、景观导游线、观赏线，所以必须注意景观设计，如园路的对景、框景、左右视觉空间变化，以及园路线型、竖向高低给人的心理感受等。如杭州花港观鱼，从苏堤大门入园，左右草花呼应，对景为雪松树丛，树回路转则是视野开阔的大草坪，路引前行便是曲桥观鱼佳处，穿过红鱼池乃是仿效中国画意的牡丹园，西行便是自然曲折、分外幽深的新花港区。游人在这一系列景观、空间的变化中，在视觉上构成了一幅中国山水花鸟画长卷，在心理上有亲切—开畅—欢乐—娴静的感受。再如纪念性公园的纪念区，为了造成肃穆敬仰之感，一般园路都采取对称布局，且以台阶踏步逐渐向上，如长沙烈士公园和广州起义烈士陵园等。

园路除供导游之外，尚需满足绿化养护、货物燃料、苗木饲料等运输的要求，其中多数均可与导游路线结合布置，但属生产性、办公性及严重有碍观瞻和运输性的道路往往与园路分开而单独设置出入口，如杭州动物园饲料运输专用出入口，上海植物园盆景园生产区专用园路，上海动物园有为办公管理的专用园路及独立出入口。

为了使导游和管理有序，必须要统筹布置园路系统，区别园路性质，确定园路分级。园路一般分主园路、次园路和小径。主园路是联系分区的道路，次园路是分区内部联系景点的道路，小径是景点区内的便道。主园路基本形式通常有环形，如上海南丹公园；8字形，如上海中山公园；还有呈F、田字形，如广州起义烈士陵园和湛江儿童公园等，这是构成园路系统的骨架。景点与主园路的关系基本形式，第一是串联式，它具有强制性，如长沙烈士公园主园路与烈士纪念碑的关系；第二是并联式，它具有选择性，如上海植物园植物进化区的布置；第三是放射式，它将各景点，以放射型的园路联系起来。也有一些公园采用选择性的园路，如武汉解放公园。一般园路规划常将以上三种基本形式混合运用，但以一种形式为主，把游人出入口和管理用的出入口组织成一个统一的园路系统。

5. 突出主题，创造特色 公园规划布局应注意突出主题，这就要在调查园址的基础上，明确规划指导思想，进行方案设计比较，如上海虹口公园扩建规划，为了体现鲁迅先生平易近人和“横眉冷对千夫指，俯首甘为孺子牛”的主题，采取了将纪念馆、墓地分散布置于公园边缘的方式，仅在纪念亭和墓地之间有一不明显的轴线，公园的主要部分仍是广大群众游憩、划船的山与水；再如杭州花港观鱼，以“花”“港”“鱼”为主题，园内港湾回绕，将红鱼池作为平面构图中心，以牡丹园作为立面构图重点。

主题和特色除与公园类型有关外，还与园址自然环境与人文环境（如名胜古迹）有密切联系。要巧于利用自然和善于结合古迹。一般综合公园的主题因园而异，如无锡锡惠公园以山景为主题、锡山为主体、惠山为陪衬，是个典型的山麓园；广州流花湖公园因古有流花桥而得名，就低挖湖，水面占五分之三以上，有东西、南北向两湖堤将水面划分为三，植物为配体，建筑仅是点缀而已，水上流花成为主题；上海长风公园挖湖堆山，构成了以山水景为主题的人工山水园；长沙烈士公园，园址东部原是水域广阔的浏阳河湾，西部为丘陵，在空间构图上则以西部山顶处高耸入云的烈士纪念塔控制全园，在平面上又以东部水域和四周山丘烘托这一纪念性主题；上海松江方塔以文物古迹为主题，以宋朝的兴圣教寺方塔为构图中心，并把宋代石桥、明代照壁和清代天妃宫大殿等组织成园，使公园具有独特的景观。有的古迹还成为公园特色的标志，如越秀公园的镇海楼、玄武湖公园的玄武门和古城墙、锡惠公园的龙光塔。所以主题可有山水、建筑、动物、植物等，但在长江以南地区，多以山水为主。实践证明，主题与空间构图中心两者并不一定是一致的，如上海动物园是以动物展览为主题，其构图中心却是服务性建筑天鹅轩餐厅，主题内容成点式环状布局，这种实例在专类园公园中是常见的。

为了突出公园主题，创造特色，必须要有相适应的规划结构形式。我国在继承自然式古典园林的优良传统，除纪念性公园的纪念区为规则式外，多数属自然式，如南京的玄武湖公园、常州的红梅公园、杭州动物园、南昌人民公园；也有自然式中的规则式，如华南植物园，广州流花湖公园；另外还有少数的规则式，如武汉解放公园（早期规划区）。很多公园根据园址条件和功能要求采取混合式布局，如南京雨花台烈士陵园北大门至烈士群雕和纪念区是规则式，其余景区为自然式；汕头中山公园东部湖区为自然式，西部陆区为规则式；湛江儿童公园园路系统接近规则式，但许多景点游憩布置都成自然式，如“万水千山”活动区；上海外滩绿带中的黄浦公园和苏州河畔一段为自然式，其余数段则呈规则式。

由上可知，主题和立意是决定规划形式、创造特色的依据，然而同样的主题内容由于布局组景手法不同，可以创造出不同的形式，尤其是自然式公园更是千变万化，其特色也是无穷的，这就有待于我们因地制宜地去开拓创造。

三、 建筑设计

建筑是城市公园的组成要素，在功能和观赏方面都存在着程度不同的要求，虽占用地的比例很小（一般2%～8%），但在公园的布局和组景中却起控制和点景作用，即使以植物造景为主的点景中，也有画龙点睛的效果，如杭州花港观鱼牡丹园中的牡丹亭，所以在选址和造型上，务必慎重推敲。

公园建筑类型繁多，从功能和观赏出发，既有展览馆、陈列室、阅览室等文化宣传类建筑；也有游艺室、弈棋室、露天剧场、溜冰场、游泳池、划船码头等文娱体育类建筑；以及餐厅、茶室、小厕所等服务性建筑；还有亭、廊、榭等点景游憩类建筑和办公管理类建筑；至于植物园的观赏温室、盆景园的陈列设施、动物园的禽兽笼舍、纪念性公园的馆、墓、碑、塔等特殊性建筑，不胜枚举。

公园建筑设计的基本原则是“巧于因借，精在体宜”，要结合地形，“随基势高下”，并要在基地上作风景视线分析，“嘉者收之，俗者屏之”。装饰与色彩要得体，注意建筑与山水、植物等自然材料的联系过渡，做到融于自然，成为自然环境美中不可缺少的有机体，如桂林伏波山公园的汲波茶室与伏波山、漓江的关系；长沙橘洲公园的茶室、游泳更衣廊与湘江、桔洲的关系；无锡锡惠公园的垂虹廊及杜鹃园亭廊与惠山山麓的关系；杭州动物园虎山等兽舍及水禽湖等与自然山体、绿化的关系等，都具有这一鲜明的特点。

公园建筑造型，包括体量、空间组合、形式细部等，不仅应就建筑自身考虑，还必须与环境融洽，注重景观功能的综合效果，一般体量要轻巧，不宜太大太重，空间要相互渗透。如遇功能较复杂、体量较大的茶室、餐厅、展览馆等建筑，要化整为散，按功能不同分为厅、室等，再以廊架相连、花墙分隔，组成庭院式的建筑，可取得功能景观两相宜的效果，如杭州花港观鱼茶室、上海虹口公园“艺苑”、广州流花公园的绿园茶室等。公园建筑形式尽管依其屋顶、平面、功能、结构来分类型极其繁多，个性比较突出，但就其设计的一般要求而言，仍有共性，也就是既要适应功能要求，又要简洁活泼，空透轻巧，明快自然，并须服从于公园的总体风格，如上海动物园金鱼廊平面采取厅廊榭相结合，其间穿插山水盆景、竹石小品、泉池、院落；杭州动物园金鱼廊亭既与西湖建筑风格相协调，又在结构材料上作了革新；桂林杉湖的蘑菇亭榭和上海南丹公园的组合伞亭水榭均高低错落有致，大小变化恰当，与自然环境浑然一体。

长江以南气候温暖多雨、夏日炎热，丘陵河湖广为分布，所以公园内的建筑较多，并多采用富有“民居”特色的建筑形式，如杭州花港观鱼茶室、南京玄武湖白苑餐厅、长沙烈士公园的朝晖楼餐厅茶室、桂林伏波公园的小吃部等均采用两坡顶，有飞脊深檐、粉墙瓦，造型简洁明快，轻巧玲珑，色彩淡雅朴实，室内外空间相互交融，通风良好。

亭、廊、榭等是公园中常见的点景游憩类建筑，它既是风景的观赏点，又是被观赏的景点，通常居于有良好风景视线和导游线的位置上，加之亭廊榭各自特有的功能和造型、色彩等，往往比一般山水、植物更引人注目而成为艺术构图的中心，如桂林榕杉湖的湖心亭廊、上海虹口公园的沿湖水榭、南京莫愁湖公园的湖心亭、广州起义烈士陵园的“血祭轩辕”亭等。

公园中除了各种有一定体量和功能要求的建筑之外，还有多种小品设施，如跨越水面的桥、汀步，供人坐息的椅凳，防护分隔的栏杆、围墙，联系的台阶、指示牌、园灯等。除了它们自身的使用功能外，也都是美化和装点景色的园林设施，故在造型、材料、色彩等方面都需要精心设计，应做到既与周围环境相协调，也为公园添景增色，较好的例子如南京白鹭洲公园的不同形式的园桥、广州流花湖公园的树形座凳及湖岸塑石蹬道、上海植物园的导游指示牌等。

公园建筑的细部装修设计要特别重视，如挂落、天花、门扇、窗格、漏窗、洞门、空窗、屋脊、花饰、隔断、博古架、壁画等。通过这些细部设计，可组织框景、丰富景观，使空间有流动感，景色有层次感，如桂林盆景园的壁画、陈列架，广州流花公园的景门，南京莫愁湖公园莫愁女庭院亭廊的漏窗和洞门，马鞍山雨山湖公园长廊的扁铁花饰等。

公园中还有雕塑作品，纪念性的，如上海虹口公园的鲁迅塑像、南京雨花台烈士陵园的烈士群雕；也有主题性的，如广州越秀公园的五羊塑像、杭州儿童公园的“雷锋与红领巾”、上海动物园中的“草原英雄小姐妹”；还有装饰性的，如湛江儿童公园的大象戏鹅、武汉汉阳公园的持琴少女及鹿群、厦门万石植物公园松杉园的仙鹤雕塑等，这些雕塑既可起教育作用，也有点缀景色的功能。

混凝土塑木、塑竹、塑石、塑山是最近十多年来在广州兴起的新工艺，它可做成亭、廊、桥、桌、凳等，规模大者当推广州动物园狮虎假山，其山形轮廓、色彩纹理颇为成功；广州晓港公园的仿竹木亭也别具一格，这些都是新的尝试。

四、 绿化配置

公园植物品种繁多，观赏特性也各有不同，有观姿、观花、观果、观叶、观干等区别，要充分发挥植物的自然特性，以其形、色、香作为造景的素材，以孤植、列植、丛植、群植、林植作为配置的基本手法，从平面和竖向组合成丰富多彩的人工植物群落景观。

植物配置要与山水、建筑、园路等自然环境和人工环境相协调，要服从于功能要求、组景主题，并应注意气温、土壤、日照、水分等条件，如广州流花湖公园北大门以大王椰为主的大型花坛、棕榈草地，活动区的榕树林，长堤的蒲葵、糖棕林带，显示出亚热带公园的特有风光；上海长风公园的西北山丘，因考虑阻拦寒风，衬托南部百花洲，故选择性喜高燥、耐寒、常绿、色深的黑松，并采取单纯林植，以起到背景的效果；南京玄武湖公园广阔的水面、湖堤，栽植大片荷花和婀娜多姿的垂柳，与周围的山水城墙取得协调。

植物配置要把握基调，注意细部，要处理好统一与变化的关系，空间开敞与郁闭的关系，功能与景观的关系，如杭州花港观鱼以常绿观花乔木广玉兰为基调，统一全园景色；而在各景区中又有反映特点的主调树种，如金鱼园以海棠为主调，牡丹园以牡丹为主调，槭树为配调，大草坪以樱花为主调等，取得了很好的景观变化效果。湛江儿童公园绿化清晰丰富，色彩艳丽，反映出儿童公园的特色，它以活动区为单元，配置主调树种，如少年儿童活动区以凤凰木为主；“万水千山”区以竹为主；文娱活动区以榕树为主；中央大道以大王椰、白玉兰、南洋杉为主，并以红花羊蹄甲作为基调树种统一全园绿化景色。上海中山公园以植物为基础材料组织公园的景区空间，其展示程序为：郁闭（密林花径）—开敞（大草坪）—郁闭（假山树木园）—半开敞（疏林草地）—郁闭（假山密林）。

植物配置要选择乡土树种为公园的基调树种，同一城市的不同公园可视公园性质选择不同的乡土树种。这样植物成活率高，既经济又有地方的特色，如湛江海滨公园的椰林、广州晓港公园的竹林、长沙橘洲公园的橘林、武汉解放公园的池杉林、上海复兴公园的悬铃木，都取得基调鲜明的较好效果。

植物配置要利用现存树木，特别是古树名木，如上海松江方塔园充分利用和保护了古银杏，使之成为园林一景；常州红梅公园的天宁寺老树林是公园八景之一；汕头中山公园、广州流花湖公园保护利用了大榕树，以反映南国风光。

植物配置要重视景观的季相变化，如杭州花港观鱼的春夏秋冬四季景观变化鲜明，春有牡丹、迎春、樱花、桃李；夏有荷花、广玉兰；秋有桂花、槭树；冬有腊梅、雪松，在牡丹园中还应用了我国传统的“梅边之石宜古，松下之石宜拙，竹旁之石宜瘦”的造园手法。

公园规划建设还是一项较新的工作，有许多问题值得进一步探讨、研究，同时也需要不同学科的专业人员密切配合，如园林规划、植物、动物、土木建筑、文史美学、园艺施工等。这项工作是科学、技术与艺术的综合，它的任务就是在以人工环境为主的城市中营造自然环境。

8.2 公园规划设计范例分析

一、综合性公园规划设计范例分析

上海长风公园（图 8-1）建于 1956 年，总面积为 36.6 hm^2，在上海市区各公园中，拥有最高的人造山和最大的湖面。公园原址为吴淞江淤塞的河湾农田，采用中国传统的“挖湖堆山”手法建成一座大水面、主景山的现代综合性公园。公园的分区和组景有7个部分：

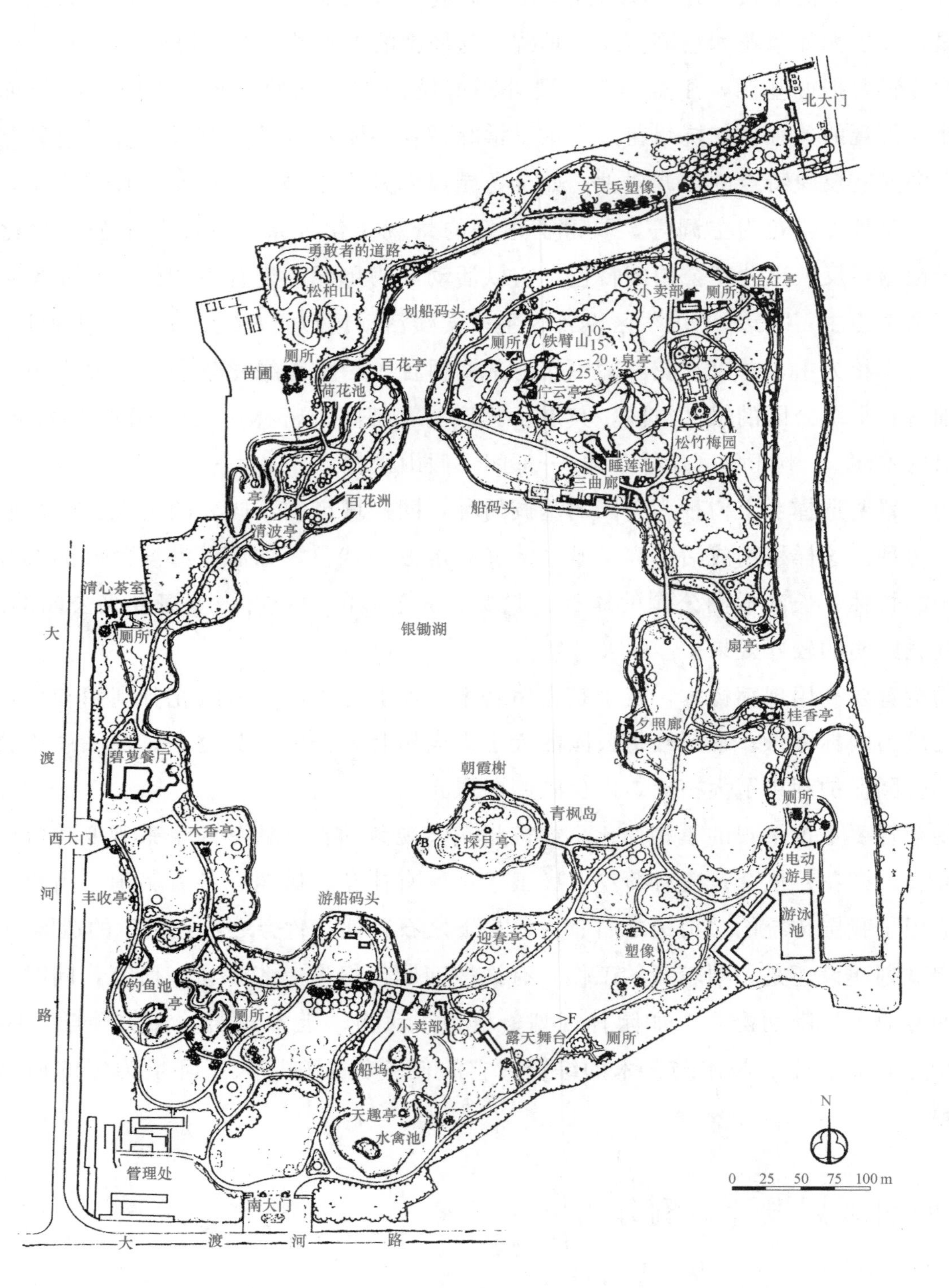

图 8-1 上海长风公园总平面示意图

（1）水上活动区　位于银锄湖，占地 10 hm^2，可容纳 300 多条游船，开展水上体育活动。

（2）文娱活动区　位于公园南部，有面积 8 400 m^2 的大草坪，供群众开展集体活动。有露天舞台、人工塑像等。

（3）青少年活动区　位于公园北端，在地形起伏的山坡松林中，有供青少年活动的约 600 m长的“勇敢者之路”景点。

（4）大型电动游具区　20 世纪 80 年代新辟的游艺活动区，建成有“宇宙飞船”“游龙戏水”等大型电动游戏器具。

（5）安静休息区　其由 8 个景点组成，包括铁臂山、松竹梅园、桂林夕照、青枫绿屿、水禽天趣、钓鱼池、百花洲、餐厅茶室等。

（6）花卉苗圃区。

（7）行政管理区。

二、动物园规划设计范例分析

杭州动物园（图 8-2）位于西湖之南，临近虎跑的白鹤峰下，园址山峦起伏，园内高差达40 m，绿树成荫，构成了一座山林动物园。目前，占地面积 20 hm^2，展出我国特产的各种珍贵动物，如大熊猫、金丝猴、东北虎、丹顶鹤等，共 150 种，约 1 000 只。杭州处于亚热带边缘，鸟类和爬虫类品种很多，同时杭州又是金鱼的发源地，结合地区的特性及靠近虎跑风景点的特殊性，动物园把金鱼、鸟类、爬虫类、虎作为展出的重点，笼舍布局利用原地形条件，减少土方量，并从饲养方便的角度，采用大集中小分散的原则。其中，按动物生态习性安排，喜山靠山，喜水靠水；按动物的珍贵程度安排，把有地区代表性的动物安排在重点位置；把游人喜闻乐见的动物安排在重点位置；从动物饲养管理方便考虑，将同类饲料的动物就近安排。

杭州动物园的主干道路宽 4 m，总长 1 km，园内地形变化大，故无法形成环路；小路宽 2～3 m，总长约为 3 km；全园面积分配为建筑 15 816 m^2（含活动场地 10 508 m^2），道路为 10 407 m^2，水面 10 604 m^2，绿地 156 313 m^2，生产基地 5 400 m^2。

三、植物园规划设计范例分析

北京植物园（图 8-3）于 1956 年经国务院批准开始筹建，规划占地面积 400 hm^2，已建成对外开放的游览面积将近 200 hm^2。目前，园内主要分区为：专类园、树木园、古迹游览区、森林游览区、科研实验区及办公区等。近年来，该园又有较大规模的建设，相继建成了牡丹园、丁香园、集秀园，树木园中的银杏松柏区及月季园等。

银杏松柏区：从 20 世纪 50 年代建园开始陆续收集种植了大量树木，80 年代以来逐步完善了规划、设计并实施建设，并于 90 年代初基本建成，面积为 9×10^4 m^2，是树木园的 7 个

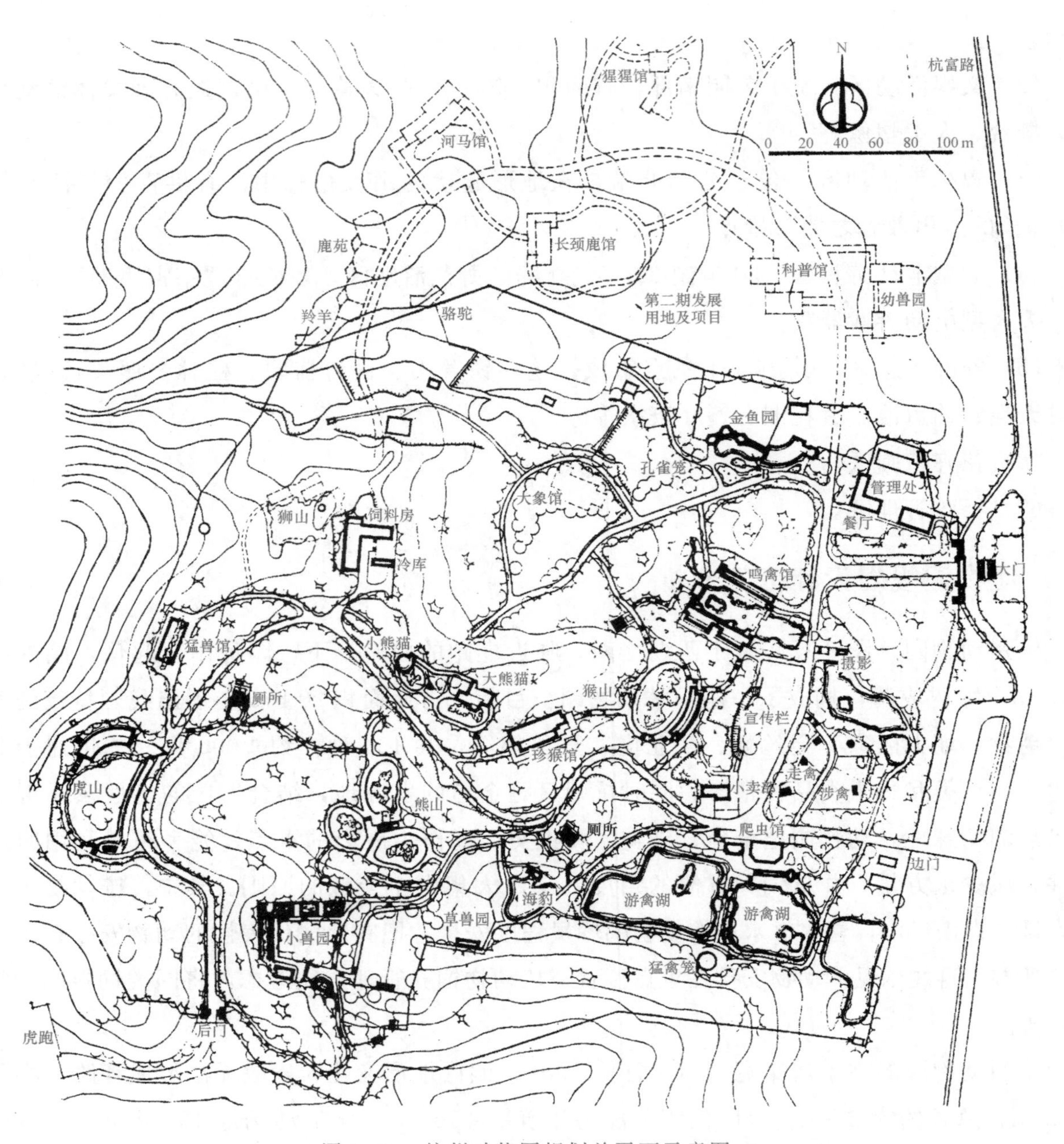

图 8-2　杭州动物园规划总平面示意图

分区之一，搜集栽培裸子植物 7 个科、20 属、97 种。该区在规划设计上，充分利用、合理改造原来地形地貌和原有植物，较好地解决了植物景观创造、生态要求以及科属展示的矛盾，基本实现“因地制宜”的规划原则，达到地形与山势协调、空间组织流畅有序、植物景观丰富多样、展示路线清晰的效果，形成了由红松、云杉、冷杉等大面积树林构成的雄浑粗犷、气势宏大的主格调，以及红松谷、紫杉坪、雪松路、杜松小径等各具特色的景点。此外，银杏、落叶松和缀花草坪的穿插点缀，亦增添了色彩、季相和空间开合的变化。

月季园（图 8-4）：建于 1992 年，面积 7 hm^2，设计中巧妙地设置轴线，将玉泉山和香炉峰组织到园中成为难得的背景。在因地制宜、充分利用现状的地形和原有植物基础上，打

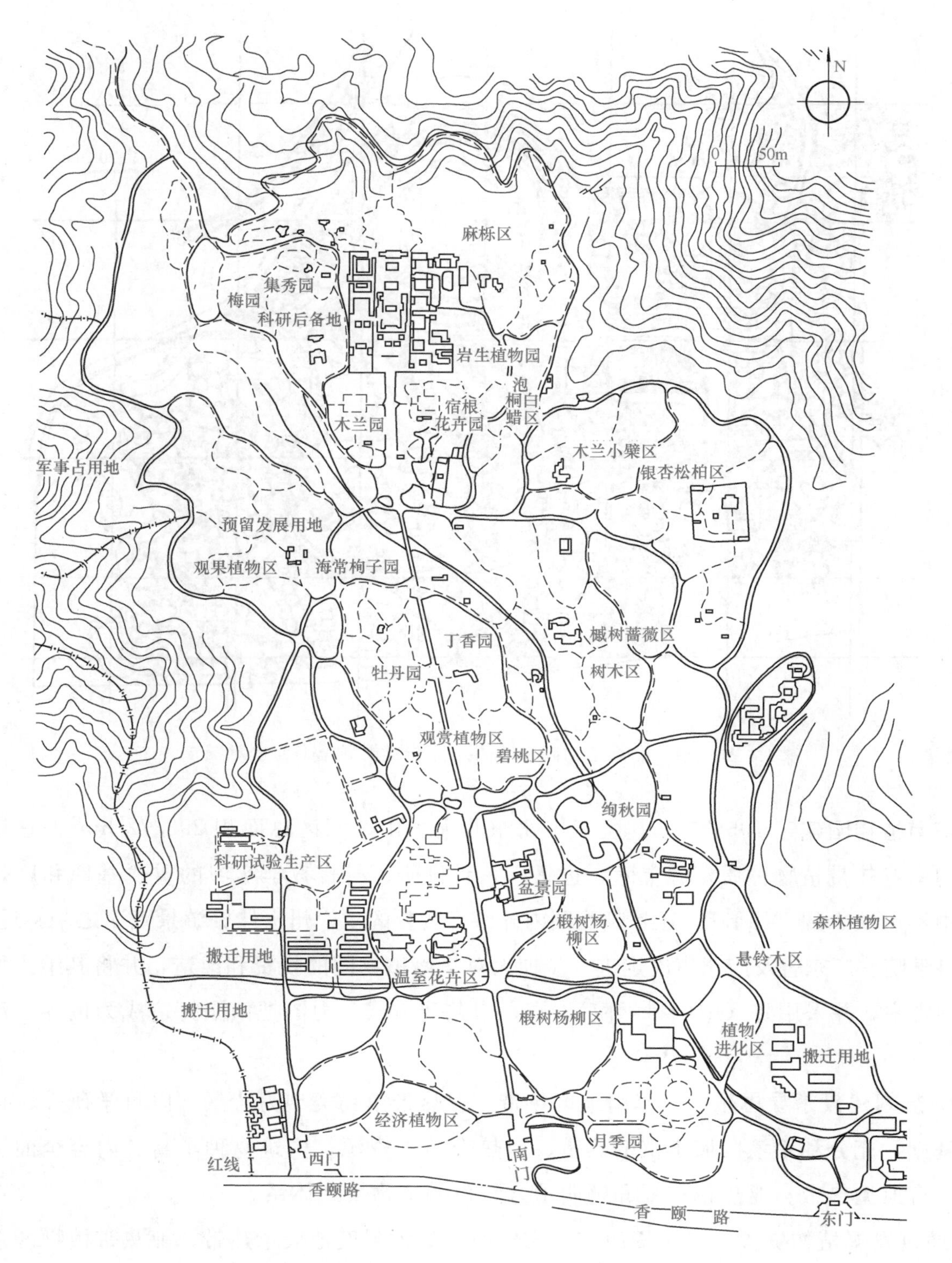

图 8-3　北京植物园（北园）规划总平面示意图

破以往月季园小而全的框框，大胆创新，主要做法是分区种植与功能相结合，如丰花月季安排在较大面积广场处以便于开展活动；结合地形的下沉园，既适合有层次地将各种大色块表现出来，又正好把中心的喷泉广场与主干路相隔以提供良好的活动场所；全园的构图中心选择花魂雕塑以点出主题。

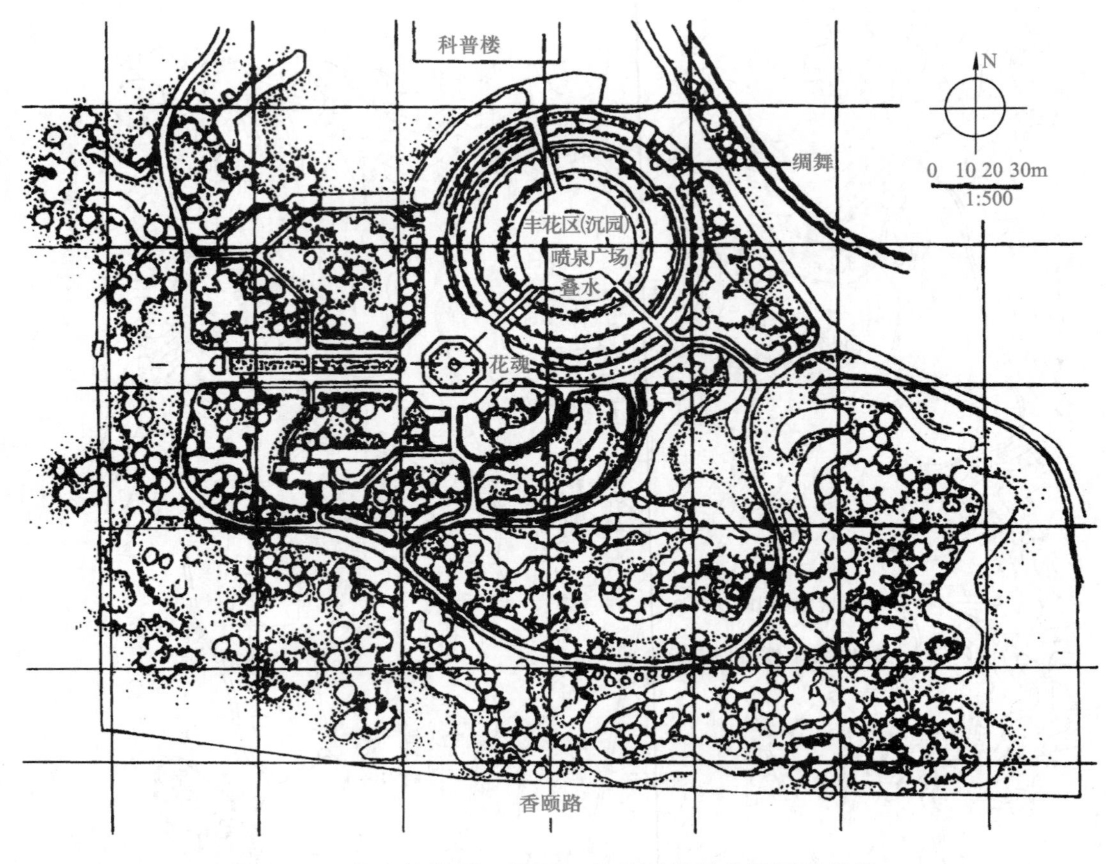

图 8-4　北京植物园（北园）月季园规划总平面示意图

华南植物园建于 1956 年，其位于广州东北火炉山，园区总面积 293.72 hm^2。它是中国最大的南亚热带植物种质资源宝库，也是广东省科研、科普教学实习的重要基地和广州生态体系中不可缺少的“绿肺”，还是颇受国内外游客赞誉的“广州十佳旅游景点”之一。近年来，中国科学院、广东省及广州市决定进一步加大对华南植物园的投资和改造，并将其纳入城市建设规划之中，并采用院（中国科学院）、省、市共建方式，力图把该园打造成为世界一流的植物园。

1. 规划建设指导思想　以华南地区热带、亚热带植物类型为背景，以科学研究、科学普及为基础，充分利用该区域丰富的热带、亚热带植物资源，构筑物种丰富、内容全面、主题明确、有典型热带、亚热带特征和鲜明地方特色的植物景观体系。

通过发掘植物资源、自然资源与人文资源，最大限度地展示热带、亚热带植物区系及岭南风情，使之成为科研体系健全，科普内容丰富，规划布局合理，园林景观优美，园区建设一流，集游娱、观光与休闲为一体的景观园地（图 8-5）。

2. 空间景观类型

（1）以植物地理区和专类园区为主的群体林木景观。

（2）以植物生态区为主的植物生态景观。

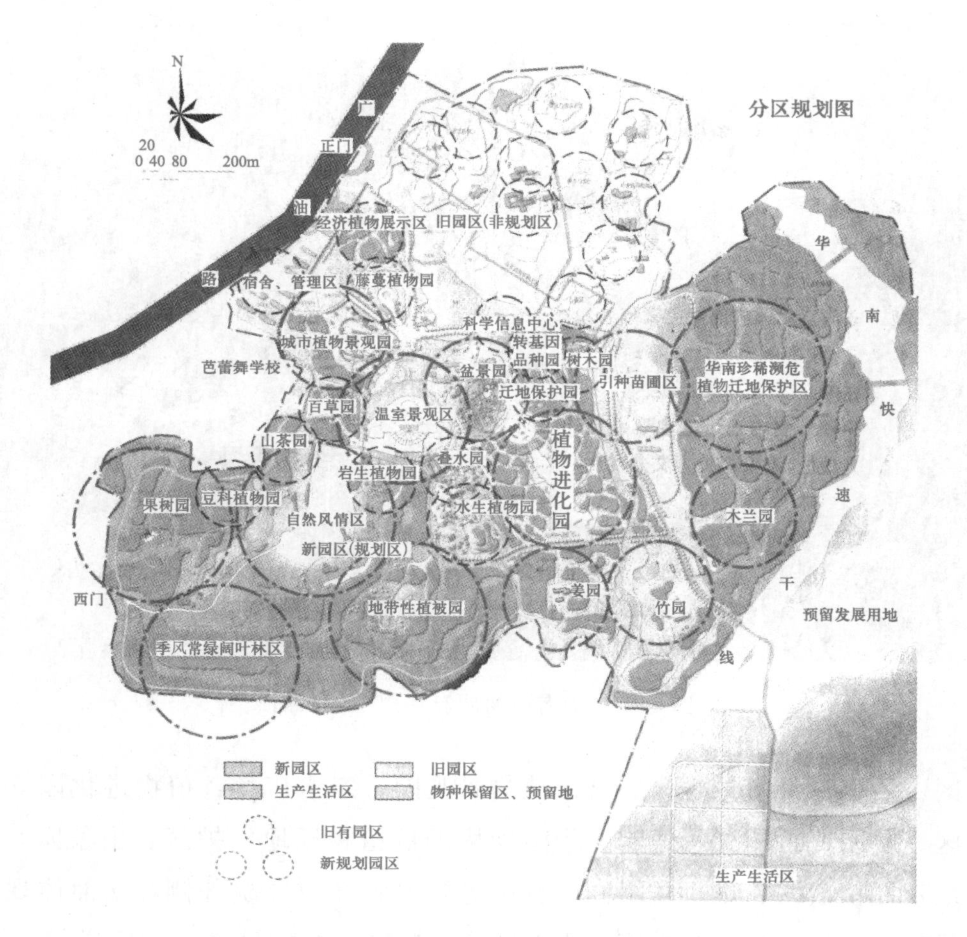

图 8-5　华南植物园规划总平面示意图

（3）以地域性植物群落为主的森林景观。

（4）以景观展示区为主的植物、园林艺术景观。

（5）以植物分类区和科普教育区为主的植物科学景观。

（6）以疏林及缓坡草地为主的自然风情景观。

（7）以温室景观区为主的植物及自然景观（图 8-6）。

（8）以经济植物为主的植物景观。

（9）以植物园水体为主的水域景观。

（10）植物园环境艺术景观。

3. 空间景观层次及景观布局　华南植物园景观空间序列的特性是景观的连续性、流动性和节奏性。其共分为 4 个层次：旧园区导入景观—水体系列及沿岸植物小品凸现景观—中部专类园区的中心兴奋景观—外侧及东部山顶植被的闲逸景观。各园区相互联系，共同构成连续的自然空间，但又有各自不同的兴奋节点使之有节奏地带动人流，以感受整个植物园所表达的完整空间。

入口区经济植物园、棕榈园和藤蔓植物园为前导性景观，游客在此主要感受植物园的氛

图 8-6 华南植物园温室规划效果图

围。园中心区主要设置温室景观区、城市植物景观园、亲水广场、植物进化园等观赏性和娱乐性强的园区。姜园、竹园、木兰园、华南珍稀濒危植物迁地保护区、山茶园、果树园、自然风情园、地带性植被园、季风常绿阔叶林区等则设置在政务院外侧，从而体现出一种闲情逸致的平和景观。高架植物亲和走廊系贯穿整个植物园主要园区的景观廊道。

四、 儿童公园规划设计范例分析

北京玉渊潭儿童公园（图 8-7）为全市性的儿童公园，面向全市少年儿童开放，公园中有水上活动、体育锻炼、娱乐、游戏、科技科普、文化休息等设施。

由于公园四面都有大片的住宅区，在附近又没有其他公园绿地，因此公园规划不仅要突出儿童公园这个主题，还要适当考虑青年、中年及老年人对公园活动内容的要求，使老、中、青、少年儿童各得其所。

整个公园面积占地 213 hm^2，考虑采用“集锦式园林”布局手法。做法是将各个活动小区与风景点穿插在绿树丛中，同时将西方园林中的大片草地也吸取进来，并按照不同的功能分区进行规划。依照活动内容将全园分为 6 个大区：水上活动区、体育娱乐区、科普科技活动区、文化教育区、生物科学园地及中心活动区。

（1）水上活动区　区中有红领巾号远航轮，它是由儿童自己管理的小型模拟式的远洋客轮，航线长 2 800 m，经台湾海峡（岸上有望台亭）、澳大利亚、好望角、伦敦、纽约到达日本东京，每个地点设有地区标志，例如好望角在一个白色墙面上镶有椰子树的背景，前面站着两个黑人小朋友在欢迎中国红领巾号客轮。此外，还有水上俱乐部及国际儿童旅游服务楼等活动设施。

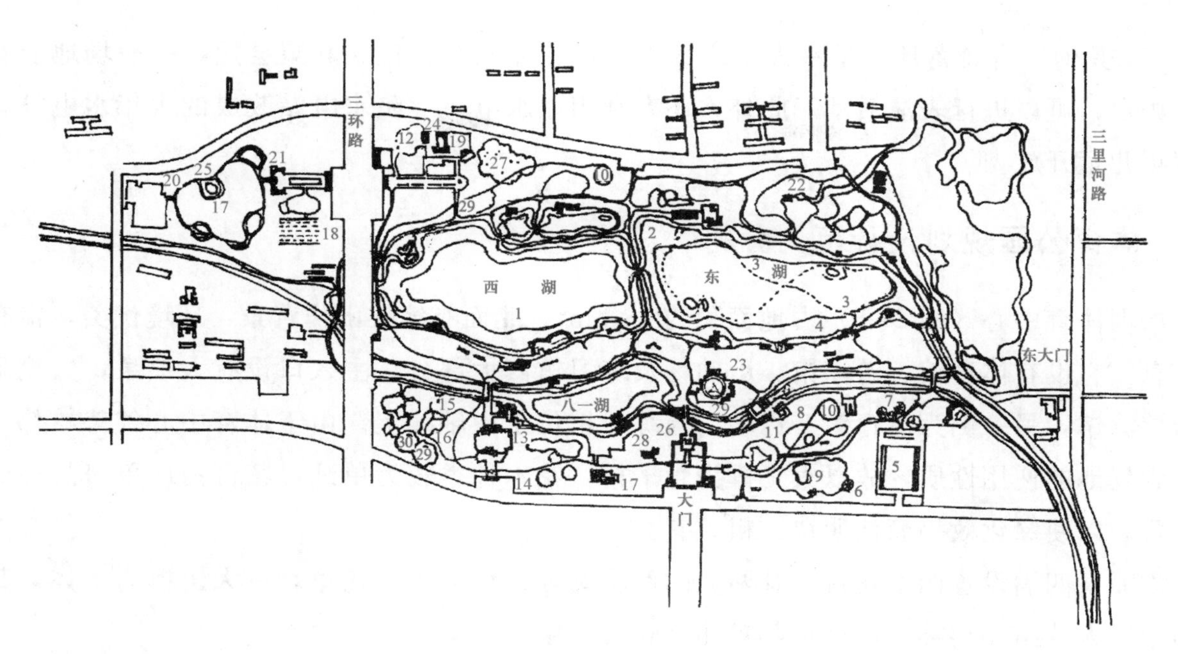

图 8-7　北京玉渊潭儿童公园总平面示意图

1—儿童游泳区；2—水上俱乐部；3—红领巾号远洋航线；4—儿童码头；5—少年足球场；6—控制跳伞塔；7—大型电动旋转器；8—惯性车；9—宇宙空间运动场；10—儿童交通火车；11—儿童游戏宫；12—儿童游戏场；13—科学表演场地；14—科学家雕像座右铭；15—儿童天文观测站；16—小小矿山；17—小小植物园；18—儿童种植园地；19—环境保护植物区；20—太阳能温室；21—小型人工气候室；22—儿童书画园；23—儿童阅览室、休息室；24—电视电影院；25—野营地；26—星星火炬广场；27—少年英雄纪念区；28—国际儿童友谊馆；29—登月眺望

(2) 体育娱乐区　区中有儿童游戏宫，作为体育娱乐区主体建筑的儿童游戏宫，高 4～6 层，建筑面积为 5 000～6 000 m^2，中间为圆形游戏大厅，三面为休息室和小型活动室，四周以草地花卉衬托，还有大型电动旋转器械、惯性车、宇宙空间运动场、控制跳伞塔、少年足球场等活动设施。

(3) 科技科普活动区　区中有科技之花展览馆、科学表演场地及科学画廊、中外科学家雕像及座右铭广场、儿童天文观测台、小小矿山、学科学室内游戏室。

(4) 文化教育区　区内有少年英雄纪念广场，在广场和草地上建立一座座不同时期的少年英雄雕像，以通过少年英雄的形象对孩子们进行革命传统教育和共产主义道德品质教育，还设有科普报告厅、电视、电影馆、少年书画园、儿童阅览室等。

(5) 生物科学园地　在生物科学园地里设有：小小植物园、环境保护植物区、小型人工气候室、太阳能温室及露地草花展览区、儿童植物园地、儿童气象站、动物角等。

(6) 中心活动区　位于全园中心，其中项目有：登月眺望塔，塔北部设有儿童服务部及儿童休息室，南部有儿童阅览室，周围还有花鸟厅、茶座和八一湖游廊。

(7) 其他　有野营地、星星火炬广场等，供少先队举行仪式和集会用，一般场地上有简易小舞台，可以进行表演活动。此外，还有利用原水电科学院水电站改成的少年水电站，并向少年儿童开放。

五、 体育公园规划设计范例分析

深圳体育中心（图 8-8）占地面积约 38 hm^2，北面有笔架山作背景，环境优美，富有自然气息。它设有体育馆、游泳馆、运动场及练习馆四大部分。主入口设有大喷泉，大喷泉一侧为游泳馆，另一侧为体育馆。运动场与练习馆位于中轴线上。由于体育中心气势雄伟，并考虑到场地的使用性质，故以大王椰为骨干树，花木种类较为单纯，花台强调单一品种的成片布置，以使绿化效果简洁明快、粗犷有力。

大喷泉四周设置四季花台，其两旁的四块绿地铺设大片台湾草，以大王椰为主体，其背景则布置大片南洋杉林，以体现其雄伟壮观的景象。

运动场是体育中心的主体建筑，呈椭圆形，其外围的环道栽植高山榕，周围绿化以绿荫为主；其北面的练习馆的绿化则突出四季花木，大喷泉四面的游泳馆以假槟榔等棕榈科植物为主，以体现南国风光；其东面的体育馆四条巨柱托起整个顶盖，象征着力量，并结合四条巨柱布置春、夏、秋、冬四个内庭。周围的绿化则结合建筑造型进行布置，有高山榕、鱼尾葵、佛肚竹等花木，体育馆二楼平台设有一系规则式花池。

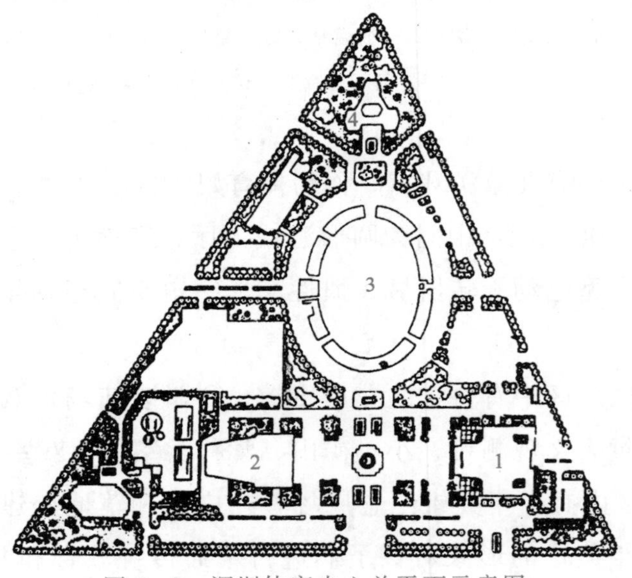

图 8-8　深圳体育中心总平面示意图

1—体育馆；2—游泳馆；3—体育场；4—练习馆

六、 纪念性公园规划设计范例分析

雨花台位于南京市中华门外约一公里处的一座小山丘上，原是古长江的河道，后因地壳运动，长江北移后逐渐形成布满砾石的小山丘。雨花台在战国时，因盛产花纹艳丽的石子而称瑙岗；南北朝时期，传说云光法师在此传经感动天神，落花如雨，由此而得名沿称至今。

新中国成立前，雨花台是反动派屠杀共产党人和革命人民的刑场。新中国成立后于1949年12月，南京市做出建立雨花台烈士陵园的决议；1956年翻修旧寺院，建成史料陈列室，展出面积约460 m^2；1974年在雨花台北部建成烈士就义群雕，其高10.3 m，长14.2 m，宽5.5 m，由179块花岗岩拼装而成，总重约13 t。

陵园（图8-9）的总体规划是以纪念碑主峰为中心，群雕、陈列室、甘露井（寺）等名胜古迹四周围抱，形成“众星拱月”的格局。

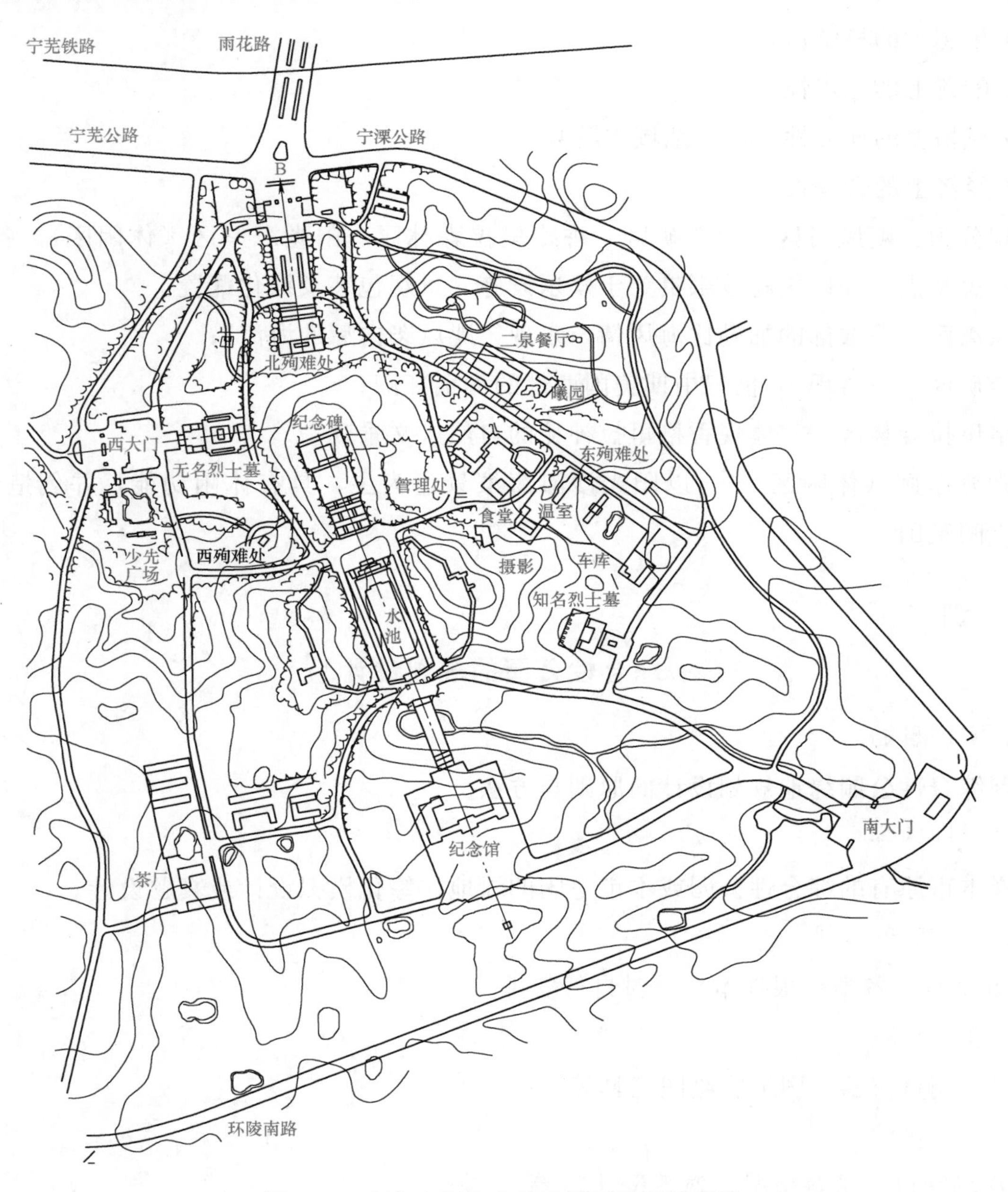

图8-9　南京市雨花台烈士陵园平面示意图

在绿化方面，整个陵园以松柏等常绿树种为主，形成苍松翠柏的万古长青的气氛，山上广植枫香林，使之在形体上与雪松的尖塔形状形成对比，以增加层次和色彩的变化。

七、 主题公园规划设计范例分析

深圳欢乐谷二期位于深圳华侨城（彩图16），它是由华侨城集团筹划建设的继锦绣中华、民俗村、世界之窗之后的大型主题公园，其融参与性、娱乐性、趣味性于一体。

规划设计把自然生态环境和生物群落作为设计主题，力求做到：

(1) 功能上的综合性。

(2) 生态上的科学性。

(3) 配置上的艺术性。

(4) 风格上的地方性（即与地域主题吻合）。

(5) 经济上的合理性。

规划分为：飓风湾区、老金矿区、香格里拉森林区、阳光海岸区（休闲区）。各区具有鲜明的构思特点，并以主题故事贯穿于娱乐设施、景观包装及绿化配置。

飓风湾区——浓郁的加勒比海风情，表现“飓风袭击后的海湾”；

老金矿区——再现18世纪中期美国西部的淘金狂潮；

香格里拉森林区——体现香格里拉神秘的自然人文景观；

阳光海岸区（休闲区）——以阳光沙滩海滨景色为主，具有休闲功能，并创造出轻松、舒朗的空间氛围。

实 训

综合性公园的规划设计

一、实训目的

掌握综合性公园绿地规划设计的原则与方法。

二、实训内容

选择本市原有的综合性公园或本市空闲的绿地作绿化模拟设计或真题设计。

三、实训时间安排

6～8学时，各学校根据本校学时自行安排。

四、实训材料

卷尺、测量仪器、图纸、绘图工具等。

五、实训步骤

1. 现场踏勘，了解情况，熟悉设计环境。

2. 搜集基础图纸资料，包括地形图、现状图、管线图等。

3. 对调查收集的资料进行分析，确定设计指导思想、设计原则，编写设计任务书。

4. 总体规划设计阶段。

5. 详细规划设计阶段。

六、实训要求

1. 立意新颖，格调高雅，具有时代气息，并与周边环境谐调统一。

2. 根据绿地性质、功能、场地形状和大小，因地制宜地确定绿地形式和内容设施，体现多种功能，并突出主要功能。

3. 总体规划阶段，要因地制宜地进行地形设计，出入口、园路广场的规划布局应合理地进行功能分区，布置适当的园林建筑和种植规划。

4. 园名、景点、景区的设计命名，要优雅得体，具有意境。

5. 以植物造景为主，并适当利用其他造景要素。植物的选择应乔木、灌木、花草结合，常绿、落叶结合，并以乡土树种为主，注意季相景观变化。全园应有统一的基调树种，各功能区有特色树种。植物种类数量应适当，符合构图规律，造景手法丰富，并注意色彩、层次变化，以便与道路、建筑相协调，从而创造出较好的空间效果。

6. 图面要求：图面构图合理，清洁美观；线条流畅，墨色均匀；图例、比例、指北针、设计说明、文字和尺寸标注、图幅等要素齐全，且符合制图规范。

七、实训成果

1. 总体规划图：比例 1∶500～1∶1000，1 号或 2 号图纸。图中应清楚显示山水、地形地貌、主次出入口、园路、广场、园林建筑及绿化用地。

2. 局部规划图：对于主要部分，要求做出比例为 1∶200～1∶300 的详细设计图。

3. 竖向设计图：在总规图基础上，进行高程设计，标注各主要部位的高程。

4. 绿化设计图：要求做出比例为 1∶200～1∶500 的植物种植图。

5. 设计说明书：要求写清设计指导思想、设计原则、功能分区、景点特色及植物景观、植物名录及其他材料统计表。

6. 要求做 2～3 处局部透视或全园鸟瞰图。

参考文献

1 彭一刚．中国古典园林分析．北京：中国建筑工业出版社，1986

2 同济大学建筑系园林教研室．公园规划与建筑图集．北京：中国建筑工业出版社，1986

3 余树勋．园林美与园林艺术．北京：科学出版社，1987

4 （明）计成．园冶注释．北京：中国建筑工业出版社，1988

5 ［美］诺曼 K. 布．风景园林设计要素．曹礼昆，曹德鲲，译．北京：中国林业出版社，1989

6 毛培琳．园林铺装．北京：中国林业出版社，1992

7 刘管平，宛素春．建筑小品实录．北京：中国建筑工业出版社，1993

8 苏雪痕．植物造景．北京：中国林业出版社，1994

9 沈葆久．深圳新园林．深圳：海天出版社，1994

10 黄金琦．屋顶花园设计与营造．北京：中国林业出版社，1994

11 胡长龙．园林规划设计．北京：中国农业出版社，1995

12 杨赉丽．城市园林绿地规划．北京：中国林业出版社，1995

13 李征．园林设计．北京：中国建筑工业出版社，1995

14 彭一刚．建筑空间组合论．北京：中国建筑工业出版社，1995

15 辽宁省林业学校．园林规划设计．北京：中国林业出版社，1995

16 艾定增．景观园林新论．北京：中国建筑工业出版社，1995

17 黄晓鸾．园林绿地与建筑小品．北京：中国建筑工业出版社，1996

18 北京园林局．北京园林优秀设计集锦．北京：中国建筑工业出版社，1996

19 刘少宗．中国优秀园林设计集．天津：天津大学出版社，1997

20 中国城市规划设计研究院．城市道路绿化规划与设计规范．北京：中国建筑工业出版社，1997

21 唐学山．园林设计．北京：中国林业出版社，1997

22 周维权．中国古典园林史．北京：清华大学出版社，1999

23 王朋．环境艺术设计．北京：中国纺织出版社，1998

24 薛聪贤．景观植物造园应用实例．杭州：浙江科学技术出版社，1998

25 王汝诚．园林规划设计．北京：中国建筑工业出版社，1999

26 郭方明．锦绣园林尽芳华——世博园中国园区设计方案集．北京：中国建筑工业出版社，1999

27 刘滨谊．现代景观规划设计．南京：东南大学出版社，1999

28 周武忠．风景名胜与园林规划．北京：中国农业出版社，1999

29 杨文珍，祝善忠．中国园林艺术．北京：中国旅游出版社，1999

30 王浩，谷康，高晓君．城市休闲绿地图集．北京：中国林业出版社，2000

31 郑宏．广场设计．北京：中国林业出版社，2000

32 卢仁．园林建筑装饰小品．北京：中国林业出版社，2000

33 王晓俊．风景园林设计．增订本．南京：江苏科学技术出版社，2000

34 李尚志．水生植物造景艺术．北京：中国林业出版社，2000

35 赵建民．园林规划设计．北京：中国农业出版社，2001

36 章俊华．居住区景观设计．北京：中国建筑工业出版社，2001

37 曹敬先口述，穆守义主编．园林植物造型艺术．郑州：河南科学技术出版社，2001

38 黄东兵．园林规划设计．北京：高等教育出版社，2001

39 郑强，卢圣．城市园林绿地规划．北京：气象出版社，2001

40 张吉祥．园林植物种植设计．北京：中国建筑工业出版社，2001

41 肖创伟．园林规划设计．北京：中国农业出版社，2001

42 赵锡惟，梅慧敏，江南鹤．花园设计．杭州：浙江科学技术出版社，2001

43 赵世伟，张佐权．园林植物景观设计与营造．北京：中国城市出版社，2001

44 区伟耕．园路．踏步．铺地．杭州：浙江科学技术出版社，2002

45 陈伟，黄璐，田秀玲．园林构成要素实例解析——植物．沈阳：辽宁科学技术出版社，2002

46 应立国，束晨阳．城市景观元素——国外城市植物景观．北京：中国建筑工业出版社，2002

47 徐峰．城市园林绿地设计与施工．北京：化学工业出版社，2002

48 周益民．室外环境设计．武汉：湖北美术出版社，2002

49 中国建筑学会．城市环境设计．沈阳：辽宁科学技术出版社，2002

50 陈跃中．休闲社区——现代居住环境景观设计手法探讨．中国园林；2003，1（19）：12

51 朱观海．中国优秀园林设计集．天津：天津大学出版社，2003

52 黄东兵．园林规划设计．北京：中国商业出版社，2003

53 谷康，李晓颖，朱春艳．园林设计初步．南京：东南大学出版社，2003

54 黄文宪．景观设计．南宁：广西美术出版社，2003

55 王浩．城市生态园林与绿地系统规划．北京：中国林业出版社，2003

56 ［美］南希 A. 莱斯辛斯基．植物景观设计．卓丽环，译．北京：中国林业出版社，2004

57 封云，林磊．北京：公园绿地规划设计，2004

58 段广德，闫晓云，崔丽萍．城市园林设计集萃．北京：中国林业出版社，2004

59 贾建中．城市绿地规划设计．北京：中国林业出版社，2006

60　黄东兵．园林绿地规划设计．北京：高等教育出版社，2006
61　周道瑛．园林种植设计．北京：中国林业出版社，2008
62　宋会访．园林规划设计．北京：化学工业出版社，2011
63　任有华，李竹英．园林规划设计．北京：中国电力出版社，2011

彩图1　日本枯山水庭园

彩图2　苏州拙政园

彩图3　园林中的色彩美
——北京香山红叶

彩图4　园林中的声音美
——无锡寄畅园八音涧

彩图5　自由式园林
——深圳南国花园

彩图6-1　黄蜡石假山
——广东省林业职业技术学校

彩图6-2　复层绿化配置
——东莞铂尔曼酒店

彩图7　滨河绿地设计
——顺德德胜新城

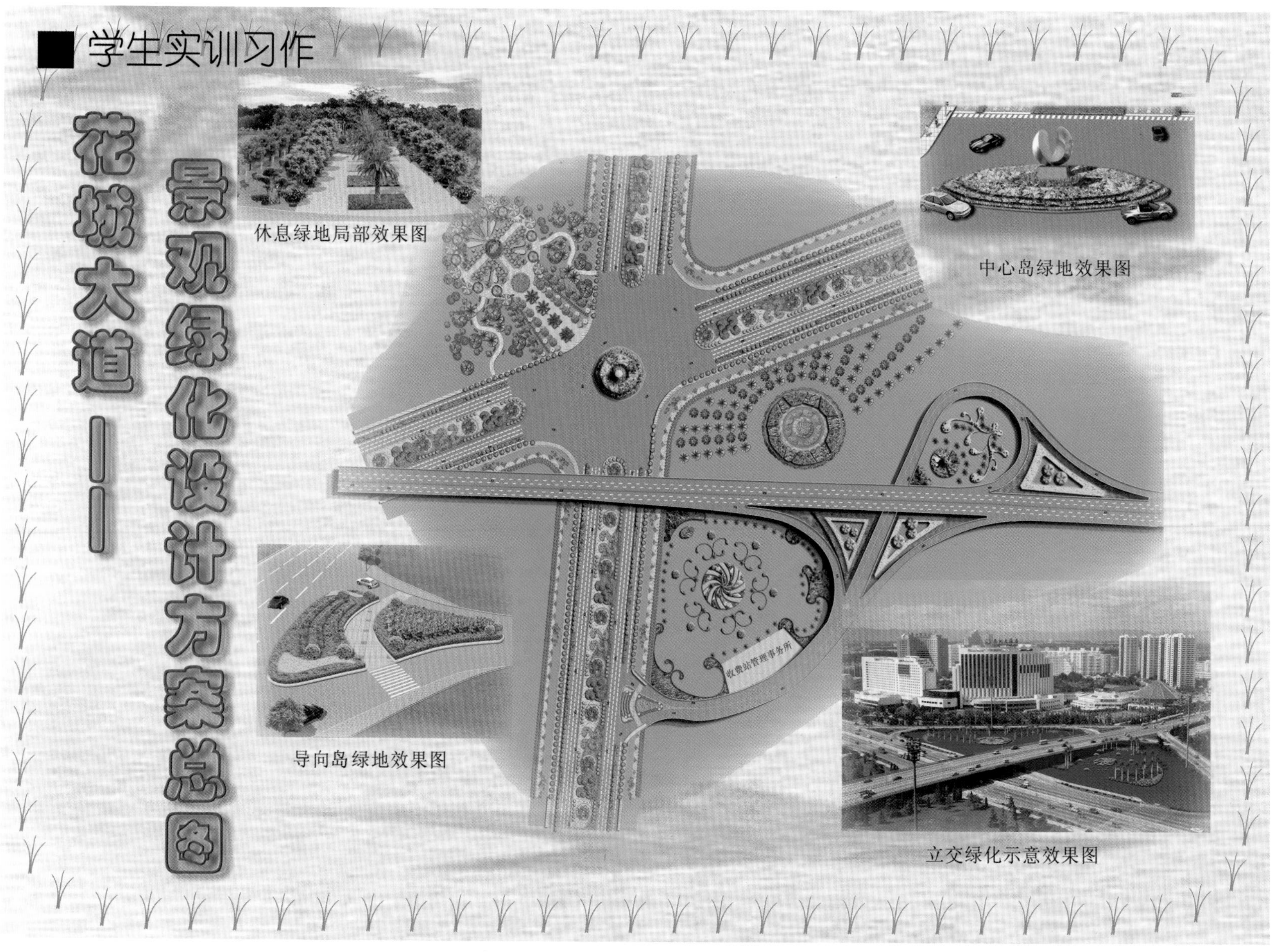

彩图8　学生实训习作——道路绿地设计

彩图9　北京碧湖局中心花园

彩图10　会所绿化设计效果图

彩图11　会所绿化设计平面图

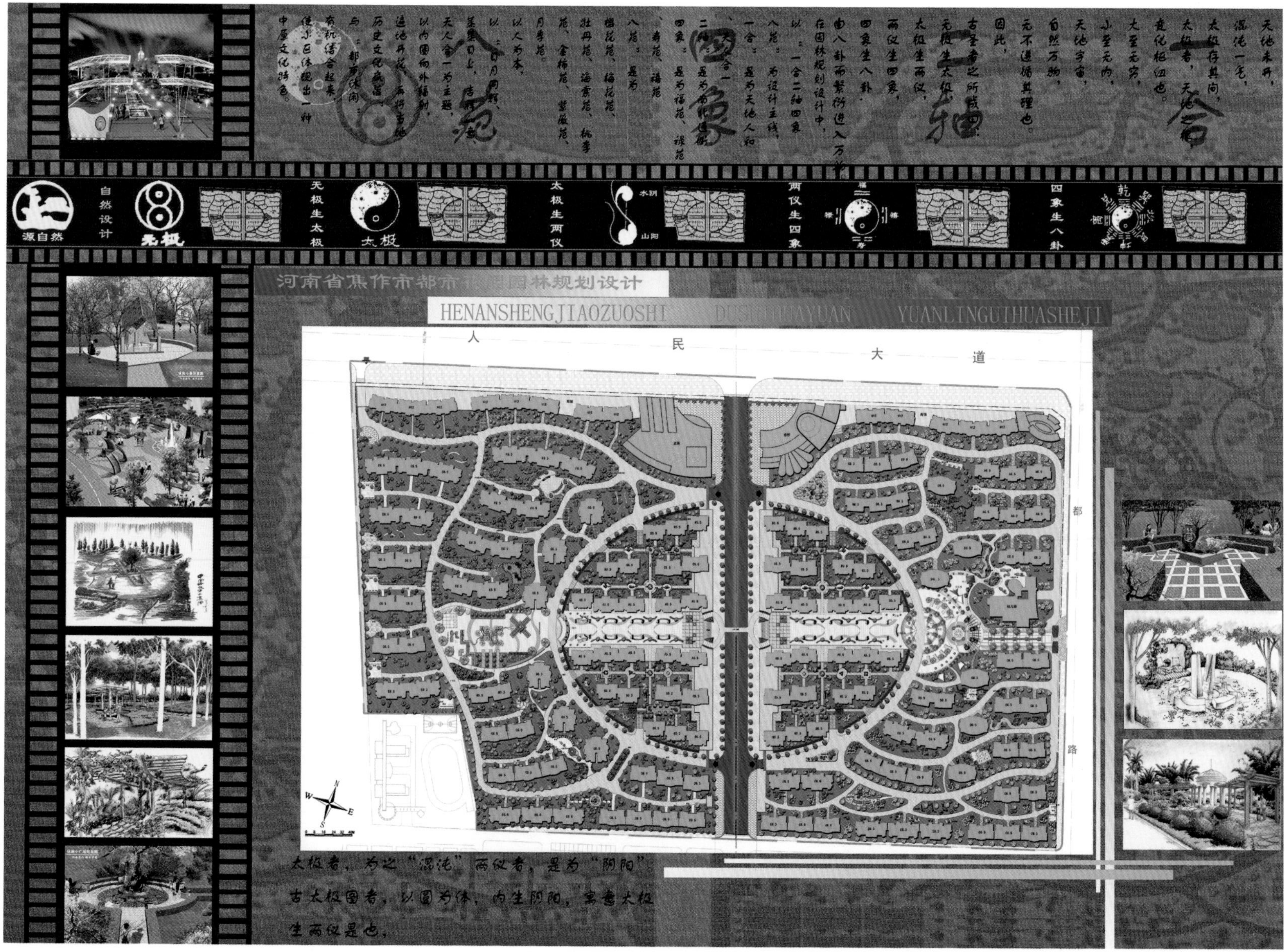

河南省焦作市都市花园园林规划设计

HENANSHENGJIAOZUOSHI DUSHIHUAYUAN YUANLINGUIHUASHEJI

自然设计

无极生太极

太极生两仪

两仪生四象

四象生八卦

人民大道

都路

太极者，为之“混沌”两仪者，是为“阴阳”

古太极图者，以圆为体，内生阴阳，寓意太极生两仪是也。

彩图12 居住区绿地设计

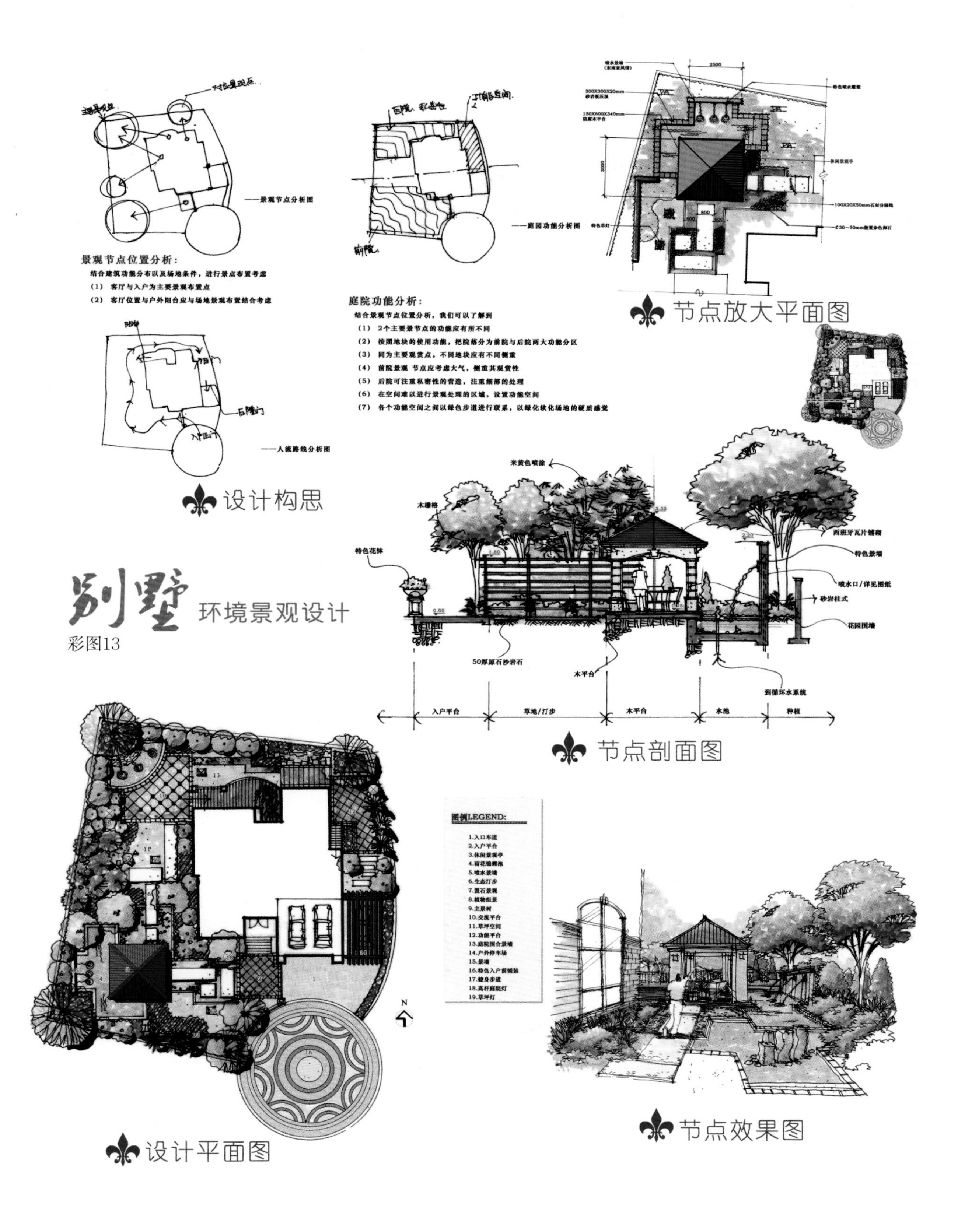

——景观节点分析图
——庭园功能分析图
——人流路线分析图
景观节点位置分析：
结合建筑功能分布以及场地条件，进行景点布置考虑
（1） 客厅与入户为主要景观布置点
（2） 客厅位置与户外阳台应与场地景观布置结合考虑
庭院功能分析：
结合景观节点位置分析，我们可以了解到
（1） 2个主要景节点的功能应有所不同
（2） 按照地块的使用功能，把院落分为前院与后院两大功能分区
（3） 同为主要观赏点，不同地块应有不同侧重
（4） 前院景观 节点应考虑大气，侧重其观赏性
（5） 后院可注重私密性的营造，注重细部的处理
（6） 在空间难以进行景观处理的区域，设置功能空间
（7） 各个功能空间之间以绿色步道进行联系，以绿化软化场地的硬质感觉
设计构思
节点放大平面图
别墅环境景观设计
米黄色喷涂
木栅格
特色花钵
西班牙瓦片铺砌
特色景墙
喷水口/详见图纸
砂岩柱式
花园围墙
50厚原石沙岩石
木平台
到循环水系统
入户平台
草地/打步
木平台
水池
种植
节点剖面图
图例LEGEND:
1.入口车道
2.入户平台
3.休闲景观亭
4.荷花锦鲤池
5.喷水景墙
6.生态打步
7.置石景观
8.植物组景
9.主景树
10.交流平台
11.草坪空间
12.功能平台
13.庭院围合景墙
14.户外停车场
15.景墙
16.特色入户前铺装
17.健身步道
18.高杆庭院灯
19.草坪灯
节点效果图
设计平面图

彩图13

彩图14　各类单位附属绿地设计

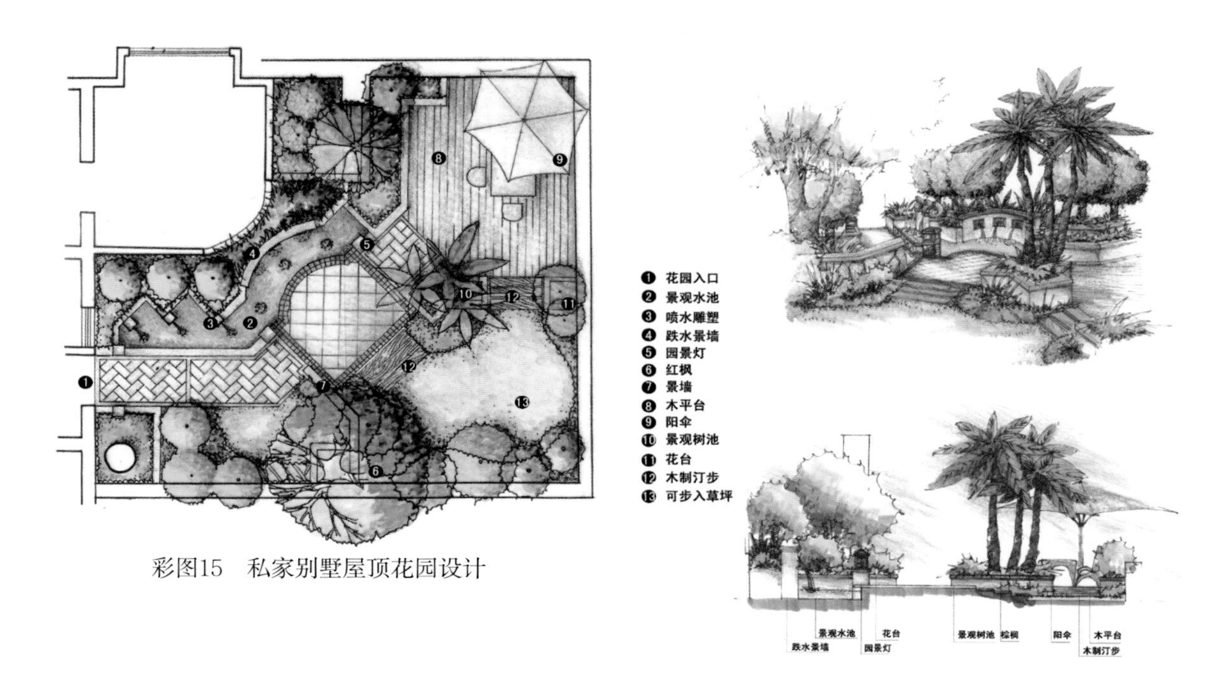

彩图15　私家别墅屋顶花园设计

彩图16　主题公园——深圳欢乐谷二期